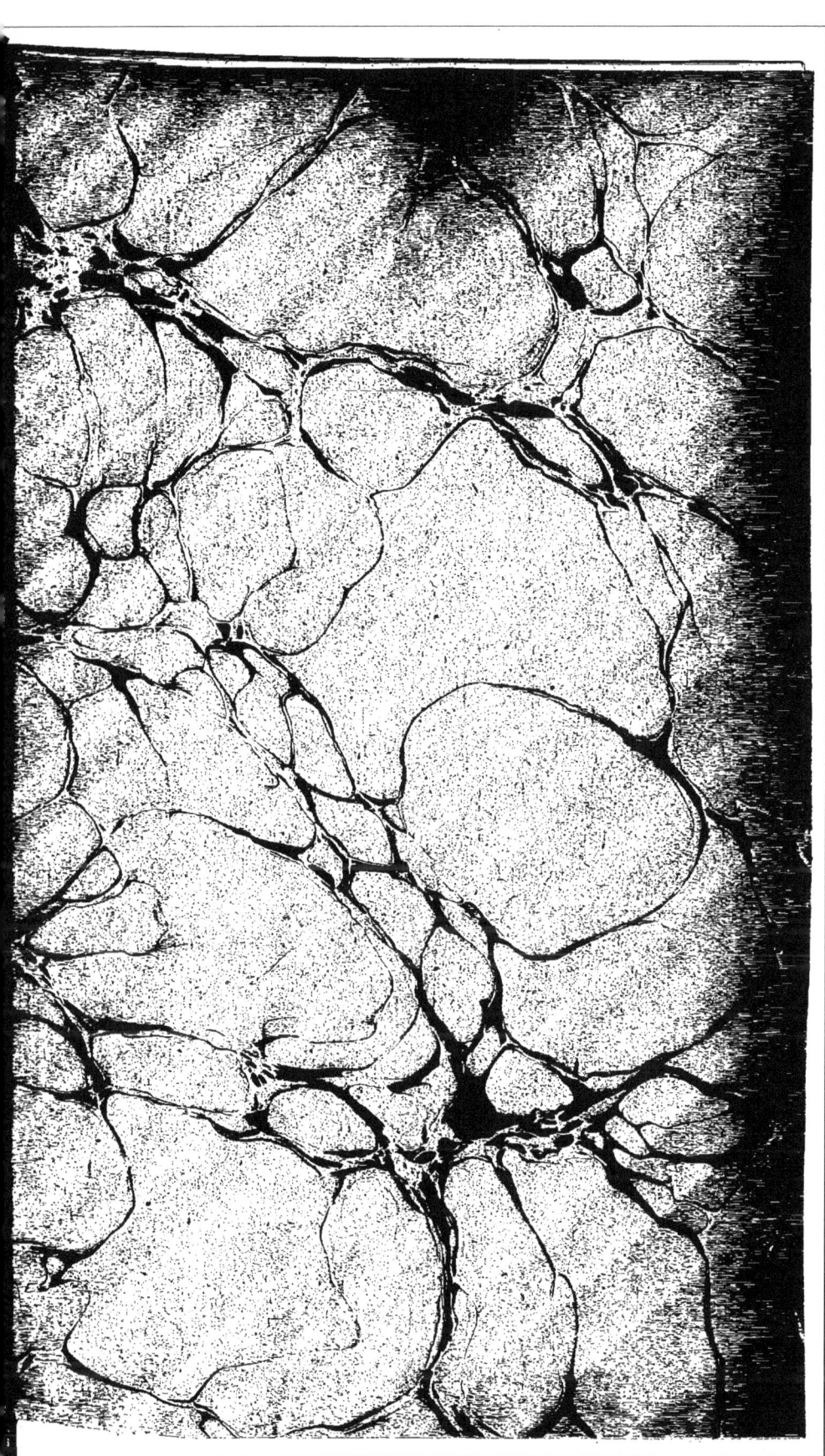

# COURS 2171

# DE MÉCANIQUE

A L'USAGE

## DES ÉCOLES D'ARTS ET MÉTIERS

ET DE L'ENSEIGNEMENT SPÉCIAL DES LYCÉES;

PAR

## M. Pascal DULOS,

Professeur de Mécanique à l'École nationale d'Arts et Métiers et à l'École des Sciences
et des Lettres d'Angers.

## DEUXIÈME PARTIE.

## PARIS,

GAUTHIER-VILLARS, IMPRIMEUR-LIBRAIRE
DE L'ÉCOLE POLYTECHNIQUE, DU BUREAU DES LONGITUDES,
SUCCESSEUR DE MALLET-BACHELIER,
Quai des Augustins, 55.

—

## 1876

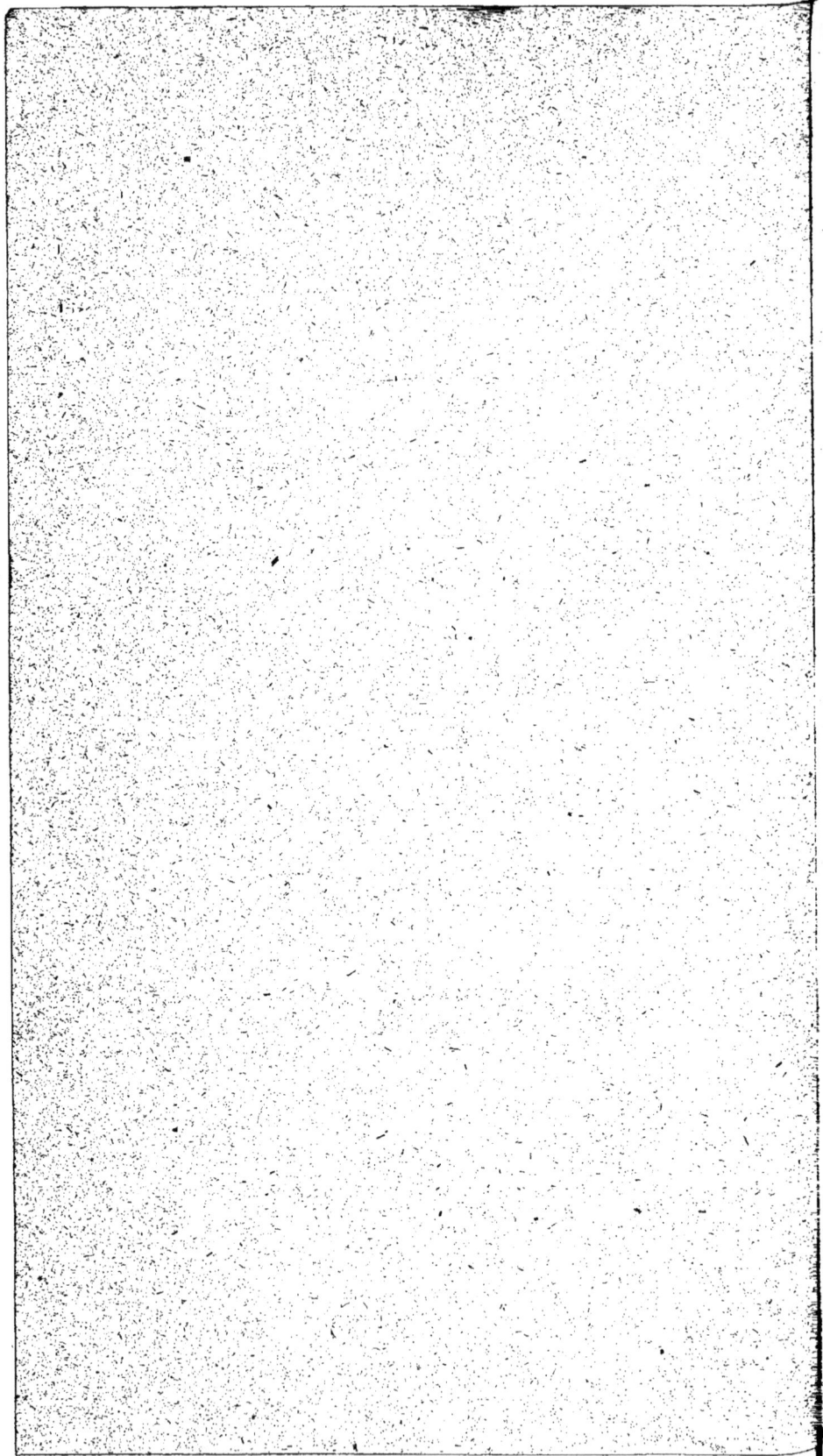

# COURS

# DE MÉCANIQUE.

PARIS. — IMPRIMERIE DE GAUTHIER-VILLARS,
Quai des Augustins, 55.

# COURS
# DE MÉCANIQUE

A L'USAGE

## DES ÉCOLES D'ARTS ET MÉTIERS

ET DE L'ENSEIGNEMENT SPÉCIAL DES LYCÉES

PAR

## M. Pascal DULOS,

Professeur de Mécanique à l'École nationale d'Arts et Métiers et à l'École des Sciences
et des Lettres d'Angers.

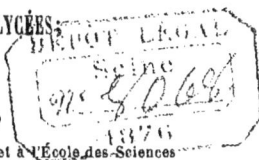

## DEUXIÈME PARTIE.

## PARIS,

### GAUTHIER-VILLARS, IMPRIMEUR-LIBRAIRE

DE L'ÉCOLE POLYTECHNIQUE, DU BUREAU DES LONGITUDES,
SUCCESSEUR DE MALLET-BACHELIER,
Quai des Augustins, 55.

### 1876

©

# COURS
# DE MÉCANIQUE.

## DEUXIÈME PARTIE.

### CHAPITRE PREMIER.

**1.** *Frottement.* — Lorsqu'on fait glisser deux corps l'un sur l'autre tangentiellement à leurs surfaces, il se développe aux points de contact, dans le sens du chemin parcouru, une résistance qui provient de ce que les aspérités de l'un des corps s'engagent dans les parties rentrantes de l'autre. Ainsi *le frottement est la résistance qui s'oppose au mouvement de deux corps assujettis à glisser l'un sur l'autre.*

On distingue deux sortes de frottements : 1° le frottement de glissement; 2° le frottement de roulement. Le premier se manifeste quand les deux corps glissent l'un sur l'autre, et le second quand ils roulent. Il est évident que, si l'on considère le frottement de glissement, les points de contact primitifs sont constamment à des distances différentes des nouveaux points de contact, tandis que, dans le frottement de roulement, ces distances sont sans cesse les mêmes. « Toutefois, dit M. Morin, comme le mot *frotter* implique l'idée de glissement, le nom de *frottement* est improprement appliqué à la résistance qui se développe quand les deux corps roulent l'un sur l'autre, et il convient mieux de la désigner sous le nom de *résistance au roulement.* »

Le frottement ne doit pas être confondu avec l'*adhérence*, qui n'est autre chose que la résistance opposée à la séparation de deux corps en contact, dont les surfaces sont enduites d'une substance visqueuse. Dans ce cas, la résistance ne dépend nullement de la pression exercée, mais bien du nombre des parties en contact, c'est-à-dire de l'étendue totale des surfaces, tandis que pour le frottement, ainsi que les expériences de M. Morin l'ont établi, le contraire a lieu.

Amontons est le premier qui se soit occupé de la recherche des lois et de l'intensité du frottement. « Il crut trouver, dit Coulomb, que cette résistance était indépendante de l'étendue des surfaces en contact, et que pour le bois, le fer, le cuivre et le plomb enduits de saindoux, elle était égale au tiers de la pression normale exercée, ce qui est beaucoup trop considérable. »

Ces deux lois, soupçonnées plutôt qu'établies par Amontons, ont été niées par Musschenbroek et par le Dr Vince.

**2. *Expériences de Coulomb*. —** Des expériences plus complètes ont été faites, en 1781, par Coulomb, à l'arsenal de Rochefort. A cet effet, il s'est servi d'un appareil composé de deux traverses en bois, longues de 6 pieds et disposées horizontalement à 3 pouces l'une de l'autre. Un traîneau chargé de poids pouvait glisser sur ces deux pièces ; une corde attachée à ce traîneau passait sur la gorge d'une poulie de renvoi et se terminait par un plateau de balance. Le traîneau étant chargé, il suffisait de mettre dans le plateau des poids numérotés en quantité suffisante pour produire le mouvement. A l'aide de ces dispositions, Coulomb a pu faire varier à volonté : 1° la charge du traîneau ; 2° la nature des substances frottantes, en plaçant sur les traverses, et au-dessous de la caisse, les corps que l'on voulait soumettre à l'expérience ; 3° la grandeur des surfaces, en augmentant ou en diminuant à volonté l'étendue de la surface par laquelle le traîneau s'appuyait sur les deux pièces de bois.

Ce physicien reconnut ainsi que la résistance qui s'oppose au glissement n'est pas la même au moment du départ et pendant le mouvement : la première est plus grande que la seconde ; mais il put constater que, dans les deux cas, le frottement est proportionnel à la pression normale exercée. Dans ses conclusions, il apporta cette restriction, que le frottement dépendait en partie de l'étendue de la surface en contact. Il semblerait donc résulter des observations de Coulomb que la valeur du frottement se composerait d'une quantité proportionnelle à la pression, dans un rapport constant pour les mêmes corps, et d'une autre proportionnelle à l'étendue de la surface en contact, qui ne serait autre chose que l'adhérence.

Avec une montre indiquant les demi-secondes, il estima approximativement les temps employés par le traîneau à parcourir les deux moitiés de la course et crut ainsi reconnaître que le mouvement était uniformément accéléré, par suite que le frottement était indépendant de la vitesse. Le peu de précision de ses moyens d'observation ne permettant pas à Coulomb d'établir formellement une loi, il manifesta des doutes dans certains cas, et surtout pour les métaux glissant les uns sur les autres, ou pour les bois avec ou sans enduit. Nous ferons encore observer que, dans ses expériences, ce physicien considérait la tension de la corde comme sensiblement égale au poids du plateau et de sa charge, ce qui est inexact. Ainsi l'on peut dire que Coulomb, par intuition plutôt que par déduction, a reconnu les lois du frottement. Malgré le vague qu'a dû laisser dans son esprit ce mode défectueux d'expérimentation, il a constaté *que, pour les corps compressibles, le frottement, au moment du départ ou après un contact de quelque durée, est plus considérable que pendant le mouvement.*

De plus il a reconnu que généralement le frottement est : *1° proportionnel à la pression normale exercée; 2° indépendant de l'étendue des surfaces en contact; 3° indépendant de la vitesse du mouvement, sauf quelques restrictions.*

3. *Expériences de M. Morin.* — Tel était l'état de la question, lorsque M. Morin, en 1831, entreprit, à Metz, de vérifier ces expériences et de les étendre aux corps et aux enduits employés dans les constructions. Le peu d'étendue de la course du traîneau dans les expériences de Coulomb, et par conséquent la faible variation de la vitesse avaient laissé quelque

incertitude sur la troisième loi. M. Morin s'est ménagé des courses de 3 à 4 mètres et a pu ainsi faire varier considérablement la vitesse. Au moyen d'un instrument fort ingénieux, il a pu encore trouver directement la loi géométrique du mouvement, et l'effort exercé à chaque instant aux différents points du chemin parcouru. Voici d'ailleurs en quoi consiste l'appareil qui a servi aux expériences de Metz.

Sur un sol dallé, M. Morin avait solidement établi un banc composé de deux poutres en chêne parallèles MN (*fig.* 1) de

Fig. 1.

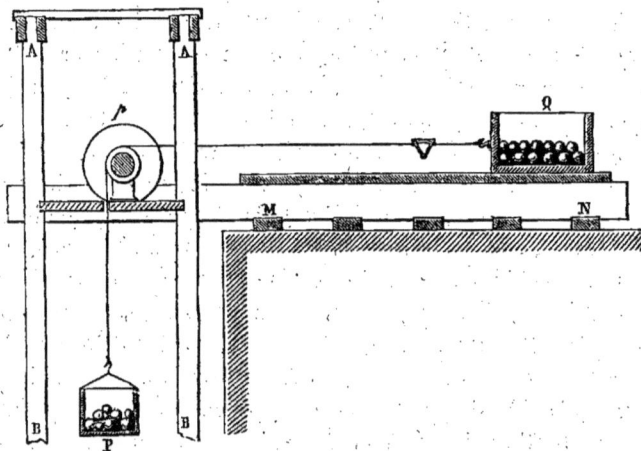

8 mètres de long et de 0$^m$,30 d'équarrissage. De mètre en mètre, ces pièces de bois étaient reliées entre elles par des semelles. Elles dépassaient de 1$^m$,30 le bord de la fosse où descendait le poids moteur P et étaient assemblées à quatre montants verticaux, entre lesquels était disposé un appui servant à supporter la poulie de renvoi $p$ d'une corde fixée horizontalement au traîneau Q. A l'extrémité de cette corde était suspendue une caisse destinée à recevoir les poids nécessaires pour communiquer le mouvement. Entre la corde et le traîneau, il avait interposé un dynamomètre à style, faisant connaître la tension de la corde au départ et à chaque instant du mouvement.

Sur l'axe de la poulie de renvoi était monté un disque de

cuivre recouvert d'une feuille de papier. Un mécanisme d'horlogerie imprimait un mouvement uniforme à un style disposé sur un plateau en regard du disque circulaire. Ce style, formé d'un crayon ou d'un pinceau imbibé d'encre de Chine, décrivait une circonférence de cercle d'un rayon égal à $0^m,07$. Sur la caisse contenant le poids moteur, on pouvait placer deux autres caisses contenant aussi des poids et, au moyen de taquets, on se réservait la faculté de pouvoir arrêter ces deux caisses. Cette disposition permettait d'obtenir avec une seule caisse un mouvement accéléré et avec les trois caisses un mouvement d'abord accéléré puis uniforme ou retardé, suivant que le poids de la caisse était capable de vaincre le frottement du traîneau sur le banc ou lui était inférieur. Il est aisé de comprendre que, le style étant immobile et le disque en cuivre tournant avec la poulie de renvoi sous l'action des poids moteurs, la pointe du style traçait sur la feuille de papier qui recouvrait le disque une circonférence de rayon égal à la distance de la pointe du style à l'axe de la poulie de renvoi. Lorsque, au contraire, la poulie ne tournait pas et que le style mis en contact avec le disque de cuivre recevait le mouvement uniforme de l'appareil d'horlogerie dont il a été question, la pointe du style décrivait sur la feuille de papier une circonférence de $0^m,07$ de rayon. Enfin, si la poulie de renvoi et le style tournaient en même temps, de la simultanéité de ces deux mouvements résultait une courbe représentant la loi géométrique du mouvement de la poulie ou du traîneau, puisque les angles de déplacement du style sont proportionnels aux temps et les angles de déplacement du disque de cuivre proportionnels aux chemins décrits par un point quelconque de ce disque ou, ce qui est la même chose, aux espaces parcourus par le traîneau. La courbe ainsi obtenue était à coordonnées polaires. M. Morin l'a transformée en une autre rapportée à des axes rectangulaires, en prenant pour abscisses des longueurs proportionnelles aux angles décrits par le plateau de cuivre, c'est-à-dire aux chemins parcourus par le traîneau, et pour ordonnées des longueurs proportionnelles aux angles de déplacement de la pointe du style ou aux temps. La courbe qui donnait la loi du mouvement étant ainsi transformée, en menant une suite de tangentes à

vue, et en élevant à chacune une perpendiculaire par le point
où elle rencontrait la tangente au point origine, on a reconnu
que toutes les perpendiculaires venaient passer par le même
point de l'axe, ce qui est une des propriétés caractéristiques
de la parabole. Les abscisses de cette courbe étant proportionnelles aux carrés des ordonnées, M. Morin a pu affirmer que
le mouvement du traîneau était uniformément accéléré.

L'appareil à indications continues imaginé par M. Morin, en
1849, pour vérifier les lois de la chute des graves, pourrait
également servir aux mêmes expériences. Il suffirait de disposer horizontalement le cylindre au-dessous du banc sur
lequel glisse le traîneau et de munir extérieurement le fond
de ce traîneau d'un style ou d'un pinceau venant toucher le
papier qui recouvre la surface du cylindre. Le traîneau étant
immobile et le cylindre recevant un mouvement uniforme du
mécanisme d'horlogerie, la pointe du style tracerait une circonférence de cercle, d'un rayon égal à celui du cylindre. Si
le cylindre était au repos, le traîneau sous l'action des poids
moteurs prendrait un mouvement de transport, et la pointe
du style tracerait une génératrice du cylindre. Enfin, le cylindre
et le traîneau se mouvant à la fois, la pointe du style tracerait
sur le papier une courbe qui représenterait la loi géométrique
du mouvement. Cette nouvelle disposition de l'appareil offri-
rait l'avantage de donner directement une courbe à coordonnées rectangulaires, qui serait beaucoup plus commode pour
la discussion des résultats fournis par l'expérience.

Si, comme l'a admis Coulomb, le poids moteur est sensiblement égal à la tension de la corde, la force motrice qui
produit l'accélération du traîneau sera égale au poids du plateau augmenté de sa charge et diminué du frottement. Or,
pendant l'expérience, la somme du poids du plateau et de la
charge étant constante, le frottement devra l'être aussi, puisque le mouvement est uniformément accéléré, et qu'un mouvement de cette nature ne peut être produit que par une force
constante, ce qui évidemment n'aurait pas lieu si, à chaque
point du chemin parcouru par le traîneau, la valeur du frottement variait.

M. Morin, dans ses expériences qu'il a conduites avec le
plus grand soin, a tenu compte de l'inertie de la poulie de

renvoi, du frottement de son axe sur les coussinets et de la roideur de la corde. L'interposition du dynamomètre à style entre le traîneau et la corde a montré que la tension était moindre que le poids du plateau et de sa charge, bien que la différence fût relativement très-faible. Ainsi la force qui, en réalité, a produit le mouvement accéléré du traîneau est égale à $T - F$, en appelant F le frottement et T la tension de la corde.

Cela posé, désignons par Q le poids du traîneau et de sa charge et par $v$ l'accélération due à la force constante $T - F$. En vertu du principe de la proportionnalité des forces aux accélérations, nous aurons

$$\frac{Q}{T - F} = \frac{g}{v},$$

d'où

$$T - F = \frac{Q}{g} v \quad \text{et} \quad F = T - \frac{Q}{g} v.$$

Soit AEM (*fig.* 2) la courbe parabolique déduite de l'expérience. Les axes étant AX, AY, on obtiendra facilement par le

Fig. 2.

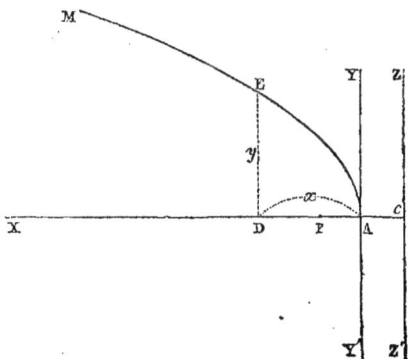

tracé des tangentes le foyer F et la directrice ZZ'. Prenons l'équation de la courbe rapportée au sommet

$$y^2 = 2px.$$

Sur la figure, $x$ est l'espace parcouru par le traîneau au bout d'un temps $t$ représenté par l'ordonnée $y$. La quantité $2p$ ou le paramètre étant égal à $2CF$ ou $4AF$, comme l'espace parcouru $x$ d'un mouvement uniformément accéléré a pour valeur $\frac{1}{2}vt^2$, on aura

$$t^2 = 4AF\tfrac{1}{2}vt^2 \quad \text{ou} \quad 1 = 2AFv,$$

d'où

$$v = \frac{1}{2AF}.$$

Remplaçant l'accélération $v$ par cette dernière valeur dans l'expression du frottement, il viendra

$$F = T - \frac{Q}{2gAF}.$$

Ainsi la tension de la corde ayant été obtenue directement au moyen du dynamomètre, et le paramètre de la parabole étant déterminé par la transformation de la courbe à coordonnées polaires, on calculera facilement la valeur du frottement.

En résumé les expériences, faites à Metz de 1831 à 1834, ont conduit aux lois suivantes :

1° *Le frottement est proportionnel à la pression normale exercée.*

2° *Il est indépendant de l'étendue des surfaces de contact et de la vitesse du mouvement.*

3° *Il dépend de la constitution moléculaire des corps, de leur degré de poli et de la disposition des fibres quand ils sont fibreux.*

4° *Il varie suivant la nature, la qualité et l'état d'entretien des enduits interposés entre les corps.*

5° *Pour les corps compressibles, tels que le bois, le frottement est plus grand, au moment du départ ou après un contact de quelque durée, que pendant le mouvement; mais, pour les corps durs, cette différence est négligeable.*

Les expériences de M. Morin ont encore mis en lumière ce fait remarquable, que, lorsqu'un corps compressible est sollicité par une force qui, au moment du départ, n'est pas suffisante pour vaincre le frottement, une simple vibration, occasionnée le plus souvent par une cause extérieure, peut produire le mouvement. Cette remarque trouve son application dans les constructions dont la stabilité paraît assurée, et qui s'écroulent dès qu'un ébranlement se produit par le passage d'une voiture ou par une autre cause.

4. *Degré de poli des corps et influence des enduits.* — Il est évident que la résistance qui s'oppose au mouvement de deux corps assujettis à glisser l'un sur l'autre doit diminuer avec la saillie des aspérités qui recouvrent leurs surfaces. Dès lors il convient de les polir; mais, comme les substances que l'on emploie pour cette opération, suivant leur nature, ne donnent pas le même degré de poli, les résistances ne sont pas les mêmes dans les différents cas. Aussi les surfaces frottantes s'usent, s'altèrent, et le poli ne devient parfait qu'après un certain temps.

Ordinairement les surfaces sont recouvertes d'enduits gras, qui, en s'introduisant dans les pores, diminuent l'engrènement; mais il est à remarquer que des enduits trop visqueux peuvent donner lieu à la résistance nommée *adhérence*, qui dépend de l'étendue des surfaces en contact.

Quoique le frottement proprement dit soit indépendant de l'étendue de ces surfaces, on comprend que, si elles n'étaient pas convenablement proportionnées à la grandeur des pressions qu'elles supportent, les enduits seraient promptement expulsés; il pourrait même en résulter, dans l'état des surfaces frottantes, une altération telle que le frottement varierait. Si, au contraire, les surfaces de contact étaient très-grandes par rapport à la pression, il ne serait plus permis de faire abstraction de l'adhérence, comme dans les cas ordinaires. C'est ce qu'il faut considérer dans l'horlogerie, où le frottement est assez faible, à cause des légères pressions que les parties frottantes supportent. L'interposition d'un enduit très-fluide, tel que l'eau, entre des corps très-poreux, augmente le frottement; car, par la dilatation des pores, l'engrènement des aspérités des surfaces frottantes est favorisé. Si l'on interpose ce liquide entre deux corps durs, comme le fer et la fonte, il sera facilement expulsé à cause de sa fluidité et entraînera avec lui les matières étrangères qui remplissaient les pores, de sorte que, les aspérités étant plus à découvert, le frottement augmentera.

Ainsi l'eau pure est généralement un mauvais enduit qui toujours, pour les métaux, doit être rejeté. Dans les pièces dont les frottements sont capables de développer une grande quantité de chaleur, on emploie souvent l'eau de savon pour rafraîchir et lubrifier les surfaces de contact. Cette précaution est notamment prise dans le forage des métaux et dans les expériences au frein, pour éviter que les mâchoires prennent feu. Le suif et la graisse conviennent aux fortes pressions. L'huile n'a pas tout à fait les mêmes inconvénients que l'eau, puisqu'elle a moins de fluidité; mais on conçoit que, sous de fortes pressions, elle pourrait aussi être chassée des corps entre lesquels elle serait interposée et que, par cette raison, on ne doit l'employer comme enduit que dans le cas de pressions assez faibles. Pour que les enduits soient efficaces, il faut cependant qu'ils ne soient pas trop visqueux; car, lorsqu'ils se sont chargés de molécules des corps frottants, ils durcissent, se forment en grumeaux qui altèrent les surfaces et augmentent ainsi la résistance. Il convient donc de les renouveler fréquemment.

5. *Frottement des tourillons.* — Les expériences que nous avons décrites sont relatives au frottement des surfaces planes; mais il était nécessaire de les étendre au cas où les diverses parties de l'une d'elles viennent successivement frotter au même point de l'autre, comme cela a lieu pour les tourillons d'une roue.

Coulomb a fait ces expériences au moyen de poulies dont il faisait varier les axes et les coussinets. Les moyens d'observation qu'il a employés n'étaient pas plus précis que ceux auxquels il a eu recours pour le mouvement de translation. Il a néanmoins reconnu que le frottement ne variait pas pendant la durée du mouvement.

M. Morin a encore repris les expériences de Coulomb et, à l'aide du dynamomètre de rotation à plateau et à style, en expérimentant sur des tourillons de $0^m,05$ à $0^m,10$ de diamètre, soumis à des pressions qu'il a fait varier entre des limites assez étendues, il a montré que les lois du frottement des tourillons

sont rigoureusement les mêmes que celles relatives aux surfaces planes.

6. *Angle et coefficient du frottement.* — Soit un plan incliné
représenté par la ligne de plus grande pente CB ( *fig.* 3 ). Pla-
çons sur ce plan un corps de poids P. Cette force peut être
décomposée en deux autres, l'une *gn* normale au plan, et
l'autre *kg* agissant parallèlement à ce plan. La première, que
nous appellerons *p*, exerce une pression sur le plan, et la seconde *kg* ou F tend à faire descendre le corps. Si l'inclinaison
du plan est telle que le corps commence à glisser, l'angle α
que ce plan forme avec l'horizon se nomme *angle du frottement* ou *du glissement* des deux substances en contact, et la

Fig. 3.

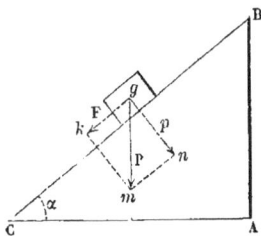

composante tangentielle F peut être considérée comme égale
et directement opposée à la résistance due au frottement.

De ce que le frottement est proportionnel à la pression, il
résulte immédiatement que pour les mêmes corps le rapport
du frottement à la pression normale est une quantité constante. On appelle ce rapport *coefficient du frottement*, et on
le désigne ordinairement par la lettre *f*. Ainsi l'on aura

$$f = \frac{F}{p}, \quad \text{d'où} \quad F = pf ;$$

ce qui nous apprend que *le frottement a pour valeur la pression normale exercée multipliée par le coefficient de frottement.*

Considérant le triangle rectangle *kgm*, nous aurons

$$kg \quad \text{ou} \quad F = P \sin kmg.$$

A cause de la perpendicularité des côtés, l'angle *kmg* étant égal à l'angle $\alpha$ du frottement, on a

$$F = P \sin \alpha$$

et

$$km \quad \text{ou} \quad p = P \cos \alpha.$$

Divisant membre à membre,

$$\frac{F}{p} = \frac{P \sin \alpha}{P \cos \alpha} = \tan \alpha.$$

Si nous appelons H la hauteur et B la base du plan incliné, on aura

$$f = \tan \alpha = \frac{H}{B}.$$

*Ainsi le coefficient de frottement est la tangente trigonométrique de l'angle du frottement.*

Supposons la base du plan incliné égale à 1 mètre et la hauteur H divisée en décimètres, centimètres, millimètres. Ce plan étant relié au plan horizontal au moyen d'une charnière, si on le fait tourner de manière que l'angle $\alpha$ acquière une valeur telle que le corps soumis à l'expérience commence à glisser, la hauteur dans cette position exprimera le coefficient du frottement; car on a

$$f = \tan \alpha = \frac{H}{B},$$

et, comme B = 1,

$$f = H.$$

La comparaison des résultats consignés dans les tableaux qui suivent montre que, pour les surfaces planes et les tourillons en bois, en fer, en fonte ou en bronze, conduites d'huile, de suif ou de saindoux, le coefficient du frottement est approximativement le même et égal à 0,07 ou 0,08; et, lorsque les surfaces de contact sont seulement onctueuses, la valeur moyenne du coefficient de frottement est 0,15. Ces nombres sont employés dans la plupart des applications qui se rapportent aux machines. On voit encore, à l'examen de ces tableaux, l'utilité des enduits, puisque par leur emploi le coefficient de frottement peut descendre jusqu'à 0,05. On comprend donc l'extension donnée, depuis quelque temps, aux appareils propres à renouveler et à répandre les enduits sur les surfaces frottantes.

## Coefficients du frottement, d'après M. Morin.

TABLEAU I. — *Frottement des surfaces planes lorsqu'elles ont été quelque temps en contact.*

| INDICATION des surfaces en contact. | DISPOSITION des fibres. | ÉTAT des surfaces. | VALEURS du coefficient du frottement *f*. | VALEURS de l'angle du frottement φ. | OBSERVATIONS. |
|---|---|---|---|---|---|
| Chêne sur chêne | Parallèles | Sans enduit | 0,62 | 31.48 | |
| | Id | Frottées de savon sec. | 0,44 | 23.45 | |
| | Perpendiculaires | Sans enduit | 0,54 | 28.22 | |
| | Id | Mouillées d'eau | 0,71 | 35.23 | |
| | Bois debout sur bois à plat | Sans enduit | 0,43 | 23.16 | |
| Chêne sur orme | Parallèles | Sans enduit | 0,38 | 20.49 | |
| Orme sur chêne | Parallèles | Sans enduit | 0,69 | 34.3- | |
| | Id | Frottées de savon sec. | 0,41 | 22.18 | |
| | Perpendiculaires | Sans enduit | 0,57 | 29.41 | |
| Frêne, sapin, hêtre, sorbier sur chêne | Parallèles | Sans enduit | 0,53 | 27.56 | |
| Cuir tanné sur chêne | Le cuir à plat | Sans enduit | 0,61 | 31.23 | |
| | Le cuir de champ | Id | 0,43 | 23.16 | |
| | Id | Mouillées d'eau | 0,79 | 38.19 | |
| Cuir noir corroyé ou courroie { sur surface plane en chêne | Parallèles | Sans enduit | 0,74 | 36.30 | |
| sur tambour en chêne } | Perpendiculaires | Id | 0,47 | 25.11 | |
| Natte de chanvre sur chêne | Parallèles | Sans enduit | 0,50 | 26.34 | |
| | Id | Mouillées d'eau | 0,87 | 41.2 | |
| Corde de chanvre sur chêne | Parallèles | Sans enduit | 0,80 | 38.40 | |
| Cuir de bœuf pour garniture de | À plat ou de | Avec huile, suif, ou | 0,63 0,82 | 3.48 | |

| Nature des surfaces frottantes de | A plat ou de champ | État des surfaces | | | Observations |
|---|---|---|---|---|---|
| Cuir de bœuf pour garniture de piston, sur fonte | A plat ou de champ | Sans enduit. Avec huile, suif ou saindoux. | 0,62 0,12 | 31.48 57.70 6.51 | |
| Cuir noir corroyé ou courroie sur poulie en fonte | A plat. | Sans enduit. Mouillées d'eau. | 0,28 0,38 | 15.39 20.49 | Lorsque le contact n'a pas duré assez longtemps pour exprimer l'enduit. |
| Fonte sur fonte | A plat. | Peu onctueuses. | 0,16 | 9. 6 | |
| Fer sur fonte | A plat. | Sans enduit. | 0,19 | 10.46 | |
| Chêne, orme, charme, fer, fonte et bronze, glissant deux à deux l'un sur l'autre | A plat. | Enduites de suif. | 0,10 | 6. 0 | Lorsque le contact a duré assez longtemps pour exprimer l'enduit et ramener les surfaces à l'état onctueux. |
| Pierre calcaire oolithique sur calcaire oolithique | A plat. | Enduites d'huile ou de saindoux. | 0,15 | 8.32 | |
| Pierre calcaire dure dite muschelkalk sur calcaire oolithique | A plat. | Sans enduit. | 0,74 | 36.30 | |
| Brique sur calcaire oolithique | A plat. | Sans enduit. | 0,75 | 36.52 | |
| Chêne sur calcaire oolithique | Bois debout. | Sans enduit. | 0,67 | 33.50 | |
| Fer sur calcaire oolithique | Debout. | Sans enduit. | 0,63 | 32.13 | |
| Pierre calcaire dure ou muschelkalk sur muschelkalk | Debout. | Sans enduit. | 0,49 | 26.71. | |
| Pierre calcaire oolithique sur muschelkalk | Debout. | Sans enduit. | 0,70 | 35. 0 | |
| Brique sur muschelkalk | Debout. | Sans enduit. | 0,75 | 36.52 | |
| Fer sur muschelkalk | Debout. | Sans enduit. | 0,67 | 33.50 | |
| Chêne sur muschelkalk | Debout. | Sans enduit. | 0,43 | 23.47 | |
| Pierre calcaire oolithique sur calcaire oolithique | Debout. | Avec enduit de mortier de 3 parties de sable fin et 1 partie de chaux hydraulique. | 0,64 0,74 | 32.38 36.30 | Après un contact de dix à quinze minutes. |

## Coefficients du frottement, d'après M. Morin.

TABLEAU II. — *Frottement des surfaces planes pendant le mouvement.*

| INDICATION des surfaces en contact | DISPOSITION des fibres. | ÉTAT des surfaces. | VALEURS du coefficient du frottement $f$. | VALEURS de l'angle du frottement $\varphi$. | OBSERVATIONS. |
|---|---|---|---|---|---|
| | | | | ° ' | |
| Chêne sur chêne..... | Parallèles....... | Sans enduit...... | 0,48 | 25.39 | |
| | Id........... | Frottées de savon sec. | 0,16 | 9.6 | |
| | Perpendiculaires. | Sans enduit...... | 0,34 | 18.47 | |
| | Id....... | Mouillées d'eau.... | 0,25 | 14.3 | |
| | Bois debout sur bois plat. | Sans enduit...... | 0,19 | 10.46 | |
| Orme sur chêne........ | Parallèles....... | Id............ | 0,43 | 23.17 | |
| | Perpendiculaires. | | 0,45 | 24.14 | |
| Frêne, sapin, hêtre, poirier sauvage et sorbier sur chêne.... | Parallèles....... | Sans enduit...... | de 0,36 à 0,40 | 19.48 / 21.49 | |
| Fer sur chêne............ | Parallèles....... | Sans enduit...... | 0,62 | 31.48 | |
| | | Mouillées d'eau.... | 0,26 | 14.35 | |
| | | Frottées de savon sec. | 0,21 | 11.52 | |
| Fonte sur chêne.......... | Parallèles....... | Sans enduit...... | 0,49 | 26.7 | |
| | | Mouillées d'eau.... | 0,22 | 12.25 | |
| | | Frottées de savon sec. | 0,19 | 10.46 | |
| Cuivre jaune sur chêne..... | Parallèles....... | Sans enduit...... | 0,62 | 31.48 | |
| Fer sur orme............. | Parallèles....... | Sans enduit...... | 0,25 | 14.3 | |
| Fonte sur orme........... | Parallèles....... | Sans enduit...... | 0,20 | 11.19 | |
| Cuir noir corroyé sur chêne... | Parallèles....... | Sans enduit...... | 0,27 | 15.7 | |
| Cuir tanné sur chêne......... | A plat ou de champ. | Sans enduit...... | de 0,30 à 0,35 | 16.42 / 19.18 | |
| | | Mouillées d'eau.... | 0,29 | 16.11 | |
| | | Onctueuses et mouillées d'eau.... | 0,23 | 12.58 | |
| Cuir tanné sur fonte ou en cuivre. | Parallèles....... | Sans enduit...... | 0,35 | 18.16 | |
| Chanvre en brin ou en corde sur chêne........ | Perpendiculaires. | Mouillées d'eau... | 0,33 | | |

| | | État des surfaces | Coefficient | | Observations |
|---|---|---|---|---|---|
| Chauffé en brin ou en corde... sur chêne | Perpendiculaires | Mouillées d'eau | 0,33 | 18.16 | |
| Chêne et orme sur fonte | Parallèles | Sans enduit | 0,38 | 20.49 | Les surfaces se rodent dès qu'il n'y a pas d'enduit. |
| Poirier sauvage sur fonte | Parallèles | Sans enduit | 0,44 | 23.45 | |
| Fer sur fer | Parallèles | Sans enduit | » | » | |
| Fer sur fonte et sur bronze | Parallèles | Sans enduit | 0,18 | 10.13 | Les surfaces conservant encore un peu d'onctuosité. |
| Fonte sur fonte et sur bronze | Parallèles | Sans enduit | 0,15 | 8.32 | Les surfaces conservant encore un peu d'onctuosité. |
| Fonte sur fonte | Parallèles | Mouillées d'eau | 0,22 | 12.25 | |
| Bronze sur bronze | Parallèles | Sans enduit | 0,20 | 11.19 | |
| Bronze sur fonte | Id | Id | 0,22 | 11.25 | Les surfaces étant un peu onctueuses. |
| Bronze sur fer | Id | Id | 0,16 | 9. 6 | |
| Chêne, orme, charme, poirier sauvage, fonte, fer, acier et bronze glissant l'un sur l'autre ou sur eux-mêmes | Parallèles | Lubrifiées à la manière ordinaire, avec enduit de suif, saindoux, cambouis mou, etc. | de 0,07 à 0,08 | 4.35 | Quand l'enduit est renouvelé le coefficient descend jusqu'à 0,05. |
| | | Légèrement onctueuses au toucher | 0,15 | 8.32 | |
| Pierre calcaire oolithique sur calcaire oolithique | Parallèles | Sans enduit | 0,64 | 32.37 | |
| Pierre calcaire dite *muschelkalk* sur calcaire oolithique | Parallèles | Sans enduit | 0,67 | 33.50 | |
| Brique ordinaire sur calcaire oolithique | Parallèles | Sans enduit | 0,65 | 33. 2 | |
| Chêne sur calcaire oolithique | Bois debout | Sans enduit | 0,38 | 20.49 | |
| Fer forgé sur calcaire oolithique | Parallèles | Sans enduit | 0,69 | 34.37 | |
| Pierre calcaire dite *muschelkalk* sur muschelkalk | Parallèles | Sans enduit | 0,38 | 20.49 | |
| Pierre calcaire oolithique sur muschelkalk | Parallèles | Sans enduit | 0,65 | 33. 2 | |
| Brique ordinaire sur muschelkalk | Parallèles | Sans enduit | 0,60 | 30.58 | |
| Chêne sur muschelkalk | Bois debout | Sans enduit | 0,38 | 20.49 | |
| Fer sur muschelkalk | Parallèles | Sans enduit | 0,24 | 13.30 | |
| Fer sur muschelkalk | Id | Mouillées d'eau | 0,30 | 16.42 | |

## Coefficients du frottement, d'après M. Morin.

TABLEAU III. — *Frottement des axes ou tourillons en mouvement dans leurs boîtes ou sur leurs coussinets.*

| INDICATION des surfaces en contact. | ÉTAT des surfaces. | COEFFICIENTS du frottement lorsque l'enduit est renouvelé à la manière ordinaire. | d'une manière continue. | VALEURS de l'angle du frottement φ. | OBSERVATIONS. |
|---|---|---|---|---|---|
| Tourillons en fonte sur coussinets en fonte.. | Enduites d'huile d'olive, de saindoux, de suif ou de cambouis mou...... | 0,07 à 0,08 | 0,030 à 0,054 | 4.00 / 4.35 / 1.16 / 3.6 | |
| | Avec les mêmes enduits et mouillées d'eau............ | 0,08 | " | 4.35 | |
| | Enduites d'asphalte............ | 0,054 | " | 3.6 | |
| | Onctueuses............ | 0,14 | " | 7.48 | |
| | Onctueuses et mouillées d'eau...... | 0,14 | " | 7.48 | |
| Tourillons en fonte sur coussinets en bronze. | Enduites d'huile d'olive, de saindoux, de suif ou de cambouis mou...... | 0,07 à 0,08 | 0,030 à 0,054 | 4.0 / 4.35 / 1.16 / 3.6 | |
| | Onctueuses............ | 0,16 | " | 9.9 | |
| | Onctueuses et mouillées d'eau...... | 0,16 | " | 9.9 | |

| | | | | | Observations |
|---|---|---|---|---|---|
| *Tourillons en fonte sur coussinets en bois de gaïac..........* | Sans enduit. | 0,18 | " | 10.29 | Le bois étant un peu onctueux. |
| | Enduites d'huile ou de saindoux.... | " | 0,09 | 5.9 | |
| | Onctueuses d'huile ou de saindoux.. | 0,10 | " | 5.43 | |
| | Onctueuses d'un mélange de saindoux et de plombagine. | 0,14 | " | 8.8 | |
| *Tourillons en fer sur coussinets en fonte..* | Enduites d'huile d'olive, de suif, de saindoux ou de cambouis mou..... | 0,07 à 0,08 | 0,030 à 0,054 | 4.0 / 4.35 / 1.16 / 3.6 | |
| *Tourillons en fer sur coussinets en bronze.* | Enduites d'huile d'olive, de saindoux ou de suif........ | 0,07 à 0,08 | 0,030 à 0,054 | 4.0 / 4.35 / 1.16 / 3.6 | |
| *Tourillons en fer sur coussinets en gaïac..* | Enduites de cambouis ferme........ | 0,09 | " | 5.9 | Les surfaces commencent à se roder. |
| | Onctueuses et mouillées d'eau..... | 0,19 | " | 10.42 | |
| | Très-peu onctueuses............. | 0,25 | " | 14.3 | |
| *Tourillons en fer sur coussinets en gaïac..* | Enduites d'huile ou de saindoux.... | 0,11 | " | 6.30 | |
| | Onctueuses................ | 0,19 | " | 10.39 | |
| *Tourillons en bronze sur coussinets en bronze.* | Enduites d'huile................ | 0,10 | " | 5.43 | |
| | Enduites de saindoux............ | 0,09 | " | 5.9 | |
| *Tourillons en bronze sur coussinets en fonte.......* | Enduites d'huile ou de suif......... | " | 0,045 à 0,052 | 2.34 et 2.58 | |
| *Tourillons en gaïac sur coussinets en fonte..* | Enduites de saindoux.......... | 0,12 | " | 6.35 | |
| | Onctueuses................. | 0,13 | " | 8.40 | |
| *Tourillons en gaïac sur coussinets en gaïac..* | Enduites de saindoux............ | " | 0,07 | 4.35 | |

**7.** *Travail absorbé par le frottement d'un pivot tournant sur crapaudine.* — Soient *oa* le rayon du cercle de contact du pivot avec la crapaudine et P la pression normale exercée (*fig.* 4).

Fig. 4.

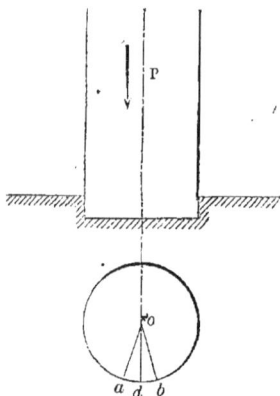

Cette pression, étant uniformément répartie sur toutes les parties de la base du pivot, sera la résultante de toutes les forces partielles, et par suite le frottement total aura pour valeur P*f*. Concevons le cercle de contact décomposé en une infinité de secteurs infiniment petits, tels que *aob*. Tous les frottements partiels égaux qui agissent aux différents points du secteur en sens contraire du mouvement, étant perpendiculaires au rayon moyen *od*, seront autant de forces parallèles, dont le point d'application de la résultante se confondra avec le centre de gravité. Or, comme ce secteur infiniment petit peut être considéré comme un triangle, le centre de gravité sera aux $\frac{2}{3}$ du rayon *od*, à partir du centre *o* du cercle de contact. Ce que nous disons du secteur *aob* étant applicable à tous les autres secteurs dont la somme est égale au cercle de contact, il s'ensuit que le frottement s'exerce sur une circonférence de cercle dont le rayon est égal aux $\frac{2}{3}$ de *od*. Ce dernier rayon se nomme *bras de levier au moyen du frottement*. Conséquemment, en désignant par R le rayon du cercle de contact, le travail T consommé pour une révolution sera

$$T = Pf\, 2\pi\, \frac{2}{3}R \quad \text{ou} \quad T = \frac{4}{3} Pf\pi R.$$

Si le pivot fait en une minute un nombre de révolutions représenté par *n*, le travail sera

$$\frac{4}{3} Pf\pi R n,$$

et en une seconde

$$\frac{4}{3}\frac{P f \pi R n}{60} \quad \text{ou} \quad \frac{P f \pi R n}{45}.$$

Quand le pivot est épaulé latéralement et que la résultante générale des forces n'est pas dirigée suivant l'axe, on décompose cette force en deux autres, l'une dans le sens de l'axe et l'autre normale. Cette dernière détermine un frottement qu'il est facile de déterminer.

8. *Cas où le frottement se produit sur une surface annulaire.* — Soient R et R' les rayons extérieur et intérieur de l'anneau

Fig. 5.

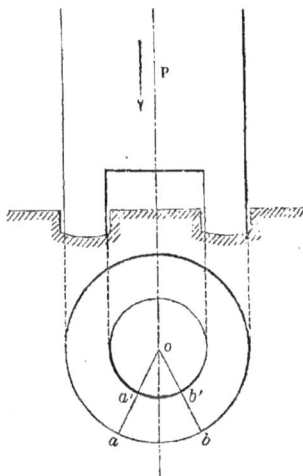

sur lequel le frottement se produit (*fig.* 5). Si nous appelons S sa surface, on aura

$$S = \pi R^2 - \pi R'^2.$$

Décomposons, ainsi que dans le cas précédent, le cercle de rayon R en secteurs élémentaires. Comme la pression normale se répartit uniformément sur toutes les parties de la surface en contact, il s'ensuit que le frottement sur le trapèze circulaire infiniment petit $abb'a'$ sera égal au frottement sur le secteur $aob$ diminué du frottement sur le secteur intérieur

$a' o b'$. Désignant par $a$ et $a'$ les surfaces de ces secteurs élémentaires, comme elles sont des fractions de la surface totale de contact S sur laquelle agit la pression totale P, les pressions partielles sur les deux surfaces $a$ et $a'$ seront respectivement

$$\frac{P a}{S} \quad \text{et} \quad \frac{P a'}{S}$$

ou

$$\frac{P a}{\pi R^2 - \pi R'^2} \quad \text{et} \quad \frac{P a'}{\pi R^2 - \pi R'^2}.$$

Conséquemment les deux frottements seront

$$\frac{P f a}{\pi R^2 - \pi R'^2} \quad \text{et} \quad \frac{P f a'}{\pi R^2 - \pi R'^2},$$

et les moments des deux frottements auront pour valeur

$$\frac{P f a}{\pi R^2 - \pi R'^2} \frac{2}{3} R \quad \text{et} \quad \frac{P f a'}{\pi R^2 - \pi R'^2} \frac{2}{3} R'.$$

Le moment du frottement sur le trapèze circulaire infiniment petit sera évidemment égal à la différence des deux moments. On aura donc

$$\frac{P f a}{\pi R^2 - \pi R'^2} \frac{2}{3} R - \frac{P f a'}{\pi R^2 - \pi R'^2} \frac{2}{3} R'$$

ou

$$\frac{2}{3} \frac{P f}{\pi R^2 - \pi R'^2} (a R - a' R').$$

Si nous appelons $b$ et $b'$ deux autres secteurs élémentaires dont la différence est un nouveau trapèze circulaire, le moment du frottement exercé sera encore

$$\frac{2}{3} \frac{P f}{\pi R^2 - \pi R'^2} (b R - b' R).$$

Pour un troisième trapèze

$$\frac{2}{3} \frac{P f}{\pi R^2 - \pi R'^2} (c R - c' R),$$

et ainsi de suite, pour les moments des autres éléments de la surface annulaire S. On aura donc, pour la valeur du moment M du frottement total,

$$M = \frac{2}{3} \frac{Pf}{\pi R^2 - \pi R'^2} (aR + bR + cR + \ldots - a'R' - b'R' - c'R' - \ldots)$$

ou

$$M = \frac{2}{3} \frac{Pf}{\pi R^2 - \pi R'^2} [R(a + b + c + \ldots) - R'(a' + b' + c' + \ldots)].$$

Or

$$a + b + c + \ldots = \pi R^2 \quad \text{et} \quad a' + b' + c' + \ldots = \pi R'^2;$$

donc

$$M = \frac{2}{3} \frac{Pf}{\pi R^2 - \pi R'^2} (\pi R^3 - \pi R'^3).$$

Divisant les deux termes par $\pi$, on aura encore

$$M = \frac{2}{3} \frac{Pf}{R^2 - R'^2} (R^3 - R'^3).$$

Désignant par $r$ le rayon moyen et par $l$ la largeur de la couronne, on aura

$$R = r + \frac{l}{2}, \quad R' = r - \frac{l}{2}.$$

Élevant au cube les deux membres,

$$R^3 = r^3 + \frac{l^3}{8} + \frac{3r^2 l}{2} + \frac{3rl^2}{4},$$

$$R'^3 = r^3 - \frac{l^3}{8} - \frac{3r^2 l}{2} + \frac{3rl^2}{4};$$

retranchant membre à membre,

$$R^3 - R'^3 = \frac{l^3}{4} + 3r^2 l;$$

substituant dans l'expression du moment,

$$M = \frac{2}{3} \frac{Pf}{R^2 - R'^2} \left( \frac{l^3}{4} + 3r^2 l \right)$$

ou

$$M = \frac{2}{3} \frac{Pf}{(R + R')(R - R')} \left( \frac{l^3}{4} + 3r^2 l \right);$$

remplaçant R et R' par leurs valeurs en fonction de $x$,

$$M = \frac{2}{3} \frac{Pf}{\left(r + \frac{l}{2} + r - \frac{l}{2}\right)\left(r + \frac{l}{2} - r + \frac{l}{2}\right)} \left(\frac{l^3}{4} + 3r^2 l\right),$$

$$M = \frac{2}{3} \frac{Pf\left(\frac{l^3}{4} + 3r^2 l\right)}{2rl},$$

$$M = \frac{1}{3} \frac{Pf}{rl}\left(\frac{l^3}{4} + 3r^2 l\right),$$

$$M = \frac{1}{3} Pf\left(\frac{l^2}{4r} + 3r\right) \quad \text{ou} \quad M = Pf\left(\frac{l^2}{12r} + r\right).$$

Le bras de levier moyen du frottement étant égal à $r + \frac{l^2}{12r}$, le travail pour une révolution sera $Pf\left(\frac{l^2}{12r} + r\right) 2\pi$. Si l'arbre fait $n$ révolutions en une minute, nous aurons pour expression du travail en une seconde

$$T = Pf\left(\frac{l^2}{12r} + r\right) \frac{2\pi n}{60} \quad \text{ou} \quad T = Pf\left(\frac{l^2}{12r} + r\right) \frac{\pi n}{30}.$$

Supposons que la largeur $l < \frac{1}{3} r$. On aura $l^2 < \frac{1}{9} r^2$. Divisant les deux membres de l'inégalité par $12r$,

$$\frac{l^2}{12r} < \frac{1}{108} r.$$

Dans ce cas particulier, le terme $\frac{l^2}{12r}$ pouvant être négligé, le bras de levier moyen du frottement, sans erreur sensible, deviendra égal à $r$ et le travail aura pour valeur en une seconde

$$T = \frac{Pf\pi rn}{30}.$$

Comme le travail consommé par le frottement augmente proportionnellement au bras de levier moyen ou au rayon de la base du pivot, il convient de réduire ce rayon, mais de manière que la solidité du pivot ne soit pas compromise. C'est dans ce but qu'on donne à la base la forme d'une calotte sphérique reposant elle-même sur une partie convexe du fond de la crapaudine (*fig.* 6).

Souvent le pivot a la forme d'un tronc de cône raccordé avec

Fig. 6.

Fig. 7.

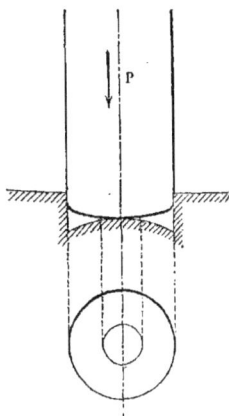
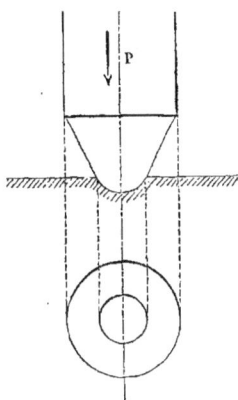

une calotte sphérique qui s'engage dans une cavité pratiquée à la pièce faisant office de crapaudine (*fig.* 7).

Dans d'autres cas, c'est la crapaudine qui forme le pivot, tandis que la cavité où vient se loger la tête du pivot est ménagée dans l'arbre même. Cette disposition offre l'avantage de mettre les surfaces de contact à l'abri des poussières qui pourraient s'y déposer; mais elle a l'inconvénient de ne pas conserver longtemps les enduits qui servent à diminuer le frottement (*fig.* 8).

Fig. 8.

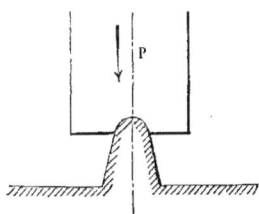

La surface de contact, quand on adopte les deux dernières

formes, ayant une faible étendue, on prend les $\frac{2}{3}$ du plus grand rayon pour la valeur du bras de levier moyen du frottement.

9. APPLICATION NUMÉRIQUE. — *Quel est le travail consommé pendant une seconde par le frottement du pivot en acier d'un arbre vertical tournant sur crapaudine de bronze, sachant que la pression dirigée suivant l'axe est égale à 2500 kilogrammes, que le rayon du pivot est égal à 0^m,02 et que l'arbre fait 40 révolutions en une minute.*

Prenons la première formule

$$T = \frac{P f \pi r n}{45}.$$

D'après les données de la question, P $=$ 2500, $r=$ 0,02, $n=$ 40, et, en recourant aux tableaux qui donnent, suivant la nature des substances frottantes, les différents coefficients du frottement, on trouve $f=$ 0,07. On aura donc

$$T = \frac{2500 \times 0,07 \times 0,02 \times 40 \times 3,14159}{45}$$

ou

$$T = 9^{kgm},77.$$

10. *Frottement d'un tourillon sur le coussinet.* — Soit K le centre d'un tourillon tournant dans un coussinet ABC dont le centre est O (*fig.* 9). Quand ce tourillon est en repos, il est évident qu'il est en contact au point le plus bas B avec le cercle qui représente le profil de la boîte. Mais, si la machine est en mouvement, tant que l'effort moteur sera supérieur à la résistance opposée par le frottement, le tourillon s'élèvera le long de la boîte, jusqu'à ce que le contact ait lieu en un point *a* tel, que la composante tangentielle de la force motrice **P** soit égale et directement opposée au frottement. Or, le tourillon étant en équilibre au point *a*, la résultante de toutes les forces qui le sollicitent, y compris le frottement, devra passer par ce point et avoir une direction perpendiculaire au plan tangent commun à la surface de l'œil du coussinet et à la surface du tourillon; car nous avons vu que, lorsqu'un corps repose sur un plan par un point, l'équilibre ne peut avoir lieu

que si la résultante de toutes les forces passe par le point
d'appui normalement au plan.

Fig. 9.

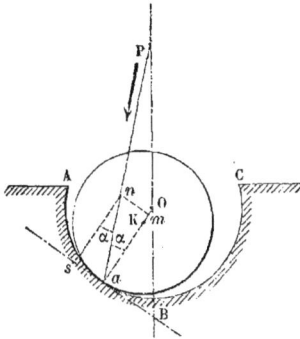

Cela posé, sur la direction de la force motrice P, prenons
une longueur *an* qui représente son intensité et construisons
le parallélogramme des forces par la décomposition de la
force P en deux autres, l'une tangentielle *as* et l'autre *am* normale. Comme, dans cette position d'équilibre du tourillon, *as*
est égal au frottement, *am* sera la grandeur de la pression qui
le produit. Appelons $\alpha$ l'angle de la direction de la force motrice avec la pression normale. Du triangle rectangle *man* nous
déduirons successivement

$$am = P \cos\alpha,$$

$$mn \quad \text{ou} \quad as = P \sin\alpha.$$

Si $f$ est le coefficient du frottement, cette résistance aura
pour valeur $P f \cos\alpha$, et, puisque *as* la représente également,
nous aurons

$$P f \cos\alpha = P \sin\alpha, \quad \text{d'où} \quad f \cos\alpha = \sin\alpha,$$

Or

$$1 = \sin^2\alpha + \cos^2\alpha.$$

Remplaçant $\sin\alpha$ par sa valeur $f \cos\alpha$,

$$1 = f^2 \cos^2\alpha + \cos^2\alpha \quad \text{ou} \quad 1 = \cos^2\alpha (1 + f^2),$$

d'où

$$\cos^2\alpha = \frac{1}{(1+f^2)} \quad \text{et} \quad \cos\alpha = \frac{1}{\sqrt{1+f^2}}.$$

Remplaçant $\cos\alpha$ par cette valeur dans l'expression du frottement, on aura

$$P\frac{f}{\sqrt{1+f^2}}.$$

Lorsque le coefficient du frottement est moindre que $\frac{1}{3}$, la quantité $\sqrt{1+f^2}$ diffère très-peu de l'unité, et la valeur du frottement, sans erreur sensible, est égale à $Pf$. Ce résultat est le même que celui qu'on obtient, dans l'hypothèse où la résultante de toutes les forces passe par le centre du tourillon, ce qui en réalité n'a pas généralement lieu. Dans la pratique on emploie cette dernière formule.

**11.** *Théorème de Poncelet sur la valeur approchée des radicaux de la forme $\sqrt{A^2+B^2}$.* — On doit à Poncelet un théorème d'Algèbre fort remarquable sur la valeur approximative des expressions de ce genre. Comme elles se rencontrent fort souvent en Mécanique appliquée, nous croyons devoir donner le tableau qui fournit les valeurs de ces radicaux, d'après la relation qui existe entre A et B.

| Relations de A et B. | Valeurs approchées de $\sqrt{A^2+B^2}$. | Degré d'approximation. | |
|---|---|---|---|
| $A > B$...... | $0,96046\,A + 0,39783\,B$ | $\frac{1}{25}$ | près. |
| $A > 2B$...... | $0,98592\,A + 0,23270\,B$ | $\frac{1}{71}$ | » |
| $A > 3B$...... | $0,99350\,A + 0,16123\,B$ | $\frac{1}{156}$ | » |
| $A > 4B$...... | $0,99625\,A + 0,12260\,B$ | $\frac{1}{266}$ | » |
| $A > 5B$...... | $0,99757\,A + 0,09878\,B$ | $\frac{1}{417}$ | » |
| $A > 6B$...... | $0,99826\,A + 0,08261\,B$ | $\frac{1}{589}$ | » |
| $A > 7B$...... | $0,99875\,A + 0,07098\,B$ | $\frac{1}{800}$ | » |
| $A > 8B$...... | $0,99905\,A + 0,06220\,B$ | $\frac{1}{1049}$ | » |
| $A > 9B$...... | $0,99930\,A + 0,05535\,B$ | $\frac{1}{1428}$ | » |
| $A > 10B$...... | $0,99935\,A + 0,04984\,B$ | $\frac{1^x}{1538}$ | » |

Lorsque l'ordre de grandeur des quantités A et B est inconnu, on a, à $\frac{1}{8}$ près,

$$\sqrt{A^2+B^2} = 0,8284\,(A+B);$$

pour les applications, on fait ordinairement

$$\sqrt{A^2 + B^2} = 0,96\,A + 0,4\,B$$

si l'on sait que $A > B$, et

$$\sqrt{A^2 + B^2} = 0,83\,(A + B)$$

quand la relation qui existe entre les grandeurs de A et B n'est pas donnée.

Dans les applications de la Mécanique aux machines, les radicaux de la forme $\sqrt{A^2 - B^2}$ se présentent rarement.

La quantité A étant comprise entre $1,01\,B$ et $1,02\,A$, on a

$$\sqrt{A^2 - B^2} = 6,097\,A - 6,02\,B, \text{ à } \tfrac{1}{32} \text{ près.}$$

Si B est compris entre zéro et $0,91\,A$, on obtient, à $\tfrac{1}{7}$ près,

$$\sqrt{A^2 - B^2} = 1,1319\,A - 0,72636\,B.$$

Entre $B = 0$ et $B = 0,5\,A$, on a, à $\tfrac{1}{53}$ près,

$$\sqrt{A^2 - B^2} = 1,018623\,A - 0,272964\,B.$$

**12. Applications numériques sur le frottement des tourillons.** — *1° Quel est le travail consommé, dans une révolution, par le frottement des tourillons d'une roue hydraulique supportant une pression de* 15000 *kilogrammes, sachant que le rayon de ces tourillons est égal à* 0^m,12 *et que les coussinets sur lesquels ils reposent sont en bronze et enduits de saindoux ? D'après le tableau,* $f = 0,07$.

On aura

$$T = 2 \times 3,14 \times 15000\,\frac{0,07}{\sqrt{1 + 0,0049}} \times 0,12,$$

$$T = 790^{\text{kgm}}.$$

En faisant usage de la formule pratique $T = P\,f$, on trouve

$$L = 791^{\text{kgm}}.$$

Si la roue fait *huit* tours en une minute, le travail consommé en une seconde sera

$$T = \frac{790 \times 8}{60} = 105^{kgm}.$$

2° *Trouver le travail consommé par le frottement des tou-rillons d'une roue à augets de la force de 80 chevaux-vapeur, dans les conditions suivantes :*

Travail transmis à la circonférence extérieure de la roue.......................... $T = 80 \times 75 = 6000^{kgm}$.

Rayon de la roue........................ $R = 4,6$.

Poids de la roue, de son équipage et de l'eau renfermée dans les augets.................. $P = 90000^{kg}$.

Effort transmis à la circonférence extérieure. $p$.

Nombre de tours par minute.............. $n = 6$.

Coussinets en bronze et enduits de saindoux. $f = 0,07$.

Résistance utile supposée horizontale...... $Q$.

Rayon de l'engrenage.................... $r = 2^m$.

Rayon du tourillon..................... $r' = 0^m,15$.

La vitesse à la circonférence extérieure de la roue sera

$$\frac{2\pi R n}{60} = \frac{6,28 \times 4,6 \times 6}{60} = 2^m,88.$$

L'effort $p$ transmis à la circonférence extérieure aura pour valeur

$$p = \frac{6000^{kgm}}{2,88} = 2083^{kg}.$$

Les directions des forces Q et P + $p$ étant perpendiculaires, puisque la première est horizontale et la seconde verticale, la pression exercée sur le tourillon sera la résultante de ces deux forces

$$\sqrt{(P + p)^2 + Q^2}.$$

Pour que l'équilibre existe, il faut que le moment de la puissance par rapport à l'axe soit égal à la somme des moments des résistances. Appliquant le théorème de Poncelet dans l'é-valuation de la résultante, on aura

$$pR = Qr + 0,96 fr' (P + p) + 0,4 fr' Q$$

ou, en remplaçant par les données numériques de la question,

$$2083 \times 4,6 = Q \times 2 + 0,96 \times 0,07 \times 0,15 \times 92083$$
$$+ 0,4 \times 0,07 \times 0,15 \times Q,$$

$$9581,8 = 2,0042 \, Q + 928,19664,$$

d'où

$$Q = \frac{9581,8 - 928,19664}{2,0042}, \quad Q = 4317^{kg}.$$

En faisant abstraction du frottement, l'équation d'équilibre est

$$2083 \times 4,6 = Q \times 2, \quad \text{d'où} \quad Q = \frac{2083 \times 4,6}{2} = 4790^{kg},9.$$

Comme les vitesses sont proportionnelles aux rayons, appelant $x$ la vitesse à la circonférence primitive de la roue d'engrenage, nous aurons

$$\frac{x}{2,88} = \frac{2}{4,6}, \quad \text{d'où} \quad x = \frac{2,88 \times 2}{4,6}.$$

Par conséquent la valeur du travail utile sera

$$4317 \times \frac{2,88 \times 2}{4,6} \quad \text{ou} \quad 5406^{kgm}.$$

Le travail consommé par le frottement en pure perte est donc

$$6000 - 5406 \quad \text{ou} \quad 594^{kgm},$$

ce qui représente environ une force nominale de 7 chevaux-vapeur.

**13.** *Méthode générale pour trouver la pression supportée par un axe de rotation.* — Il est évident que la pression exercée doit être la résultante de toutes les forces qui agissent autour de cet axe. M. Morin distingue quatre cas :

1° *Lorsque toutes les forces sont verticales, la pression est égale à la somme des poids de l'arbre et de son équipage, augmentée de toutes les forces qui agissent de haut en bas et diminuée de la somme des forces qui agissent de bas en haut.*

2° *Si l'axe de rotation est sollicité par des forces verticales et des forces horizontales, on fait séparément la somme des forces du premier groupe et celle des forces du second. La question est ainsi réduite à trouver la résultante de deux forces triangulaires que l'on obtient facilement au moyen du théorème de Poncelet sur le calcul des radicaux.*

*3° Si les forces ont des directions quelconques, en décomposant chacune d'elles en deux autres, l'une verticale et l'autre horizontale, on est ramené au cas précédent.*

*4° Lorsque la direction et l'intensité des forces sont telles que l'un des tourillons est pressé dans un sens et l'autre en sens contraire, on détermine séparément la pression supportée par chacun d'eux, d'après les méthodes que nous venons d'indiquer.*

**14.** *Frottement d'un corps assujetti à glisser sur un plan horizontal par l'action d'une force de direction quelconque.* — 1° *La force agit de haut en bas.* — Soit un corps de poids **P** assujetti à glisser sur un plan horizontal sous l'action d'une force **F** (*fig.* 10). Cette force **F** peut être décomposée en deux

Fig. 10.

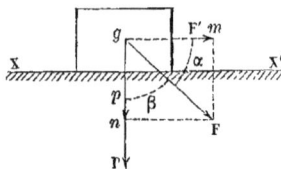

autres, l'une *gm* parallèle au plan, et la seconde *gn* perpendiculaire à ce plan. La première, que nous appellerons **F′**, tend à faire glisser le corps, et la seconde *p* s'ajoute au poids de ce corps pour le presser contre le plan. Ainsi la pression normale sera **P** + *p*, et par suite le frottement aura pour valeur $f(P + p)$, en désignant par *f* le coefficient du frottement des substances en contact. Nous aurons donc

$$F' = f(P + p).$$

Appelant $\alpha$ l'angle que forme la direction de la force avec le plan, on aura

$$F' = F \cos\alpha, \quad p = F \sin\alpha.$$

Substituant dans l'équation,

$$F \cos\alpha = f(P + F \sin\alpha)$$

ou

$$F \cos\alpha = Pf + Ff\sin\alpha,$$
$$F \cos\alpha - Ff\sin\alpha = Pf,$$
$$F(\cos\alpha - f\sin\alpha) = Pf$$

et

$$F = \frac{Pf}{\cos\alpha - f\sin\alpha}.$$

2° *La force agit de bas en haut* (*fig.* 11). — Dans ce cas la force F qui sollicite le corps se décompose en deux autres, l'une *gn* ou *p* directement opposée au poids du corps, et

Fig. 11.

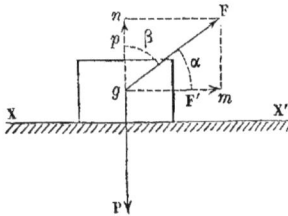

l'autre parallèle au plan tendant à imprimer au corps un mouvement horizontal. Ainsi la pression normale sera égale à $P - p$, et le frottement aura pour valeur $f(P - p)$. Comme la composante $F'$ doit être capable de vaincre le frottement, nous aurons l'équation suivante :

$$F' = f(P - p) = fP - fp;$$

or

$$F' = F\cos\alpha \quad \text{et} \quad p = F\sin\alpha,$$

d'où

$$F \cos\alpha = fP - Ff\sin\alpha,$$
$$F \cos\alpha + Ff\sin\alpha = Pf,$$
$$F(\cos\alpha + f\sin\alpha) = Pf,$$
$$F = \frac{Pf}{\cos\alpha + f\sin\alpha}.$$

Si la force F est horizontale, $\alpha = 0$; par suite, $\cos\alpha = 1$, $\alpha = 1$ et $f\sin\alpha = 0$. Dans les deux cas on a

$$F = Pf.$$

Supposons, dans le premier cas, $\cos\alpha = f\sin\alpha$. Alors $F = \infty$, et de cette relation on déduit

$$f = \frac{\cos\alpha}{\sin\alpha} = \cot\alpha.$$

L'angle $\beta$ étant le complément de l'angle $\alpha$, on a

$$f = \tang\beta.$$

Estimons les composantes $F'$ et $p$ en fonction de l'angle complémentaire de $\alpha$; nous aurons, par la considération du triangle $ngF$ (*fig.* 10),

$$F' = F\sin\beta, \quad p = F\cos\beta.$$

Or $\sin\beta = \cos\alpha$ et $\cos\beta = \sin\alpha$; donc

$$\sin\beta - f\cos\beta = \cos\alpha - f\sin\alpha,$$

et, d'après l'hypothèse,

$$\sin\beta - f\cos\beta = 0,$$

d'où, en multipliant par F,

$$F(\sin\beta - f\cos\beta) = 0 \quad \text{et} \quad F = \frac{0}{\sin\beta - f\cos\beta} = \frac{0}{0}.$$

La valeur de F, en vertu de l'hypothèse, conduisant à une indétermination, nous devons en conclure que, quelle que soit l'intensité de la force qui sollicite le corps, la composante horizontale $F\sin\beta$, qui tend à produire le mouvement, sera toujours détruite par le frottement dû à la composante verticale $F\cos\beta$. Si l'angle $\beta$ décroît de plus en plus au delà de la limite pour laquelle on a

$$f = \tang\beta = \cot\alpha,$$

$\cos\alpha - f\sin\alpha$ devient une quantité négative, et la valeur de F se trouve aussi affectée du signe —. Ce changement de signe indique naturellement, pour la possibilité du problème, un changement de sens dans la direction de la force qui sollicite le corps, c'est-à-dire que, sans cesser de former le même angle avec le plan horizontal, elle doit être dirigée de bas en haut,

**15. Application numérique.** — *Un bloc de pierre est assujetti à glisser sur un plancher horizontal en bois de chêne. On demande la valeur de l'effort capable de le faire mouvoir, sachant que ce bloc de pierre pèse* 3000 *kilogrammes, que l'angle sous lequel agit la force est égal à* 38 *degrés, et que le coefficient* $f = 0,38$.

1° La force agit de haut en bas.

$$F = \frac{Pf}{\cos\alpha - f\sin\alpha}, \quad F = \frac{3000 \times 0,38}{\cos 38° - 0,38 \times \sin 38°},$$
$$\cos 38° = 0,8090170, \quad \sin 38° = 0,5877853,$$
$$F = \frac{3000 \times 0,38}{0,8090170 - 0,38 \times 0,5877853}, \quad F = 1496^{kg}.$$

2° La force agit de bas en haut.

$$F = \frac{Pf}{\cos\alpha + f\sin\alpha},$$
$$F = \frac{3000 \times 0,38}{0,8090170 + 0,38 \times 0,5877853},$$
$$F = 1104^{kg}.$$

**16.** *Théorie du levier, en tenant compte du frottement.* — La théorie que nous avons donnée plus haut n'est rigoureusement vraie que dans le cas où l'axe de rotation se confond avec l'arête d'appui, ce qui généralement n'a pas lieu. La surface de contact peut en effet avoir une étendue suffisante pour qu'il ne soit pas permis de la considérer comme un point fixe. D'autre part, le levier peut tendre à glisser sur son appui; d'où résulte un frottement qu'il importe de ne pas négliger. C'est ce qui arrive lorsque le levier est assujetti à tourner autour d'un axe cylindrique ou tourillon. On comprend donc la nécessité d'introduire dans l'équation d'équilibre le moment de la résistance due au frottement.

Appelons P et Q la puissance et la résistance utile, $p$, $q$ leurs bras de levier respectifs, et $r$ le rayon du tourillon. Si S

3.

est la résultante de toutes les forces agissant autour de l'axe
du tourillon, $Sf$ sera la valeur du frottement, et $Sfr$ le moment
par rapport à l'axe. Appliquant le théorème des moments,
nous aurons l'équation suivante :

$$P p = Q q + S fr, \quad \text{d'où} \quad P = \frac{Q q + S fr}{p}.$$

Si les forces P et Q sont parallèles, $S = P + Q$, et il vient

$$P p = Q q + (P + Q) fr, \quad P p = Q q + P fr + Q fr$$

ou

$$P(p - fr) = Q(q + fr), \quad \text{d'où} \quad P = \frac{Q(q + fr)}{p - fr}.$$

Si les forces P et Q, ayant des directions quelconques, forment
entre elles un angle $\alpha$, la pression normale S sera donnée
par l'équation suivante :

$$S = \sqrt{P^2 + Q^2 + 2 PQ \cos\alpha}.$$

**17.** *Équilibre de la poulie fixe.* — On donne le nom de
*poulie* à une machine simple servant à transformer un mouvement rectiligne continu en un autre de même nature, mais
de direction différente. Elle se compose d'un cylindre de bois
ou de métal dont la circonférence, creusée en gorge, reçoit
une corde et quelquefois une chaîne. L'axe de la poulie, ordinairement en métal, repose, au moyen de tourillons, sur des
coussinets fixes ou sur les branches d'une chape terminée

Fig. 12.

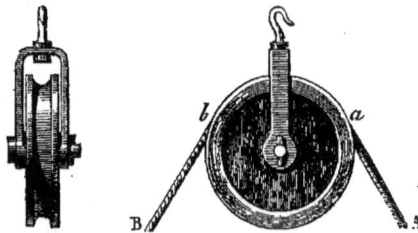

par un crochet (*fig.* 12). L'axe, au lieu de faire corps avec
la poulie, peut être adapté à la chape. Alors la poulie est

percée d'une ouverture circulaire nommée *œil*, que l'on munit d'une garniture métallique lorsque le corps de la poulie est en bois. La poulie est dite *fixe* lorsque l'axe repose sur des supports fixes, ce qui exige évidemment que la chape soit accrochée à un point de position invariable. Dans ce cas, la puissance est appliquée à l'une des extrémités de la corde, et la résistance à l'autre extrémité. La poulie est *mobile* (*fig.* 13),

Fig. 13.

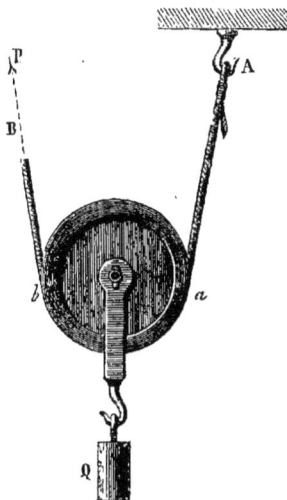

si la charge est appliquée au crochet de la chape et si l'axe se meut d'un mouvement de transport en même temps que la poulie tourne.

Soit une poulie fixe de rayon R montée sur un axe de rayon *r*. Si l'on fait abstraction du frottement, la théorie est bien simple; car, en vertu du théorème des moments, on a

$$PR = QR \quad \text{ou} \quad P = Q,$$

ce qui montre que, dans ce cas, la puissance est égale à la résistance.

Pour tenir compte du frottement, remarquons que, la pression normale S étant la résultante des forces P et Q, l'équation d'équilibre sera

$$PR = QR + Sfr.$$

Si $\alpha$ est l'angle formé par les directions des deux brins de la corde, et supposant $Om = S$ (*fig.* 14), la construction du

Fig. 14.

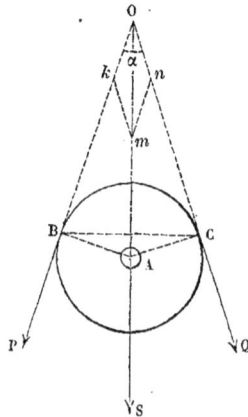

parallélogramme des forces conduira à la relation suivante :

$$S^2 = P^2 + Q^2 + 2PQ \cos\alpha \quad \text{et} \quad S = \sqrt{P^2 + Q^2 + 2PQ \cos\alpha},$$

d'où

$$PR = QR + fr \sqrt{P^2 + Q^2 + 2PQ \cos\alpha}.$$

Faisant passer QR dans le premier membre et élevant au carré

$$(PR - QR)^2 = f^2 r^2 (P^2 + Q^2 + 2PQ \cos\alpha),$$
$$P^2 R^2 + Q^2 R^2 - 2PQR^2 = P^2 f^2 r^2 + Q^2 f^2 r^2 + 2PQ f^2 r^2 \cos\alpha.$$

Faisant encore passer dans le premier membre les quantités qui renferment le facteur P, et dans le second celles qui ne le contiennent pas,

$$P^2 R^2 - 2PQR^2 - P^2 f^2 r^2 - 2PQ f^2 r^2 \cos\alpha = -Q^2 R^2 + Q^2 f^2 r^2.$$

Mettant $P^2$ et $Q^2$ en facteur commun,

$$P^2 (R^2 - f^2 r^2) - 2PQ (R^2 + f^2 r^2 \cos\alpha) = -Q^2 (R^2 - f^2 r^2).$$

Divisant les deux membres par $R^2 - f^2 r^2$,

$$P^2 - \frac{2PQ (R^2 + f^2 r^2 \cos\alpha)}{R^2 - f^2 r^2} = -Q^2.$$

Résolvant par rapport à P cette équation du second degré,

$$P = \frac{Q(R^2 + f^2 r^2 \cos\alpha)}{R^2 - f^2 r^2} \pm \sqrt{\frac{Q^2(R^2 + f^2 r^2 \cos\alpha)^2}{(R^2 - f^2 r^2)^2} - Q^2}.$$

Réduisant au même dénominateur sous le radical,

$$P = \frac{Q(R^2 + f^2 r^2 \cos\alpha)}{R^2 - f^2 r^2} \pm \sqrt{\frac{Q^2(R^2 + f^2 r^2 \cos\alpha)^2 - Q^2(R^2 - f^2 r^2)^2}{(R^2 - f^2 r^2)^2}}.$$

ou

$$P = \frac{Q(R^2 + f^2 r^2 \cos\alpha)}{R^2 - f^2 r^2}$$

$$\pm \sqrt{\frac{Q^2 R^4 + Q^2 f^4 r^4 \cos^2\alpha + 2 Q^2 R^2 f^2 r^2 \cos\alpha - Q^2 R^4 - Q^2 f^4 r^4 + 2 Q^2 R^2 f^2 r^2}{(R^2 - f^2 r^2)^2}},$$

$$P = \frac{Q(R^2 + f^2 r^2 \cos\alpha)}{R^2 - f^2 r^2} \pm \sqrt{\frac{Q^2 f^3 r^4 \cos^2\alpha + 2 Q^2 R^2 f^2 r^2 \cos\alpha - Q^2 f^4 r^4 + 2 Q^2 R^2 f^2 r}{(R^2 - f^2 r^2)^2}}.$$

Mettant, sous le radical, la quantité $Q^2 f^2 r^2$ en facteur commun,

$$P = \frac{Q(R^2 + f^2 r^2 \cos\alpha)}{R^2 - f^2 r^2} \pm \sqrt{\frac{Q^2 f^2 r^2(f^2 r^2 \cos^2\alpha + 2 R^2 \cos\alpha - f^2 r^2 + 2 R^2)}{(R^2 - f^2 r^2)^2}}.$$

Faisant sortir du radical le facteur $Q^2 f^2 r^2$, on a

$$P = \frac{Q(R^2 + f^2 r^2 \cos\alpha)}{R^2 - f^2 r^2} \pm \frac{Qfr \sqrt{f^2 r^2 \cos^2\alpha + 2 R^2 \cos\alpha - f^2 r^2 + 2 R^2}}{R^2 - f^2 r^2}.$$

Mettant sous le radical les quantités $2 R^2$ et $f^2 r^2$ en facteur commun,

$$P = \frac{Q(R^2 + f^2 r^2 \cos\alpha)}{R^2 - f^2 r^2} \pm \frac{Qfr \sqrt{2 R^2(\cos\alpha + 1) - f^2 r^2(1 - \cos^2\alpha)}}{R^2 - f^2 r^2}.$$

Reprenons l'équation fondamentale

$$PR = QR + Sfr;$$

on en déduit

$$P = Q + \frac{Sfr}{R};$$

donc

$$P > Q,$$

et par suite, pour la valeur définitive de **P**, on doit prendre celle qui correspond au signe $+$ du radical, puisque la puissance doit être capable de vaincre, non-seulement la résistance utile **Q**, mais encore celle due au frottement.

**18.** *Cas particuliers.* — 1° Les deux brins de la corde ont des directions parallèles. Dans ce cas $\alpha$ est égal à zéro.

Par conséquent $\cos\alpha = 1$. Appliquant la formule, il vient

$$P = \frac{Q(R^2 + f^2 r^2) + Qfr\sqrt{4R^2 - f^2 r^2(1-1)}}{R^2 - f^2 r^2},$$

ou

$$P = \frac{Q(R^2 + f^2 r^2) + Qfr\sqrt{4R^2}}{R^2 - f^2 r^2},$$

$$P = \frac{Q(R^2 + f^2 r^2) + 2QRfr}{R^2 - f^2 r^2}.$$

Mettant au numérateur la quantité **Q** en facteur commun,

$$P = \frac{Q(R^2 + f^2 r^2 + 2Rfr)}{R^2 - f^2 r^2} \quad \text{ou} \quad P = \frac{Q(R + fr)(R + fr)}{(R + fr)(R - fr)}.$$

Supprimant aux deux termes le facteur $(R + fr)$, il reste

$$P = \frac{Q(R + fr)}{R - fr}.$$

2° Les deux brins de la corde sont rectangulaires. Alors $a = 90°$ et $\cos\alpha = 0$. On aura

$$P = \frac{QR^2 + Qfr\sqrt{2R^2 - f^2 r^2}}{R^2 - f^2 r^2},$$

$$P = \frac{Q(R^2 + fr\sqrt{2R^2 - f^2 r^2})}{R^2 - f^2 r^2}.$$

3° Les deux brins sont dans le prolongement l'un de l'autre, auquel cas $\alpha = 180°$ et $\cos\alpha = -1$.

Remplaçant dans la formule,

$$P = \frac{Q(R^2 - f^2 r^2) + Qfr\sqrt{2R^2(1-1) - f^2 r^2(1-1)}}{R^2 - f^2 r^2}$$

ou

$$P = \frac{Q(R^2 - f^2 r^2)}{R^2 - f^2 r^2}, \quad P = Q.$$

Il était facile de voir ce résultat *à priori;* car, la pression sur l'axe étant nulle, la puissance doit être évidemment égale à la résistance, et le corps se trouve dans les mêmes conditions que s'il était naturellement suspendu.

**19.** *Équilibre de la poulie fixe en tenant compte de son poids.* — Soient P la puissance, Q la résistance et $p$ le poids de la poulie. Désignons, en outre, par $\alpha$ l'angle formé par chaque brin de la corde avec la droite OA qui joint au centre le point de concours des directions de la puissance et de la résistance, et par $\beta$ l'angle de la même droite avec la verticale (*fig.* 15).

Fig. 15.

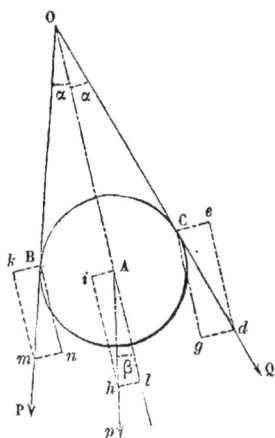

Décomposons les forces P, Q, $p$ chacune en deux autres parallèlement et perpendiculairement à la direction OA, et soient B$n$, C$g$, A$l$ les composantes du premier groupe, et $k$B, C$e$, A$i$ celles du second. Leurs valeurs respectives seront

$$\text{B}n = \text{P}\cos\alpha, \quad \text{C}g = \text{Q}\cos\alpha, \quad \text{A}l = p\cos\beta;$$
$$k\text{B} = \text{P}\sin\alpha, \quad \text{C}e = \text{Q}\sin\alpha, \quad \text{A}i = p\sin\beta.$$

Les composantes du premier groupe étant parallèles et de même sens, leur résultante sera égale à leur somme. On aura donc

ou

$$\text{X} = \text{P}\cos\alpha + \text{Q}\cos\alpha + p\cos\beta,$$

$$\text{X} = (\text{P} + \text{Q})\cos\alpha + p\cos\beta.$$

Remarquons que les composantes $k$B, A$i$ sont de même sens, et la composante C$e$ de sens contraire. Donc leur résultante Y sera égale à $k$B + A$i$ — C$e$. Il viendra donc encore

$$Y = P \sin\alpha + p \sin\beta - Q \sin\alpha,$$

ou

$$Y = (P - Q)\sin\alpha + p \sin\beta.$$

D'après ce qui a été vu précédemment, la pression normale S étant la résultante de toutes les forces qui agissent autour de l'axe, comme X et Y sont perpendiculaires, nous aurons

$$S^2 = X^2 + Y^2$$

ou

$$S^2 = [(P + Q)\cos\alpha + p\cos\beta]^2 + [(P - Q)\sin\alpha + p\sin\beta]^2,$$

et

$$S = \sqrt{[(P + Q)\cos\alpha + p\cos\beta]^2 + [(P - Q)\sin\alpha + p\sin\beta]^2}.$$

Appliquant le théorème des moments, nous aurons l'équation suivante :

$$PR = QR + fr\sqrt{[(P + Q(\cos\alpha + p\cos\beta]^2 + [(P - Q)\sin\alpha + p\sin\beta]^2}.$$

Si nous calculons le radical par la méthode de Poncelet, nous aurons

$$PR = QR + fr\{0{,}96[(P + Q)\cos\alpha + p\cos\beta] \\ + 0{,}4[(P - Q)\sin\alpha + p\sin\beta]\},$$

$$PR = QR + fr(0{,}96P\cos\alpha + 0{,}96Q\cos\alpha + 0{,}96p\cos\beta \\ + 0{,}4P\sin\alpha - 0{,}4Q\sin\alpha + 0{,}4p\sin\beta),$$

ou

$$PR = QR + 0{,}96Pfr\cos\alpha + 0{,}4Pfr\sin\alpha \\ + fr(0{,}96Q\cos\alpha + 0{,}96p\cos\beta - 0{,}4Q\sin\alpha + 0{,}4p\sin\beta).$$

Faisant passer dans le premier membre les quantités qui renferment le facteur P, on aura

$$PR - 0{,}96Pfr\cos\alpha - 0{,}4Pfr\sin\alpha \\ = QR + fr[(0{,}96\cos\alpha - 0{,}4\sin\alpha)Q + (0{,}96\cos\beta + 0{,}4\sin\beta)p].$$

Mettant P dans le premier membre en facteur commun,

$$P(R - 0,96 fr \cos \alpha - 0,4 fr \sin \alpha)$$
$$= QR + fr[(0,96 \cos \alpha - 0,4 \sin \alpha)Q + (0,96 \cos \beta + 0,4 \sin \beta)p],$$

d'où

$$P = \frac{QR + fr[(0,96 \cos \alpha - 0,4 \sin \alpha)Q + (0,96 \cos \beta + 0,4 \sin \beta)p]}{R - 0,96 fr \cos \alpha - 0,4 fr \sin \alpha}.$$

Mettant au dénominateur $fr$ en facteur commun,

$$P = \frac{QR + fr[(0,96 \cos \alpha - 0,4 \sin \alpha)Q + (0,96 \cos \beta + 0,4 \sin \beta)p]}{R - fr(0,96 \cos \alpha + 0,4 \sin \alpha)}.$$

Il y a lieu de faire observer que les directions des deux brins de la corde peuvent être telles que la composante du poids de la poulie perpendiculaire à OA se trouve être de même sens que la composante C$e$ de la résistance utile Q. Dans ce cas, cette force devient négative, et la résistance de ce groupe de forces a pour valeur

$$Y = (P - Q) \sin \alpha - p \sin \beta.$$

Par conséquent, dans l'expression définitive de $p$, le terme $0,4 \sin \beta$ doit être affecté du signe —, et l'on aura

$$P = \frac{QR + fr[(0,96 \cos \alpha - 0,4 \sin \alpha)Q + (0,96 \cos \beta - 0,4 \sin \beta)p]}{R - fr(0,96 \cos \alpha + 0,4 \sin \alpha)}.$$

Le poids de la poulie étant généralement fort petit par rapport à la puissance et à la résistance, dans les applications, on le néglige.

**20.** *Équilibre de la poulie mobile.* — Considérons d'abord l'état d'équilibre, abstraction faite du frottement. Soit une poulie mobile dont la chape, supportant un poids Q, est soutenue par une corde attachée d'un côté à un point fixe $a$, et sollicitée de l'autre par un effort moteur P. La poulie étant en équilibre, les forces qui la sollicitent doivent donner lieu à une résultante égale à zéro. Ces forces sont au nombre de trois : 1° la puissance P ; 2° la résistance Q ou le poids que l'on veut soulever ; 3° la tension T du brin de corde $ac$ que produit le poids Q. Or, d'après ce qui a été vu sur l'équilibre e trois forces, celles qui agissent sur la poulie doivent être situées dans un même plan, et chacune d'elles doit être égale et directement opposée à la résultante des deux autres. Les deux parties de la corde, prolongées suffisamment, se rencontreront donc en un point O situé sur la verticale passant par le centre de la poulie. Si l'on considère le poids Q comme immédiatement appliqué au point O, le parallélogramme des forces O*nmk* (*fig.* 16) sera un losange, et par suite O*n* ou la puis-

Fig. 16.

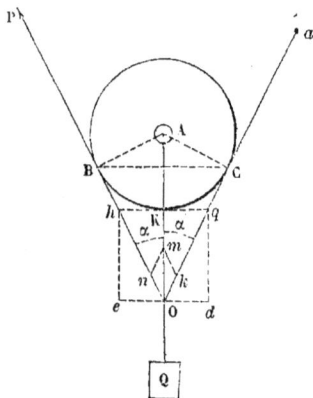

sance P sera égale à O*k* ou à la tension T. Les deux triangles ABC, *mn*O étant semblables, à cause de la perpendicularité des côtés, on aura la relation suivante :

$$\frac{On}{Om} = \frac{AB}{BC} \quad \text{ou} \quad \frac{P}{Q} = \frac{R}{C},$$

d'où

$$P = \frac{QR}{C}.$$

La verticale du point O, étant la bissectrice de l'angle formé par les directions des deux parties de la corde, sera perpendiculaire à la droite qui unit les points où elles se détachent de la gorge de la poulie.

Ainsi, pour qu'il y ait équilibre, abstraction faite du frottement, il faut :

1° *Que la sous-tendante de l'arc embrassé par la corde soit horizontale;*

2° *Que la puissance soit au poids suspendu à la chape dans le rapport du rayon à la sous-tendante de l'arc embrassé par la corde.*

Pour que P soit un minimum, c'est-à-dire pour qu'il y ait avantage du côté de la puissance, il faut que C devienne un maximum, ce qui aura lieu lorsque les cordons seront parallèles, car alors $C = 2R$. Il viendra donc

$$P = \frac{Q}{2},$$

c'est-à-dire que la puissance est la moitié du poids à soulever. Si l'arc embrassé par la corde est la sixième partie de la circonférence de la poulie, $C = R$, et l'on a par conséquent

$$P = Q.$$

La valeur de P que nous avons trouvée n'est qu'approximative; car la puissance doit être capable de vaincre non-seulement la résistance opposée par la tension T, mais encore le frottement dû à la pression exercée par le poids Q sur l'axe. Aussi faut-il, dans l'équation d'équilibre, introduire le moment de cette résistance nuisible. Si *r* est le rayon de l'axe, nous aurons

$$PR = TR + Qfr.$$

Or, en négligeant le frottement, $P = T = \dfrac{QR}{C}$. Substituant dans l'équation d'équilibre, on aura

$$PR = \frac{QR^2}{C} + Qfr,$$

d'où

$$P = \frac{QR}{C} + \frac{Qfr}{R}, \quad P = Q\left(\frac{R}{C} + \frac{fr}{R}\right).$$

Si les deux cordons sont verticaux, $C = 2R$, et il vient

$$P = Q\left(\frac{R}{2R} + \frac{fr}{R}\right) \quad \text{ou} \quad P = Q\left(\frac{1}{2} + \frac{fr}{R}\right).$$

**21.** *Application numérique.* — Poids à élever, y compris le poids de la poulie, de la chape et des garnitures.. $Q = 250^{kg}$.

Rayon de la poulie...................... $R = 0^m,12$.

Rayon de l'œil......................... $r = 0^m,01$.

L'axe en fer et la poulie en bois de gaïac..... $f = 0,11$.

L'arc embrassé par la corde................ $90°$.

Par conséquent la corde

$$C = R \sqrt{2} = 0^m,12 \times 1,414 = 0^m,16968.$$

1° En négligeant le frottement, on aura

$$P = \frac{250 \times 0,12}{0,16968}, \quad P = 176^{kg},803.$$

2° En tenant compte du frottement,

$$P = 250 \left( \frac{0,12}{0,16968} + \frac{0,11 \times 0,01}{0,12} \right), \quad P = 199^{kg},7.$$

22. *Équilibre d'un système de poulies mobiles.* — On combine souvent des poulies mobiles de manière que la puissance d'une poulie soit précisément la résistance pour la poulie suivante. La première A (*fig.* 17), dont la chape soutient le

Fig. 17.

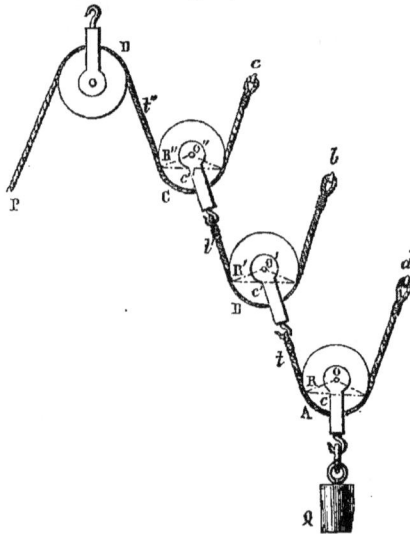

poids qu'il faut élever, est embrassée par une corde dont une extrémité est fixe, tandis que l'autre est attachée à la chape de la poulie suivante B; celle-ci est encore embrassée par une corde dont l'une des extrémités est encore fixe et l'autre attachée à la chape de la troisième poulie C. Enfin la corde qui embrasse cette poulie s'enroule sur une poulie de renvoi servant à transmettre l'effort moteur au système.

Appelons

R, R', R″ les rayons des poulies;

$c$, $c'$, $c''$ les sous-tendantes des arcs embrassés par les cordons;

$t$, $t'$, $t''$ les tensions de ces cordons, faisant alternativement office de puissance et de résistance.

Car il est évident que la tension $t$, par exemple, est la puissance pour la poulie A et la résistance pour la poulie B. Si donc, pour chaque poulie, on applique le principe relatif à une seule poulie mobile, nous aurons

$$\frac{t}{Q} = \frac{R}{c}, \quad \frac{t'}{t} = \frac{R'}{c'}, \quad \frac{t''}{t'} = \frac{R''}{c''}.$$

ou

$$\frac{P}{t'} = \frac{R''}{c''},$$

attendu que la tension $t''$ est égale à la puissance P. Multipliant membre à membre, il viendra

$$\frac{P\,t t'}{Q\,t t'} = \frac{R R' R''}{c c' c''} \quad \text{ou} \quad \frac{P}{Q} = \frac{R R' R''}{c c' c''};$$

*ce qui apprend que la puissance est à la résistance comme le produit des rayons des poulies est au produit des sous-tendantes des arcs embrassés par les cordons.*

Si les cordons sont parallèles, les sous-tendantes deviennent égales au diamètre, et l'on a, pour un nombre $n$ de poulies (*fig.* 18),

$$\frac{P}{Q} = \frac{1}{2^n}, \quad \text{d'où} \quad P = \frac{Q}{2^n}.$$

C'est le cas le plus favorable à la puissance, puisque P devient un minimum quand le produit des sous-tendantes est maximum.

Dans un tel système, l'avantage croît avec le nombre des poulies; mais il est évident que ce résultat purement théo-

rique est considérablement diminué par les résistances nuisibles que nous avons négligées.

Fig. 18.

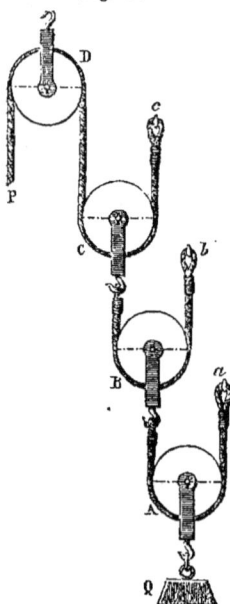

L'équation $P = \dfrac{Q}{2^n}$, qui lie entre elles la puissance, la résistance et le nombre des poulies composant le système, nous
permettra de résoudre trois problèmes différents :

1° *Trouver la puissance* P *capable d'équilibrer une résistance* Q *avec un nombre n de poulies à cordons parallèles.*

2° *Trouver la résistance* Q *qui pourra être équilibrée par
une puissance donnée* P *au moyen de n poulies à cordons
parallèles.* Dans ce cas, on a

$$Q = P \times 2^n.$$

3° *Trouver le nombre n de poulies dont le système devra
être composé pour équilibrer une résultante donnée* Q *au
moyen d'une puissance* P. L'inconnue étant *n*, on est amené
à résoudre une équation exponentielle. Il viendra donc

$$\log Q = \log P + n \log 2 \quad \text{ou} \quad n \log 2 = \log Q - \log P$$

et

$$n = \frac{\log Q - \log P}{\log 2}.$$

Pour tenir compte du frottement, désignons par $r$, $r'$, $r''$ les rayons des axes. La tension $t$ étant la puissance pour la poulie A dont la chape soutient le poids Q, d'après ce qui précède, on aura

$$t = Q\left(\frac{R}{c} + \frac{fr}{R}\right);$$

$t'$ étant la puissance pour la seconde poulie et $t$ la résistance, on aura pareillement

$$t' = t\left(\frac{R'}{c'} + \frac{fr'}{R'}\right).$$

Remplaçant $t$ par sa valeur, il viendra

$$t' = Q\left(\frac{R}{c} + \frac{fr}{R}\right)\left(\frac{R'}{c'} + \frac{fr'}{R'}\right).$$

De même encore

$$t'' \quad \text{ou} \quad P = t'\left(\frac{R''}{c''} + \frac{fr''}{R''}\right).$$

Substituant également à $t'$ sa valeur en fonction de Q,

$$P = Q\left(\frac{R}{c} + \frac{fr}{R}\right)\left(\frac{R'}{c'} + \frac{fr'}{R'}\right)\left(\frac{R''}{c''} + \frac{fr''}{R''}\right).$$

Si nous supposons les poulies de même rayon, ainsi que les axes, et de plus si les axes embrassés par les cordons sont égaux, l'équation deviendra

$$P = Q\left(\frac{R}{c} + \frac{fr}{R}\right)^3$$

et, pour un nombre quelconque de poulies,

$$P = Q\left(\frac{R}{c} + \frac{fr}{R}\right)^n.$$

Dans le cas où les cordons sont parallèles, $c = 2R$. Par conséquent

$$P = Q\left(\frac{1}{2} + \frac{fr}{R}\right)^n.$$

Il est utile d'ajouter que, pour procéder rigoureusement, il faudrait faire intervenir, dans les équations que nous avons successivement établies, le poids des poulies, celui des cordes, et de plus tenir compte du frottement de la poulie de renvoi.

**23.** APPLICATION NUMÉRIQUE. — *Trouver la puissance capable d'équilibrer une résistance de 500 kilogrammes, en employant un système de cinq poulies mobiles à cordons parallèles.*

1º En négligeant le frottement

$$P = \frac{Q}{2^n}, \quad P = \frac{500}{2^5} = \frac{500}{32} = 15^{kg},625.$$

2º En tenant compte du frottement,

$$P = Q \left( \frac{1}{2} + \frac{fr}{R} \right)^n$$

(les poulies sont en bois de gaïac et les tourillons en fer),

$$R = 0,12, \quad r = 0,01, \quad f = 0,11;$$

$$P = 500 \left( 0,50 + \frac{0,11 \times 0,01}{0,12} \right)^5, \quad P = 17^{kg},100.$$

**24.** *Équilibre des moufles ou palans.* — Les moufles ou palans sont employés pour élever de lourds fardeaux ou pour exercer des efforts de traction très-considérables. Cet appareil se compose de deux systèmes de poulies, l'une fixe et l'autre mobile. Les poulies d'un même système nommées *poulies mouflées* sont réunies dans une même chape. Tantôt les poulies sont inégales et ont, chacune, un axe particulier, tantôt elles sont égales et tournent sur un même axe faisant corps avec la chape. Le nom de palan est plus particulièrement donné à ce dernier dispositif. L'ensemble des poulies fixes se nomme *moufle fixe* et celui des poulies mobiles *moufle mobile;* quand les poulies sont inégales, chaque moufle est aussi appelée *mouflette* ou *moufle plate.* Le mouvement est communiqué au moyen d'une même corde attachée à la chape de l'une des moufles et qui s'enroule alternativement sur une poulie de chaque moufle (*fig.* 19).

Remarquons que, dans un système de ce genre, l'équilibre

étant général, chaque poulie considérée séparément doit aussi être en équilibre, et, comme elles sont toutes embrassées par la même corde, il est clair que les tensions de tous les cordons doivent être égales; d'ailleurs, ces cordons pouvant être regardés comme sensiblement parallèles, le poids Q se trouve dans les mêmes conditions que s'il était sollicité par autant de forces parallèles de somme égale à la puissance P qu'il y a de poulies, soit fixes, soit mobiles, ou de cordons. Ainsi, $n$ étant ce nombre, on aura

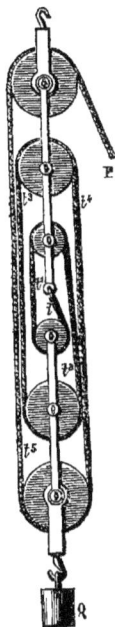

Fig. 19.

$$P n = Q \quad \text{ou} \quad P = \frac{Q}{n}$$

et

$$\frac{P}{Q} = \frac{1}{n}.$$

De là cette conclusion : *La puissance est à la résistance comme l'unité est au nombre des cordons qui embrassent les poulies de la moufle mobile.*

Le cordon auquel est appliquée la puissance se nomme *garant*, et ceux qui s'enroulent alternativement sur les poulies des deux moufles sont appelés *courants.*

Ces conditions d'équilibre peuvent encore être établies par le principe des travaux élémentaires. Supposons, en effet, que le poids Q sous l'action de la puissance P se soit élevé d'une quantité $h$, évidemment chaque poulie mobile se sera élevée de la même quantité, et, comme les cordons sont parallèles, chaque courant se sera raccourci d'une longueur égale au chemin $h$ parcouru verticalement par le poids Q; conséquemment la quantité $nh$ sera l'allongement du garant ou le chemin parcouru par le point d'application de la puissance. Nous aurons donc

$$P \times nh = Qh, \quad \text{d'où} \quad P = \frac{Q}{n}.$$

Souvent, dans le premier dispositif, la moufle mobile a une poulie de moins que la moufle fixe (*fig.* 20). Dans ce cas, la

corde est attachée à la chape de la moufle inférieure, et les
conditions d'équilibre restent les mêmes, parce que la poulie
mobile la plus voisine de la moufle supérieure est encore sollicitée par la force P de bas en haut au moyen du cordon dont
l'extrémité est attachée à la chape. Ce système a l'inconvénient
d'occuper beaucoup de place : aussi, dans l'élévation des fardeaux, lui préfère-t-on le palan proprement dit, dont les poulies
de chaque moufle ont l'axe commun.

Dans cet appareil, la corde est attachée à une boucle placée
à la partie inférieure de la chape qui comprend les poulies
fixes. De là elle passe sur la première poulie de la moufle
mobile, puis sur la première poulie de la moufle fixe, et ainsi
de suite, c'est-à-dire, comme dans les dispositifs précédents,
la corde se subdivise en autant de brins qu'il y a de poulies

Fig. 20.                    Fig. 21.

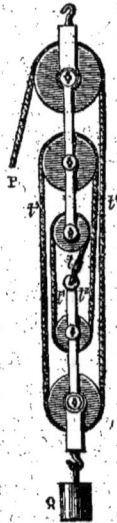 

(*fig.* 21). Les conditions d'équilibre se déduisent des mêmes
considérations, de sorte que l'on a encore

$$P = \frac{Q}{n} \quad \text{ou} \quad \frac{P}{Q} = \frac{1}{n}.$$

Ce qui a été dit précédemment sur le frottement des poulies

fixes à cordons parallèles nous permet d'établir les conditions d'équilibre du palan, en ayant égard à cette résistance nuisible; car, si nous considérons un déplacement élémentaire, les poulies de la moufle mobile pourront être regardées comme fixes, et dès lors nous n'aurons qu'à appliquer à chacune la formule déjà trouvée

$$P = \frac{Q(R + fr)}{R - fr}.$$

D'après cette hypothèse, qui s'écarte peu de la réalité, négligeant le poids des poulies et celui des brins de corde qui, dans les cas ordinaires, ont peu d'influence sur le résultat, et désignant par $t$ la tension du cordon attaché à la boucle, par $t_1$, $t_2$, $t_2,\ldots, t_{n-1}, t_n$ ou P les tensions des brins suivants, nous aurons

$$t_1 = \frac{t(R + fr)}{R - fr}.$$

Pour plus de simplicité dans les calculs, posons

$$\frac{R - fr}{R - fr} = a;$$

il viendra successivement

$$t_1 = ta, \quad t_2 = t_1 a, \quad t_3 = t_2 a,\ldots, \quad t_{n-1} = t_{n-2} a, \quad t_n = t_{n-1} a.$$

Remplaçant $t_1$ par sa valeur $ta$, nous aurons

$$t_2 = ta^2$$

et, pour les tensions suivantes,

$$t_3 = ta^3, \quad t_4 = ta^4,\ldots, \quad t_{n-1} = ta^{n-1}, \quad t_n \quad \text{ou} \quad P = ta^n.$$

Or la résistance utile faisant équilibre à toutes les forces parallèles représentées par les tensions des courants, nous aurons

ou

$$Q = t + ta + ta^2 + ta^3 + \ldots + ta^{n-2} + ta^{n-1}$$

$$Q = t(1 + a + a^2 + a^3 + \ldots + a^{n-2} + a^{n-1}).$$

La somme des quantités renfermées entre parenthèses est celle d'une progression géométrique dont le premier terme est 1, et la raison $a$. Elle a pour valeur

$$\frac{a^{n-1} \times a - 1}{a - 1} = \frac{a^n - 1}{a - 1}.$$

Substituant dans la valeur de Q, on aura

$$Q = \frac{t(a^n - 1)}{a - 1},$$

d'où

$$t = \frac{Q(a - 1)}{a^n - 1}.$$

Mais $P = ta^n$; substituant à $t$ sa valeur, il viendra

$$P = \frac{Q(a - 1)a^n}{a^n - 1}.$$

Telle est l'expression qui donne la condition d'équilibre du palan en tenant compte du frottement.

25. APPLICATION NUMÉRIQUE. — *Trouver l'effort qu'il faudra exercer sur le garant d'un palan composé de six poulies pour soulever un poids de 800 kilogrammes.*

1° En négligeant le frottement

$$P = \frac{Q}{n}, \quad P = \frac{800}{6} = 133^{kg},332.$$

2° En tenant compte du frottement

$$P = \frac{Q(a - 1)a^n}{a^n - 1}.$$

Rayon des poulies $R = 0,1$, rayon des tourillons $r = 0,006$.
Des observations faites par Poncelet, il résulte que dans les applications aux machines industrielles, pour les tourillons en bois, en fer, en fonte, en bronze et en cuivre enduits d'huile, de suif ou de saindoux, $f$ a pour valeur moyenne $0,07$.

ou 0,08, et que l'on doit prendre $f = 0,15$, si les surfaces ne sont qu'onctueuses :

$$a = \frac{R + fr}{R - fr}, \quad a = \frac{0,1 + 0,15 \times 0,006}{0,1 - 0,15 \times 0,006} = \frac{0,1009}{0,0991} = 1,018,$$

$$a - 1 = 0,018, \quad a^n = (1,018)^6 = 1,113, \quad a^n - 1 = 0,113.$$

Par conséquent

$$P = \frac{800 \times 0,018 \times 1,113}{0,113} = 141^{kg},833.$$

# CHAPITRE II.

**26.** *Équilibre du treuil.* — Le treuil est une machine qui sert à transformer un mouvement circulaire continu en un mouvement rectiligne continu perpendiculaire à l'axe de rotation. Le tour ou treuil se compose d'un cylindre en bois ou en fonte, nommé *arbre du treuil*. Il est terminé à ses deux extrémités par deux tourillons métalliques de même axe reposant sur deux appuis fixes. Quand l'appareil est en mouvement, il se trouve dans les mêmes conditions que s'il tournait autour de son axe géométrique considéré comme une ligne fixe. Les tourillons sont disposés sur les supports, de manière que l'axe de l'arbre tournant soit horizontal. La résistance à vaincre est ordinairement un poids Q que l'on veut élever, fixé à une

Fig. 22.

corde qui s'enroule autour du cylindre, tandis que la puissance P le fait tourner, soit en agissant au moyen d'une corde tangentiellement à une roue M perpendiculaire à l'axe de ce cylindre, soit en agissant sur une ou plusieurs barres traversant le cylindre normalement, soit encore à l'aide d'une manivelle (*fig.* 22). Cet appareil, qui affecte des formes diverses, a reçu différentes dénominations suivant l'objet auquel il est destiné et suivant la position de l'arbre. Ainsi, quand l'axe est horizontal, auquel cas il sert à l'élévation des fardeaux, on l'appelle particulièrement *tour* ou *treuil*, et, quand l'axe est vertical, on le désigne sous le nom de *cabestan*. Quoi qu'il en soit de la disposition qu'on lui donne, les conditions d'équilibre s'établissent toujours de la même manière.

Supposons que la puissance P agisse au point A tangentiellement à la circonférence d'une roue de rayon R et que la résistance Q soit appliquée parallèlement au plan de la roue, suivant une direction verticale tangente à la section droite du cylindre de rayon *r*. Par l'axe **XX'** (*fig.* 23) du cylindre et le

Fig. 23.

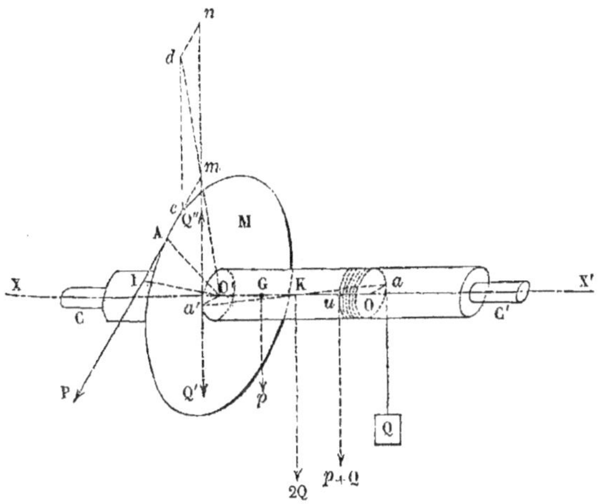

rayon O*a* qui passe par le point d'application *a* de la résistance Q, menons un plan qui évidemment coupera la section du cylindre contenu dans le plan de la roue suivant un diamètre parallèle au diamètre du point *a*; de plus la droite *aa'* qui unit les extrémités opposées des deux diamètres sera divisée au point K en deux parties égales, ainsi que cela résulte de l'égalité des deux triangles KO*a*, KO'*a*. Cette construction auxiliaire se réduit donc à mener par le point O' un rayon O'*a'* parallèle au rayon O$a$ et de sens inverse. Au point $a'$ appliquons deux forces Q', Q'' directement opposées, égales et parallèles à la résistance Q; comme elles se neutralisent, elles ne modifieront, en aucune façon, l'état du système. Remarquons que la résultante des deux forces égales Q, Q' ayant son point d'application sur l'axe au point K sera détruite par la résistance qu'il oppose. Nous n'aurons donc à considérer que la force P et la force Q'' égale à Q, situées dans un même plan, la première agissant au point A et la seconde au point $a'$. Le point O' étant le centre des moments, l'équation d'équilibre sera

$$P \times O'A = Q \times O'a' \quad \text{ou} \quad PR = Qr$$

et

$$\frac{P}{Q} = \frac{r}{R}.$$

Ainsi pour l'équilibre du tour, abstraction faite du frottement, *il faut que la puissance soit à la résistance comme le rayon du cylindre est au rayon de la roue.*

Pour établir les conditions d'équilibre en tenant compte du frottement, il est indispensable de connaître les pressions exercées au milieu des tourillons sur les appuis. Remarquons à cet effet que les seules forces qui agissent sur l'axe sont la puissance P, la résistance Q et le poids de l'appareil $p$, concentré au centre de gravité G. Décomposons chacune de ces forces en deux autres parallèles appliquées sur les tourillons C et C'. Comme les composantes de $p$ et de Q sont de même direction et de même sens, elles se réduiront à une seule force verticale, de sorte que sur chaque tourillon nous n'aurons à considérer que deux forces, l'une verticale, égale à la composante de Q augmentée de la composante de $p$, et l'autre parallèle à P. Désignant par $s$, $s'$ les résultantes respectives de ces deux groupes de forces, l'équation d'équilibre sera

$$PR = Qr + sfr' + s'fr' \quad \text{ou} \quad PR = Qr + fr'(s + s').$$

Cette équation d'équilibre montre que, les rayons des deux tourillons étant égaux, la somme des pressions qu'ils supportent est égale à la pression que supporterait un seul tourillon soumis à l'action de la résultante générale des forces extérieures qui sollicitent l'appareil. Si nous faisons $s + s' = S$, l'équation deviendra

$$PR = Qr + Sfr'.$$

Cherchons présentement la valeur de la résultante S. Appelant $\alpha$ l'angle formé par la direction de la puissance P avec la verticale, la construction du parallélogramme des forces nous fera connaître la grandeur géométrique OS de la pression nor-

Fig. 24.

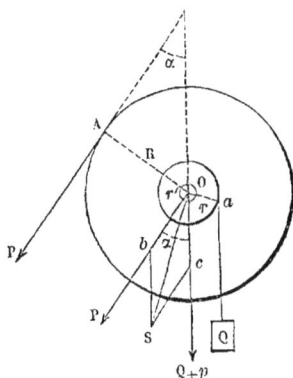

male (*fig.* 24). Sa valeur algébrique sera donnée par l'équation suivante :

$$S^2 = P^2 + (Q + p)^2 + 2P(Q + p)\cos\alpha.$$

Pour plus de simplicité dans les calculs, posons $Q' = Q + p$, et l'on aura

$$S^2 = P^2 + Q'^2 + 2PQ'\cos\alpha \quad \text{et} \quad S = \sqrt{P^2 + Q'^2 + PQ'\cos\alpha}.$$

Substituant dans l'équation d'équilibre,

$$PR = Qr + fr'\sqrt{P^2 + Q'^2 + 2PQ'\cos\alpha},$$
$$PR - Qr = fr'\sqrt{P^2 + Q'^2 + 2PQ'\cos\alpha},$$

Élevant au carré les deux membres,

$$P^2R^2 + Q^2r^2 - 2PQRr = P^2f^2r'^2 + Q'^2f^2r'^2 + 2PQ'f^2r'^2\cos\alpha.$$

Faisant passer dans le premier membre tous les termes qui

renferment le facteur P et dans le second ceux qui ne le contiennent pas, on aura

$$P^2 R^2 - 2 PQR r - P^2 f^2 r'^2 - 2PQ' f^2 r'^2 \cos\alpha = Q'^2 f^2 r'^2 - Q^2 r^2.$$

Mettant $P^2$ et $2P$ en facteur commun dans le premier membre,

$$P^2(R^2 - f^2 r'^2) - 2P(QR r + Q' f^2 r'^2 \cos\alpha) = Q'^2 f^2 r'^2 - Q^2 r^2.$$

Divisant les deux membres par le coefficient de $P^2$,

$$P^2 - \frac{2P(QR r + Q' f^2 r'^2 \cos\alpha)}{R^2 - f^2 r'^2} = \frac{Q'^2 f^2 r'^2 - Q^2 r^2}{R^2 - f^2 r'^2},$$

d'où

$$P = \frac{QR r + Q' f^2 r'^2 \cos\alpha}{R^2 - f^2 r'^2} \pm \sqrt{\frac{Q'^2 f^2 r'^2 - Q^2 r^2}{R^2 - f^2 r'^2} + \frac{(QR r + Q' f^2 r'^2 \cos\alpha)^2}{(R^2 - f^2 r'^2)^2}}.$$

Réduisant au même dénominateur les quantités sous le radical,

$$P = \frac{QR r + Q' f^2 r'^2 \cos\alpha}{R^2 - f^2 r'^2} \mp \sqrt{\frac{(Q'^2 f^2 r'^2 - Q^2 r^2)(R^2 - f^2 r'^2) + (QR r + Q' f^2 r'^2 \cos\alpha)^2}{(R^2 - f^2 r'^2)^2}}.$$

Faisant sortir du radical le dénominateur qui est un carré parfait, on aura

$$P = \frac{QR r + Q' f^2 r'^2 \cos\alpha}{R^2 - f^2 r'^2} \pm \frac{\sqrt{(Q'^2 f^2 r'^2 - Q^2 r^2)(R^2 - f^2 r'^2) + (QR r + Q' f^2 r'^2 \cos\alpha)^2}}{R^2 - f^2 r'^2}.$$

Effectuant les calculs indiqués sous le radical,

$$P = \frac{QR r + Q' f^2 r'^2 \cos\alpha}{R^2 - f^2 r'^2} \pm \frac{\sqrt{\begin{array}{l} Q'^2 R^2 f^2 r'^2 - Q'^2 f^4 r'^4 - Q^2 R^2 r^2 + Q^2 r^2 f^2 r'^2 + Q^2 R^2 r^2 \\ + Q'^2 f^4 r'^4 \cos^2\alpha + 2 QQ' R r f^2 r'^2 \cos\alpha \end{array}}}{R^2 - f^2 r'^2}.$$

Mettant sous le radical $f^2 r'^2$ en facteur commun et supprimant le terme $Q^2 R^2 r^2$, qui s'y trouve deux fois affecté de signes contraires,

$$P = \frac{QR r + Q' r^2 f^2 r'^2 \cos\alpha}{R^2 - f^2 r'^2} \pm \frac{\sqrt{f^2 r'^2(Q'^2 r^2 - Q'^2 f^2 r'^2 + Q^2 r^2 + Q'^2 f^2 r'^2 \cos^2\alpha + 2QQ' r\cos\alpha)}}{R^2 - f^2 r'^2}.$$

Faisant sortir du radical le carré parfait $f^2 r'^2$,

$$P = \frac{QR r + Q' f^2 r'^2 \cos\alpha}{R^2 - f^2 r'^2} \pm f^2 r' \frac{\sqrt{Q'^2 R^2 - Q'^2 f^2 r'^2 + Q^2 r^2 + Q'^2 f^2 r'^2 \cos^2\alpha + 2QQ' R r\cos\alpha}}{R^2 - f^2 r'^2}.$$

Mettant sous le radical $Q'^2$ en facteur commun, ainsi que $Q\,r$,

$$P = \frac{QRr + Q'f^2r'^2\cos\alpha}{R^2 - f^2r'^2} \pm fr'\frac{\sqrt{Q'^2(R^2 - f^2r'^2 + f^2r'^2\cos^2\alpha) + Qr(Qr + 2Q'R\cos\alpha)}}{R^2 - f^2r'^2}.$$

Comme pour la poulie fixe, nous ferons observer que la véritable valeur de P est celle qui correspond au signe + qui affecte le radical. En définitive, nous aurons

$$P = \frac{QRr + Q'f^2r'^2\cos\alpha}{R^2 - fr'^2} + fr'\frac{\sqrt{Q'^2[R^2 - f^2r'^2(1 - \cos^2\alpha)] + Qr(Qr + 2Q'R\cos\alpha)}}{R^2 - f^2r}.$$

Dans les applications, il faudra avoir soin de remplacer $Q'$ par $Q + p$, c'est-à-dire d'augmenter le poids à soulever du poids de l'appareil.

**27. Cas particuliers.** — 1° *La puissance agit verticalement.* — Dans ce cas elle est parallèle à la résistance et angle $a = 0$, $\cos\alpha = 1$.

L'équation devient

$$P = \frac{QRr + Q'f^2r'^2 + fr'^2\sqrt{Q'^2R^2 + Q^2r^2 + 2QQ'Rr}}{R^2 - f^2r'^2}$$

ou bien, attendu que la quantité sous le radical est un carré parfait,

$$P = \frac{QRr + Q'f^2r'^2 + fr'\sqrt{(Q'R + Qr)^2}}{R^2 - f^2r'^2},$$

$$P = \frac{QRr + Q'f^2r'^2 + fr'(Q'R + Qr)}{R^2 - f^2r'^2},$$

$$P = \frac{QRr + Q'f^2r'^2 + Q'Rfr' + Qrfr'}{R^2 - f^2r'^2}.$$

Mettant $Qr$ et $Q'fr'$ en facteur commun,

$$P = \frac{Qr(R + fr') + Q'fr'(R + fr')}{R^2 - f^2r'^2};$$

remplaçant $Q'$ par sa valeur $Q + p$,

$$P = \frac{Qr(R + fr') + (Q + p)(R + fr')fr'}{R^2 - f^2r'^2}$$

ou bien

$$P = \frac{Qr(R + fr') + Qfr'(R + fr') + pfr'(R + fr')}{R^2 - f^2 r'^2}.$$

Le dénominateur étant la différence de deux carrés, on aura

$$P = \frac{Qr(R + fr') + Qfr'(R + fr') + pfr'(R + fr')}{(R + fr')(R - fr')}.$$

Divisant par $R + fr'$ les deux termes du second membre,

$$P = \frac{Qr + Qfr' + pfr'}{R - fr'}.$$

Mettant au numérateur Q en facteur commun,

$$P = \frac{Q(r + fr')}{R - fr} + \frac{pfr'}{R - fr'}.$$

On peut parvenir directement au même résultat : en effet, toutes les forces extérieures transportées sur l'axe étant parallèles et de même sens, la pression normale S aura pour valeur

$$S = P + Q + p;$$

par conséquent l'équation d'équilibre deviendra

$$PR = Qr + (P + Q + p)fr',$$

d'où

$$PR = Qr + Pfr' + Qfr' + pfr',$$
$$PR - Pfr' = Q(r + fr') + pfr',$$
$$P(R - fr') = Q(r + fr') + pfr'$$

et

$$P = \frac{Q(r + fr')}{R - fr'} + \frac{pfr'}{R - fr'}.$$

2° La puissance et la résistance sont rectangulaires. Alors angle $\alpha = 90°$ et $\cos \alpha = 0$.

L'équation devient

$$P = \frac{QRr + fr' \sqrt{Q'^2(R^2 - fr'^2) + Q^2 r^2}}{R^2 - f^2 r'^2}.$$

Comme dans le cas particulier qui précède, on peut trouver

directement la valeur de la puissance P; car, les forces étant perpendiculaires l'une à l'autre, on a

$$S^2 = P^2 + Q'^2, \quad \text{d'où} \quad S = \sqrt{P^2 + Q'^2}.$$

L'équation d'équilibre sera

$$PR = Qr + fr'\sqrt{P^2 + Q'^2}, \quad \text{d'où} \quad PR - Qr = fr'\sqrt{P^2 + Q'^2}.$$

Élevant au carré les deux membres,

$$P^2R^2 + Q^2r^2 - 2PQRr = P^2f^2r'^2 + Q'^2f^2r'^2,$$
$$P^2R^2 - P^2f^2r'^2 - 2PQRr = Q'^2f^2r'^2 - Q^2r^2,$$
$$P^2(R^2 - f^2r'^2) - 2PQRr = Q'^2f^2r'^2 - Q^2r^2,$$
$$P^2 - \frac{2PQRr}{R^2 - f^2r'^2} = \frac{Q'^2f^2r'^2 - Q^2r^2}{R^2 - f^2r'^2},$$

d'où

$$P = \frac{QRr}{R^2 - f^2r'^2} + \sqrt{\frac{Q'^2f^2r'^2 - Q^2r^2}{R^2 - f^2r'^2} + \frac{Q^2R^2r^2}{(R^2 - f^2r'^2)^2}}.$$

Réduisant au même dénominateur les quantités placées sous le radical,

$$P = \frac{QRr}{R^2 - f^2r'^2} + \sqrt{\frac{(Q'^2f^2r'^2 - Q^2r^2)(R^2 - f^2r'^2) + Q^2R^2r^2}{(R^2 - f^2r'^2)^2}}.$$

Faisant sortir le dénominateur du radical et effectuant les calculs indiqués,

$$P = \frac{QRr + \sqrt{Q'^2R^2f^2r'^2 - Q^2R^2r^2 - Q'^2f^4r'^4 + Q^2r^2f^2r'^2 + Q^2R^2r^2}}{R^2 - f^2r'^2}.$$

Mettant sous le radical $f^2r'^2$ en facteur commun,

$$P = \frac{QRr + \sqrt{f^2r'^2(Q'^2R^2 - Q'^2f^2r'^2 + Q^2r^2)}}{R^2 - f^2r'^2}.$$

Faisant sortir du radical le carré $f^2r'^2$ et mettant $Q'^2$ en facteur commun,

$$P = \frac{QRr + fr'\sqrt{Q'^2(R^2 - f^2r'^2) + Q^2r^2}}{R^2 - f^2r'^2}.$$

Remplaçant Q' par sa valeur Q + p, on aura

$$P = \frac{QRr + fr'\sqrt{(Q+p)^2(R^2 - f^2 r'^2) + Q'r^2}}{R^2 - f^2 r'^2}.$$

Dans ce cas particulier on peut obtenir une valeur approchée de la puissance en appliquant la méthode de M. Poncelet pour le calcul des radicaux; car, P étant moindre que Q' ou Q + p, on aura, à $\frac{1}{25}$ près,

$$S = 0,96 (Q + p) + 0,4 P.$$

Remplaçant S par cette valeur dans l'équation d'équilibre, on aura

$$PR = Qr + fr'[0,96(Q + p) + 0,4P],$$
$$PR = Qr + 0,96(Q + p)fr' + 0,4Pfr',$$

d'où

$$P = \frac{Q(r + 0,96 fr') + 0,96 pfr'}{R - 0,4 fr'}.$$

**28. Application numérique.** — *Trouver l'effort qu'il faut développer tangentiellement à la circonférence d'une roue de* $0^m,50$ *de rayon pour élever un poids de 300 kilogrammes suspendu à une corde qui s'enroule sur un cylindre de* $0^m,08$ *de rayon.* — *Les tourillons en fer, tournant sur des coussinets en bronze, ont* $0^m,02$ *de rayon. Le poids de l'appareil est égal à 40 kilogrammes.*

$$Q = 300^{kg}, \quad p = 40^{kg}, \quad R = 0^{kg},50,$$
$$r = 0^{kg},08, \quad r' = 0^{kg},02, \quad f = 0^{kg},07.$$

La direction de la puissance forme avec la verticale un angle de 60 degrés.

1° Abstraction faite du frottement,

$$\frac{P}{Q} = \frac{r}{R}, \quad P = \frac{Qr}{R}, \quad P = \frac{300 \times 0,08}{0,50}, \quad P = 48^{kg}.$$

2° En tenant compte du frottement,

$$P = \frac{Q(r + 0,96 fr') + 0,96 pfr'}{R - fr'(0,96 \cos\alpha + 0,4 \sin\alpha)}.$$

D'après les Tables des lignes naturelles,

$$\sin 60° = 0,866, \cos 60° = 0,50.$$

Substituant les données numériques dans la formule générale,

$$P = \frac{300(0,08 + 0,96 \times 0,07 \times 0,02) + 0,96 \times 40 \times 0,07 \times 0,02}{0,50 - 0,07 \times 0,02(0,96 \times 0,5 + 0,4 \times 0,866)},$$

$$P = 49^{kg}.$$

**29.** *Treuil des carriers.* — Cet appareil est une roue à chevilles ordinairement employée pour élever jusqu'au niveau du sol les pierres ou les ardoises extraites du fond des carrières. L'effort moteur est le poids d'un homme qui passe d'une cheville à celle qui suit. Quand l'ouvrier monte sur les chevilles, il est à remarquer que la force motrice est constante, mais le bras de levier varie avec la position de

Fig. 25.

l'homme sur la circonférence de la roue. Aussi, pour conserver à l'appareil le mouvement uniforme, faut-il qu'il y ait équilibre entre la puissance et la résistance, ce qui exige que l'homme reste constamment au même point de la circonférence considérée comme immobile (*fig.* 25).

Soient

P le poids du corps de l'homme ;
$r$ le rayon du cylindre sur lequel s'enroule la corde ;
Q le poids que l'on veut élever.

Si OD est la longueur de la perpendiculaire abaissée du centre de la roue sur la verticale passant par le centre de gravité du corps de l'homme, on aura l'équation suivante :

$$P.OD = Qr, \quad \text{d'où} \quad OD = \frac{Qr}{P}.$$

Cette relation servira à trouver, connaissant le poids de l'homme, la position qu'il devra occuper sur la circonférence.

Quand l'ouvrier monte sur les chevilles, le moment de la puissance devenant supérieur à celui de la résistance, le mouvement de la roue commencera en sens contraire de celui de l'homme. En vertu de ce mouvement de rotation de l'appareil, l'homme sera donc entraîné vers le point correspondant à la position d'équilibre, et s'il négligeait de monter sur la cheville suivante, il passerait au-dessous de ce point ; mais, dans ce cas, le moment de la résistance étant plus grand que celui de la puissance, la roue prendra un mouvement de rotation en sens contraire du premier, qui le ramènera à la position d'équilibre.

L'appareil présente donc toutes les conditions de stabilité nécessaires à la sécurité de l'ouvrier ; mais il est évident qu'elles ne peuvent être réalisées que si l'homme se meut sur la partie de la circonférence de la roue située au-dessous de l'axe.

30. *Cabestan.* — Le cabestan est un treuil à axe vertical qui se manœuvre généralement au moyen de barres horizontales qui permettent aux hommes d'agir sans retirer et remettre ces barres. On l'emploie dans les ports et sur les vaisseaux pour exercer des efforts considérables de traction et notamment pour *déraper*, c'est-à-dire pour détacher l'ancre du fond dans lequel elle est fixée. La charpente qui supporte l'arbre

du cabestan se compose de deux parties symétriques représentées en projection orthogonale par $kk'$ (*fig.* 26). Ces parties sont supérieurement reliées entre elles par une traverse,

Fig. 26.

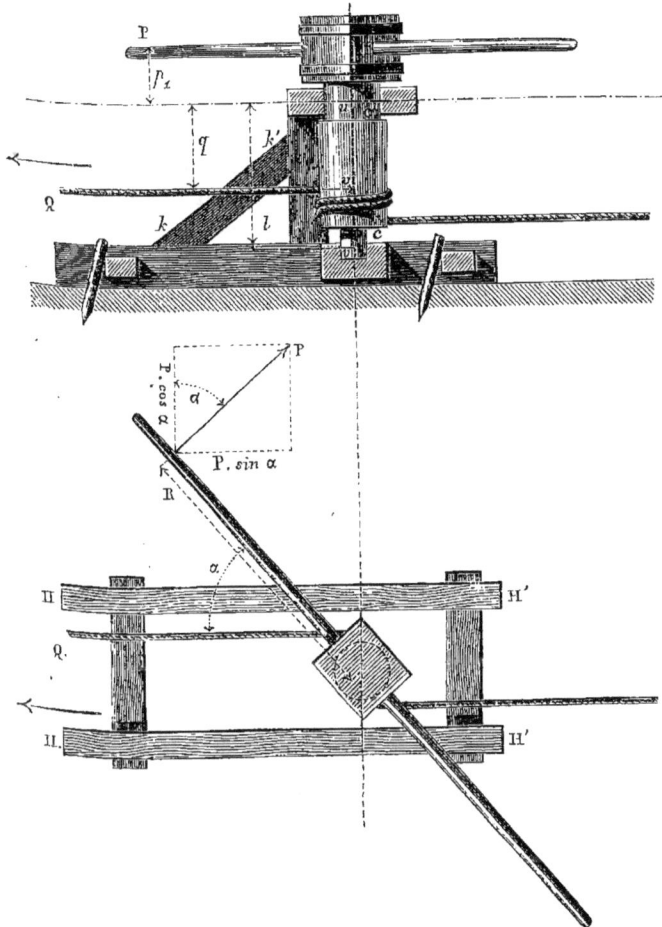

et inférieurement par deux autres traverses figurées horizontalement par **HH'**. A la traverse supérieure et à l'une des traverses inférieures sont pratiquées des ouvertures qui donnent
passage aux tourillons de l'arbre. Le tourillon supérieur se

5.

termine par une tête munie des barres horizontales sur lesquelles agissent les hommes chargés de la manœuvre. Comme on emploie le cabestan dans des cas où il faut opérer des mouvements souvent fort étendus, l'arbre ne saurait avoir une hauteur assez grande pour que la corde puisse totalement s'y enrouler. Elle fait seulement quelques tours sur le cylindre, et le brin libre est tendu et déroulé par un homme, tandis que le brin auquel est appliquée la résistance s'enroule. D'ailleurs l'expérience montre que quelques tours seulement de la corde, concurremment avec la traction exercée par l'homme qui agit sur le brin libre, déterminent une adhérence suffisante pour empêcher tout glissement. L'appareil est retenu sur le sol par des cordages et des piquets convenablement disposés. La théorie du cabestan est absolument la même que celle du treuil à axe horizontal.

Comme précédemment, appelons

P la puissance;

Q la résistance;

R le rayon de la circonférence décrite par le point d'application de la puissance appliquée perpendiculairement à la direction de la barre;

$r$ le rayon du cylindre sur lequel s'enroule la corde;

$r'$ le rayon du tourillon inférieur;

$r''$ le rayon du tourillon supérieur;

$f, f', f''$ les coefficients du frottement pour les tourillons $c$, $c'$ et pour le pivot du tourillon inférieur;

$\alpha$ l'angle formé par la puissance P, dans une certaine position avec la résistance Q de direction invariable;

$p$ le poids de la partie de l'appareil qui porte sur le pivot;

$p_1$ la distance verticale de la puissance au milieu du tourillon supérieur;

$q$ la distance de la résistance au même tourillon;

$l$ la distance des milieux des deux tourillons.

Si l'on néglige le frottement, on aura l'équation suivante :

$$PR = Qr \quad \text{ou} \quad \frac{P}{Q} = \frac{r}{R},$$

*c'est-à-dire que la puissance est à la résistance comme le rayon de l'arbre est au rayon de la circonférence que tend à décrire le point d'application de la puissance.*

Pour tenir compte du frottement, remarquons que nous avons trois pressions distinctes à considérer : 1° celle supportée par le tourillon inférieur $c$ ; 2° celle supportée par le tourillon supérieur $c'$ ; 3° celle qui résulte du poids de l'arbre sur la base du pivot. D'après ce qui a été vu sur le frottement des pivots, le frottement occasionné par cette dernière pression a pour valeur $\frac{2}{3}pf''$. Si d'ailleurs on désigne par S, S' les pressions individuelles supportées par les tourillons $c$, $c'$, on aura l'équation d'équilibre

$$PR = Qr + Sfr' + S'f'r'' + \tfrac{2}{3}pf''r'.$$

Pour trouver les pressions S, S', cherchons les composantes de P et Q qui se transmettent aux milieux des deux tourillons. A cet effet, la puissance P étant transportée parallèlement à elle-même en un point de l'axe, décomposons-la en deux forces, l'une normale à la direction de la résistance, et l'autre parallèle à la même direction. Ces deux composantes auront pour valeurs respectives

$$P\cos\alpha, \quad P\sin\alpha.$$

Décomposons encore ces deux dernières forces, chacune en deux autres parallèles, appliquées aux milieux des deux tourillons, et appelons $x$, $x'$ les composantes de $P\cos\alpha$, et $y$, $y'$ celles de $P\sin\alpha$. Nous aurons

$$\frac{x}{P\cos\alpha} = \frac{p_{1}}{l}, \qquad \text{d'où} \quad x = \frac{P\cos\alpha\, p_{1}}{l};$$

$$\frac{x'}{P\cos\alpha} = \frac{l+p_{1}}{l}, \quad \text{d'où} \quad x' = \frac{P\cos\alpha(l+p_{1})}{l};$$

$$\frac{y}{P\sin\alpha} = \frac{p_{1}}{l}, \qquad \text{d'où} \quad y = \frac{P\sin\alpha\, p_{1}}{l};$$

$$\frac{y'}{P\sin\alpha} = \frac{l+p_{1}}{l}, \quad \text{d'où} \quad y' = \frac{P\sin\alpha(l+p_{1})}{l}.$$

Cherchons maintenant les composantes de la résistance Q qui se transmettent sur les tourillons : si nous les appelons

$x_1$, $x'_1$, on aura encore, d'après la règle indiquée pour la décomposition des forces parallèles,

$$\frac{x_1}{Q} = \frac{q}{l}, \qquad \text{d'où} \quad x_1 = \frac{Qq}{l};$$

$$\frac{x'_1}{Q} = \frac{l-q}{l}, \qquad \text{d'où} \quad x'_1 = \frac{Q(l-q)}{l}.$$

Les deux forces $\dfrac{P \cos \alpha p_1}{l}$ et $\dfrac{Qq}{l}$ étant parallèles et de même sens, leur résultante est égale à leur somme $\dfrac{P \cos \alpha p_1}{l} + \dfrac{Qq}{l}$; de sorte que la pression S supportée par le tourillon $c$ est la résultante des deux forces rectangulaires $\dfrac{P \cos \alpha p_1}{l} + \dfrac{Qq}{l}$ et $\dfrac{P \sin \alpha p_1}{l}$. On aura donc

$$S = \sqrt{\frac{(P \cos \alpha p_1 + Q q)^2 + P^2 \sin^2 \alpha p_1}{l^2}}$$

ou

$$S = \frac{1}{l} \sqrt{(P \cos \alpha p_1 + Q q)^2 + P^2 \sin^2 \alpha p_1^2}.$$

De même, pour le tourillon $c'$, les forces $\dfrac{P \cos \alpha (l + p_1)}{l}$ et $\dfrac{Q(l-q)}{l}$ étant de sens contraires se combineront en une seule dont la valeur sera $\dfrac{Q(l-q)}{l} - \dfrac{P \cos \alpha (l + p_1)}{l}$, attendu que la composante $Q(l-q)$ est plus grande que $\dfrac{P \cos \alpha (l + p_1)}{l}$. Ainsi nous aurons pour la valeur de la pression supportée par le tourillon $c'$

$$S' = \sqrt{\left[\frac{Q(l-q) - P \cos \alpha (l + p_1)}{l^2}\right]^2 + \frac{P^2 \sin^2 \alpha (l + p_1)^2}{l^2}},$$

$$S' = \frac{1}{l} \sqrt{[Q(l-q) - P \cos \alpha (l + p_1)]^2 + P^2 \sin^2 \alpha (l + p_1)^2}.$$

Appliquant la formule qui donne la valeur approchée des

radicaux,

$$S = \frac{0,96\,P\,p_1\cos\alpha}{l} + \frac{0,96\,Q\,q + 0,4\,P\,p_1\sin\alpha}{l},$$

$$S = \frac{0,96\,Q\,q}{l} + \frac{P\,p_1(0,96\cos\alpha + 0,4\sin\alpha)}{l},$$

$$S' = \frac{0,96\,Q(l-q)}{l} - \frac{0,96\,P\cos\alpha(l+p_1)}{l} + \frac{0,4\,P\sin\alpha(l+p_1)}{l},$$

$$S' = \frac{0,96\,Q(l-q)}{l} - \frac{P(l+p_1)}{l}(0,96\cos\alpha - 0,4\sin\alpha).$$

Remplaçant S et S′ par ces valeurs dans l'équation générale d'équilibre, on parvient à une équation du premier degré facile à résoudre qui donne la valeur de la puissance P.

Lorsque la tête de l'arbre est armée de plusieurs barres formant entre elles des angles égaux, si les hommes agissant sur chaque barre développent le même effort, la puissance P étant la somme de plusieurs forces égales symétriquement distribuées autour de l'axe, les composantes de toutes ces puissances partielles se détruisent mutuellement, parce qu'elles sont égales et de sens contraires. Ainsi, dans ce cas, les seules forces qui occasionnent le frottement sont les composantes de la résistance Q; par conséquent l'équation d'équilibre deviendra

$$PR = Q\,r + \frac{Q\,f\,r'\,q}{l} + \frac{Q\,f'\,r''(l-q)}{l} + \tfrac{2}{3}\,p\,f''\,r',$$

d'où

$$P = \frac{Q\,r}{R} + \frac{Q\,f\,r'\,q + Q\,f'\,r''(l-q)}{R\,l} + \tfrac{2}{3}\,p\,\frac{f''\,r'}{R}.$$

Si, dans ce cas, on suppose égaux les rayons des deux tourillons, et de plus $f = f'$, il viendra

$$P = \frac{Q\,r}{R} + \frac{Q\,q\,f\,r' + Q\,f\,r'(l-q)}{R\,l} + \tfrac{2}{3}\,p\,\frac{f''\,r'}{R}.$$

Mettant $Q\,f\,r'$ en facteur commun,

$$P = \frac{Q\,r}{R} + \frac{Q\,f\,r'(q + l - q)}{R\,l} + \tfrac{2}{3}\,p\,\frac{f''\,r'}{R},$$

$$P = \frac{Q\,r}{R} + \frac{Q\,f\,r'}{R} + \tfrac{2}{3}\,p\,\frac{f''\,r'}{R}$$

ou

$$P = \frac{Q(r+fr')}{R} + \frac{2}{3}p\,\frac{f''r'}{R}.$$

Dans l'hypothèse où P serait quelconque, si $f=f'$ et $r'=r''$, on a

$$PR = Qr + fr'(S+S') + \frac{2}{3}pf''r'.$$

Remplaçant S et S' par leurs valeurs que nous avons trouvées, on aura

$$S+S' = \frac{0,96\,P\,p_1\cos\alpha}{l} + \frac{0,96\,Qq}{l} + \frac{0,4\,P\,p_1\sin\alpha}{l} + \frac{0,96\,Q(l-q)}{l}$$
$$- \frac{0,96\,P\cos\alpha(l+p_1)}{l} + \frac{0,4\,P\sin\alpha(l+p_1)}{l},$$

$$S+S' = \frac{0,96\,P\,p_1\cos\alpha}{l} + \frac{0,96\,Q(q+l-q)}{l} + \frac{0,4\,P\sin\alpha(l+2p_1)}{l}$$
$$- \frac{0,96\,P\,l\cos\alpha}{l} - \frac{0,96\,P\,p_1\cos\alpha}{l}.$$

En réduisant il viendra

$$S + S' = 0,96Q + 0,4P\sin\alpha\,\frac{l+2p_1}{l} - 0,96P\cos\alpha.$$

Introduisant cette valeur dans l'équation d'équilibre,

$$PR = Qr + 0,96Qfr' + 0,4Pfr'\,\frac{l+2p_1}{l}\sin\alpha - 0,96Pfr'\cos\alpha + \frac{2}{3}pf''$$

d'où

$$PR - 0,4Pfr'\,\frac{l+2p_1}{l}\sin\alpha + 0,96Pfr'\cos\alpha = Qr + 0,96Qfr' + \frac{2}{3}pf''$$

Mettant P en facteur commun dans le premier membre,

$$P\left[R + fr'\left(0,96\cos\alpha - 0,4\,\frac{l+2p_1}{l}\right)\right] = Qr + 0,96Qfr' + \frac{2}{3}pf''r',$$

d'où

$$P = \frac{Qr + 0,96Qfr' + \frac{2}{3}pf''r'}{R + fr'\left(0,96\alpha - 0,4\,\dfrac{l+2p_1}{l}\right)}.$$

Dans les ports de mer, sur les quais et principalement à bord des vaisseaux, cet appareil reçoit une autre disposition.

Il se compose d'un arbre en fer solidement fixé dans un massif en maçonnerie ou dans la membrure du vaisseau. Le sommet de cet arbre fait office de pivot, et le corps du cabestan creusé à cet effet est intérieurement garni d'une crapaudine en cuivre qui repose sur le pivot. Le corps du cabestan est formé de trois ou quatre pièces de bois reliées ensemble par des frettes, et quelquefois dans l'intérieur sont des cercles de friction. Ce dispositif a une grande analogie avec l'arbre de la turbine Fontaine-Baron.

# CHAPITRE III.

**31. *Plan incliné.*** — On donne généralement le nom de *plan incliné* à un plan qui réunit deux plans horizontaux. Il a pour objet de changer un mouvement rectiligne continu, suivant une direction donnée, en un autre de même nature suivant une autre direction. La distance verticale qui sépare les deux plans horizontaux se nomme la *hauteur du plan incliné;* la distance horizontale entre les deux extrémités du plan incliné en est la base. Le rapport de la hauteur à la base, c'est-à-dire la tangente trigonométrique de l'angle du plan avec l'horizon, est la pente ou la déclivité du plan. Enfin, pour longueur du plan incliné, on prend la ligne de plus grande pente, limitée aux deux plans horizontaux que fait communiquer le plan incliné.

**32. *Relation entre la puissance et la résistance, abstraction faite du frottement.*** — Soit un corps de poids P placé sur un plan incliné et sollicité par une force F agissant au-dessus de

Fig. 27.

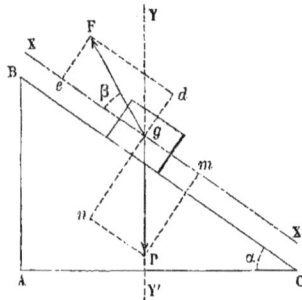

ce plan (*fig. 27*). Désignons par $\alpha$ l'angle du plan incliné, et par $\beta$ l'angle que forme la direction de la force avec le plan.

Cette force F peut être décomposée en deux autres, l'une *ge* parallèle au plan incliné et tendant à faire monter le corps, l'autre *gd* normale à ce plan. De même le poids P du corps se décompose en deux autres forces, la première *gm* parallèle au plan et tendant à faire descendre le corps, la seconde *gn*, neutralisée par la réaction du plan. Ainsi, pour que l'équilibre existe, il faut et il suffit que les deux composantes *gm* et *ge* directement opposées soient égales. En exprimant leurs valeurs respectives en fonction de F et de P, on aura

$$F \cos\beta = P \sin\alpha \quad \text{et} \quad F = \frac{P \sin\alpha}{\cos\beta}.$$

Les composantes normales au plan ont pour valeurs

$$P \cos\alpha \quad \text{et} \quad F \sin\beta.$$

Comme elles sont de sens contraires, la pression normale S sera

$$S = P \cos\alpha - F \sin\beta.$$

Au lieu d'opérer la décomposition de la puissance et de la résistance, on aurait pu immédiatement poser l'équation d'équilibre en vertu de ce théorème, que nous avons déjà appliqué au principe des vitesses virtuelles : *La projection de la résultante de plusieurs forces sur un axe de direction donnée est égale à la somme algébrique des projections des composantes.* Or, l'équilibre existant, la résultante doit être égale et directement opposée à la réaction normale du plan, et par suite sa projection sur ce plan est un point, d'où

$$gm = ge.$$

*Discussion.* — Dans l'hypothèse admise, que la puissance F agit au-dessus du plan incliné, la composante normale F sin est négative; mais, si elle est appliquée au-dessous du plan, dans une position *g*F′ symétrique, cette composante s'ajoute à la composante P cos α du poids du corps, et la pression normale exercée devient

$$S = P \cos\alpha + F \sin\beta.$$

Ainsi, si nous appelons toujours β l'angle formé par la nouvelle direction de la force avec le plan incliné, le seul changement à apporter dans la valeur de la pression normale consiste à remplacer $+\beta$ par $-\beta$, c'est-à-dire que cette équation aura un caractère général, en ayant soin de considérer comme positifs les angles formés par la direction de la force au-dessus du plan, et comme négatifs ceux qui sont au-dessous.

De la relation $\dfrac{F}{P} = \dfrac{\sin\alpha}{\cos\beta}$ on déduit

$$\cos\beta = \frac{P\sin\alpha}{F}.$$

Si donc la puissance P est donnée sans que sa direction par rapport au plan incliné soit connue, il sera facile de la déterminer, et, d'après ce qui précède, il y aura deux valeurs $+\beta$ et $-\beta$ également admissibles. De là cette conclusion :

*Un corps pourra être tenu en équilibre par la même puissance agissant sous deux directions symétriques par rapport à la direction du plan incliné.*

Or, comme le cosinus d'un angle ne peut être supérieur à l'unité, il faudra que l'on ait

$$F > P\sin\alpha \quad \text{ou} \quad F = P\sin\alpha,$$

ce qui signifie que la puissance F devra être plus grande que la composante du poids P parallèle au plan incliné ou au moins égale à cette composante.

D'autre part, puisque le corps doit être retenu sur le plan, il faut que la pression normale S soit positive; on aura donc

$$P\cos\alpha - F\sin\beta > 0 \quad \text{ou} \quad P\cos\alpha > F\sin\beta.$$

Évidemment cette condition sera satisfaite lorsque la puissance F agit au-dessous du plan, puisque la composante $F\sin\beta$, dans ce cas, est positive et qu'elle s'ajoute à la composante du poids du corps. Mais il ne saurait en être de même lorsque la force agit dans une direction symétrique $gF$ au-dessus du plan.

Pour continuer cette discussion analytique, rapprochons les deux relations établies

$$\cos\beta = \frac{P\sin\alpha}{F}. \quad P\cos\alpha - F\sin\beta > 0;$$

d'où l'on déduit

$$\frac{\cos\beta}{\sin\alpha} = \frac{P}{F} \quad \text{et} \quad \frac{P\cos\alpha}{F} - \sin\beta > 0.$$

Remplaçons dans l'inégalité le rapport $\frac{P}{F}$ par sa valeur $\frac{\cos\beta}{\sin\alpha}$, il viendra

$$\frac{\cos\beta\cos\alpha}{\sin\alpha} - \sin\beta > 0.$$

Faisant disparaître le dénominateur,

$$\cos\beta\cos\alpha - \sin\alpha\sin\beta > 0 \quad \text{ou} \quad \cos(\alpha + \beta) > 0.$$

Or, comme la limite inférieure du cosinus d'un angle est zéro, auquel cas cet angle vaut 90 degrés, il est évident que l'on aura

$$\alpha + \beta < 90° \quad \text{ou} \quad \beta < 90° - \alpha.$$

Remarquons que $90° - \alpha$ est le complément de l'angle du plan incliné, et de plus que, sur la figure, il est représenté par l'angle $XgY$ que forme une verticale du point $g$ avec une parallèle à la direction du plan passant par le même point. Ainsi l'angle $\beta$ ne peut pas devenir supérieur au complément de l'angle $\alpha$, mais il peut lui être égal, ce qui apprend que, la puissance agissant au-dessus du plan incliné, le problème sera toujours possible si sa direction ne s'écarte pas de la parallèle au plan au delà de la verticale $gY$.

À la limite, c'est-à-dire lorsque $\beta = 90° - \alpha$, on aura

$$\cos\beta = \sin\alpha.$$

Par suite de la relation fondamentale, on déduit

$$F = P.$$

Dans ce cas le corps ne fait que toucher le plan sans exercer aucune pression.

Cette valeur de la puissance égale au poids du corps est la plus grande qu'elle puisse acquérir, que le corps agisse au-dessus ou au-dessous du plan incliné.

Enfin, si nous supposons la puissance $F$ plus grande que la résistance P, le corps ne pourra être retenu sur le plan qu'à la condition que la force agira en dessous du plan ; car, dans le sens opposé, elle soulèverait le corps au-dessus du plan. Ainsi la valeur P attribuée à la puissance F n'est qu'un maximum relatif. Il ne saurait en effet y avoir de maximum absolu.

Dans cette discussion générale, nous avons négligé les dimensions du plan incliné et uniquement considéré l'angle qu'il forme avec l'horizon. Pour donner aux conséquences une interprétation géométrique, admettons que ce plan est limité comme nous l'avons indiqué, et désignons la hauteur, la base et la longueur respectivement par H, B et L.

1° L'angle $\beta$ = l'angle $\alpha$, auquel cas la puissance F est horizontale.

On aura

$$\frac{F}{P} = \frac{\sin\alpha}{\cos\alpha} = \operatorname{tang}\alpha \quad \text{ou} \quad \frac{F}{P} = \frac{H}{B},$$

*ce qui apprend que la puissance est à la résistance comme la hauteur du plan incliné est à sa base.*

De cette relation on déduit

$$F = \frac{P\sin\alpha}{\cos\alpha} = P\frac{H}{B}.$$

Si l'angle $\alpha$ est moindre que 45 degrés, la hauteur est inférieure à la base, et la puissance F est moindre que la résistance P ; mais, si $\alpha$ est supérieur à 45 degrés ou H > B, l'avantage cessera d'exister. Enfin, si $\alpha$ = 45° ou H = B, la puissance devient égale à la résistance.

2° L'angle $\beta$ est égal à zéro, ce qui correspond au cas où la direction de la puissance F est parallèle au plan incliné. Alors $\cos\beta$ = 1, et la relation devient

$$\frac{F}{P} = \sin\alpha.$$

Or $\sin\alpha = \frac{H}{L}$ ; donc

$$\frac{F}{P} = \frac{H}{L}.$$

*Ainsi la puissance est à la résistance comme la hauteur du plan incliné est à sa longueur.*

Comme H est toujours moindre que L, il s'ensuit que l'avantage, dans ce cas particulier, est du côté de la puissance.

3° L'angle $\beta = 90°$, ce qui indique que la puissance est normale au plan.

Comme $\cos 90° = 0$, on a

$$F = \frac{P \sin \alpha}{0 - \alpha} = \infty .$$

Il est aisé de comprendre, en effet, que la force F, étant normale au plan, est détruite par la réaction qui lui est directement opposée, et que, quelle que soit sa grandeur, si l'on ne tient pas compte du frottement, elle ne saurait empêcher le mouvement de glissement produit par la composante de P parallèle au plan incliné.

4° L'angle $\beta = 90° - \alpha$. Dans ce cas l'angle $\beta$ devient égal à l'angle ABC que forme le plan incliné avec la verticale ; donc la direction de la force est verticale, et, comme

$$\cot \beta \text{ ou } \cos(90° - \alpha) = \sin \alpha,$$

on a

$$F = \frac{P \sin \alpha}{\sin \alpha} = P.$$

Ainsi la puissance est égale à la résistance, relation visible a priori ; mais, comme cette puissance peut agir dans deux positions symétriques si elle est appliquée au-dessus du plan incliné, elle tend à soulever le corps qui se trouve alors dans les mêmes conditions que s'il ne reposait pas sur le plan incliné.

33. *Frottement d'un corps sur un plan incliné.* — Considérons un corps de poids P (*fig.* 27) placé sur un plan formant avec l'horizon un angle $\alpha$, et supposons qu'il soit sollicité de bas en haut par une force F qui tend à le faire monter, et dont l'inclinaison sur ce plan est mesurée par l'angle $\beta$. Si nous décomposons le poids P en deux forces, l'une normale au plan incliné et l'autre parallèle à ce plan, la première, qui a pour valeur $P \cos \alpha$, le presse contre ce plan, et la seconde, $P \sin \alpha$, tend à le faire descendre. De même, si nous décomposons la force F suivant les mêmes directions, la composante

normale F sin β tend à soulever le corps, tandis que la composante parallèle au plan F cos β tend à le faire monter. Les deux composantes normales étant de sens contraires, leur résultante ou la pression normale sera égale à leur différence

$$P \cos \alpha - F \sin \beta.$$

Pour que l'équilibre puisse exister, évidemment la somme algébrique des forces, y compris le frottement, doit être égale à zéro, ou, en d'autres termes, la force qui tend à faire monter le corps est égale à celle qui tend à le faire descendre, augmentée du frottement. L'équation d'équilibre sera donc

$$F \cos \beta = P \sin \alpha + f(P \cos \alpha - F \sin \beta)$$

ou bien

$$F \cos \beta = P \sin \alpha + P f \cos \alpha - F f \sin \beta,$$
$$F \cos \beta + F f \sin \beta = P(\sin \alpha + f \cos \alpha),$$
$$F(\cos \beta + f \sin \beta) = P(\sin \alpha + f \cos \alpha),$$

d'où

$$F = \frac{P(\sin \alpha + f \cos \alpha)}{\cos \beta + f \sin \beta}.$$

**34.** *Condition pour que la puissance soit un minimum.* — Si nous supposons les dimensions du plan incliné et la résistance constante, évidemment la puissance F sera un minimum lorsque, dans l'expression générale, le dénominateur

$$\cos \beta + f \sin \beta$$

deviendra un maximum. Cela posé, au point G de la droite XX' ( *fig.* 28) faisons un angle MGN = β et prenons GM égal à l'u-

Fig. 28.

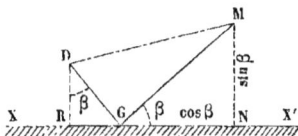

nité. Si du point M nous abaissons la perpendiculaire MN sur XX', elle représentera le sinus de β, et GN en sera le cosinus. Portons sur la perpendiculaire à GM une longueur GD supposée égale au coefficient du frottement, et abaissons du point D une autre perpendiculaire à XX', l'angle RDG ains formé sera égal à l'angle MGN ou β. A cause de la perpendicularité des côtés et du triangle RGD, nous déduirons

$$RG = GD \sin\beta$$

ou

$$RG = f\sin\beta \quad \text{et} \quad DR = f\cos\beta;$$

donc

$$RG + GN \quad \text{ou} \quad RN = \cos\beta + f\sin\beta.$$

Or RN, projection de DM sur XX', qui représente le dénominateur de l'expression générale, sera un maximum quand DM se projettera en vraie grandeur, c'est-à-dire lorsqu'elle sera parallèle à XX'. Cette condition étant satisfaite, on a

$$DR = MN \quad \text{ou} \quad f\cos\beta = \sin\beta,$$

d'où

$$f = \frac{\sin\beta}{\cos\beta} = \tan\beta.$$

Ainsi *l'effort capable de faire monter un corps le long d'un plan incliné sera minimum lorsque la direction de cet effort avec le plan formera un angle égal à l'angle du frottement.*

Remplaçant $f$ par sa valeur $\dfrac{\sin\beta}{\cos\beta}$ dans l'équation générale, il viendra

$$F = \frac{P\left(\sin\alpha + \dfrac{\sin\beta}{\cos\beta}\cos\alpha\right)}{\cos\beta + \dfrac{\sin\beta}{\cos\beta}\sin\beta}$$

ou

$$F = \frac{\dfrac{P(\sin\alpha\cos\beta + \sin\beta\cos\alpha)}{\cos\beta}}{\dfrac{\cos^2\beta + \sin^2\beta}{\cos\beta}},$$

$$F = \frac{P(\sin\alpha\cos\beta + \sin\beta\cos\alpha)}{\sin^2\beta + \cos^2\beta}.$$

et, comme $\sin^2\beta + \cos^2\beta = 1$,

$$F = P\sin(\alpha + \beta).$$

Lorsque l'inclinaison $\alpha$ du plan est moindre que l'angle du frottement, non-seulement il n'est pas nécessaire de faire agir une force extérieure pour l'empêcher de descendre sous l'action de la composante $P \sin \alpha$, mais encore il faut, pour produire la chute, lui appliquer une force qui favorise le mouvement de descente, concurremment avec la composante du poids parallèle au plan incliné. C'est une conséquence directe de la définition que nous avons donnée de l'angle du frottement.

L'équation générale à laquelle le raisonnement nous a conduit sert à trouver l'effort capable de faire monter le corps sur le plan incliné; mais, quand il s'agit de trouver uniquement la force qui s'oppose à l'entraînement du corps, l'équation d'équilibre est différente. Il est manifeste que, dans ce cas, le frottement se joint à la composante $F \cos \beta$ pour détruire l'action de la force $P \sin \alpha$ qui tend à faire descendre le corps. Nous aurons donc

$$F \cos \beta + f(P \cos \alpha - F \sin \beta) = P \sin \alpha$$

ou

$$F \cos \beta + P f \cos \alpha - F f \sin \beta = P \sin \alpha,$$
$$F(\cos \beta - f \sin \beta) = P(\sin \alpha - f \cos \alpha),$$

d'où

$$F = \frac{P(\sin \alpha - f \cos \alpha)}{\cos \beta - f \sin \beta},$$

résultat auquel nous serions parvenu en changeant le signe de $f$, ce qui est évident *a priori*, puisque dans ce cas, comme nous l'avons indiqué, le frottement est de même signe que la puissance. Enfin, pour que l'effort F soit nul, il faut évidemment que l'on ait

$$\sin \alpha - f \cos \alpha = 0 \quad \text{ou} \quad f \cos \alpha = \sin \alpha,$$

d'où

$$f = \frac{\sin \alpha}{\cos \alpha} = \tan g\, \alpha,$$

ce qui signifie que l'inclinaison du plan doit être égale à l'angle du frottement.

**35.** *Cas où la force qui tend à faire monter le corps agit au-dessous du plan.* — Lorsque la force F agit au-dessous du plan, sa composante normale au plan $F \sin \beta$ (*fig.* 29) étant de même

Fig. 29.

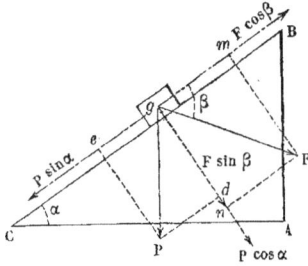

sens que la composante de même direction du poids P, la pression normale exercée contre le plan est

$$P \cos \alpha + F \sin \beta.$$

Par conséquent, l'équation d'équilibre devient

$$F \cos \beta = P \sin \alpha + f(P \cos \alpha + F \sin \beta)$$

ou

$$F \cos \beta = P \sin \alpha + Pf \cos \alpha + F f \sin \beta,$$

$$F(\cos \beta - F f \sin \beta) = P(\sin \alpha + f \cos \alpha),$$

$$F(\cos \beta - f \sin \beta) = P(\sin \alpha + f \cos \alpha),$$

d'où

$$F = \frac{P(\sin \alpha + f \cos \alpha)}{\cos \beta - f \sin \beta},$$

ce qui revient, dans ce cas, à considérer l'angle $\beta$ comme négatif.

Si l'on ne veut considérer que l'effort capable d'empêcher le corps de descendre, il suffit, comme nous l'avons déjà indiqué, dans le cas précédent, de changer le signe de $f$, et l'on a

$$F = \frac{P(\sin \alpha - f \cos \alpha)}{\cos \beta + f \sin \beta}.$$

6.

On l'obtiendrait d'ailleurs directement en posant l'équation d'équilibre

$$F \cos\beta + f(P \cos\alpha + F \sin\beta) = P \sin\alpha.$$

*Discussion.* — 1º La direction de la puissance est parallèle au plan incliné, auquel cas $\beta = 0$. Par conséquent $\sin\beta = 0$ et $\cos\beta = 1$. L'équation générale devient

$$F = P(\sin\alpha + f \cos\alpha).$$

Il est visible, en effet, que dans ce cas la composante normale au plan de la force $F$ est nulle et que la pression exercée se réduit à la composante $P \cos\alpha$ du poids. L'équation d'équilibre est donc

$$F = P \sin\alpha + Pf \cos\alpha.$$

Si le plan incliné est limité par deux verticales, on a

$$\sin\alpha = \frac{H}{L} \quad \text{et} \quad \cos\alpha = \frac{B}{L};$$

d'où, en substituant,

$$F = P\left(\frac{H}{L} + \frac{fB}{L}\right) \quad \text{ou} \quad F = P \frac{H + fB}{L}.$$

2º La puissance est horizontale. L'angle $\beta =$ l'angle $\alpha$, et, comme la force agit au-dessous du plan, l'angle $\beta$ est négatif, d'où résulte que l'on doit appliquer la seconde équation

$$F = \frac{P(\sin\alpha + f \cos\alpha)}{\cos\alpha - f \sin\alpha}.$$

Divisant les deux termes par $\cos\alpha$,

$$F = \frac{P\left(\dfrac{\sin\alpha}{\cos\alpha} + \dfrac{f \cos\alpha}{\cos\alpha}\right)}{\dfrac{\cos\alpha}{\cos\alpha} - \dfrac{f \sin\alpha}{\cos\alpha}} \quad \text{ou} \quad F = P \frac{\tan\alpha + f}{1 - f \tan\alpha};$$

en fonction des dimensions du plan incliné, on aura

$$F = \frac{P\left(\dfrac{H}{L} + \dfrac{fB}{L}\right)}{\dfrac{B}{L} - \dfrac{fH}{L}} \quad \text{ou} \quad F = P \frac{H + fB}{B - fH}.$$

**36.** *Cas où la force tend à faire descendre le corps et agit au-dessus du plan.* — Soit une force F située au-dessus du plan et sollicitant un corps de poids P pour le faire descendre. La décomposition de ces forces (*fig.* 3o) met en évidence que

Fig. 3o.

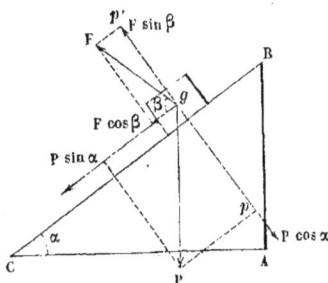

les deux composantes de même sens, parallèles au plan incliné, tendent à le faire descendre, et que la pression normale est égale à la différence des composantes $P\cos\alpha$ et $F\sin\beta$. Ainsi l'équation d'équilibre sera

$$F\cos\beta + P\sin\alpha = f(P\cos\alpha - F\sin\beta),$$

d'où

$$F\cos\beta + P\sin\alpha = Pf\cos\alpha - Ff\sin\beta,$$

$$F\cos\beta + Ff\sin\beta = Pf\cos\alpha - P\sin\alpha,$$

$$F(\cos\beta + f\sin\beta) = P(f\cos\alpha - \sin\alpha)$$

et

$$F = \frac{P(f\cos\alpha - \sin\alpha)}{\cos\beta + f\sin\beta}.$$

**37.** *Cas où la force agit au-dessous du plan.* — Les composantes normales au plan étant de même sens, la pression exercée sera égale à leur somme

$$S = P\cos\alpha + F\sin\beta.$$

Comme d'ailleurs les composantes parallèles au plan ne cessent pas d'être de même sens, l'équation d'équilibre sera

$$F\cos\beta + P\sin\alpha = f(P\cos\alpha + F\sin\beta)$$

ou

$$F \cos\beta + P \sin\alpha = P f \cos\alpha + F f \sin\beta,$$
$$F \cos\beta - F f \sin\beta = P f \cos\alpha - P \sin\alpha,$$
$$F(\cos\beta - f \sin\beta) = P(f \cos\alpha - \sin\alpha)$$

et

$$F = \frac{P(f \cos\alpha - \sin\alpha)}{\cos\beta - f \sin\beta},$$

relation que nous aurions pu simplement déduire de la précédente en changeant le signe de sinus $\beta$, puisque l'angle est négatif.

**38.** *Coin.* — Le coin est un prisme triangulaire que l'on introduit par l'une de ses arêtes entre deux obstacles pour exercer latéralement deux efforts qui tendent à en opérer la séparation.

L'arête GE (*fig.* 31) par laquelle le coin pénètre se nomme

Fig. 31.

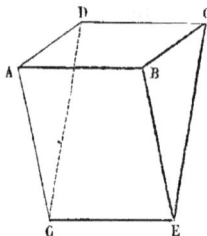

le *tranchant* du coin; les faces ABEG, DCEG se nomment les *côtés* du coin, et la face ABCD en est la tête.

Pour établir les conditions d'équilibre, on admet, ce qui a lieu le plus souvent, que la direction de la puissance est normale à la tête. Quelle que soit d'ailleurs la direction de la puissance, on peut toujours concevoir cette force décomposée en deux autres, l'une perpendiculaire à la tête du coin et qui tend à l'introduire plus profondément entre les deux obstacles, l'autre parallèle ne produisant aucun mouvement et qui tout au plus peut faire glisser sur la tête du coin le corps au moyen duquel par le choc la puissance est appliquée.

Supposons d'abord, pour plus de simplicité, que le coin repose par deux points $a$ et $b$ (*fig.* 32) sur le corps que l'on veut diviser ou fendre et de plus que la force motrice F soit per-

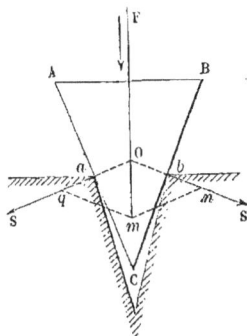

Fig. 32.

pendiculaire à la tête du coin. Pour que l'équilibre du système puisse avoir lieu, il est évident que la puissance doit être égale et opposée à la résultante des réactions normales S, S′ qui se manifestent aux points $a$ et $b$. Les trois forces F, S, S′ doivent donc être situées dans un même plan et concourir au même point O. Si, par le point $m$ pris sur la direction de la résultante, on mène des parallèles aux composantes S, S′, les parties interceptées $Oq$, $On$ leur seront proportionnelles et le triangle $Oqm$ fournira la relation suivante :

$$\frac{F}{Om} = \frac{S}{Oq} = \frac{S'}{On}.$$

Les deux triangles $Oqm$, ABC ayant leurs côtés perpendiculaires sont semblables, et par suite

$$\frac{AB}{Om} = \frac{AC}{Oq} = \frac{BC}{On}, \quad \text{d'où} \quad \frac{F}{AB} = \frac{S}{AC} = \frac{S'}{BC},$$

ce qui indique que *la puissance perpendiculaire à la tête et les résistances perpendiculaires aux côtés sont proportionnelles à cette tête et aux côtés.*

De cette relation on déduit

$$S = \frac{F \times AC}{AB}, \quad S' = \frac{F \times BC}{AB}.$$

Dans l'hypothèse où $BC = AC$, auquel cas le triangle $ABC$ est isocèle, ce qui a lieu le plus souvent, on aura

$$S = S' \quad \text{et} \quad \frac{F}{S} = \frac{AB}{AC},$$

relation qui montre que *la puissance est à l'une des résistances comme la tête du coin est à l'un des côtés que l'on nomme alors la* longueur du coin.

Ordinairement, pour fendre ou séparer des corps, on emploie un coin dont la tête est très-petite par rapport à la longueur. Ainsi, si la tête est égale à $\frac{1}{10}$ de la longueur, la puissance sera $\frac{1}{10}$ de l'une des résistances : tel est l'avantage que présente le coin de pouvoir vaincre une résistance avec une puissance d'autant moindre que la tête du coin est plus petite comparée à la longueur.

Si les deux bases du prisme sont des triangles rectangles (*fig.* 33) et que les deux points d'appui soient situés sur une

Fig. 33.

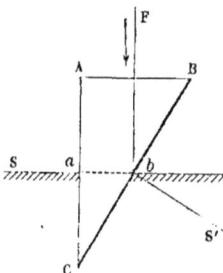

parallèle à la tête du coin, la direction de la puissance F, perpendiculaire à la tête du coin, ne pourra passer par le point de concours des résistances S, S′ que si elle rencontre l'hypoténuse au point d'application $b$ de la résistance perpendiculaire à cette hypoténuse.

39. *Théorie du coin en tenant compte du frottement.* — On aurait une notion bien inexacte des effets du coin si l'on faisait abstraction du frottement; car cette résistance étant directement proportionnelle aux réactions normales S, S′, comme ces forces acquièrent des grandeurs relativement considéra-

bles, à cause de la petite dimension de la tête, on comprend aisément qu'il doit en être de même des frottements qu'elles occasionnent et qu'il faut que la puissance soit capable d'équilibrer non-seulement la résistance utile, mais encore tous les frottements. Ainsi, dans le cas général où les corps que le coin doit séparer ne sont pas de même nature, si $f$, $f'$ représentent les coefficients du frottement qui leur sont relatifs et R la résultante des deux réactions S, S', l'équation d'équilibre sera

$$F = R + Sf + S'f'.$$

Supposons que le coin s'appuie par plusieurs points sur les corps dont il doit opérer la séparation, ce qui dans la pratique a toujours lieu; alors les résistances S, S', ainsi que les frottements qu'elles occasionnent, représentent les résultantes générales de toutes les forces parallèles de même nature appliquées aux différents points des surfaces de contact. Pour trouver les grandeurs respectives des forces S, S', en fonction de la puissance, décomposons chaque force normale et les frottements $Sf$, $S'f'$, qui agissent en sens contraire du mouvement, c'est-à-dire de bas en haut, en deux autres forces, l'une perpendiculaire à la tête du coin, l'autre parallèle à la même direction (*fig.* 34).

Fig. 34.

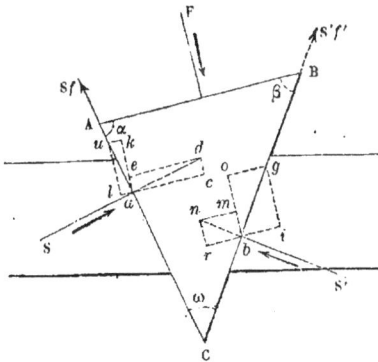

Considérons d'abord les forces appliquées au point $a$. Soient $ad$ la réaction S qui agit de dehors en dedans et $au$ le frottement $Sf$ qui s'oppose au mouvement de glissement suivant le côté AC.

Les composantes $ac$ et $ae$ de la réaction S ont pour valeurs respectives

$$ac = \text{S} \sin adc, \quad ae = \text{S} \cos ead.$$

Or les angles $ead$, $adc$ sont égaux à l'angle $\alpha$ du triangle ABC, comme ayant les côtés perpendiculaires; donc

$$ac = \text{S} \sin \alpha, \quad ae = \text{S} \cos \alpha.$$

Pareillement, les composantes $ak$, $al$ du frottement $Sf$ représenté par la ligne $au$ sont exprimées par

$$ak = \text{S}f \sin auk, \quad al = \text{S}f \cos lau.$$

Comme les angles $auk$, $lau$ sont aussi égaux à l'angle $\alpha$, on aura

$$ak = \text{S}f \sin \alpha, \quad al = \text{S}f \cos \alpha.$$

Les deux composantes de la réaction S' au point $b$ ont pour valeurs

$$bm = \text{S}' \cos nbm, \quad br = \text{S} \sin rnb.$$

Les angles $nbm$ et $rnb$ étant égaux à l'angle $\beta$ du triangle ABC, à cause de la perpendicularité des côtés, il vient

$$bm = \text{S}' \cos \beta, \quad br = \text{S}' \sin \beta.$$

Les composantes du frottement $\text{S}'f'$ représentées par $bg$ et $bi$ ont pour valeurs

$$bo = \text{S}'f' \sin ogb, \quad bi = \text{S}'f' \cos gbi.$$

Les angles $ogb$, $gbi$ étant aussi égaux à l'angle $\beta$,

$$bo = \text{S}'f' \sin \beta, \quad bi = \text{S}'f' \cos \beta.$$

Nous avons ainsi deux groupes de forces, celles du premier groupe étant perpendiculaires à la tête du coin et celles du second parallèles à la même direction. Évidemment, pour que l'équilibre existe, il faut que la résultante des forces de chaque groupe soit égale à zéro. Rapprochons les valeurs des forces de chaque groupe, ce qui facilitera la mise en équation du problème.

$$
\text{Forces perpendiculaires à la tête du coin....}
\left\{
\begin{array}{ll}
ae = S\cos\alpha\ldots. & \text{au point } a, \\
ak = S f \sin\alpha\ldots & \text{au point } a, \\
bm = S'\cos\beta\ldots. & \text{au point } b, \\
bo = S' f' \sin\beta\ldots & \text{au point } b;
\end{array}
\right.
$$

$$
\text{Forces parallèles à la tête du coin........}
\left\{
\begin{array}{ll}
ac = S\sin\alpha\ldots.. & \text{au point } a, \\
al = S f \cos\alpha\ldots & \text{au point } a, \\
br = S' \sin\beta\ldots. & \text{au point } b, \\
bi = S' f'\ldots\ldots & \text{au point } b.
\end{array}
\right.
$$

Remarquons que toutes les composantes perpendiculaires à la tête du coin sont de même sens. Elles auront donc le même signe; mais, comme la force motrice F, que nous avons supposée perpendiculaire à la tête du coin, est de sens contraire, la première équation d'équilibre sera

$$
F - S\cos\alpha - S f \sin\alpha - S'\cos\beta - S' f' \sin\beta = 0.
$$

La construction qui a servi à opérer la décomposition des forces montre que les composantes $S\sin\alpha$ et $S' f' \cos\beta$ sont de même sens, mais opposé au sens des composantes $S f \cos\alpha$ et $S' \sin\beta$. Dès lors, les premières étant considérées comme positives, les dernières seront négatives. Ainsi la seconde équation d'équilibre sera

$$
S\sin\alpha - S' \sin\beta - f S \cos\alpha + f' S' \cos\beta = 0.
$$

De cette dernière équation, on déduit

$$
S' \sin\beta - f' S' \cos\beta = S\sin\alpha - f S \cos\alpha,
$$
$$
S'(\sin\beta - f' \cos\beta) = S(\sin\alpha - f \cos\alpha)
$$

et

$$
(1) \qquad S' = S\, \frac{\sin\alpha - f\cos\alpha}{\sin\beta - f' \cos\beta}.
$$

Pour trouver la valeur de la réaction S, remplaçons S' par cette expression dans la première équation d'équilibre,

$$
F - S\cos\alpha - S\, \frac{\sin\alpha - f\cos\alpha}{\sin\beta - f' \cos\beta}\cos\beta - f S \sin\alpha
$$
$$
- S\, \frac{\sin\alpha - f\cos\alpha}{\sin\beta - f' \cos\beta} f' \sin\beta = 0.
$$

Faisant disparaître le dénominateur $\sin\beta - f'\cos\beta$,

$$F(\sin\beta - f'\cos\beta) - S\cos\alpha(\sin\beta - f'\cos\beta$$
$$- S\sin\alpha\cos\beta + Sf\cos\alpha\cos\beta - fS\sin\alpha(\sin\beta - f'\cos\beta)$$
$$- Sf'\sin\alpha\sin\beta + ff'S\cos\alpha\sin\beta = 0,$$

$$F(\sin\beta - f'\cos\beta) - S\cos\alpha\sin\beta + Sf'\cos\alpha\cos\beta$$
$$- S\sin\alpha\cos\beta + Sf\cos\alpha\cos\beta - fS\sin\alpha\sin\beta + ff'S\sin\alpha\cos\beta$$
$$- Sf'\sin\alpha\sin\beta + ff'S\cos\alpha\sin\beta = 0,$$

$$F(\sin\beta - f'\cos\beta) - S(\cos\alpha\sin\beta + \sin\alpha\cos\beta)$$
$$+ Sf'(\cos\alpha\cos\beta - \sin\alpha\sin\beta) + Sf(\cos\alpha\cos\beta - \sin\alpha\sin\beta)$$
$$+ Sff'(\sin\alpha\cos\beta + \cos\alpha\sin\beta) = 0,$$

$$F(\sin\beta - f'\cos\beta) - S\sin(\alpha+\beta) + Sf'\cos(\alpha+\beta)$$
$$+ Sf\cos(\alpha+\beta) + Sff'\sin(\alpha+\beta) = 0,$$

ou bien

$$F(\sin\beta - f'\cos\beta) - S\sin(\alpha+\beta)(1 - ff')$$
$$+ S\cos(\alpha+\beta)(f+f') = 0.$$

Si l'angle $\alpha = \beta$, et $f = f'$, l'équation devient

$$F(\sin\alpha - f'\cos\alpha) - S\sin 2\alpha(1 - f^2) + S\cos 2\alpha \, 2f = 0.$$

Comme l'angle $\omega$ du tranchant est égal à $180^\circ - (\alpha+\beta)$

$$\sin(\alpha+\beta) = \sin\omega \quad \text{et} \quad \cos(\alpha+\beta) = -\cos\omega.$$

Substituant dans l'équation générale d'équilibre

$$F(\sin\beta - f'\cos\beta) - S\sin\omega(1 - ff') - S\cos\omega(f+f') = 0;$$

d'où

$$S\sin\omega(1 - ff') + S\cos\omega(f+f') = F(\sin\beta - f'\cos\beta),$$
$$S[(1 - ff')\sin\omega + (f+f')\cos\omega] = F(\sin\beta - f'\cos\beta)$$

et

$$S = F\frac{\sin\beta - f'\cos\beta}{(1 - ff')\sin\omega + (f+f')\cos\omega}.$$

Introduisant cette expression de S dans l'équation (1) qui donne la valeur de S', on aura

$$S' = F\frac{\sin\beta - f'\cos\beta}{(1 - ff')\sin\omega + (f+f')\cos\omega}\frac{\sin\alpha - f\cos\alpha}{\sin\beta - f'\cos\beta},$$
$$S' = F\frac{\sin\alpha - f\cos\alpha}{(1 - ff')\sin\omega + (f+f')\cos\omega}.$$

Enfin on a encore pour la valeur de la puissance F

$$(2) \qquad F = S \frac{(1 - ff') \sin\omega + (f + f') \cos\omega}{\sin\beta - f' \cos\beta},$$

$$(3) \qquad F = S' \frac{(1 - ff') \sin\omega + (f + f') \cos\omega}{\sin\alpha - f \cos\alpha}.$$

La relation entre S et S' exprime simplement la condition qui doit être satisfaite pour que l'équilibre soit possible et que le coin n'obéisse pas à l'action des forces parallèles à la tête.

Lorsque, par l'effet de la force motrice, le coin a pénétré jusqu'à une certaine profondeur entre les corps que l'on veut séparer, presque toujours à cause de l'élasticité plus ou moins grande des substances qui les composent, les réactions normales S, S' ne cessent pas d'agir, bien que l'action de la puissance soit suspendue. Dans ce cas, il peut arriver ou que le coin soit repoussé en arrière de la position qu'il occupe ou qu'il y soit maintenu. Pour l'empêcher de reculer, il faudra appliquer normalement à la tête une force capable de neutraliser la résultante des forces S, S'. Les deux équations (2), (3) qui donnent la valeur de F peuvent servir à trouver la grandeur de cette force qui doit maintenir l'état d'équilibre, en ayant soin toutefois de changer les signes des frottements, attendu que leur énergie se manifeste dans une direction opposée à leur direction primitive. Nommant $F_1$ cette force, on aura immédiatement

$$F_1 = S \frac{(1 - ff') \sin\omega - (f + f') \cos\omega}{\sin\beta + f' \cos\beta}$$

ou

$$F_1 = S' \frac{(1 - ff') \sin\omega - (f + f') \cos\omega}{\sin\alpha + f \cos\alpha}.$$

La valeur de $F_1$ peut être positive ou négative. Dans le premier cas le coin tend à se relever par l'effet des réactions qu'il éprouve; dans le second cas, non-seulement il ne reculera pas, mais encore il faudra lui appliquer une force de bas en haut pour vaincre les frottements. Ces deux états seront caractérisés par les relations suivantes :

$1^o$
$$(1 - ff') \sin\omega > (f + f') \cos\omega,$$

$2^o$
$$(1 - ff') \sin\omega < (f + f') \cos\omega.$$

Divisant les deux membres par cos$\omega$ et par $1 - ff'$,

$$\frac{\sin\omega}{\cos\omega} > \frac{f+f'}{1-f'}, \quad \tan g\omega > \frac{f+f'}{1-ff'}$$

et

$$\tan g\omega < \frac{f+f'}{1-ff'}.$$

Enfin, si $F_1 = o$, le coin, pour ainsi dire, sera en équilibre instable, c'est-à-dire que le moindre effort suffira pour le relever ou l'enfoncer davantage. Dans cette troisième hypothèse on aura

$$(1-ff')\sin\omega = (f+f')\cos\omega \quad \text{ou} \quad \tan g\omega = \frac{f+f'}{1-ff'}.$$

**40.** *Presse à coins.* — La presse à coins, dans sa forme la plus simple, se compose d'un coin tronqué ABDE (*fig.* 35) assujetti à glisser par l'action de la force motrice F entre deux

Fig. 35.

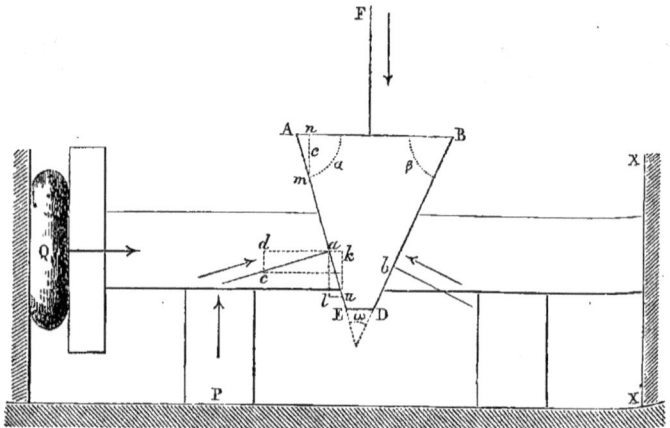

blocs, dont l'un repose contre un appui XX' capable d'une résistance inébranlable, tandis que l'autre, en glissant sur un support, transmet l'effort qui doit opérer la compression du corps représentant la résistance utile. Dans les presses à coins on se sert encore de deux coins qui glissent l'un sur l'autre par leur face inclinée (*fig.* 36). Quel que soit le dispositif adopté, la théorie est la même.

Conservant les mêmes notations que précédemment, les réactions normales aux faces auront, comme nous l'avons indiqué, pour valeurs respectives :

(1) $$S = F \frac{\sin\beta - f'\cos\beta}{(1 - ff')\sin\omega + (f + f')\cos\omega},$$

(2) $$S' = F \frac{\sin\alpha - f\cos\alpha}{(1 - ff')\sin\omega + (f + f')\cos\omega}.$$

Appelons Q la résistance utile, P la pression verticale exercée sur le support du bloc qui transmet l'action de la

Fig. 36.

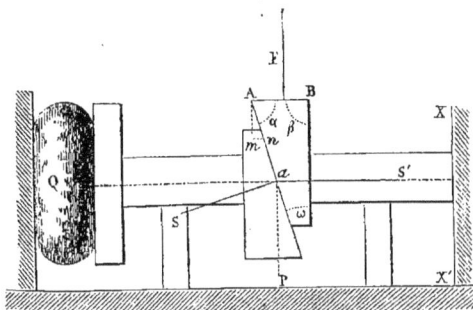

force motrice et $f''$ le coefficient du frottement relatif aux substances qui composent le support et le bloc. Dans l'état d'équilibre général du système, la résultante de toutes les forces agissant au point $a$ doit être égale à zéro. La décomposition de la réaction S et du frottement $Sf$ en deux autres, l'une perpendiculaire à la tête du coin et l'autre parallèle à cette tête, conduit comme précédemment à deux groupes de forces, et pour l'équilibre il faut que la somme algébrique des forces d'un même groupe soit égale à zéro.

Forces perpendiculaires à la tête du coin..... $\begin{cases} S\cos\alpha, \\ fS\sin\alpha, \\ P; \end{cases}$

Forces parallèles à la tête du coin....... $\begin{cases} S\sin\alpha, \\ fS\cos\alpha, \\ Q, \\ f''P. \end{cases}$

Les deux composantes $S\cos\alpha$ et $fS\sin\alpha$ agissant dans le même sens sont positives, tandis que la pression P étant de sens contraire sera négative. Ainsi la première équation d'équilibre sera

$$S\cos\alpha + fS\sin\alpha - P = 0.$$

La même observation s'applique aux composantes parallèles; car la force $S\sin\alpha$ agit dans un sens, et la force $fS\cos\alpha$, la résistance utile Q et le frottement $f''P$, qui s'oppose au mouvement horizontal du bloc, ont une direction commune de même sens opposée à la première. Nous aurons

$$S\sin\alpha - fS\cos\alpha - Q - f''P = 0.$$

On déduit de la première équation d'équilibre

$$P = S(\cos\alpha + f\sin\alpha),$$

et de la seconde

$$S(\sin\alpha - f\cos\alpha) = Q + f''P.$$

Remplaçant dans cette dernière P par sa valeur en fonction de S,

$$S(\sin\alpha - f\cos\alpha) = Q + f''S(\cos\alpha + f\sin\alpha),$$

d'où

$$Q = S(\sin\alpha - f\cos\alpha) - f''S(\cos\alpha + f\sin\alpha).$$

A la place de S mettons sa valeur donnée par l'équation(1),

$$Q = \frac{F(\sin\beta - f'\cos\beta)(\sin\alpha - f\cos\alpha) - f''F(\sin\beta - f'\cos\beta)(\cos\alpha + f\sin\alpha)}{(1 - ff')\sin\omega + (f + f')\cos\omega}$$

$$Q = \frac{F(\sin\beta - f'\cos\beta)(\sin\alpha - f\cos\alpha - f''\cos\alpha - ff''\sin\alpha)}{(1 - ff')\sin\omega + (f + f')\cos\omega},$$

$$Q = \frac{F(\sin\beta - f'\cos\beta)}{(1 - ff')\sin\omega + (f + f')\cos\omega}[\sin\alpha(1 - ff'') - (f + f'')\cos\alpha].$$

Comme ordinairement les blocs, le coin et les supports sont composés de la même substance, $f = f' = f''$. Alors l'équation devient

$$Q = \frac{F(\sin\beta - f\cos\beta)}{(1 - f^2)\sin\omega + 2f\cos\omega}[\sin\alpha(1 - f^2) - 2f\cos\alpha].$$

Supposons, comme dans le premier dispositif, le coin isocèle.

Alors
$$\beta = \alpha, \quad \omega = 180° - 2\alpha$$
et
$$\sin\omega = 2\sin\alpha, \quad \cos\omega = -\cos 2\alpha$$

$$Q = \frac{(F\sin\alpha - f\cos\alpha)}{(1-f^2)\sin 2\alpha - 2f\cos 2\alpha}[\sin\alpha(1-f^2) - 2f\cos\alpha,$$

$$Q = \frac{F(\sin\alpha - f\cos\alpha)(\sin\alpha - \sin\alpha f^2 - 2f\cos\alpha)}{(1-f^2)\sin 2\alpha - 2f\cos 2\alpha},$$

$$Q = F\frac{(\sin\alpha - f\cos\alpha)(\sin\alpha - \sin\alpha f^2 - 2f\cos\alpha)}{(1-f^2)2\sin\alpha\cos\alpha - 2f(\cos^2\alpha - \sin^2\alpha)}.$$

Divisant le numérateur et le dénominateur par $\cos^2\alpha$, il viendra

$$Q = F\frac{\left(\dfrac{\sin\alpha}{\cos\alpha} - \dfrac{f\cos\alpha}{\cos\alpha}\right)\left(\dfrac{\sin\alpha}{\cos\alpha} - \dfrac{\sin\alpha f^2}{\cos\alpha} - \dfrac{2f\cos\alpha}{\cos\alpha}\right)}{(1-f^2)\dfrac{2\sin\alpha\cos\alpha}{\cos\alpha\cos\alpha} - 2f\left(\dfrac{\cos^2\alpha}{\cos^2\alpha} - \dfrac{\sin^2\alpha}{\cos^2\alpha}\right)},$$

$$Q = F\frac{(\tang\alpha - f)(\tang\alpha - \tang\alpha f - 2f)}{(1-f^2)2\tang\alpha - 2f(1 - \tang^2\alpha)}.$$

Effectuant les calculs indiqués au dénominateur,

$$Q = F\frac{(\tang\alpha - f)(\tang\alpha - f^2\tang\alpha - 2f)}{2\tang\alpha - 2\tang\alpha f^2 - 2f + 2f\tang^2\alpha},$$

$$Q = F\frac{(\tang\alpha - f)(\tang\alpha - f^2\tang\alpha - 2f)}{2\tang\alpha(1 + f\tang\alpha) - 2f(1 + f\tang\alpha)}.$$

Mettant au dénominateur le terme $2(1 + f\tang\alpha)$ en facteur commun

$$Q = F\frac{(\tang\alpha - f)(\tang\alpha - f^2\tang\alpha - 2f)}{2(1 + f\tang\alpha)(\tang\alpha - f)}.$$

Supprimant aux deux termes le facteur commun $(\tang\alpha - f)$, il reste

$$Q = F\frac{\tang\alpha - f^2\tang\alpha - 2f}{2(1 + f\tang\alpha)}.$$

Cette expression servira à calculer la résistance utile en fonction de la puissance. Réciproquement, si l'on veut trou-

ver la valeur de la puissance capable de vaincre une résistance donnée, on aura

$$F = Q \frac{2(1 + f \tang \alpha)}{\tang \alpha - f^2 \tang \alpha - 2f}.$$

Dans le second dispositif, où l'on emploie deux coins symétriquement placés,

$$\beta = 90°, \quad \alpha = 90° - \omega,$$
$$\sin \alpha = \cos \omega, \quad \cos \alpha = \sin \omega,$$
$$\sin \beta = 1, \quad \cos \beta = 0.$$

Par conséquent

$$Q = \frac{F[\cos \omega (1 - f^2) - 2f \sin \omega]}{(1 - f^2) \sin \omega + 2f \cos \omega}.$$

Divisant le numérateur et le dénominateur par $\cos \omega$,

$$Q = F \frac{\dfrac{\cos \omega}{\cos \omega} (1 - f^2) - 2f \dfrac{\sin \omega}{\cos \omega}}{(1 - f^2) \dfrac{\sin \omega}{\cos \omega} + 2f \dfrac{\cos \omega}{\cos \omega}},$$

$$Q = F \frac{1 - f^2 - 2f \tang \omega}{(1 - f^2) \tang \omega + 2f}$$

et réciproquement

$$F = Q \frac{(1 - f^2) \tang \omega + 2f}{1 - f^2 - 2f \tang \omega}.$$

**41.** APPLICATION. — *Trouver, en employant le premier dispositif, la valeur de la puissance dans les conditions suivantes :*

$$Q = 800^{kg}, \quad \alpha = 85°,$$

$f = 0,16$ (chêne enduit de savon, glissant sur chêne).

$$F = Q \frac{2(1 + f \tang \alpha)}{\tang \alpha - f^2 \tang \alpha - 2f},$$

$$F = 800 \frac{2(1 + 0,16 \times \tang 85°)}{\tang 85° - 0,16^2 \times \tang 85° - 2 \times 0,16},$$

$$\tang 85° = 11,430,$$

$$F = 800 \frac{2 + 0,32 \times 11,430}{11,430 - 0,0256 \times 11,430 - 0,32},$$

$$F = 419^{kg}.$$

*Trouver la valeur de l'effort moteur si l'on emploie une presse à deux coins, sachant que la hauteur des coins est le quart de la base.*

Dans ce cas, $\tan \alpha = \frac{1}{4} = 0,25$ :

$$F = Q \frac{(1 - f^2)\tan \omega + 2f}{1 - f^2 - 2f\tan \omega},$$

$$F = 800 \frac{(1 - 0,0256) \times 0,25 + 0,32}{1 - 0,256 - 0,32 \times 0,25},$$

$$F = 800 \frac{0,9744 \times 0,25 + 0,32}{0,9744 - 0,32 \times 0,25},$$

$$F = 503^{kg}.$$

**42.** *Usages du coin.* — Le coin est d'un usage universel dans les arts. Il forme la base de tous les outils ou instruments servant à fendre ou à couper les corps. Les couteaux, les ciseaux, les haches, les sabres sont autant de coins. On doit également rapporter à ce genre de machine simple les rabots, les riflards, les tranchets, les pelles, les pioches et même les scies et les limes. Tous les coins, quelle que soit leur constitution, sont destinés à agir par leur tranchant ou par leurs extrémités pointues. Aussi les outils suivant l'usage auquel ils sont affectés doivent-ils former un angle convenable. Lorsque l'angle est trop aigu, l'outil court risque de se rompre, tandis que, si l'angle est trop obtus, il pénétrera difficilement les substances qu'il faut séparer ou diviser. Pour connaître la limite des inclinaisons des faces qui aboutissent au tranchant des outils, on cherche expérimentalement celui qui, pour le même objet, produit le meilleur résultat. Il doit donc y avoir une relation entre l'angle du tranchant et la résistance que présentent les matières que l'on veut diviser ou séparer. Lorsque le corps est très-dur, comme le fer que l'on doit percer à froid, l'angle du biseau est de 90 degrés : tels sont l'emporte-pièce et le burin. Si la matière est moins dure, l'angle est aigu, ce qui a lieu pour le ciseau de la varlope, dont l'angle ne dépasse pas 30 degrés. Comme cet outil sert à travailler le bois dans le sens des fibres, la résistance qu'il doit vaincre est moindre que s'il agissait perpendiculairement à leur direction. Aussi donne-t-on une valeur plus grande à la bisaguë du charpentier,

qui est employée dans cette dernière condition. Enfin, lorsque
les substances que l'on veut diviser sont molles, cet angle est
fort aigu, comme dans les couteaux de table, les rasoirs et les
instruments de chirurgie. Les applications du coin aux usages
de la vie sont si nombreux qu'il serait fort long de les énu-
mérer. Pour faire comprendre d'une manière générale l'utilité
de cette machine simple, bornons-nous à dire que, dans les
arts, tous les instruments employés pour séparer ou diviser la
matière se rapportent *au genre coin.*

43. *Équilibre de la vis.* — La vis est une machine servant à
opérer la transformation du mouvement rectiligne continu en
mouvement circulaire et réciproquement. Elle se rapporte à
la fois au levier et au plan incliné. Son mode de génération le
fera aisément comprendre.

Considérons un cylindre de révolution dont l'axe est OO'
(*fig.* 37) et soit ABB'A' le rectangle qui représente son déve-

Fig. 37.

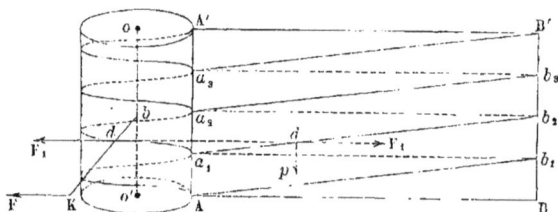

loppement. Divisons le côté AA' en quatre parties égales A$a_1$,
$a_1a_2$, $a_2a_3$, $a_3$A', et par les points de division menons des parallèles à la base du rectangle. Si l'on replie le rectangle sur le
cylindre, le côté BB' viendra coïncider avec AA', et dans ce
mouvement les diagonales, telles que A$b_1$ des rectangles partiels, traceront, en s'enroulant, une courbe continue nommée
*hélice.* Chacune des parties de l'hélice dont les deux extrémités viennent aboutir sur la même génératrice se nomme
*spire,* et la distance comprise entre deux spires consécutives,
mesurée le long de la génératrice, se nomme *pas de l'hélice.*
La propriété caractéristique de cette courbe est d'être partout
également inclinée sur les diverses génératrices qu'elle ren-

contre, ou, en d'autres termes, tous les éléments forment des angles égaux avec le plan de la base du cylindre. D'après cela, si nous désignons par $\alpha$ l'inclinaison de tous les éléments, par $r$ le rayon du cylindre et par $h$ le pas de l'hélice, nous aurons

$$\tang \alpha = \frac{h}{2\pi r}.$$

Cela dit, imaginons qu'un carré se meuve dans les conditions suivantes : 1° son plan contient constamment l'axe $OO'$ du cylindre; 2° l'un de ses côtés ne cesse pas d'être parallèle à cet axe; 3° l'un des sommets de ce côté est assujetti à décrire l'hélice tracée sur la surface du cylindre. Évidemment tous les points du carré engendreront des hélices de même pas sur des cylindres fictifs n'ayant pas le même rayon. Le carré enfin engendrera une saillie de forme hélicoïde, qu'on appelle le *filet*, et l'ensemble du filet et du cylindre qu'on désigne sous le nom de *noyau* constitue la *vis à filets carrés*. Si la figure génératrice est un triangle tournant de la même manière que le carré, la vis est dite *à filets triangulaires*.

Supposons qu'un corps solide soit percé d'un trou de même rayon que le noyau et qu'on y introduise un carré ou un triangle égal à celui que l'on a employé pour la génération du filet en les faisant tourner de manière que tous les points décrivent des hélices ayant le même pas que celui de la vis, la matière qui se trouvera sur leur passage sera enlevée, et il en résultera un creux qui aura la forme que présente la vis en relief. Ce creux, où la vis peut exactement pénétrer et s'y mouvoir d'un double mouvement de rotation autour de l'axe et de translation dans le sens de cet axe se nomme l'*écrou de la vis*. Dans cette hypothèse, l'écrou est fixe; mais, si au contraire la vis est fixe, c'est l'écrou qui possède ce double mouvement.

Pour établir les conditions d'équilibre en négligeant le frottement, admettons que l'écrou soit fixe et la vis mobile. Nous verrons plus loin que la théorie est identique dans le cas inverse. Soit $d$ un point sollicité par une force verticale $p$ et retenu par une force horizontale $f_1$. Nous sommes ainsi ramenés à l'équilibre d'un corps placé sur un plan incliné et sollicité par une force horizontale. Appliquant ce qui a été dit à ce sujet, on aura

$$\frac{f_1}{p} = \frac{h}{2\pi r}.$$

Mais remarquons que la puissance est toujours appliquée au moyen d'un levier dont le point fixe est sur l'axe du noyau. Si nous appelons $f$ la puissance capable, avec un bras de levier $bk = l$, d'équilibrer la résistance $p$, en comparant entre elles les deux forces $f, f_1$ qui doivent produire le même effet, nous aurons

$$\frac{f}{f_1} = \frac{r}{l}.$$

Multipliant ces deux égalités membre à membre

$$\frac{ff_1}{pf_1} = \frac{hr}{2\pi rl} \quad \text{ou} \quad \frac{f}{p} = \frac{h}{2\pi l},$$

ce qui montre que *la puissance est à la pression verticale supportée par un point comme la hauteur du pas de l'hélice est à la circonférence que tend à décrire le point d'application de la puissance autour de l'axe du cylindre.*

Il est utile de remarquer que, le rayon du cylindre n'entrant pas dans cette relation, on aura toujours le même rapport entre la puissance et la résistance, quel que soit ce rayon, pourvu que le pas de l'hélice ne cesse pas d'être le même.

Nous ferons encore observer que, dans l'hypothèse admise, l'axe du noyau est vertical, mais que la même conclusion a lieu dans le cas où, cet axe ayant une direction quelconque, la pression est parallèle à cet axe et la puissance agit dans un plan qui lui est perpendiculaire.

Dans la pratique, le filet s'appuie sur l'écrou, non par un seul point, mais par une surface d'une certaine étendue, de sorte que la résistance totale P peut être considérée comme la résultante d'autant de forces parallèles $p, p_1, p_2,\ldots$ qu'il y a de points de contact. Si l'on applique le même raisonnement à toutes les puissances partielles telles que $f$, dont la résultante est égale à F, on aura

$$\frac{F}{P} = \frac{h}{2\pi l}.$$

Ainsi, *dans l'équilibre de la vis, abstraction faite du frot-*

*tement, la puissance qui tend à faire tourner l'écrou est à la résistance qui le presse parallèlement à l'axe comme le pas de la vis est à la circonférence que tend à décrire le point d'application de la puissance.*

De cette relation résulte que l'avantage de la puissance sur la résistance est d'autant plus grand que le pas de la vis est moindre, et que cette puissance agit à une plus grande distance de l'axe.

**44.** *Équilibre de la vis en tenant compte du frottement.* — La vis n'étant qu'une application du plan incliné, les formules que nous avons établies plus haut lui sont applicables. Considérons d'abord une vis à filets carrés. Supposons l'écrou fixe et la puissance F, capable de vaincre la résistance P et les frottements, appliquée à l'extrémité d'un levier *l* mesuré à partir de l'axe du noyau. La résistance P, à cause de l'étendue de la surface de contact de la vis avec l'écrou peut être considérée comme uniformément répartie sur un filet hélicoïde nommé *filet moyen* et se trouve dans les mêmes conditions que s'il reposait sur un plan incliné dont l'angle serait égal à l'angle que forme avec l'horizon l'hélice transformée après le développement du cylindre sur un plan.

Adoptons les notations suivantes :

$r$ rayon de l'hélice moyenne ;
$F_1$ la force horizontale capable d'équilibrer la résistance avec un bras de levier $r$ ;
$F$ la force horizontale qui équilibre la même résistance avec un bras de levier $l$ ;
$h$ la hauteur du pas de la vis ;
$\alpha$ l'angle qui mesure l'inclinaison de l'hélice ;
$f$ le coefficient du frottement.

Si la résistance est assimilée à un poids que l'on veut soulever, évidemment la formule qui doit être appliquée est celle relative au mouvement ascensionnel d'un corps sur un plan incliné,

$$F_1 = P \frac{\tang \alpha + f}{1 - f \tang \alpha}.$$

Les deux forces F et $F_1$ produisant le même effet sont inversement proportionnelles à leurs bras de levier

$$\frac{F}{F_1} = \frac{r}{l}, \quad \text{d'où} \quad F_1 = \frac{Fl}{r},$$

et, en substituant,

$$\frac{Fl}{r} = P \frac{\tang \alpha + f}{1 - f \tang \alpha} \quad \text{et} \quad F = \frac{Pr}{l} \frac{\tang \alpha + f}{1 - f \tang \alpha}.$$

La base du plan incliné étant, dans ce cas, le développement de la circonférence de rayon $r$, on aura encore

$$F = \frac{Pr}{l} \frac{h + f 2\pi r}{2\pi r - fh}.$$

*Discussion.* — Pour discuter facilement l'équation

$$F = \frac{Pr}{l} \frac{\tang \alpha + f}{1 - f \tang \alpha} = \frac{h + f 2\pi r}{2\pi r - fh},$$

effectuons, d'après la règle indiquée en Algèbre, la division de $\tang \alpha + f$ par $1 - f \tang \alpha$, on aura

$$\frac{\tang \alpha + f}{1 - f \tang \alpha} = \tang \alpha + \frac{f(1 + \tang^2 \alpha)}{1 - f \tang \alpha}.$$

En substituant dans l'équation qui donne la valeur de F, il viendra

$$F = \frac{Pr}{l}\left[\tang \alpha + \frac{f(1 + \tang^2 \alpha)}{1 - f \tang \alpha}\right] = \frac{Pr}{l}\left[\frac{h}{2\pi r} + \frac{f(h^2 + 4\pi^2 r^2)}{2\pi r(2\pi r - fh)}\right],$$

$$F = \frac{r}{l}\left(P \tang \alpha + Pf \frac{1 + \tang^2 \alpha}{1 - f \tang \alpha}\right) = \frac{r}{l}\left[\frac{Ph}{2\pi r} + \frac{Pf(h^2 + 4\pi^2 r^2)}{2\pi r(2\pi r - fh)}\right];$$

ce qui montre que la partie de la force motrice absorbée par le frottement a pour valeur

$$Pf \frac{1 + \tang^2 \alpha}{1 - f \tang \alpha}.$$

Il est visible que le frottement croît avec $\tang \alpha$ et que cette valeur deviendra infinie si $\tang \alpha$ est l'inverse du coefficient du frottement; car, dans cette hypothèse, on a

$$\tan\alpha = \frac{1}{f}$$

et, en substituant,

$$P f \frac{1 + \tan^2\alpha}{1 - f\tan\alpha} = \frac{1 + \tan^2\alpha}{1 - \dfrac{f}{f}} = \frac{1 + \tan^2\alpha}{0} = \infty .$$

Au delà de cette limite, la force motrice F ne serait plus capable de faire mouvoir la vis le long du filet de l'écrou.

On tomberait dans une erreur grave si l'on acceptait d'une manière absolue les conséquences auxquelles conduiraient les variations de l'angle $\alpha$. Ainsi, de prime abord, il semble qu'il y ait avantage à diminuer l'inclinaison $\alpha$ de l'hélice, et cependant le contraire a lieu, ainsi que le met en évidence la relation qui existe entre la fraction de l'effort moteur absorbé en pure perte par le frottement et celle qui est utilisée.

Ce rapport sera représenté par

$$f \frac{1 + \tan^2\alpha}{1 - f\tan\alpha} : \tan\alpha$$

ou

$$\frac{f(1 + \tan^2\alpha)}{\tan\alpha(1 - f\tan\alpha)}, \qquad f \frac{1 + \tan^2\alpha}{\tan\alpha - f\tan^2\alpha} .$$

Remplaçant $\tan\alpha$ par sa valeur en fonction du sinus et du cosinus, on aura

$$f \frac{1 + \dfrac{\sin^2\alpha}{\cos^2\alpha}}{\dfrac{\sin\alpha}{\cos\alpha} - f \dfrac{\sin^2\alpha}{\cos^2\alpha}},$$

ou bien encore

$$f \frac{\dfrac{\cos^2\alpha + \sin^2\alpha}{\cos^2\alpha}}{\dfrac{\sin\alpha\cos\alpha}{\cos^2\alpha} - f \dfrac{\sin^2\alpha}{\cos^2\alpha}}, \qquad \frac{f}{\sin\alpha\cos\alpha - f\sin^2\alpha} .$$

Or

$$2\sin\alpha\cos\alpha = \sin 2\alpha \quad \text{et} \quad \sin\alpha\cos\alpha = \frac{\sin 2\alpha}{2} .$$

Ainsi l'expression deviendra

$$\frac{f}{\dfrac{\sin 2\alpha}{2} - f\sin^2\alpha}.$$

La Trigonométrie apprend que

$$\sin^2\alpha = \frac{1 - \cos 2\alpha}{2};$$

par suite on aura

$$\frac{f}{\dfrac{\sin 2\alpha}{2} - f\dfrac{1 - \cos 2\alpha}{2}}$$

ou

$$\frac{2f}{\sin 2\alpha - f(1 - \cos 2\alpha)}, \qquad \frac{2f}{\sin 2\alpha - f + f\cos 2\alpha}.$$

Si l'angle $\alpha = 0$, on a

$$\frac{2f}{0} = \infty.$$

Il est donc évident que, depuis cette valeur de l'angle $\alpha$, pour laquelle l'expression devient infinie, le rapport qu'elle représente décroît constamment jusqu'à une certaine limite qui sera son minimum. Pour trouver la valeur de l'angle $\alpha$ qui lui correspond, nous emploierons les considérations géométriques auxquelles nous avons eu déjà recours, quand il a été question du plan incliné.

A cet effet, au point A d'une droite XX' (*fig.* 38), faisons

Fig. 38.

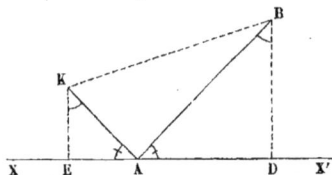

un angle BAD $= 90° - 2\alpha$ et prenons AB $= 1$. Si du point B on abaisse la perpendiculaire BD à XX', on aura

angle ABD $= 2\alpha$,    AD $= \sin 2\alpha$,    BD $= \cos 2\alpha$.

Au point A, menons $AK = f$ perpendiculaire à AB et du point K abaissons KE perpendiculairement à XX'. Les deux triangles rectangles ABD, AKE étant semblables, on a

$$\text{angle } EAK = \text{angle } ABD = 2\alpha.$$

Présentement, remarquons que le rapport dont nous discutons la valeur sera un minimum lorsque le dénominateur sera un maximum, ce qui dépend évidemment de la relation entre $\sin 2\alpha$ et $f \cos 2\alpha$ ou simplement entre le coefficient du frottement $f$ et l'angle $\alpha$ de l'hélice.

D'après la construction opérée, on a

$$ED = AD + AE, \quad AE = AK \cos EAK = f \cos 2\alpha,$$

$$EK = f \sin 2\alpha,$$

d'où

$$ED = \sin 2\alpha + f \cos 2\alpha.$$

Comme ED est la projection de KB sur XX', le dénominateur sera maximum lorsque la droite KB se projettera sur XX' en vraie grandeur. Alors KB sera parallèle à XX' et EK égal à BD. On aura donc

$$f \sin 2\alpha = \cos 2\alpha$$

et

$$f = \frac{\cos 2\alpha}{\sin 2\alpha}, \quad \frac{1}{f} = \tang 2\alpha.$$

En se reportant à ce qui a été dit sur le plan incliné, si

$$\tang \alpha < f,$$

non-seulement la vis ne tendra pas à descendre d'elle-même ou à se desserrer, mais encore, pour qu'elle puisse se mouvoir dans l'écrou, il faudra lui appliquer une force F en sens contraire de la puissance qui agissait en premier lieu. Pour avoir la valeur de cette force, on est ramené à appliquer la formule relative au cas où une force horizontale tend à faire descendre un corps le long d'un plan incliné. On aura donc

$$F = \frac{Pr}{l} \frac{f - \tang \alpha}{1 + f \tang \alpha} = \frac{Pr}{l} \frac{2\pi r f - h}{2\pi r + fh}.$$

En opérant les mêmes transformations que précédemment, il viendra

$$F = \frac{r}{l}\left(Pf\,\frac{1+\tan g^2\alpha}{1+f\tan g\alpha} - P\tan g\alpha\right),$$

$$F = \frac{r}{l}\left[\frac{P\,f\,(h^2+4\pi^2 r^2)}{2\pi r(2\pi r+fh)} - \frac{Ph}{2\pi r}\right].$$

Cela a lieu dans la vis de pression dont le pas est très-petit. La condition indiquée étant toujours satisfaite, la pression exercée dans le sens de l'axe ne saurait desserrer la vis. Il en est encore de même des boulons d'assemblage qui doivent maintenir l'état de compression des corps, dès que la puissance a cessé d'agir sur la vis ou l'écrou. A cette conséquence, déduite de la théorie, nous apporterons cependant la restriction suivante. Bien que l'on ait $\tan g\alpha < f$, il peut arriver que des secousses ou des vibrations fassent desserrer l'écrou. On obvie à cet inconvénient en superposant deux écrous l'un à l'autre.

La résistance à vaincre, au lieu d'être un poids à soulever, pourrait être une pression. Alors, les forces F, P et le frottement qui en résulte étant de sens opposé à celui suivant lequel elles agissaient primitivement, on doit changer les signes dont elles étaient affectées, de sorte que la condition d'équilibre reste la même.

Lorsque, l'écrou restant fixe, la vis est destinée à presser, comprimer ou refouler certains corps vers sa partie inférieure, elle est terminée par un pivot qui tourne sur crapaudine ; il en résulte un frottement qui doit être ajouté aux autres résistances. Si $r'$ est le rayon du cercle de contact et $f'$ le coefficient du frottement, le moment de ce nouveau frottement par rapport à l'axe sera $\frac{2}{3}Pf'r'$.

Par conséquent, l'équation d'équilibre deviendra

$$Fl = Pr\,\frac{\tan g\alpha+f}{1-f\tan g\alpha} + \frac{2}{3}Pf'r';$$

d'où

$$F = \frac{Pr}{l}\,\frac{\tan g\alpha+f}{1-f\tan g\alpha} + \frac{2}{3}\frac{Pf'r'}{l},$$

$$F = P\left(\frac{r}{l}\,\frac{h+2\pi rf}{2\pi r-fh} + \frac{2}{3}f'\,\frac{r'}{l}\right).$$

**45.** *Travail d'une vis à filets carrés en tenant compte du frottement.* — Conservant les mêmes notations, on a

$$F = \frac{Pr}{l} \frac{h + 2\pi rf}{2\pi r - fh}.$$

Multipliant les deux membres de cette égalité par le chemin que parcourt pour un tour le point d'application de la puissance F, il viendra

$$F \, 2\pi l = \frac{2\pi l P r}{l} \frac{h + 2\pi rf}{2\pi r - fh} \quad \text{ou} \quad F \, 2\pi l = 2\pi r \, P \frac{h + 2\pi rf}{2\pi r - fh}.$$

Divisant par $2\pi r$ le numérateur et le dénominateur,

$$F \, 2\pi l = \frac{2\pi r P}{2\pi r} \frac{h + 2\pi rf}{\dfrac{2\pi r}{2\pi r} - \dfrac{fh}{2\pi r}}, \quad F \, 2\pi l = P \frac{h + 2\pi rf}{1 - \dfrac{fh}{2\pi r}}$$

ou bien

$$F . 2\pi l = \frac{Ph}{1 - \dfrac{fh}{2\pi r}} + \frac{P f . 2\pi r}{1 - \dfrac{fh}{2\pi r}}.$$

Ajoutant et retranchant $Ph$ au second membre,

$$F . 2\pi l = \frac{Ph}{1 - \dfrac{fh}{2\pi r}} + Ph - Ph + \frac{P f . 2\pi r}{1 - \dfrac{fh}{2\pi r}}.$$

Mettant $Ph$ en facteur commun,

$$F . 2\pi l = Ph \left( 1 + \frac{1}{1 - \dfrac{fh}{2\pi r}} - 1 \right) + \frac{P f . 2\pi r}{1 - \dfrac{fh}{2\pi r}},$$

$$F . 2\pi l = Ph \left( 1 + \frac{1}{1 - \dfrac{fh}{2\pi r}} - \frac{1 - \dfrac{fh}{2\pi r}}{1 - \dfrac{fh}{2\pi r}} \right) + \frac{P f . 2\pi r}{1 - \dfrac{fh}{2\pi r}},$$

$$F . 2\pi l = Ph \left( 1 + \frac{\dfrac{2\pi r}{2\pi r}}{\dfrac{2\pi r - fh}{2\pi r}} - \frac{\dfrac{2\pi r - fh}{2\pi r}}{\dfrac{2\pi r - fh}{2\pi r}} \right) + \frac{\dfrac{P f . 2\pi r . 2\pi r}{2\pi r}}{\dfrac{2\pi r - fh}{2\pi r}}.$$

Supprimant au numérateur et au dénominateur du second membre la quantité $2\pi r$,

$$\mathrm{F}.2\pi l = \mathrm{P}h\left(1 + \frac{2\pi r - 2\pi r + fh}{2\pi r - fh}\right) + \frac{4\,\mathrm{P}f\pi^2 r^2}{2\pi r - fh},$$

$$\mathrm{F}.2\pi l = \mathrm{P}h\left(1 + \frac{fh}{2\pi r - fh}\right) + \frac{4\,\mathrm{P}f\pi^2 r^2}{2\pi r - fh},$$

$$\mathrm{F}.2\pi l = \mathrm{P}h + \frac{\mathrm{P}fh^2}{2\pi r - fh} + \frac{4\,\mathrm{P}f\pi^2 r^2}{2\pi r - fh}.$$

Mettant $\mathrm{P}f$ en facteur commun,

$$\mathrm{F}.2\pi l = \mathrm{P}h + \mathrm{P}f\,\frac{h^2 + 4\pi^2 r^2}{2\pi r - fh}.$$

Ce qui apprend que *le travail de la puissance pour une révolution est égal au travail de la résistance utile augmenté du travail consommé par le frottement.*

Pour avoir le rapport du travail moteur au travail résistant utile, divisant les deux membres de l'égalité par $\mathrm{P}h$, on aura

$$\frac{\mathrm{F}.2\pi l}{\mathrm{P}h} = \frac{\mathrm{P}h}{\mathrm{P}h} + \frac{\mathrm{P}f}{\mathrm{P}h}\,\frac{h^2 + 4\pi^2 r^2}{2\pi r - fh}$$

ou

$$\frac{\mathrm{T}_m}{\mathrm{T}_r} = 1 + \frac{f}{h}\,\frac{h^2 + 4\pi^2 r^2}{2\pi r - fh},$$

$$\frac{\mathrm{T}_m}{\mathrm{T}_r} = 1 + \frac{fh^2 + 4f\pi^2 r^2}{2\pi rh - fh^2},$$

$$\frac{\mathrm{T}_m}{\mathrm{T}_r} = \frac{2\pi rh - fh^2 + fh^2 + 4f\pi^2 r^2}{2\pi rh - fh^2},$$

$$\frac{\mathrm{T}_m}{\mathrm{T}_r} = \frac{2\pi rh + 4f\pi^2 r^2}{2\pi rh - fh^2},$$

$$\frac{\mathrm{T}_m}{\mathrm{T}_r} = \frac{2\pi r(h + 2\pi rf)}{h(2\pi r - fh)},$$

et, réciproquement, le rapport du travail utile résistant au travail moteur aura pour expression

$$\frac{\mathrm{T}_r}{\mathrm{T}_m} = \frac{h(2\pi r - fh)}{2\pi r(h + 2\pi rf)}.$$

On doit à M. Tom Richard une manière bien simple d'exprimer ce rapport. Désignons, à cet effet, par $F_1$ la puissance capable de vaincre la résistance P, quand le point d'application de cette puissance horizontale est considéré sur l'hélice moyenne. On aura

$$F_1 = P \frac{\sin\alpha + f\cos\alpha}{\cos\alpha - f\sin\alpha}.$$

Désignant par $\varphi$ l'angle du frottement, on a

$$f = \operatorname{tang}\varphi = \frac{\sin\varphi}{\cos\varphi}.$$

Remplaçant $f$ par cette valeur, il vient

$$F_1 = P \frac{\sin\alpha + \dfrac{\sin\varphi}{\cos\varphi}\cos\alpha}{\cos\alpha - \dfrac{\sin\varphi}{\cos\varphi}\sin\alpha},$$

$$F_1 = P \frac{\dfrac{\sin\alpha\cos\varphi + \sin\varphi\cos\alpha}{\cos\varphi}}{\dfrac{\cos\alpha\cos\varphi - \sin\varphi\sin\alpha}{\cos\varphi}},$$

$$F_1 = P \frac{\sin\alpha\cos\varphi + \sin\varphi\cos\alpha}{\cos\alpha\cos\varphi - \sin\varphi\sin\alpha},$$

$$F_1 = P \frac{\sin(\alpha+\varphi)}{\cos(\alpha+\varphi)},$$

$$F_1 = P\operatorname{tang}(\alpha+\varphi),$$

et, pour la puissance F agissant avec un bras de levier $l$,

$$F = \frac{Pr}{l}\operatorname{tang}(\alpha+\varphi).$$

Cette relation peut donc servir aussi à trouver la valeur de la puissance, en tenant compte du frottement.

Cela posé, on a, pour la valeur du travail moteur,

$$T_m = F.2\pi l = F_1.2\pi r = 2\pi r P\operatorname{tang}(\alpha+\varphi).$$

Si l'on néglige le frottement, il suffit, dans cette équation, de faire $\varphi = 0$ : le travail de la puissance |se réduit au travail utile, qui, dans ce cas, a pour expression

$$T_r = 2\pi r P\operatorname{tang}\alpha.$$

Divisant ces deux équations membre à membre, il vient

$$\frac{T_m}{T_r} = \frac{2\pi r P \tan(\alpha + \omega)}{2\pi r P \tan\alpha} \quad \text{ou} \quad \frac{T_m}{T_r} = \frac{\tan(\alpha + \varphi)}{\tan\alpha},$$

et, à l'inverse,

$$\frac{T_r}{T_m} = \frac{\tan\alpha}{\tan(\alpha + \varphi)}.$$

Il est évident que, si le mouvement ne cesse pas d'être uniforme, la relation subsistera pour une durée quelconque.

Supposons qu'il s'agisse d'une vis en fer tournant dans un écrou en cuivre, auquel cas le coefficient du frottement $f = 0,12$ et $\varphi = 6°51'$. De plus, si angle $\alpha = 2°18'$, on aura

$$\frac{T_r}{T_m} = \frac{\tan 2°18'}{\tan(6°51' + 2°18')}, \quad \frac{T_r}{T_m} = \frac{\tan 2°18'}{\tan 9°9'},$$

$$\tan 2°18' = 0,04, \quad \tan 9°9' = 0,161,$$

$$\frac{T_r}{T_m} = \frac{0,040}{0,161} = 0,248.$$

Cet exemple, qui se rapporte aux vis de pression, met en lumière l'influence considérable que le frottement exerce sur le rendement de la vis.

**46.** *Équilibre de la vis à filets triangulaires en ayant égard au frottement.* — Soient XX' l'axe de la vis et AYZ l'hélice moyenne (*fig.* 39). Menons au point A de cette hélice une

Fig. 39.

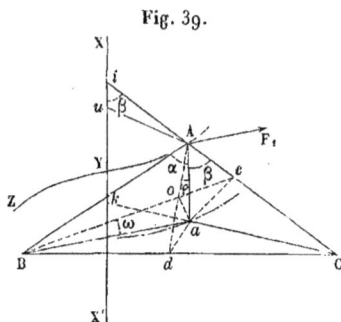

tangente, la génératrice A *i* du filet et une verticale A *a* parallèle à l'axe de la vis. Les points B, C, *a* étant les intersections de ces trois droites avec un plan horizontal quelconque con-

sidéré comme plan de projection, évidemment les projections $a$B, $a$C sur ce plan de la tangente à l'hélice et de la
génératrice $i$AC représenteront les directions de la tangente
et du rayon au point $a$ du cercle qui est la base du cylindre
sur lequel est tracée l'hélice moyenne. De plus, le plan ABC,
contenant la tangente à l'hélice au point A et la génératrice du
même point, sera tangent à la surface hélicoïde gauche qui
forme le filet et BC sera la trace horizontale de ce plan. Si
O est la projection du point $a$ sur le plan tangent, il sera situé
à l'intersection des droites B$e$, A$d$ menées perpendiculairement des points B et A sur les côtés opposés AC, BC du
triangle ABC. Remarquons encore que l'angle $a$AO sera l'angle
que la verticale fait avec le plan tangent, puisque AO est sa
projection sur le plan et que l'angle d'une droite et d'un plan
n'est autre chose que l'angle formé par cette droite avec sa
projection sur ce plan. Par la même raison, BO étant la projection de l'horizontale AB sur le plan tangent, l'angle $e$B$a$
sera l'angle que forme cette horizontale avec ce plan ou bien
l'inclinaison de la puissance $F_1$ sur le plan, puisque cette force
agit horizontalement.

Appelons

$\varphi$ l'angle $a$AO ;
$\omega$ l'angle $e$B$a$ ;
$\alpha$ l'angle de la tangente à l'hélice moyenne avec la verticale A$a'$ ;
$\beta$ l'angle de la génératrice avec la même droite ;
$r$ le rayon $a$K ou A$u$ du filet moyen ;
$h$ le pas de la vis ;
$P$ la charge supportée par la vis parallèlement à l'axe ;
$F_1$ la force horizontale capable de vaincre la résistance, en
agissant immédiatement sur le filet moyen, c'est-à-dire avec
un bras de levier égal à $r$.

Cela posé, soit S la résultante de toutes les pressions normales partielles exercées aux différents points du filet moyen.
Évidemment le frottement qui en résultera sera S$f$. Remarquons que la pression supportée par le point A, étant normale
au plan tangent, sera perpendiculaire à la droite A$d$ située dans
ce plan et, par suite, la composante verticale de cette force

sera opposée à un angle égal à $\varphi$. Sa valeur sera donc $S \sin \varphi$. De même, la composante verticale du frottement exercé suivant la tangente $ab$ à l'hélice moyenne aura pour valeur $Sf\cos\alpha$. Pour qu'il y ait équilibre, il faut que la somme de toutes les composantes verticales soit égale à zéro. Ces forces sont au nombre de trois : 1° la charge P; 2° le frottement $Sf\cos\alpha$ qui agit dans le même sens; 3° la pression $S\sin\varphi$ qui agit en sens contraire. On aura donc l'équation suivante :

$$P + fS\cos\alpha - S\sin\varphi = 0$$

ou

$$P = S\sin\varphi - fS\cos\alpha = S(\sin\varphi - f\cos\alpha);$$

d'où

$$S = \frac{P}{\sin\varphi - f\cos\alpha}.$$

Pour déterminer complétement les conditions d'équilibre, il resterait encore à trouver les composantes horizontales des forces que nous avons considérées; mais il est beaucoup plus simple d'appliquer le principe du travail.

Pour une révolution, le chemin parcouru par le point d'application de la puissance est $2\pi r$ et, par suite, le travail accompli sera $F_1 . 2\pi r$.

La résistance P s'élevant d'une hauteur égale au pas $h$ de l'hélice développera un travail représenté par $Ph$.

De même, le frottement $Sf$ parcourant un chemin égal au développement d'une spire de l'hélice, le travail consommé sera $Sf\dfrac{h}{\cos\alpha}$, attendu que l'hélice, après le déroulement de la surface du cylindre sur un plan, est l'hypoténuse d'un triangle rectangle, dont le pas est l'un des côtés de l'angle droit. On aura donc

$$F_1 . 2\pi r = Ph + Sf\frac{h}{\cos\alpha}.$$

Remplaçant S par sa valeur $\dfrac{P}{\sin\varphi - f\cos\alpha}$,

$$F_1 . 2\pi r = Ph + f\frac{P}{\sin\varphi - f\cos\alpha}\frac{h}{\cos\alpha},$$

$$F_1 . 2\pi r = Ph + fP\frac{h}{(\sin\varphi - f\cos\alpha)\cos\alpha};$$

d'où

$$F_1 = \frac{Ph}{2\pi r} + f P \frac{h}{2\pi r \cos\alpha (\sin\varphi - f\cos\alpha)}.$$

Or $\frac{h}{2\pi r} = \cot\alpha$. Donc, en substituant,

$$F_1 = \frac{Ph}{2\pi r} + f P \frac{\cot\alpha}{\cos\alpha (\sin\varphi - f\cos\alpha)}.$$

Remplaçant $\cot\alpha$ par $\frac{\cos\alpha}{\sin\alpha}$, il viendra

$$F_1 = P\cot\alpha + f P \frac{\cos\alpha}{\sin\alpha \cos\alpha (\sin\varphi - f\cos\alpha)}$$

ou

$$F_1 = P\cot\alpha + f P \frac{1}{\sin\alpha (\sin\varphi - f\cos\alpha)},$$

$$F_1 = P\cot\alpha + \frac{P}{\sin\varphi - f\cos\alpha} \frac{f}{\sin\alpha},$$

$$F_1 = \frac{P\cot\alpha (\sin\varphi - f\cos\alpha)}{\sin\varphi - f\cos\alpha} + \frac{P}{\sin\varphi - f\cos\alpha} \frac{f}{\sin\alpha}.$$

Mettant $\dfrac{P}{\sin\varphi - f\cos\alpha}$ en facteur commun,

$$F_1 = \frac{P}{\sin\varphi - f\cos\alpha} \left[ \cot\alpha (\sin\varphi - f\cos\alpha) + \frac{f}{\sin\alpha} \right],$$

$$F_1 = \frac{P}{\sin\varphi - f\cos\alpha} \left( \cot\alpha \sin\varphi - f\cos\alpha \cot\alpha + \frac{f}{\sin\alpha} \right).$$

Mettant, dans la parenthèse, $f$ en facteur commun,

$$F_1 = \frac{P}{\sin\varphi - f\cos\alpha} \left[ \cot\alpha \sin\varphi + f \left( \frac{1}{\sin\alpha} - \cos\alpha \cot\alpha \right) \right],$$

$$F_1 = \frac{P}{\sin\varphi - f\cos\alpha} \left[ \cot\alpha \sin\varphi + f \left( \frac{1}{\sin\alpha} - \frac{\cos\alpha \cos\alpha}{\sin\alpha} \right) \right],$$

$$F_1 = \frac{P}{\sin\varphi - f\cos\alpha} \left( \cot\alpha \sin\varphi + f \frac{1 - \cos^2\alpha}{\sin\alpha} \right).$$

8.

Substituant à $1 - \cos^2\alpha$ sa valeur $\sin^2\alpha$, il viendra

$$F_1 = \frac{P}{\sin\varphi - f\cos\alpha}\left(\cot\alpha\sin\varphi + \frac{f\sin^2\alpha}{\sin\alpha}\right),$$

$$F_1 = \frac{P}{\sin\varphi - f\cos\alpha}(\cot\alpha\sin\varphi + f\sin\alpha),$$

$$F_1 = P\frac{(\cot\alpha\sin\varphi + f\sin\alpha)}{\sin\varphi - f\cos\alpha}.$$

Désignons par L la transformée d'une spire de l'hélice sur un plan (*fig.* 39). On aura

$$h = 2\pi r\cot\alpha \quad \text{et} \quad \cot\alpha = \frac{h}{2\pi r}.$$

De même

$$h = L\cos\alpha, \quad \cos\alpha = \frac{h}{L}.$$

Remplaçant L par sa valeur $\sqrt{h^2 + 4\pi^2 r^2}$,

$$\cos\alpha = \frac{h}{\sqrt{h^2 + 4\pi^2 r^2}}.$$

Pour la valeur de $\sin\alpha$, on a aussi

$$2\pi r = L\sin\alpha, \quad \sin\alpha = \frac{2\pi r}{L}, \quad \sin\alpha = \frac{2\pi r}{\sqrt{h^2 + 4\pi^2 r^2}}.$$

La question est présentement ramenée à trouver la valeur de $\sin\varphi$ en fonction de quantités connues, et à l'introduire dans l'équation donnant la valeur de $F_1$.

Le triangle $AOa$ étant rectangle en O, il vient

$$Oa = Aa\sin OAa = Aa\sin\varphi \quad \text{et} \quad \sin\varphi = \frac{Oa}{Aa}.$$

Le triangle $Oea$ est aussi rectangle en O et l'on a

$$Oa = ae\sin Oea.$$

Substituant dans la valeur de $\sin\varphi$, il vient

$$\sin\varphi = \frac{ae\sin Oea}{Aa}.$$

On déduit encore du triangle rectangle $aAe$

$$ae = Aa \sin\beta \quad \text{et} \quad \sin\beta = \frac{ae}{Aa}.$$

De plus, le triangle $aBe$, qui est rectangle en $a$, donne la relation suivante entre les deux angles aigus :

$$\sin Oea = \cos\omega,$$

puisque ces angles sont complémentaires l'un de l'autre. Remplaçant donc, dans l'expression de $\sin\varphi$, le rapport $\dfrac{ae}{Aa}$ par $\sin\beta$ et $\sin Oea$ par $\cos\omega$, on aura

$$\sin\varphi = \sin\beta \cos\omega.$$

Du dernier triangle considéré on déduit encore

$$ae = aB \tang\omega \quad \text{et} \quad \tang\omega = \frac{ae}{aB}.$$

Or

$$ae = Aa \sin\beta \quad \text{et} \quad aB = Aa \tang\alpha.$$

Remplaçant dans l'expression de $\tang\omega$, il viendra

$$\tang\omega = \frac{Aa \sin\beta}{Aa \tang\alpha} = \frac{\sin\beta}{\tang\alpha}, \quad \frac{\sin\omega}{\cos\omega} = \frac{\sin\beta}{\tang\alpha}.$$

Élevant au carré les deux membres,

$$\frac{\sin^2\omega}{\cos^2\omega} = \frac{\sin^2\beta}{\tang^2\alpha},$$

d'où

$$\frac{\sin^2\omega + \cos^2\omega}{\sin^2\omega} = \frac{\sin^2\beta + \tang^2\alpha}{\sin^2\beta}.$$

Comme $\sin^2\omega + \cos^2\omega = 1$, il vient

$$\frac{1}{\sin^2\omega} = \frac{\sin^2\beta + \tang^2\alpha}{\sin^2\beta}$$

et

$$\sin^2\omega = \frac{\sin^2\beta}{\sin^2\beta + \tang^2\alpha}, \quad \sin\omega = \frac{\sin\beta}{\sqrt{\sin^2\beta + \tang^2\alpha}}.$$

Pareillement

$$\frac{\sin^2\omega + \cos^2\omega}{\cos^2\omega} = \frac{\sin^2\beta + \text{tang}^2\alpha}{\text{tang}^2\alpha},$$

$$\frac{1}{\cos^2\omega} = \frac{\sin^2\beta + \text{tang}^2\alpha}{\text{tang}^2\alpha},$$

$$\cos^2\omega = \frac{\text{tang}^2\alpha}{\sin^2\beta + \text{tang}^2\alpha},$$

$$\cos\omega = \frac{\text{tang}\,\alpha}{\sqrt{\sin^2\beta + \text{tang}^2\alpha}}.$$

Comme $\text{tang}\,\alpha = \dfrac{2\pi r}{h}$ et $\text{tang}^2\alpha = \dfrac{4\pi^2 r^2}{h^2}$; si nous remplaçons par cette valeur dans l'expression de $\sin\omega$ et $\cos\omega$, nous aurons

$$\sin\omega = \frac{\sin\beta}{\sqrt{\sin^2\beta + \dfrac{4\pi^2 r^2}{h^2}}}.$$

Multipliant les deux termes par $h$, on a

$$\sin\omega = \frac{h\sin\beta}{h\sqrt{\sin^2\beta + \dfrac{4\pi^2 r^2}{h^2}}}.$$

Faisant passer $h$ sous le radical,

$$\sin\omega = \frac{h\sin\beta}{\sqrt{h^2\sin^2\beta + \dfrac{4\pi^2 r^2 h^2}{h^2}}}$$

ou bien

$$\sin\omega = \frac{h\sin\beta}{\sqrt{h^2\sin^2\beta + 4\pi^2 r^2}}, \qquad \cos\omega = \frac{\dfrac{2\pi r}{h}}{\sqrt{\sin^2\beta + \dfrac{4\pi^2 r^2}{h^2}}}.$$

Comme précédemment, multiplions le numérateur et le dénominateur par $h$,

$$\cos\omega = \frac{2\pi r}{h\sqrt{\sin^2\beta + \dfrac{4\pi^2 r^2}{h^2}}}.$$

Faisant passer $h$ sous le radical,

$$\cos\omega = \frac{2\pi r}{\sqrt{h^2 \sin^2\beta + 4\pi^2 r^2}};$$

d'où, en remplaçant $\cos\omega$ par cette valeur dans l'expression de $\sin\varphi$,

$$\sin\varphi = \frac{\sin\beta \tang\alpha}{\sqrt{\sin^2\beta + \tang^2\alpha}}, \quad \sin\varphi = \frac{2\pi r \sin\beta}{\sqrt{h^2 \sin^2\beta + 4\pi^2 r^2}}.$$

Reprenons l'équation générale donnant la valeur de la puissance $F_1$,

$$F_1 = P\frac{\cot\alpha \sin\varphi + f\sin\alpha}{\sin\varphi - f\cos\alpha},$$

et remplaçons $\sin\varphi$ par sa valeur, il viendra

$$F_1 = P\frac{\dfrac{\tang\alpha \sin\beta \cot\alpha}{\sqrt{\sin^2\beta + \tang^2\alpha}} + f\sin\alpha}{\dfrac{\tang\alpha \sin\beta}{\sqrt{\sin^2\beta + \tang^2\alpha}} - f\cos\alpha}.$$

Réduisant au même dénominateur,

$$F_1 = P\frac{\dfrac{\tang\alpha \sin\beta \cot\alpha + f\sin\alpha \sqrt{\sin^2\beta + \tang^2\alpha}}{\sqrt{\sin^2\beta + \tang^2\alpha}}}{\dfrac{\tang\alpha \sin\beta - f\cos\alpha \sqrt{\sin^2\beta + \tang^2\alpha}}{\sqrt{\sin^2\beta + \tang^2\alpha}}}.$$

Supprimant aux deux termes du second membre

$$\sqrt{\sin^2\beta + \tang^2\alpha}$$

$$F_1 = P\frac{\tang\alpha \sin\beta \cot\alpha + f\sin\alpha \sqrt{\sin^2\beta + \tang^2\alpha}}{\tang\alpha \sin\beta - f\cos\alpha \sqrt{\sin^2\beta + \tang^2\alpha}}.$$

Divisant les deux termes par $\tang\alpha \sin\beta$,

$$F_1 = P\frac{\cot\alpha + \dfrac{f\sin\alpha}{\tang\alpha \sin\beta}\sqrt{\sin^2\beta + \tang^2\alpha}}{1 - \dfrac{f\cos\alpha}{\tang\alpha \sin\beta}\sqrt{\sin^2\beta + \tang^2\alpha}}.$$

Introduisant sous le radical $\tan g\,\alpha\sin\beta$,

$$F_1 = P\,\frac{\cot\alpha + f\sin\alpha\sqrt{\dfrac{\sin^2\beta + \tan g^2\alpha}{\tan g^2\alpha\sin^2\beta}}}{1 - f\cos\alpha\sqrt{\dfrac{\sin^2\beta + \tan g^2\alpha}{\tan g^2\alpha\sin^2\beta}}}.$$

En cherchant le quotient de $\sin^2\beta + \tan g^2\alpha$ par $\tan g^2\alpha\sin^2\beta$, on a

$$\frac{\sin^2\beta + \tan g^2\alpha}{\tan g^2\alpha\sin^2\beta} = \frac{1}{\tan g^2\alpha} + \frac{1}{\sin^2\beta};$$

d'où

$$F_1 = P\,\frac{\cot\alpha + f\sin\alpha\sqrt{\dfrac{1}{\tan g^2\alpha} + \dfrac{1}{\sin^4\beta}}}{1 - f\cos\alpha\sqrt{\dfrac{1}{\tan g^2\alpha} + \dfrac{1}{\sin^2\beta}}}.$$

Comme $\dfrac{1}{\tan g^2\alpha} = \cot^2\alpha$, on aura encore

$$F_1 = P\,\frac{\cot\alpha + f\sin\alpha\sqrt{\cot^2\alpha + \dfrac{1}{\sin^2\beta}}}{1 - f\cos\alpha\sqrt{\cot^2\alpha + \dfrac{1}{\sin^2\beta}}}.$$

Ajoutons et retranchons sous les deux radicaux $\cot^2\beta$ ou $\dfrac{\cos^2\beta}{\sin^2\beta}$, on aura

$$F_1 = P\,\frac{\cot\alpha + f\sin\alpha\sqrt{\cot^2\alpha + \dfrac{1}{\sin^2\beta} + \cot^2\beta - \dfrac{\cos^2\beta}{\sin^2\beta}}}{1 - f\cos\alpha\sqrt{\cot^2\alpha + \dfrac{1}{\sin^2\beta} + \cot^2\beta - \dfrac{\cos^2\beta}{\sin^2\beta}}},$$

$$F_1 = P\,\frac{\cot\alpha + f\sin\alpha\sqrt{\cot^2\alpha + \cot^2\beta + \dfrac{1 - \cos^2\beta}{\sin^2\beta}}}{1 - f\cos\alpha\sqrt{\cot^2\alpha + \cot^2\beta + \dfrac{1 - \cos^2\beta}{\sin^2\beta}}}.$$

Or

$$1 - \cos^2\beta = \sin^2\beta$$

et par suite

$$\frac{1 - \cos^2\beta}{\sin^2\beta} = 1.$$

Il viendra donc

$$F_{\scriptscriptstyle 1} = P\,\frac{\cot\alpha + f\sin\alpha\,\sqrt{1 + \cot^2\alpha + \cot^2\beta}}{1 - f\cos\alpha\,\sqrt{1 + \cot^2\alpha + \cot^2\beta}}.$$

Cette valeur de la puissance peut encore être présentée sous une autre forme. A cet effet, considérons la valeur de $F_{\scriptscriptstyle 1}$ donnée par l'expression suivante trouvée plus haut :

$$F_{\scriptscriptstyle 1} = P\,\frac{\sin\varphi\cot\alpha + f\sin\alpha}{\sin\varphi - f\cos\alpha}$$

et remplaçons $\sin\varphi$ par $\dfrac{2\pi r\sin\beta}{\sqrt{h^2\sin^2\beta + 4\pi^2 r^2}}$, $\cot\alpha$ par $\dfrac{h}{2\pi r}$, $\cos\alpha$ par $\dfrac{h}{\sqrt{h^2 + 4\pi^2 r^2}}$ et $\sin\alpha$ par $\dfrac{2\pi r}{\sqrt{h^2 + 4\pi^2 r^2}}$, il viendra

$$F_{\scriptscriptstyle 1} = P\,\frac{\dfrac{2\pi r\sin\beta}{\sqrt{h^2\sin^2\beta + 4\pi^2 r^2}}\,\dfrac{h}{2\pi r} + \dfrac{f.2\pi r}{\sqrt{h^2 + 4\pi^2 r^2}}}{\dfrac{2\pi r\sin\beta}{\sqrt{h^2\sin^2\beta + 4\pi^2 r^2}} - \dfrac{fh}{\sqrt{h^2 + 4\pi^2 r^2}}},$$

$$F_{\scriptscriptstyle 1} = P\,\frac{\dfrac{h\sin\beta}{\sqrt{h^2\sin^2\beta + 4\pi^2 r^2}} + \dfrac{f.2\pi r}{\sqrt{h^2 + 4\pi^2 r^2}}}{\dfrac{2\pi r\sin\beta}{\sqrt{h^2\sin^2\beta + 4\pi^2 r^2}} - \dfrac{fh}{\sqrt{h^2 + 4\pi^2 r^2}}}$$

ou bien

$$F_{\scriptscriptstyle 1} = P\,\frac{\dfrac{h\sin\beta\,\sqrt{h^2 + 4\pi^2 r^2} + f.2\pi r\,\sqrt{h^2\sin^2\beta + 4\pi^2 r^2}}{\sqrt{h^2\sin^2\beta + 4\pi^2 r^2}\,\sqrt{h^2 + 4\pi^2 r^2}}}{\dfrac{2\pi r\sin\beta\,\sqrt{h^2 + 4\pi^2 r^2} - fh\,\sqrt{h^2\sin^2\beta + 4\pi^2 r^2}}{\sqrt{h^2\sin^2\beta + 4\pi^2 r^2}\,\sqrt{h^2 + 4\pi^2 r^2}}}.$$

Supprimant aux deux termes le dénominateur commun $\sqrt{h^2\sin^2\beta + 4\pi r^2}\,\sqrt{h^2 + 4\pi^2 r^2}$, il viendra

$$F_{\scriptscriptstyle 1} = P\,\frac{h\sin\beta\,\sqrt{h^2 + 4\pi^2 r^2} + f.2\pi r\,\sqrt{h^2\sin^2\beta + 4\pi^2 r^2}}{2\pi r\sin\beta\,\sqrt{h^2 + 4\pi^2 r^2} - fh\,\sqrt{h^2\sin^2\beta + 4\pi^2 r^2}}.$$

Si la puissance agit à l'extrémité d'un levier de longueur $l$, on aura

$$F = \frac{P\,r}{l}\,\frac{h\sin\beta\,\sqrt{h^2+4\,\pi^2 r^2}+f.2\,\pi\,r\,\sqrt{h^2\sin^2\beta+4\,\pi^2 r^2}}{2\,\pi\,r\sin\beta\,\sqrt{h^2+4\,\pi^2 r^2}-fh\,\sqrt{h^2\sin^2\beta+4\,\pi^2 r^2}}.$$

Cette théorie de la vis à filets triangulaires, donnée par M. Persy, à qui l'on doit encore d'intéressantes recherches sur les moments d'inertie, est la seule rigoureuse, ainsi que le fait observer Poncelet. Comme elle est peu commode pour les applications, des auteurs fort recommandables dans la Science moderne conseillent d'employer la formule relative à la vis à filets carrés, qui d'ailleurs conduit à des résultats suffisamment approximatifs.

47. *Travail d'une vis à filets triangulaires.* — Par la formule de M. Persy, nous avons trouvé

$$F_l = P\,\frac{h\sin\beta\sqrt{h^2+4\,\pi^2 r^2}+2\,\pi\,rf\,\sqrt{h^2\sin^2\beta+4\,\pi^2 r^2}}{2\,\pi\,r\sin\beta\sqrt{h^2+4\,\pi^2 r^2}-hf\,\sqrt{h^2\sin^2\beta+4\,\pi^2 r^2}}.$$

Multipliant les deux membres de l'égalité par $2\,\pi r$, qui représente le chemin que parcourt le point d'application de la puissance pour une révolution de la vis, on aura

$$F_l.2\,\pi\,r$$

ou

$$T_m = P\,\frac{2\,\pi\,rh\sin\beta\,\sqrt{h^2+4\,\pi^2 r^2}+4\,\pi^2 r^2 f\,\sqrt{h^2\sin^2\beta+4\,\pi^2 r^2}}{2\,\pi\,r\sin\beta\sqrt{h^2+4\,\pi^2 r^2}-hf\,\sqrt{h^2\sin^2\beta+4\,\pi^2 r^2}}.$$

48. *Détails de construction.* — Lorsque la vis à filets carrés est simple, c'est-à-dire qu'elle n'a qu'un filet, la hauteur $e$ est égale à la saillie et les vides doivent être égaux aux pleins. Par conséquent, le pas $h=2e$. Dans les vis à deux filets la saillie est égale à $\frac{1}{4}$ du pas $h$. L'écrou doit embrasser au moins trois filets et, par suite, son épaisseur est égale à $6e$. La saillie est approximativement égale à $\frac{1}{3}$ du rayon du noyau, que l'on détermine d'après l'effort auquel la vis doit être soumise.

M. Morin estime que le noyau de la vis ne doit pas être soumis à un effort de plus de $2^{kg},8$ par millimètre carré de section. Ainsi, $d$ étant le diamètre de ce noyau et P la charge qu'il doit supporter, on aura

$$2,8 \times \frac{\pi d^2}{4} = P,$$

$$d^2 = \frac{4P}{2,8\pi} = \frac{4P}{2,8 \times 3,1415}, \quad d = \sqrt{\frac{4P}{2,8 \times 3,1415}} = 0,674\sqrt{P}.$$

Les pleins étant égaux aux vides et comme, suivant l'épaisseur $6e$ de l'écrou, il y a autant de pleins que de vides, la surface de rupture des filets le long du noyau sera la moitié de la surface cylindrique qui a pour expression $6e\pi d$, c'est-à-dire $3e\pi d$. Remarquons, de plus, que, la charge pouvant agir à l'extrémité des filets, on aura ainsi un bras de levier double. Il convient donc de ne prendre que la moitié de $3e\pi d$ ou

$$\tfrac{3}{2}e\pi d.$$

Nous ferons encore observer que la résistance de la matière qui compose l'écrou diffère peu de celle de la vis et que l'on peut considérer comme égales les deux surfaces de rupture. Ainsi l'on aura

$$\tfrac{3}{2}e\pi d = \frac{\pi d^2}{4} \quad \text{ou} \quad \tfrac{3}{2}e = \frac{d}{4},$$

d'où

$$e = \frac{2d}{12} = \frac{d}{6} \quad \text{ou} \quad \tfrac{1}{3} \text{ du rayon du noyau.}$$

Remplaçant $d$ par sa valeur, il vient

$$e = \frac{0,674\sqrt{P}}{6}, \quad e = 0,112\sqrt{P}.$$

Le pas étant égal à deux fois la saillie, on a

$$2e = h = \frac{d}{3} = 0,224\sqrt{P}.$$

D'après cela, il est facile d'obtenir le rayon de l'hélice moyenne. En effet, le rayon du noyau étant $3e$, celui de l'hélice extérieure sera $4e$ et l'on aura, pour le rayon de l'hélice moyenne,

$$r = \frac{4e + 3e}{2} = \tfrac{7}{2}e.$$

Remplaçant $e$ par la moitié de la hauteur du pas,

$$r = \tfrac{1}{4}h.$$

Ces dimensions ne sont pas tellement absolues qu'on ne puisse s'en écarter. M. Morin a adopté les dimensions suivantes.

Le diamètre extérieur des filets est égal aux $\tfrac{6}{5}$ du diamètre du noyau,

$$\tfrac{6}{5}d.$$

Par conséquent

$$2e = \tfrac{1}{5}d \quad \text{ou} \quad e = \tfrac{1}{10}d,$$

et

$$h = \tfrac{2}{10}d = \tfrac{1}{5}d.$$

Si les écrous ne doivent pas être souvent dévissés, leur épaisseur est égale au diamètre extérieur de la vis. Quand, au contraire, on doit souvent les dévisser, l'épaisseur doit être égale à $\tfrac{4}{3}$ du diamètre extérieur ou $\tfrac{8}{5}$ de celui du noyau.

Dans les vis à filets triangulaires, la hauteur du triangle générateur croît à mesure que la saillie augmente. Lorsqu'elles sont en bois tendre et destinées à supporter de grands efforts, le triangle générateur est isocèle et rectangle au sommet; il est équilatéral dans les vis en bois dur ou en métal. L'épaisseur de l'écrou, comme pour les vis à filets carrés, est égale à trois fois la hauteur et la saillie $e$ est le tiers du rayon du noyau, que l'on calcule de la même manière que précédemment, en admettant que le bois peut être soumis à un effort moyen de $0^{kg},800$ par millimètre carré de section, sans que son élasticité naturelle soit altérée.

D'après ces données, on aura encore, pour la valeur du rayon moyen,

$$r = \frac{3e + 4e}{2} = \tfrac{7}{2}e.$$

Si le triangle générateur est équilatéral, la saillie BD est la hauteur de ce triangle ABC (*fig.* 40) et la hauteur du pas est égale au côté AC de ce triangle. On a donc

$$e^2 = h^2 - \frac{h^2}{4} = \frac{3\,h^2}{4}, \quad e = \frac{h}{2}\sqrt{3} = 0,866\,h;$$

d'où la valeur du rayon moyen

$$r = \tfrac{1}{2} \times 0,866\,h = 3,031\,h.$$

Le diamètre du noyau étant $d$, la section de rupture sera

Fig. 40.

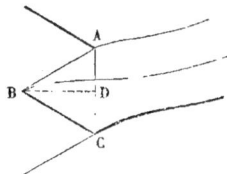

$\dfrac{\pi d^2}{4}$ et l'effort qu'il pourra supporter en toute sécurité aura

pour valeur $\dfrac{\pi d^2}{4} \times 0^{kg},800$. On aura donc

$$0,800 \times \frac{\pi d^2}{4} = P,$$

d'où

$$d^2 = \frac{4P}{0,800 \times 3,14} \quad \text{et} \quad d = \sqrt{\frac{4P}{0,800 \times 3,14}} = 1,26\sqrt{P}.$$

Si la saillie est égale au tiers du rayon du noyau ou au sixième du diamètre, on a

$$e = \frac{1,26}{6}\sqrt{P} = 0,21\sqrt{P},$$

et, comme la saillie est exprimée par

$$e = \frac{h}{2}\sqrt{3},$$

on en déduit

$$h = \frac{2e}{\sqrt{3}} = \frac{2 \times 0,21}{\sqrt{3}}\sqrt{P} = 1,242\sqrt{P}.$$

Ces détails de construction, concernant les vis à filets triangulaires, ne sont applicables qu'aux vis destinées à supporter de très-grands efforts. Dans les vis en fer ou en acier, qui font partie de mécanismes de précision, la saillie, c'est-à-dire la hauteur du triangle générateur, est portée jusqu'à deux et même trois fois la base, de manière à rendre la surface frottante plus étendue et, par suite, l'usure moindre. Les vis à bois que l'on nomme *clous à vis* ont aussi des filets très-aigus, pour qu'ils puissent mordre plus facilement pendant la pénétration et que l'effort capable de les arracher devienne plus grand.

**49. APPLICATIONS.** — 1° *Trouver l'effort qu'il faut exercer à l'extrémité d'un levier de* 0<sup>m</sup>,90 *pour produire une pression de* 4000 *kilogrammes, au moyen d'une vis à filets carrés, dont le pas* $h = 0^m,012$ *et le rayon de l'hélice moyenne est de* 0<sup>m</sup>,02.

$$F = \frac{Pr}{l} \frac{h + f.2\pi r}{2\pi r - fh},$$

$P = 4000^{kg}, \quad r = 0^m,02, \quad h = 0^m,012, \quad l = 0^m,90, \quad f = 0^m,10,$

$$F = \frac{4000 \times 0,02}{0,90} \frac{0,012 + 0,10 \times 6,28 \times 0,02}{6,28 \times 0,02 - 0,10 \times 0,012}, \quad F = 17^{kg},5.$$

Si l'on néglige le frottement, on a

$$\frac{F}{P} = \frac{h}{2\pi l}, \quad F = P \frac{h}{2\pi l}, \quad F = 4000 \frac{0,012}{6,28 \times 0,98}, \quad F = 8^{kg},4.$$

2° *Trouver la valeur de l'effort, dans le cas où la vis est terminée par un pivot tournant sur crapaudine et que le rayon* $r'$ *de la surface frottante est égal à* 0<sup>m</sup>,012.

$$F = P \left( \frac{r}{l} \frac{h + f.2\pi r}{2\pi r - fh} + \frac{2}{3} \frac{f'r'}{l} \right).$$

Avec les mêmes données que précédemment, si $f' = 0,1,$ il est évident qu'au résultat déjà obtenu il faudra ajouter celui qui est relatif au terme $P \frac{2}{3} \frac{f'r'}{l}$. On aura

$$\frac{2}{3} \frac{Pf'r'}{l} = \frac{2}{3} \frac{4000 \times 0,10 \times 0,012}{0,90} = 3^{kg},5,$$

d'où

$$F = 17^{kg},5 + 3^{kg},5 = 21^{kg}.$$

Ces exemples montrent combien sont inexacts les calculs

que l'on fait sur la vis si l'on ne tient pas compte du frotte-ment.

3° *Trouver, avec les mêmes données que précédemment, la pression que l'on pourra exercer, l'effort qui agit à l'extré-mité du levier étant égal à 30 kilogrammes.*

De l'équation générale, en faisant abstraction du frotte-ment du pivot, on déduit

$$P = \frac{Fl}{r} \frac{2\pi r - fh}{h + f.2\pi r},$$

$$P = \frac{30 \times 0,90}{0,02} \frac{6,28 \times 0,02 - 0,1 \times 0,012}{0,012 + 0,1 \times 6,28 \times 0,02},$$

$$P = 6838^{kg}.$$

En tenant compte du frottement du pivot, on aura

$$F = P \left( \frac{0,02}{0,90} \frac{0,012 + 0,1 \times 6,28 \times 0,02}{6,28 \times 0,02 - 0,1 \times 0,012} + \frac{2}{3} \frac{0,1 \times 0,012}{0,90} \right).$$

En effectuant les calculs, on trouve

$$F = P \frac{0,001594944}{0,302292},$$

d'où

$$P = F \frac{0,302292}{0,001594944}, \quad P = 30 \times \frac{0,302292}{0,001594944} = 5927^{kg}.$$

En négligeant le frottement, on a

$$P = \frac{F.2\pi l}{h}, \quad P = \frac{30 \times 6,28 \times 0,90}{0,012} = 14130^{kg}.$$

4° *Trouver le travail développé par la puissance pour pro-duire une pression de 1200 kilogrammes*

$$F . 2\pi l,$$

ou, pour une révolution,

$$T_m = Ph + Pf \frac{h^2 + 4\pi^2 r^2}{2\pi r - fh},$$

$$T_m = 1200 \times 0,012 + 1200 \times 0,1 \frac{(0,012)^2 + 4 \times (3,14)^2 \times (0,02)^2}{2 \times 3,14 \times 0,02 - 0,1 \times 0,012},$$

$$T_m = 14,4 + 120 \frac{0,000144 + 0,0016 \times 9,87}{0,1244636},$$

$$T_m = 14^{kgm},4 + 15^{kgm},3 = 29^{kgm},7,$$

Le rapport du travail utile au travail moteur sera

$$\frac{T_r}{T_m} = \frac{14,4}{29,7} = 0,484.$$

Si l'on veut tenir compte du travail consommé par le frotte-ment du pivot, on aura

$$T_m = P h + P f \frac{h^2 + 4\pi^2 r^2}{2\pi r - fh} + \tfrac{4}{3}\pi P f r';$$

on aura

$$\tfrac{4}{3}\pi P f r' = \tfrac{4}{3} \times 3,14 \times 1200 \times 0,1 \times 0,012 = 6^{kgm},0288.$$

Le travail moteur, dans ce cas, aura pour valeur

$$T_m = 14^{kgm},4 + 15^{kgm},3 + 6^{kgm},0288 = 35^{kgm},7288.$$

5° *Trouver l'effort qu'il faut exercer à l'extrémité d'un levier de 1 mètre pour produire une pression de 6000 kilo-grammes, au moyen d'une vis à filets triangulaires en fer.*

Formule de M. Persy

$$F = \frac{P r}{l} \frac{h\sin\beta\sqrt{h^2 + 4\pi^2 r^2} + f.2\pi r\sqrt{h^2\sin^2\beta + 4\pi^2 r^2}}{2\pi r\sin\beta\sqrt{h^2 + 4\pi^2 r^2} - fh\sqrt{h^2\sin^2\beta + 4\pi^2 r^2}},$$

$$P = 6000^{kg},\quad h = 0,016,\quad r = 0,034,\quad l = 1^m,\quad f = 0,1,$$
$$\beta = 60°\quad \text{et}\quad \sin 60° = 0,866,$$

$$F = \frac{6000 \times 0,034}{1}$$

$$\times \frac{\left\{\begin{array}{l} 0,016 \times 0,866\sqrt{(0,016)^2 + 4 \times (3,14)^2(0,034)^2} \\ + 0,1 \times 6,28 \times 0,034\sqrt{(0,016)^2(0,866)^2 + 4 \times (3,14)^2(0,034)^2} \end{array}\right\}}{\left\{\begin{array}{l} 6,28 \times 0,034 \times 0,866\sqrt{(0,016)^2 + 4 \times (3,14)^2(0,034)^2} \\ - 0,1 \times 0,016\sqrt{(0,016)^2(0,866)^2 + 4 \times (3,14)^2(0,034)^2} \end{array}\right\}}$$

$$\sqrt{(0,016)^2 + 4 \times (3,14)^2(0,034)^2} = \sqrt{0,045896} = 0,2142,$$

$$\sqrt{(0,016)^2(0,866)^2 + 4 \times (3,14)^2(0,034)^2} = \sqrt{0,045832} = 0,214,$$

$$F = 6000 \times 0,034 \times \frac{0,016 \times 0,866\sqrt{0,045896} + 0,1 \times 6,28 \times 0,034\sqrt{0,045832}}{6,28 \times 0,034 \times 0,866\sqrt{0,045896} - 0,1 \times 0,016\sqrt{0,045832}}$$

$$F = 6000 \times 0,034 \times \frac{0,016 \times 0,866 \times 0,2142 + 0,1 \times 6,28 \times 0,034 \times 0,214}{6,28 \times 0,034 \times 0,866 \times 0,2142 - 0,1 \times 0,016 \times 0,214},$$

$$F = 39^{kg}.$$

50. *Équilibre du cric.* — Le cric est un appareil qui sert à soulever, d'une quantité très-petite, des corps d'un poids considérable, tels que des voitures chargées, des pierres de taille. Réduit à sa plus grande simplicité, le cric se compose d'une crémaillère, qui engrène avec un pignon, que l'on fait tourner au moyen d'une manivelle. Pour manœuvrer l'appareil, on engage la tête de la crémaillère au-dessous du corps que l'on veut soulever et l'on fait tourner la manivelle : la crémaillère en montant soulève le fardeau. On rend l'emploi du cric plus efficace en faisant engrener le pignon avec une roue dont l'axe porte un second pignon, qui agit sur la crémaillère. Ce système de roues et la partie inférieure de la crémaillère sont placés dans l'intérieur d'une pièce de bois convenablement creusée à cet effet. L'axe de la manivelle porte un encli-

Fig. 41.　　　　　Fig. 42.

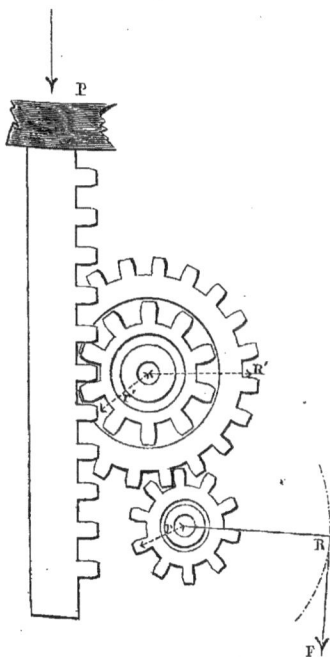
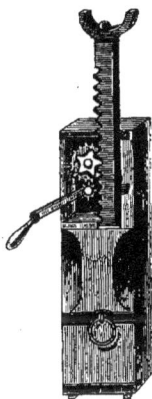

quetage qui permet de suspendre l'action de la force motrice, sans que le corps soulevé retombe. Cet encliquetage se com-

*Méc.* D. — II.　　　　　9

pose d'un levier courbe, dont le point fixe est sur le corps même du cric et qui s'engage entre les dents d'une roue à rochet. Par cette disposition, le levier courbe présentant sa concavité aux dents de la roue, le mouvement de la manivelle dans le sens ordinaire n'est pas gêné; mais le mouvement en sens contraire est rendu impossible, à moins qu'on ne soulève le cliquet d'arrêt pour le dégager des dents de la roue à rochet ( *fig.* 41 et 42). Appelons F la puissance appliquée à la manivelle et P la résistance exercée dans le sens de la crémaillère. Si $p$ et $p'$ sont les pressions supportées par les dents, tangentiellement aux circonférences primitives, on aura encore

$$\frac{F}{p} = \frac{r}{R}, \quad \frac{p}{p'} = \frac{r'}{R'},$$

or $p' = P$, puisque la pression supportée par le pignon qui engrène avec la crémaillère n'est autre chose que la résistance que l'on se propose de vaincre. Donc

$$\frac{p}{P} = \frac{r'}{R'}.$$

Multipliant membre à membre, on aura

$$\frac{F}{P} = \frac{rr'}{RR'}.$$

Ainsi, *pour que l'état d'équilibre existe, il faut que la puissance soit à la résistance comme le produit des rayons des pignons est au produit du rayon de la roue par la longueur de la manivelle.*

**51.** Application numérique. —. *Trouver l'effort qu'il faut développer, abstraction faite du frottement, pour soulever d'un côté une voiture chargée pesant* 600 *kilogrammes, au moyen d'un cric placé à* 1$^m$,10 *de la roue d'appui, sachant que la distance de la circonférence moyenne de la roue à la verticale du centre de gravité est de* 0$^u$,75; *de plus que la longueur de la manivelle est égale à cinq fois le rayon du pignon de même axe et que le rayon de la roue est égal à trois fois celui du pignon qui engrène avec la crémaillère.*

$$\text{Poids de la voiture} = 600^{kg},$$

$$R = 5r, \quad R' = 3r',$$

$$\frac{F}{P} = \frac{r\,r'}{R\,R'},$$

ou bien

$$\frac{F}{P} = \frac{r\,r'}{5\,r \times 3\,r'} = \frac{1}{15},$$

d'où

$$F = \frac{1}{15}\,P.$$

Pour trouver la résistance P, que la puissance F doit vaincre, remarquons que la pression exercée sur la tête de la crémaillère, qui n'est autre chose que cette résistance, provient du poids de la voiture. Or, comme le mouvement tend à s'opérer autour du point O, par lequel la roue s'appuie sur le sol, en vertu du théorème des moments, nous aurons

$$P \times 1,10 = 600 \times 0,75,$$

d'où

$$P = \frac{600 \times 0,75}{1,10} = 409^{kg},09;$$

par conséquent

$$F = \frac{409^{kg},09}{15} = 27^{kg},27.$$

# CHAPITRE IV.

—

**52.** *Travail consommé par le frottement des engrenages.*
— Pour trouver ce travail, il est évident qu'il faut multiplier
la pression exercée au point de contact de deux dents en
prise par l'arc de glissement parcouru jusqu'au moment où
elles se quittent. Nous ferons observer toutefois que, dans les
communicateurs de ce genre, il se produit un double mouvement de roulement et de glissement. Pour l'intelligence de ce
qui va suivre, il importe d'examiner *a priori* comment les
choses se passent lorsqu'un corps roule et glisse sur un autre.
Comme la résistance au roulement est très-faible, comparée
au frottement de glissement, dans la recherche du travail consommé en pure perte, nous n'en tiendrons pas compte.

Soit un corps ABMC (*fig.* 43) assujetti à glisser et à rouler sur

Fig. 43.

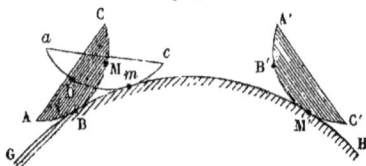

un autre corps GH. Supposons que le premier ait d'abord roulé
de manière à occuper la position *abmc* et puis qu'en glissant
sur GH, suivant l'arc *m*M', il soit parvenu en A'B'M'C'. Remarquons que l'arc de glissement *m*M' est égal à BM' moins
B*m*. Si *b* est la position du point de contact B, après le roulement, il est évident que l'arc B*m* = BM = *bm*. De plus,
l'arc M'B' étant égal à *mb*, il s'ensuit que l'arc de glissement
*m*M' aura aussi pour valeur la différence BM' — M'B'. De là
résulte que, dans l'hypothèse où les corps en contact ont une

très-faible courbure et que les chemins parcourus n'ont pas une grande étendue, les trois points B, B′, M′ pourront être considérés comme en ligne droite, de sorte que l'on pourra prendre pour valeur de l'arc de glissement la distance des points B et B′, c'est-à-dire la quantité dont le point de contact du corps mobile s'est éloigné du point de contact du corps fixe. Le même raisonnement étant applicable au cas où les deux corps sont mobiles, pourvu que leur mouvement relatif ne soit pas altéré, on peut énoncer, d'une manière générale, le principe suivant :

*Dans le mouvement, l'une sur l'autre, de deux courbes de faible courbure et de peu d'étendue, l'arc de glissement est mesuré par la distance dont les deux points, primitivement en contact, se sont éloignés.*

Considérons d'abord le cas d'un engrenage extérieur. Appelons

$r$, $r′$ les rayons $o$A, $o′$A des circonférences primitives ;

$e$ le pas de l'engrenage, lequel est égal à la distance des milieux de deux dents consécutives, comptée sur les circonférences primitives : comme le pas comprend une dent et un vide, évidemment il aura pour valeur A$n$ = A$m$ (*fig.* 44) ;

Fig. 44.

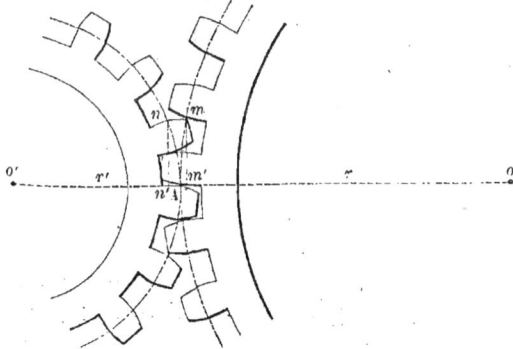

P la pression normale, exercée tangentiellement à la circonférence primitive de rayon $r′$, que nous supposerons commandée par la roue de rayon $r$.

Cela posé, si la pression reste constante, ce qui est admissible, principalement lorsque le pas est faible, le travail résistant utile, sur une étendue égale au pas $e$ ou $An$, sera

$$T_r = Pe,$$

dans l'hypothèse où une seule dent est en prise.

Les points primitivement en contact sur la ligne des centres étant parvenus l'un en $m$, sur la circonférence primitive de rayon $r$, et l'autre en $n$, sur celle de rayon $r'$, d'après ce que nous avons établi pour le double mouvement de glissement et de roulement, l'arc de glissement parcouru sera approximativement égal à la droite qui unit les points $m$ et $n$. Désignant par $f$ le coefficient du frottement relatif à la matière dont les roues sont formées, le travail consommé par le frottement, dans le passage d'une dent à l'autre, aura pour expression

$$Pfmn.$$

Des points $m$, $n$ abaissons les perpendiculaires $mm'$, $nn'$ sur la ligne des centres $oo'$. Comme $mn$ peut être considéré comme parallèle à $oo'$, on aura

$$mn = m'n' = n'A + m'A.$$

En vertu d'un théorème de Géométrie élémentaire, ces perpendiculaires à $oo'$ étant moyennes proportionnelles entre leurs projections et les diamètres, il viendra

$$\overline{nn'}^2 = 2r'An', \qquad \overline{mm'}^2 = 2rAm',$$

d'où

$$An' = \frac{\overline{nn'}^2}{2r'}, \qquad Am' = \frac{\overline{mm'}^2}{2r}.$$

Si nous admettons, ce qui aura toujours lieu à une grande approximation, lorsque le pas est très-petit comparé au rayon, que l'on puisse substituer les arcs $An$, $Am$, c'est-à-dire le pas de l'engrenage aux perpendiculaires $nn'$, $mm'$, on aura

$$An' = \frac{e^2}{2r'}, \qquad Am' = \frac{e^2}{2r};$$

par suite

$$\mathrm{A}\,n' + \mathrm{A}\,m' \quad \text{ou} \quad m'\,n' = \frac{e^2}{2\,r} + \frac{e^2}{2\,r'}.$$

Ainsi le travail consommé par le frottement aura pour valeur

$$\mathrm{P}f\,m'\,n' = \mathrm{P}f\left(\frac{e^2}{2\,r} + \frac{e^2}{2\,r'}\right), \quad \mathrm{P}f\,m'\,n' = \frac{\mathrm{P}f e^2}{2}\left(\frac{1}{r} + \frac{1}{r'}\right).$$

Désignant par F la puissance qui sollicite tangentiellement la roue conductrice, sur l'étendue du pas de l'engrenage, son travail sera $\mathrm{F}e$; et, pour l'équilibre dynamique, on aura l'équation suivante :

$$\mathrm{F}e = \mathrm{P}e + \frac{\mathrm{P}f e^2}{2}\left(\frac{1}{r} + \frac{1}{r'}\right)$$

ou bien

$$\mathrm{F}e = \mathrm{P}e + \mathrm{P}e\,\frac{fe}{2}\left(\frac{1}{r} + \frac{1}{r'}\right).$$

Divisant les deux membres par $e$, il viendra

$$\mathrm{F} = \mathrm{P} + \frac{\mathrm{P}fe}{2}\left(\frac{1}{r} + \frac{1}{r'}\right),$$

relation qui donne la valeur de la force motrice, en fonction des résistances à vaincre.

Représentant par $\mathrm{T}_m$ le travail moteur, on aura

$$\mathrm{T}_m = \mathrm{T}_r + \mathrm{T}_r\,\frac{fe}{2}\left(\frac{1}{r} + \frac{1}{r'}\right).$$

Si $m$ et $m'$ sont les nombres de dents des deux roues, comme chacune a autant de dents que le pas est contenu de fois dans la circonférence primitive, on pourra poser

$$me = 2\pi r, \quad m'e = 2\pi r';$$

d'où

$$r = \frac{me}{2\pi}, \quad r' = \frac{m'e}{2\pi},$$

et, en substituant dans l'équation générale du travail,

$$T_m = T_r + T_r \frac{fe}{2} \left( \frac{2\pi}{me} + \frac{2\pi}{m'e} \right),$$

$$T_m = T_r + T_r \frac{2\pi fe}{2e} \left( \frac{1}{m} + \frac{1}{m'} \right).$$

$$T_m = T_r + T_r \pi f \left( \frac{1}{m} + \frac{1}{m'} \right).$$

Cette expression du travail moteur peut encore être présen-tée sous la forme suivante :

$$T_m = T_r + T_r \pi f \frac{m + m'}{m\, m'},$$

que l'on obtient par la réduction au même dénominateur des deux fractions $\frac{1}{m}$ et $\frac{1}{m'}$.

Le travail consommé par le frottement étant

$$T_r \frac{fe}{2} \left( \frac{1}{r} + \frac{1}{r'} \right) \quad \text{ou} \quad T_r \frac{fe}{2} \frac{r + r'}{r\, r'},$$

nous voyons qu'il est directement proportionnel au pas de l'engrenage et que, pour atténuer les effets du frottement, il convient de faire ce pas le plus petit possible. Cette expres-sion nous montre encore que le travail du frottement sera d'autant moindre que la différence des rayons sera plus petite pour une valeur constante de $r + r'$ ou, en d'autres termes, que le produit $rr'$ sera plus grand. Or on sait que le produit de deux facteurs égaux est un maximum; donc le travail con-sommé par le frottement sera minimum si $r = r'$.

Pour trouver le travail du frottement en une seconde, re-marquons que celui qui est absorbé dans le passage d'une dent à celle qui suit est

$$T_r \pi f \left( \frac{1}{m} + \frac{1}{m'} \right) \quad \text{ou} \quad P e \pi f \left( \frac{1}{m} + \frac{1}{m'} \right).$$

Si nous multiplions cette expression par le nombre de dents $m$ de la roue conductrice, nous aurons le travail corres-pondant à une révolution

$$m P e \pi f \left( \frac{1}{m} + \frac{1}{m'} \right).$$

Par conséquent, si la roue fait $n$ tours en une minute, on aura

$$\mathfrak{S} = \frac{n \, m \, \mathrm{P} \, e \, \pi \, f}{60} \left( \frac{1}{m} + \frac{1}{m'} \right).$$

Comme $me = 2\pi r$, en substituant, il viendra

$$\mathfrak{S} = \frac{2\pi rn \, \mathrm{P} \, \pi f}{60} \left( \frac{1}{m} + \frac{1}{m'} \right), \quad \mathfrak{S} = \frac{\pi^2 rn \, \mathrm{P} \, f}{30} \left( \frac{1}{m} + \frac{1}{m'} \right).$$

Ces formules, relatives aux engrenages extérieurs, sont encore applicables aux engrenages intérieurs, en ayant soin de changer le signe de l'un des termes renfermés entre parenthèses; car, dans ce cas, les points $m'$, $n'$ sont situés sur la ligne des centres et d'un même côté du point de contact A. On a donc

$$m'\mathrm{A} - n'\mathrm{A} = m'n';$$

par suite, il viendra

$$\mathrm{F} = \mathrm{P} + \frac{\mathrm{P} \, fe}{2} \left( \frac{1}{r'} - \frac{1}{r} \right)$$

pour la valeur de la puissance.

La valeur du travail moteur, dans le passage d'une dent à l'autre, sera

$$\mathrm{T}_m = \mathrm{T}_r + \mathrm{T}_r \, \pi f \left( \frac{1}{m'} - \frac{1}{m} \right) \quad \text{ou} \quad \mathrm{T}_m = \mathrm{T}_r + \mathrm{T}_r \, \pi f \, \frac{m - m'}{m \, m'}.$$

Enfin le travail consommé par le frottement, en une seconde, sera exprimé par la formule suivante :

$$\mathfrak{S} = \frac{\pi^2 rn \, \mathrm{P} \, f}{30} \left( \frac{1}{m'} - \frac{1}{m} \right).$$

**53.** *Cas des engrenages coniques.* — Dans la formule relative aux engrenages coniques, due à M. Coriolis, le terme $\left( \frac{1}{r} + \frac{1}{r'} \right)$ de la formule précédente est remplacé par

$$\sqrt{\frac{1}{r^2} + \frac{1}{r'^2} + \frac{2\cos\alpha}{rr'}} \quad \text{ou} \quad \sqrt{\frac{1}{m^2} + \frac{1}{m'^2} + \frac{2\cos\alpha}{mm'}}.$$

$\alpha$ représente l'angle formé par les axes des roues, $r$ et $r'$ les rayons moyens considérés au milieu de la longueur des dents sur la génératrice de contact des cônes primitifs. On aura donc

$$T_m = T_r + T_r \frac{fe}{2} \sqrt{\frac{1}{r^2} + \frac{1}{r'^2} + \frac{2\cos\alpha}{rr'}}$$

ou

$$T_m = T_r + T_r \pi f \sqrt{\frac{1}{m^2} + \frac{1}{m'^2} + \frac{2\cos\alpha}{mm'}}.$$

Il est visible que le travail du frottement croîtra à mesure que l'angle $\alpha$ diminuera et qu'il sera maximum quand l'angle $\alpha$ sera nul, puisque, dans ce cas, $\cos\alpha = 1$. La formule deviendra

$$T_m = T_r + T_r \pi f \sqrt{\frac{1}{m^2} + \frac{1}{m'^2} + \frac{2}{mm'}}.$$

Or

$$\frac{1}{m^2} + \frac{1}{m'^2} + \frac{2}{mm'} = \left( \frac{1}{m} + \frac{1}{m'} \right)^2.$$

Remplaçant par cette valeur,

$$T_m = T_r + T_r \pi f \sqrt{\left( \frac{1}{m} + \frac{1}{m'} \right)^2}$$

ou

$$T_m = T_r + T_r \pi f \left( \frac{1}{m} + \frac{1}{m'} \right).$$

On retrouve ainsi la formule des engrenages cylindriques extérieurs, telle qu'elle a été donnée directement par M. Poncelet. .

L'expression générale, au contraire, deviendra de plus en plus petite, à mesure que l'angle $\alpha$ des deux axes deviendra plus grand, et elle sera un minimum pour $\alpha = 180°$. On aura encore

$$T_m = T_r + T_r \pi f \sqrt{\frac{1}{m^2} + \frac{1}{m'^2} - \frac{2}{mm'}}$$

ou

$$T_m = T_r + T_r \pi f \sqrt{\left( \frac{1}{m'} - \frac{1}{m} \right)^2},$$

$$T_m = T_r + T_r \pi f \left( \frac{1}{m'} + \frac{1}{m} \right),$$

formule relative aux engrenages cylindriques intérieurs, que nous avons déjà obtenue.

Enfin, si l'angle $\alpha$ des deux axes est droit, ce qui a lieu le plus souvent, $\cos\alpha = 0$ et le terme $\dfrac{2\cos\alpha}{mm'}$ s'évanouit. On a donc

$$ \mathrm{T}_m = \mathrm{T}_r + \mathrm{T}_r \pi f \sqrt{\frac{1}{m^2} + \frac{1}{m'^2}}. $$

La théorie générale des engrenages apprend que le tracé des engrenages coniques peut toujours être ramené au cas des engrenages cylindriques. Partant de ce principe, la recherche du frottement et du travail consommé par cette résistance ne présente aucune difficulté. Soient ODC, OCF (*fig.* 45) les cônes primitifs de l'engrenage. Par le point C, dans le plan des deux axes, menons la droite MN perpendiculairement à la génératrice commune OC. Lorsque les deux cônes primitifs tournent autour de leurs axes respectifs, les triangles KCM, NCI engendrent deux autres cônes, dont toutes les génératrices viennent alternativement se placer suivant la direction MCN. Il est donc visible que ces deux derniers cônes

Fig. 45.

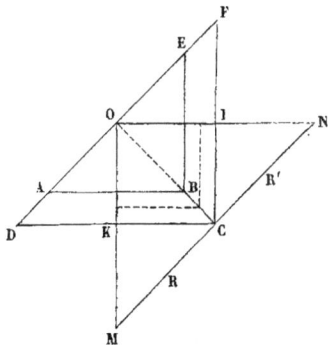

supplémentaires se conduisent mutuellement de la même manière que les deux secteurs circulaires qui sont leur développement. Ce principe étant rappelé, il suffira, dans les formules des engrenages plans, de remplacer les rayons primitifs $r$, $r'$ par les nouveaux rayons CM = R et CN = R', qui sont à la fois les génératrices des cônes supplémentaires et les rayons des secteurs circulaires servant de patrons pour le tracé des dents. On aura donc

$$T_m = T_r + T_r \frac{fe}{2} \left( \frac{1}{R} + \frac{1}{R'} \right)$$

ou

$$T_m = T_r + T_r \pi f \left( \frac{1}{m} + \frac{1}{m'} \right).$$

**54.** *Cas d'une roue et d'une crémaillère.* — Les considérations qui précèdent peuvent être étendues à l'engrenage d'une roue et d'une crémaillère; car, les courbures étant en raison inverse des rayons de courbure, évidemment une crémaillère pourra être considérée comme une roue cylindrique, dont le rayon est infini; conséquemment

$$\frac{1}{r'} = 0,$$

et par suite

$$T_m = T_r + T_r \frac{fe}{2} \frac{1}{r}, \quad T_m = T_r + T_r \pi f \frac{1}{m}.$$

**55. APPLICATIONS.** — 1° *Trouver le travail consommé, en une seconde, par le frottement des dents d'un engrenage établi dans les conditions suivantes :*

Effort exercé à la circonférence primitive... $P = 350^{kg}$
Rayon de la roue conductrice................ $r = 0^m,30$
Nombre de dents de cette roue............. $m = 150$
Nombre de dents de la seconde............. $m = 60$
Coefficient du frottement.................. $f = 0,08$
Nombre de révolutions en une minute..... $n = 50$

$$\mathcal{C} = \frac{\pi^2 rn Pf}{30} \left( \frac{1}{m} + \frac{1}{m'} \right).$$

Remplaçant par les valeurs numériques,

$$\mathcal{C} = \frac{3,14 \times 0,30 \times 50 \times 350 \times 0,08}{30} \left( \frac{1}{150} + \frac{1}{160} \right),$$

$$\mathcal{C} = 3^{kgm},23.$$

$2^o$ *Trouver le travail absorbé par le frottement d'un engrenage, sachant que la roue conductrice doit transmettre une force nominale de 12 chevaux-vapeur et que les nombres de dents des roues sont respectivement 180 et 60.*

$$\mathfrak{C} = T_r \, \pi f \left( \frac{1}{m} + \frac{1}{m'} \right), \quad T_r = 12 \times 75 = 900^{\text{kgm}},$$

$$f = 0,08, \quad m = 180, \quad m' = 60.$$

$$\mathfrak{C} = 900 \times 3,14 \times 0,08 \left( \frac{1}{180} + \frac{1}{60} \right),$$

$$\mathfrak{C} = 900 \times 3,14 \times 0,08 \frac{60 + 180}{180 \times 60},$$

$$\mathfrak{C} = \frac{900 \times 3,14 \times 0,08 \times 240}{10800},$$

$$\mathfrak{C} = 5^{\text{kgm}}, 024.$$

$3^o$ *Trouver le travail utile transmis par une machine de la force de 6 chevaux-vapeur, les deux roues ayant respectivement 108 et 24 dents.*

$$T_m = T_r + T_r \, \pi f \left( \frac{1}{m} + \frac{1}{m'} \right),$$

$$T_m = T_r + T_r \, \pi f \, \frac{m + m'}{m \, m'},$$

$$T_m = T_r \left( 1 + \pi f \, \frac{m + m'}{m \, m'} \right),$$

$$T_r = \frac{T_m}{1 + \pi f \, \dfrac{m + m'}{m \, m'}}.$$

$$T_m = 6 \times 75 = 450^{\text{kgm}}, \quad f = 0,08, \quad m = 108, \quad m' = 24.$$

$$T_r = \frac{450}{1 + 3,14 \times 0,08 \dfrac{108 + 24}{108 \times 24}},$$

$$T_r = \frac{450}{1,0127},$$

$$T_r = 444^{\text{kgm}}, 35.$$

Ainsi le travail consommé par le frottement est

$$450^{\text{kgm}} - 444^{\text{kgm}}, 35 = 5^{\text{kgm}}, 65.$$

**56.** *Équilibre de la vis sans fin.* — Supposons que l'axe de la vis soit vertical (*fig.* 46) et rappelons que le filet est une surface engendrée par une horizontale qui s'appuie sur une hélice du cylindre primitif et sur l'axe de ce cylindre ; de plus, que les dents de la roue sont des cylindres dont l'inclinaison

Fig. 46.

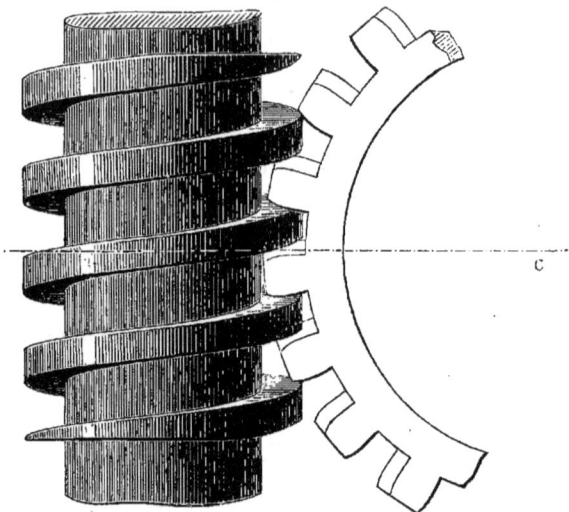

des génératrices sur l'horizon est la même que celle des tangentes à l'hélice et dont les bases sont les développantes de la circonférence primitive de la roue ; que le contact d'une dent avec le filet a lieu sur la génératrice du cylindre primitif, tangente à la circonférence primitive de la roue.

Désignons par

F la puissance appliquée à une distance $l$ de l'axe de la vis ;

$p$ la pression exercée au point de contact du filet et de la dent en prise ;

$h$ le pas de vis ;

$r$ le rayon primitif de la roue.

En négligeant le frottement, si l'on se reporte à ce qui a été dit sur l'équilibre de la vis à filets carrés, on aura

$$\frac{F}{p} = \frac{h}{2\pi l}.$$

Remarquons que la pression $p$, qui est la résistance dans la vis, fait office de puissance pour la roue et, si nous supposons que la résistance réelle P agisse à une distance $l'$ de l'axe de cette roue, nous aurons encore

$$\frac{p}{P} = \frac{l'}{r}.$$

Multipliant ces deux égalités membre à membre,

$$\frac{F\,p}{P\,p} = \frac{h l'}{2\pi l r} \quad \text{ou} \quad \frac{F}{P} = \frac{h l'}{2\pi l r}.$$

De là cette conclusion :

*Abstraction faite du frottement, la puissance est à la résistance comme le produit du pas de la vis par le bras de levier de la résistance est au produit du rayon de la roue par la circonférence que tend à décrire le point d'application de la puissance.*

Pour tenir compte du frottement, appelons R le rayon du cylindre primitif de la vis et $\alpha$ l'angle qui mesure l'inclinaison de l'hélice sur l'horizon. Considérons d'abord les forces qui agissent sur la vis. Le frottement étant égal à la pression normale exercée multipliée par le coefficient du frottement, si S représente la réaction perpendiculaire au plan tangent à la surface hélicoïde du filet et $f$ le coefficient du frottement, cette résistance aura pour valeur $Sf$. Ainsi, $b$ étant le point de contact du filet de la vis et de la dent, nous aurons à établir les conditions d'équilibre entre les trois forces suivantes (*fig.* 47) :

1° F, force motrice appliquée dans un plan perpendiculaire à l'axe de la vis;

2° S, réaction normale agissant au point de contact $b$;

3° $Sf$, frottement qui se manifeste sur le plan tangent à la surface hélicoïde et qui, par conséquent, a pour direction la tangente à l'hélice au point $b$.

Évidemment, pour que l'état d'équilibre entre ces trois forces puisse exister, la somme des moments de ces trois forces par rapport à l'axe de la vis doit être égale à zéro, ou, en d'autres termes, le moment de la puissance F doit être égal à la somme des moments des résistances S, S$f$.

Fig. 47.

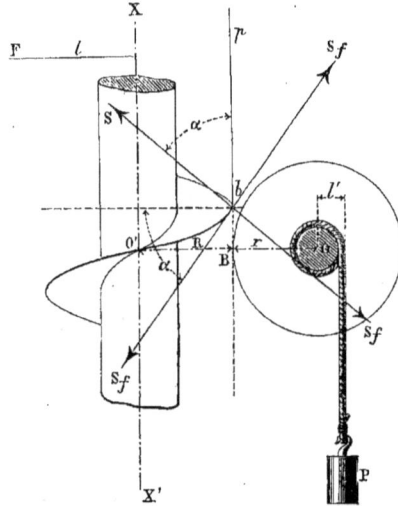

On sait que le moment d'une force de direction quelconque, par rapport à un axe, est égal au produit de la plus courte distance de la direction de la force à l'axe par la projection de cette force sur un plan perpendiculaire à l'axe ou bien au moment de la projection de cette force, par rapport au point où l'axe rencontre le plan qui lui est perpendiculaire. Or le plan tangent à la surface hélicoïde au point $b$ contenant la génératrice de cette surface, qui est égale au rayon R, il s'ensuit que la direction de la réaction S, qui est perpendiculaire au plan tangent, le sera aussi au rayon du cylindre primitif passant par le point $b$, et, par suite, ce rayon mesurera la plus courte distance de la force S à l'axe de la vis. D'autre part, si l'on projette cette force sur un plan horizontal passant par le point $b$, comme l'angle qu'elle forme avec la verticale est égal à l'angle $\alpha$, qui mesure l'inclinaison de l'hélice, la projection de S opposée à cet angle aura pour valeur

$$S \sin \alpha.$$

et le moment, par rapport à l'axe, sera

$$S \sin \alpha R.$$

Pareillement, le frottement $Sf$ qui agit dans la direction de l'hélice étant projeté sur le même plan horizontal, sa projection sera adjacente à l'angle $\alpha$ et sa valeur sera

$$Sf \cos \alpha.$$

Son moment, par rapport à l'axe, sera donc exprimé par

$$Sf \cos \alpha R.$$

La puissance ayant pour bras de levier $l$, on aura l'équation d'équilibre suivante :

$$Fl = S \sin \alpha R + Sf \cos \alpha R.$$

En second lieu, considérons les forces qui sollicitent la roue : elle doit aussi être en équilibre sous l'action des forces $S$, $Sf$ et de la résistance $P$. Comme l'axe de cette roue est horizontal, si nous projetons les forces $S$ et $Sf$ sur un plan vertical perpendiculaire à cet axe, les projections, par les mêmes considérations que précédemment, auront pour valeurs respectives

$$S \cos \alpha \quad \text{et} \quad Sf \sin \alpha.$$

Comme le point d'application est situé sur la circonférence primitive de la roue, les moments seront

$$S \cos \alpha r \quad \text{et} \quad Sf \sin \alpha r.$$

La résistance $P$ agissant à une distance $l'$ de l'axe de la roue, son moment sera

$$Pl'.$$

Conséquemment, la condition d'équilibre relative à la roue sera exprimée par l'équation

$$S \cos \alpha r = Sf \sin \alpha r + Pl',$$

attendu que les deux forces $Sf \sin \alpha$ et $Pl'$ agissent en sens contraire du mouvement que tend à produire la force $S \cos \alpha$. En transposant les termes, on obtient encore

$$Pl' = S \cos \alpha r - Sf \sin \alpha r.$$

Divisant, membre à membre, les deux équations que nous avons successivement obtenues, et considérant séparément la vis et la roue, on aura

$$\frac{F\,l}{P\,l'} = \frac{S\sin\alpha R + S f\cos\alpha R}{S\cos\alpha r - S f\sin\alpha r}.$$

Divisant par S le numérateur et le dénominateur du second membre,

$$\frac{F\,l}{P\,l'} = \frac{R}{r}\,\frac{\sin\alpha + f\cos\alpha}{\cos\alpha - f\sin\alpha}.$$

Déduisant de cette équation la valeur de la puissance F, on aura

$$F = P\,\frac{l'R}{lr}\,\frac{\sin\alpha + f\cos\alpha}{\cos\alpha - f\sin\alpha}.$$

Divisant le numérateur et le dénominateur par $\cos\alpha$,

$$F = P\,\frac{l'R}{lr}\,\frac{\dfrac{\sin\alpha}{\cos\alpha} + \dfrac{f\cos\alpha}{\cos\alpha}}{\dfrac{\cos\alpha}{\cos\alpha} - \dfrac{f\sin\alpha}{\cos\alpha}}$$

ou

$$F = P\,\frac{l'R}{lr}\,\frac{\tang\alpha + f}{1 - f\tang\alpha}.$$

Désignant par $\varphi$ l'angle du frottement, on aura, d'après ce qui a été dit plus haut,

$$f = \tang\varphi;$$

substituant, il viendra

$$F = P\,\frac{l'R}{lr}\,\frac{\tang\alpha + \tang\varphi}{1 - \tang\alpha\,\tang\varphi} \quad \text{ou} \quad F = P\,\frac{l'R}{lr}\,\tang(\alpha + \varphi).$$

Cette relation montre que la puissance augmente avec le frottement et avec l'inclinaison de l'hélice sur un plan perpendiculaire à l'axe de la vis. Elle deviendra infinie si

$$\alpha + \varphi = 90° \quad \text{ou} \quad \alpha = 90° - \varphi.$$

Pour que la transmission du mouvement, au moyen de la vis sans fin, ait lieu, il faut donc que l'inclinaison du filet de la vis n'atteigne pas cette limite, dans l'hypothèse où la vis conduit la roue.

Lorsque la roue conduit la vis, la résistance P devient puissance et la force F joue le rôle de résistance. De plus, comme le frottement agit en sens inverse, dans l'équation précédente, il faut changer le signe de $f$; on aura donc

$$F = P \frac{l'R}{lr} \frac{\tang \alpha - f}{1 + f \tang \alpha}.$$

Déduisant la valeur de P, il viendra

$$P = F \frac{lr}{l'R} \frac{1 + f \tang \alpha}{\tang \alpha - f}.$$

Remplaçant $f$ par tang $\varphi$,

$$P = F \frac{lr}{l'R} \frac{1 + \tang \varphi \tang \alpha}{\tang \alpha - \tang \varphi}.$$

Comme la cotangente est l'inverse de la tangente, on aura aussi

$$P = F \frac{lr}{l'R} \cot(\alpha - \varphi).$$

Cette équation indique que la puissance croît avec le frottement; car, si angle $\varphi$ devient de plus en plus grand, la différence $\alpha - \varphi$ devient de plus en plus petite et la cotangente augmente. Si angle $\varphi =$ angle $\alpha$,

$$\cot(\alpha - \varphi) = \infty$$

et, par suite, la force P est aussi infinie. Ainsi, dans le cas où la roue doit conduire la vis, la transmission du mouvement n'est possible que si l'angle qui mesure l'inclinaison de l'hélice est plus grand que l'angle du frottement.

On peut encore présenter ces équations sous une autre forme; car on sait que

$$\tang \alpha = \frac{h}{2\pi R}.$$

10.

Introduisant cette valeur dans l'expression de F, on aura

$$F = P \frac{l'R}{lr} \frac{\dfrac{h}{2\pi R} + f}{1 - f \dfrac{h}{2\pi R}}$$

ou

$$F = P \frac{l'R}{lr} \frac{\dfrac{h + f.2\pi R}{2\pi R}}{\dfrac{2\pi R - fh}{2\pi R}}, \qquad F = P \frac{l'R}{lr} \frac{h + f.2\pi R}{2\pi R - fh}.$$

Quand la roue conduit la vis,

$$P = F \frac{lr}{l'R} \frac{2\pi R + fh}{h - f.2\pi R}.$$

**57.** *Remarque sur le frottement des engrenages.* — Les premières recherches sur le travail consommé par le frottement des engrenages coniques sont dues à M. Poncelet. Cet illustre géomètre, ainsi que nous l'avons rappelé, a d'abord traité le cas des engrenages cylindriques, dans l'hypothèse où le contact des dents n'est pas très-étendu. Par des considérations purement géométriques, qui ramènent le tracé des engrenages coniques à celui des engrenages plans, il a obtenu une formule fort simple, qui est l'expression du travail consommé par le frottement dans les engrenages coniques. En 1835, M. Coriolis, envisageant la question sous le même point de vue, est parvenu à une formule qui ne diffère que par la forme de celle de M. Poncelet (¹).

Plus tard, M. Resal, embrassant la question dans toute sa généralité, par des méthodes de calcul fort rigoureuses, a obtenu des formules générales qui confirment l'exactitude des résultats obtenus par Poncelet et Coriolis. L'éminent professeur de l'École Polytechnique s'est d'abord occupé de la recherche du frottement des engrenages coniques, lorsque le contact des dents a lieu sur une étendue quelconque, abs-

---

(¹) *Démonstration élémentaire de la formule de Coriolis,* par Combes, ingénieur des Mines (*Journal de l'École Polytechnique,* XXIVᵉ Cahier, 1835. — *Journal de M. Liouville,* 1837).

traction faite du frottement occasionné par les pressions exercées sur les tourillons et les épaulements des arbres; puis, en faisant varier l'angle formé par les axes des roues, il a déduit, comme vérification, la formule relative aux engrenages cylindriques (¹).

58. *Travail consommé par le frottement du bouton d'une manivelle.* — Pour plus de simplicité, supposons la bielle infinie, c'est-à-dire que, pendant le mouvement, elle conserve le parallélisme, ce qui est admissible lorsque sa longueur est relativement grande par rapport à la manivelle.

Dans cette hypothèse, soient

F l'effort constant moyen transmis sur le bouton;
*r* le rayon de ce bouton;
*f* le coefficient du frottement.

Le frottement aura pour valeur

$$F f,$$

et, par suite, le travail consommé en une révolution sera exprimé par la formule suivante :

$$T = F f . 2 \pi r.$$

Si l'on veut tenir compte des obliquités de la bielle, il faut chercher, graphiquement ou par le calcul, les grandeurs diverses de l'effort transmis sur le bouton dans les différentes positions de la manivelle et estimer la valeur du frottement correspondant à ces différents points. A cet effet, on développe la circonférence du bouton, que l'on divise en un certain nombre de parties égales, et aux points de division on mène des perpendiculaires, représentant, à une échelle convenue, les intensités du frottement. En faisant passer une ligne continue par les extrémités de ces ordonnées, on obtient une surface mixtiligne, dont l'aire, évaluée par la méthode de quadrature de Simpson, sera l'expression du travail absorbé par le frottement.

---

(¹) *Mémoire sur le frottement des engrenages coniques et de la vis sans fin,* par M. H. Resal, ingénieur des Mines (*Journal de l'École Polytechnique,* XXXIII⁰ Cahier, année 1850).

La formule peut aussi être appliquée au frottement des excentriques; mais, comme le travail consommé par le frottement est directement proportionnel au rayon $r$ et que celui des excentriques est très-grand, comparativement à la course des bielles qu'ils conduisent, il faut avoir soin, dans la construction des machines, de n'employer ces organes de transmission que pour des pièces offrant une faible résistance.

**59.** APPLICATION. — *Trouver le travail consommé en une seconde par le bouton de la manivelle d'une machine à vapeur à haute pression de la force de 40 chevaux.*

$$T = F f . 2 \pi r.$$

Si $n$ est le nombre de révolutions du volant en une minute, on aura

$$\mathfrak{C} = \frac{F f . 2 \pi r n}{60}.$$

Force nominale (N = 40 chevaux-vapeur). . . . $N = 3000^{kgm}$
Rayon du bouton. . . . . . . . . . . . . . . . . . . . $r = 0,04$
Coefficient du frottement. . . . . . . . . . . . . . $f = 0,08$
Nombre de tours du volant. . . . . . . . . . . . . $n = 28$
Vitesse moyenne du piston. . . . . . . . . . . . $V_1 = 1,25$

Comme la vitesse de l'extrémité de la bielle est la même que celle du piston, l'effort transmis sur le bouton sera exprimé par

$$F = \frac{3000^{kgm}}{1,25} = 2400^{kg}.$$

Substituant à F cette valeur dans l'équation précédente,

$$\mathfrak{C} = \frac{2400 \times 0,08 \times 3,14 \times 0,04 \times 2 \times 28}{60},$$

$$\mathfrak{C} = 22^{kgm},5.$$

**60.** *Frottement des courroies.* — Quand on veut transformer un mouvement circulaire continu en un mouvement de même nature et que les deux axes sont à une très-grande distance l'un de l'autre, on monte sur ces axes des tambours ou des poulies, dont les circonférences sont embrassées par des chaînes, des cordes ou, plus généralement, par des courroies sans fin, dont l'adhérence est suffisante pour transmettre des efforts considérables. Ordinairement les courroies sont en cuir plat; suivant la grandeur des efforts à transmettre, leur largeur varie de o$^m$,o2 à o$^m$,38.

Dans ce mode de transmission du mouvement, on appelle *tension naturelle* ou *propre* d'une courroie sans fin celle que reçoit chacun des brins pendant le repos des tambours, en vertu de l'écartement des axes de rotation.

Pour que les courroies soient établies dans de bonnes conditions, il faut :

1° Qu'elles puissent supporter l'effort qu'elles doivent transmettre;

2° Qu'elles adhèrent parfaitement sur le contour des tambours ou poulies;

3° Que, lorsque ces courroies sont convenablement tendues, elles ne glissent point et transmettent le mouvement dans un rapport constant et inverse de celui des poulies.

L'expérience a appris que, pour satisfaire à la première condition, il faut se garder de superposer deux courroies l'une à l'autre. Anciennement, on pratiquait des rainures sur le contour des poulies; mais cette disposition, que l'on a abandonnée, loin d'augmenter l'adhérence, ne contribuait qu'à la diminuer.

61. *Principe de Poncelet.* — Lorsque les deux tambours sont en repos, la tension T du brin conducteur est égale à la tension $t$ du brin conduit. Pendant le mouvement, la tension T devient plus grande que la tension $t$. Il arrive même que la première tension est très-grande, tandis que la seconde est très-petite. Ainsi l'accroissement de tension du brin conducteur est égale à la diminution de tension du brin conduit. Ce fait, déduit de l'observation par M. Poncelet, a été confirmé plus tard par les expériences de M. Morin, à Metz; de là résulte que

$$T + t = \text{const.}$$

Soient (*fig.* 48)

$t$ la tension du brin conduit;
T la tension du brin conducteur;

R le rayon du tambour;
S l'arc embrassé par la courroie.

Fig. 48.

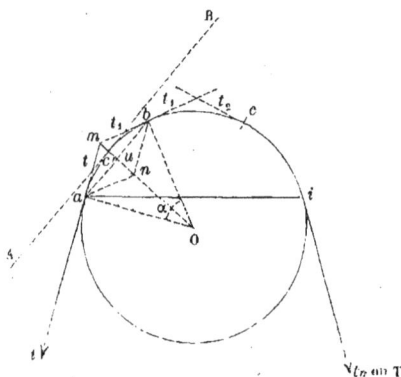

Puisque, pendant le mouvement, la tension du brin conducteur est plus grande que la tension du brin conduit, les tensions de la courroie croîtront de plus en plus, depuis le point
de contact $a$ du brin conduit jusqu'au point de contact $i$ du
brin conducteur. Supposons l'arc embrassé divisé en un très-
grand nombre de parties égales, telles que $ab$, $bc$,..., chaque
arc élémentaire aura pour valeur $\dfrac{S}{n}$. Désignant par $t_1$, $t_2$, $t_3$,...
les tensions aux différents points de division, on aura

$$t_1 > t, \quad t_2 > t_1, \quad t_3 > t_2, \ldots, \quad t_n \text{ ou } T > t_{n-1}.$$

Il est évident que l'accroissement de tension qui se produit
d'un élément à celui qui suit est dû au frottement de la courroie sur cet élément; donc la tension en un point quelconque
de l'arc embrassé est égale à la tension au point qui précède
augmentée du frottement. Appelons $p$ la pression normale
exercée sur le premier élément et $f$ le coefficient du frottement relatif aux surfaces en contact. On aura

$$t_1 = t + pf.$$

Remarquons que, la pression $p$ étant la résultante des deux
tensions $t$, $t_1$, comme elles sont dirigées suivant deux tangentes à la circonférence du tambour, lesquelles, limitées

aux points de contact, sont égales, le parallélogramme des forces sera un losange, dont la diagonale $mn$ représentera la pression $p$, qui occasionne le frottement sur le premier élément de l'arc embrassé. Les deux points $a$ et $b$ étant très-voisins, la corde $ab$ se confondra sensiblement avec l'arc $\dfrac{S}{n}$ qu'elle sous-tend. Or, les deux triangles $amn$, $abo$ étant semblables, comme ayant les côtés perpendiculaires, on aura la relation suivante :

$$\frac{p}{ab} = \frac{am}{R},$$

d'où

$$p = \frac{ab \times am}{R}, \quad p = \frac{St}{nR}.$$

Remplaçant $p$ par cette valeur dans l'expression de $t_1$, on a

$$t_1 = t + \frac{fSt}{nR}, \quad t_1 = t\left(1 + \frac{fS}{nR}\right).$$

De même, on aura

$$t_2 = t_1\left(1 + \frac{fS}{nR}\right).$$

Substituant à $t_1$ sa valeur,

$$t_2 = t\left(1 + \frac{fS}{nR}\right)\left(1 + \frac{fS}{nR}\right) = t\left(1 + \frac{fS}{nR}\right)^2$$

et, pour les tensions exercées sur les éléments suivants,

$$t_3 = t\left(1 + \frac{fS}{nR}\right)^3,$$

$$\dots\dots\dots\dots\dots,$$

$$t_{n-1} = t\left(1 + \frac{fS}{nR}\right)^{n-1},$$

$$t_n \text{ ou } T = t\left(1 + \frac{fS}{nR}\right)^n.$$

Cette formule peut encore être mise sous la forme suivante :

$$T = t\left[\left(1 + \frac{fS}{nR}\right)^{\frac{nR}{fS}}\right]^{\frac{fS}{R}}.$$

Le nombre $n$ étant très-grand, l'expression $\dfrac{fS}{nR}$ pourra être considérée comme égale à une autre expression $\dfrac{1}{k}$, dans laquelle $k$ tend vers l'infini ; par suite, si $\dfrac{fS}{nR} = \dfrac{1}{k}$, réciproquement

$$\frac{nR}{fS} = k.$$

Substituant, on aura

$$T = t\left[\left(1 + \frac{1}{k}\right)^{k}\right]^{\frac{fS}{R}}.$$

En développant $\left(1 + \dfrac{1}{k}\right)^{k}$ par la formule du binôme de Newton, il vient

$$\left(1 + \frac{1}{k}\right)^{k} = 1 + \frac{k}{1}\frac{1}{k} + \frac{k(k-1)}{1.2}\frac{1}{k^{2}} + \frac{k(k-1)(k-2)}{1.2.3}\frac{1}{k^{2}} + \cdots$$

L'Algèbre apprend que la limite de $\left(1 + \dfrac{1}{k}\right)^{k}$ est la même que celle de la série

$$1 + \frac{1}{1} + \frac{1}{1.2} + \frac{1}{1.2.3} + \frac{1}{1.2.3.4} + \cdots + \frac{1}{1.2.3.4.5\ldots k}$$
$$= e = 2,71828\ldots.$$

Cette quantité $e$ est la base des logarithmes népériens. On aura donc

$$T = t(e)^{\frac{fS}{R}},$$

d'où

$$\log T = \log t + \frac{fS}{R}\log e,$$

$$\log T = \log t + \frac{fS}{R}\log 2,71828,$$

$$\log T = \log t + 0,43429\, f\frac{S}{R}.$$

C'est sous cette forme qu'est ordinairement présentée la tension du brin conducteur en fonction du brin conduit.

On peut encore parvenir au même résultat par une autre voie.

En effet, la tension de la courroie au point $b$ étant égale à la tension $t$ au point $a$, augmentée du frottement produit par la pression normale $p$, on a

$$t_1 = t + fp.$$

Or

$$p = mn = 2\,mu.$$

Représentant par $\alpha$ l'angle au centre $aob$, comme l'angle $mau$ est égal à l'angle $aom$, à cause de la perpendicularité des côtés, il s'ensuit que l'angle $mau$ est égal à $\frac{1}{2}\alpha$. Du triangle rectangle $amu$ on déduit

$$mu = am\sin mau = t\sin\tfrac{1}{2}\alpha \quad \text{et} \quad 2\,mu \ \text{ou} \ p = 2\,t\sin\tfrac{1}{2}\alpha.$$

Le frottement sera donc exprimé par

$$fp = 2\,t\sin\tfrac{1}{2}\alpha f.$$

Par suite, on aura

$$t_1 = t + 2\,t\sin\tfrac{1}{2}\alpha f, \quad t_1 = t\left(1 + 2f\sin\tfrac{1}{2}\alpha\right).$$

Désignant par C la corde $ab$ de l'arc élémentaire, du triangle rectangle $auo$ on déduit

$$au \ \text{ou} \ \frac{C}{2} = R\sin\tfrac{1}{2}\alpha, \quad \text{d'où} \quad \sin\tfrac{1}{2}\alpha = \frac{C}{2R}.$$

Substituant dans l'expression de $t_1$, il viendra

$$t_1 = t\left(1 + 2f\frac{C}{2R}\right), \quad t_1 = t\left(1 + \frac{fC}{R}\right).$$

L'arc élémentaire pouvant être substitué à la corde et sa valeur en fonction de l'arc total étant $\frac{S}{n}$, on aura

$$t_1 = t\left(1 + \frac{fS}{nR}\right),$$

relation déjà trouvée qui conduit à la formule

$$T = t\,(e)^{\frac{fs}{R}}.$$

Dans les raisonnements qui précèdent, nous avons admis

que la pression normale est égale à la résultante de deux forces égales à $t$, ce qui est permis, attendu que, les deux points $a$ et $b$ étant très-voisins, la tension $t_1$ diffère peu de la tension $t$. En tenant compte de cette différence, on arrive à la même conclusion. Rappelons, à cet effet, un théorème qui a servi de base au principe des travaux élémentaires :

*La projection de la résultante de plusieurs forces situées dans un même plan sur un axe situé dans ce plan est égale à la somme des projections des composantes.*

Conséquemment, puisque la tension $t_1$ au point $b$ est la résultante du frottement et de la tension $t$, on peut l'appliquer en projetant ces forces sur la corde $ab$. Désignant par $x$ l'excès de la tension $t_1$ sur la tension $t$, on aura

$$t_1 = t + x.$$

Les projections $ub$ et $au$ des forces $t + x$ et $t$ ont pour valeurs

$$ub = (t + x)\cos\tfrac{1}{2}\alpha, \quad au = t\cos\tfrac{1}{2}\alpha.$$

La pression normale $p$ étant égale à $mn$ ou $mu + un$, du triangle $mub$ on déduit

$$mu = t_1 \sin\tfrac{1}{2}\alpha = (t + x)\sin\tfrac{1}{2}\alpha,$$

et du triangle $bun$

$$nu = bn \sin ubn = t \sin\tfrac{1}{2}\alpha\,;$$

par suite

$$mu + nu \quad \text{ou} \quad p = (t + x)\sin\tfrac{1}{2}\alpha + t\sin\tfrac{1}{2}\alpha,$$

et le frottement aura pour valeur

$$pf = f(t + x)\sin\tfrac{1}{2}\alpha + ft\sin\tfrac{1}{2}\alpha$$

ou

$$pf = ft\sin\tfrac{1}{2}\alpha + fx\sin\tfrac{1}{2}\alpha + ft\sin\tfrac{1}{2}\alpha.$$

Comme le frottement a lieu suivant la tangente AB parallèle à la corde $ab$, la droite qui représente son intensité se projettera en vraie grandeur. On aura donc

$$(t + x)\cos\tfrac{1}{2}\alpha = t\cos\tfrac{1}{2}\alpha + ft\sin\tfrac{1}{2}\alpha + fx\sin\tfrac{1}{2}\alpha + ft\sin\tfrac{1}{2}\alpha,$$

$$t\cos\tfrac{1}{2}\alpha + x\cos\tfrac{1}{2}\alpha = t\cos\tfrac{1}{2}\alpha + 2ft\sin\tfrac{1}{2}\alpha + fx\sin\tfrac{1}{2}\alpha.$$

Supprimant le terme $t \cos\frac{1}{2}\alpha$ commun aux deux membres,

d'où
$$x\left(\cos\frac{1}{2}\alpha - f\sin\frac{1}{2}\alpha\right) = 2ft\sin\frac{1}{2}\alpha,$$

$$x = \frac{2ft\sin\frac{1}{2}\alpha}{\cos\frac{1}{2}\alpha - f\sin\frac{1}{2}\alpha}.$$

Divisant le numérateur et le dénominateur par $\cos\frac{1}{2}\alpha$, il viendra

$$x = \frac{2ft\tan\frac{1}{2}\alpha}{1 - f\tan\frac{1}{2}\alpha}.$$

Comme l'angle $\alpha$ est très-petit et que le coefficient du frottement est toujours moindre que l'unité, on peut, au dénominateur, négliger le terme $f\tan\frac{1}{2}\alpha$. L'équation devient

$$x = 2ft\tan\frac{1}{2}\alpha.$$

Si l'on considère le triangle rectangle $uao$, on a

$$au \text{ ou } \frac{C}{2} = uo \times \tan\frac{1}{2}\alpha \quad \text{et} \quad \tan\frac{1}{2}\alpha = \frac{C}{2uo},$$

et, puisque $uo$ diffère peu du rayon R, on aura

$$\tan\frac{1}{2}\alpha = \frac{C}{2R}.$$

Par conséquent

$$x = 2ft\frac{C}{2R}, \quad x = ft\frac{C}{R}.$$

L'arc élémentaire $\frac{S}{n}$ étant sensiblement égal à la corde C, on aura aussi

$$x = ft\frac{S}{nR}.$$

Introduisant cette valeur dans l'expression de $t_1$, il vient

$$t + x \text{ ou } t_1 = t + ft\frac{S}{nR}, \quad t_1 = t\left(1 + \frac{fS}{nR}\right).$$

Au fond, cette manière d'envisager la question est la même que la précédente; car l'égalité des angles $ubm$, $ubn$ implique l'égalité des côtés du parallélogramme des forces, c'est-à-dire que les tensions aux points $a$ et $b$ doivent être considérées comme très-approximativement égales.

En considérant la formule générale

$$T = t \left[ \left( 1 + \frac{1}{k} \right)^k \right]^{\frac{fS}{R}} = t \, (e)^{\frac{fS}{R}},$$

on voit que, pour une tension constante du brin conduit, la tension T du brin conducteur ne dépend pas seulement de la grandeur absolue de l'arc embrassé S, mais du rapport $\frac{S}{R}$, c'est-à-dire du nombre de degrés que contient cet arc. On comprend dès lors l'inutilité d'augmenter le diamètre des tambours.

Cette formule est relative au cas où la tension T, faisant office de puissance, doit être capable de vaincre la résistance $t$ et le frottement qui a lieu sur le tambour; mais, si au contraire, ce qui se présente fort souvent, la résistance $t$ doit entraîner la puissance en modérant son action ou la neutraliser complétement, le frottement de la courroie ou de la corde sur le tambour agit conjointement avec la puissance. De l'équation précédente on déduit

$$t = \frac{T}{(e)^{\frac{fS}{R}}} = T e^{-\frac{fS}{R}};$$

d'où

$$\log t = \log T - \frac{fS}{R} \log e,$$

$$\log t = \log T - \frac{fS}{R} \log 2,71828,$$

$$\log t = \log T - 0,43429 f \frac{S}{R}.$$

Le frottement des cordes sur des tambours est souvent utilisé, dans les arts et dans les usages de la vie, pour diminuer l'effort capable de soutenir un corps d'un poids considérable. C'est en vertu de ce principe que les tonneliers peuvent descendre un tonneau dans une cave le long d'un escalier d'une pente assez rapide. Ce tonneau étant placé sur un traîneau ou sur deux traverses formant un plan incliné dont la résistance atténue déjà l'action de la pesanteur, en enroulant le cordage qui embrasse le tonneau sur deux pièces de bois de forme cylindrique appuyées à l'extérieur de la porte, la résistance produite par l'enroulement de la corde diminue considérablement l'effort que doivent exercer les deux hommes chargés de la manœuvre sur les brins du cordage. Il est évident, d'après la formule, que cet effort sera d'autant moindre que le nombre des enroulements autour des cylindres sera plus grand.

Désignant par $k$ l'exponentielle $(e)^{\frac{fS}{R}}$, on aura successivement dans chaque cas

$$T = tk, \quad t = \frac{T}{k}.$$

Des expériences de M. Morin il résulte que, suivant les circonstances, on doit attribuer au coefficient $f$ les valeurs suivantes :

$0,47$ pour des courroies à l'état ordinaire d'onctuosité sur des tambours en bois ;

$0,50$ pour des courroies neuves sur des tambours en bois ;

$0,28$ pour des courroies à l'état ordinaire d'onctuosité sur des poulies en fonte ;

$0,38$ pour des courroies humides sur des poulies en fonte ;

$0,50$ pour des cordes de chanvre sur des poulies ou tambours en bois.

Le théorème que nous venons de démontrer, dû à M. de Prony, sera d'une application facile au moyen du tableau qui suit, contenant les différentes valeurs de $k$, telles qu'elles se trouvent dans l'*Aide-Mémoire de Mécanique* de M. Morin (4ᵉ édition, p. 272).

| RAPPORT de l'arc embrassé à la circonférence entière. | VALEURS DE L'EXPONENTIELLE $(e)^{\frac{fS}{R}} = k$. | | | | | |
|---|---|---|---|---|---|---|
| | Courroies neuves sur des tambours en bois. | Courroies à l'état ordinaire | | Courroies humides sur des poulies en fonte. | Cordes sur tambours ou treuils en bois | |
| | | sur des tambours en bois. | sur des poulies en fonte. | | bruts. | polis. |
| 0,2 | 1,87 | 1,80 | 1,42 | 1,61 | 1,87 | 1,51 |
| 0,3 | 2,57 | 2,43 | 1,69 | 2,05 | 2,57 | 1,86 |
| 0,4 | 3,51 | 3,26 | 2,02 | 2,60 | 3,51 | 2,29 |
| 0,5 | 4,81 | 4,38 | 2,41 | 3,30 | 4,81 | 2,82 |
| 0,6 | 6,59 | 5,88 | 2,87 | 4,19 | 6,58 | 3,47 |
| 0,7 | 9,00 | 7,90 | 3,43 | 5,32 | 9,01 | 4,27 |
| 0,8 | 12,34 | 10,62 | 4,09 | 6,75 | 12,34 | 5,25 |
| 0,9 | 16,90 | 14,27 | 4,87 | 8,57 | 16,90 | 6,46 |
| 1,0 | 23,14 | 19,16 | 5,81 | 10,89 | 23,90 | 7,95 |
| 1,5 | // | // | // | // | 111,31 | 22,42 |
| 2,0 | // | // | // | // | 535,47 | 63,23 |
| 2,5 | // | // | // | // | 2575,80 | 178,52 |

**62. APPLICATIONS.** — 1° *Quelle doit être la tension du brin conducteur d'une courroie en cuir qui embrasse la demi-circonférence d'un tambour en bois de $0^m,35$ de rayon pour faire glisser le brin conduit soumis à une tension de 60 kilogrammes?*

$$T = tk.$$

D'après le tableau, $k = 4,38$,

$$T = 60 \times 4,38 = 262^{kg},8.$$

En appliquant la formule

$$\log T = \log t + 0,434 \frac{fS}{R},$$

on a

$$\log T = \log 60 + 0,434 \times 0,47 \times \frac{3,14 \times 0,35}{0,35} = 2,41865,$$

d'où

$$T = 262^{kg},20.$$

2° *Trouver l'effort qu'il faut exercer pour soutenir un ton-*

*neau qui, en glissant sur un plan incliné, détermine sur chaque brin de la corde une tension de 300 kilogrammes, en supposant que la corde fasse deux tours sur un cylindre fixe, à surface polie, de 0^m,08 de rayon.*

$$t = \frac{T}{k}.$$

D'après le tableau,

$$k = 63,23, \quad t = \frac{300}{63,23}, \quad t = 4^{kg},744 \text{ pour chaque brin.}$$

Pour les deux brins, on a

$$4^{kg},744 \times 2 \quad \text{ou} \quad 9^{kg},488,$$

En appliquant la formule

$$\log t = \log T - 0,434 \frac{fS}{R},$$

on a

$$\log t = \log 300 - 0,434 \times 0,33 \frac{4 \times 3,14 \times 0,08}{0,08},$$

$$\log t = \log 300 - 0,434 \times 0,33 \times 4 \times 3,14,$$

d'où

$$t = 4^{kg},75.$$

Le coefficient du frottement, qui a servi à calculer l'exponentielle $\frac{fS}{R}$, a été pris égal à 0,33 d'après les indications de Poncelet pour le frottement des cordes sur des cylindres polis.

**63.** *Règles à suivre pour établir une transmission de mouvement au moyen de courroies.* — Nous avons vu que la tension du brin conducteur est égale à la tension du brin conduit augmentée du frottement; par suite, la différence des tensions représente la force capable de vaincre cette résistance. La question se réduit donc à trouver ces deux tensions, ce qui fera connaître l'effort qui doit être transmis.

Supposons, pour plus de simplicité, que les arbres sur lesquels sont montées les poulies O, O' soient horizontaux et parallèles et que la résistance soit un poids P à soulever agissant tangentiellement à la circonférence d'un treuil. Nous ferons observer *a priori* que la différence des tensions doit être capable de vaincre non-seulement le frottement de la courroie sur la poulie, mais encore celui qui est occasionné sur les tourillons par la résistance utile, le poids du treuil et les deux tensions.

Appelons (*fig.* 49)

Fig. 49.

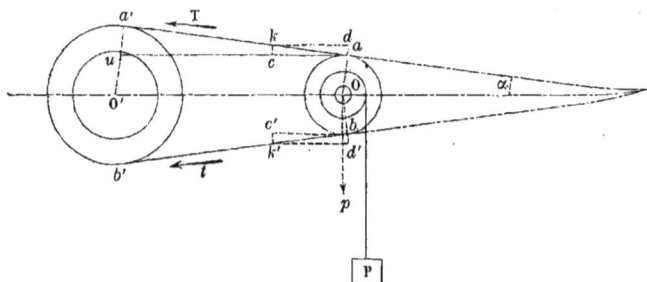

**T** la tension du brin conducteur;

*t* la tension du brin conduit;

**T**₁ la tension propre de la courroie, c'est-à-dire la tension commune aux deux brins quand les tambours sont à l'état de repos;

**R** le rayon de la poulie O;

*r* le rayon du treuil;

*r′* le rayon du tourillon;

*f* le coefficient du frottement;

**P** la résistance utile agissant verticalement;

*p* le poids du treuil;

*α* l'angle formé par les tensions avec l'horizontale OO′.

Quand les deux poulies ou tambours sont en repos, la tension primitive est la même pour les deux brins; mais, dès que la puissance commence à agir pour vaincre la résistance, d'après le principe posé par Poncelet, la tension T du brin conducteur augmente d'une quantité égale à celle dont le brin conduit diminue. Ainsi, si nous désignons par $t_1$ la quantité dont la tension du brin *aa′* augmente et dont celle du brin *bb′* diminue, on aura

$$T = T_1 + t_1, \quad t = T_1 - t_1.$$

Ajoutant membre à membre,

$$T + t = 2T_1 \quad \text{et} \quad T_1 = \frac{T + t}{2}.$$

Désignant par S la pression normale exercée sur le tourillon, l'application du théorème des moments fournira l'équation d'équilibre suivante :

$$(T - t)R = Pr + Sfr'.$$

Pour trouver la valeur de S, décomposons la tension T en deux forces, l'une verticale $ad$, et l'autre $ac$ horizontale. La première aura pour valeur

$$ad = T \sin akd = T \sin \alpha,$$

et la seconde

$$ac = T \cos kac = T \cos \alpha.$$

Décomposant la tension $t$ suivant les mêmes directions, les deux composantes seront exprimées par

$$bd' = t \sin \alpha,$$
$$bc' = t \cos \alpha.$$

Ainsi nous aurons deux groupes de forces, celles du premier verticales et celles du second horizontales :

$$\text{Forces verticales......} \begin{cases} P, \\ p, \\ T \sin \alpha, \\ t \sin \alpha; \end{cases}$$

$$\text{Forces horizontales...} \begin{cases} T \cos \alpha, \\ t \cos \alpha. \end{cases}$$

La force $T \sin \alpha$ agissant en sens contraire des autres forces verticales, la résultante X des forces du premier groupe sera

$$X = P + p + t \sin \alpha - T \sin \alpha,$$
$$X = P + p - (T - t) \sin \alpha,$$

et la résultante des forces du second groupe

$$Y = T \cos \alpha + t \cos \alpha = (T + t) \cos \alpha.$$

11.

Comme les deux résultantes partielles X et Y sont rectangulaires, on aura, pour la valeur de la résultante générale S,

$$S = \sqrt{[P + p - (T - t)\sin\alpha]^2 + (T + t)^2\cos^2\alpha},$$

ou bien, en vertu du théorème de Poncelet sur les radicaux du second degré,

$$S = 0,96[P + p - (T - t)\sin\alpha] + 0,4(T + t)\cos\alpha.$$

Remplaçant S par cette valeur dans l'équation d'équilibre,

$$(T - t)R = Pr + 0,96fr'[P + p - (T - t)\sin\alpha] + 0,4fr'(T + t)\cos\alpha$$

Évidemment cette équation est insuffisante pour trouver les valeurs de T et $t$; mais comme, au moment du repos, les courroies ont une tension naturelle qui ne dépend, en aucune façon, de la grandeur des forces qui agissent sur les poulies, il sera facile, connaissant la tension primitive $T_1$ déterminée expérimentalement, de connaître la tension du brin conduit et celle du brin conducteur.

Si de l'équation

$$T + t = 2T_1$$

on tire successivement la valeur de $t$ et de T, on aura

$$T = 2T_1 - t, \quad t = 2T_1 - T.$$

Dans l'équation générale d'équilibre, remplaçons d'abord T par sa valeur $2T_1 - t$, il viendra

$$(2T_1 - 2t)R = Pr + 0,96fr'[P + p - (2T_1 - 2t)\sin\alpha] + 0,4fr' \cdot 2T_1\cos\alpha$$

$$2T_1R - 2tR = Pr + 0,96fr'P + 0,96fr'p - 0,96fr' \times 2T_1\sin\alpha$$
$$+ 0,96fr' \cdot 2t\sin\alpha + 0,4fr' \times 2T_1\cos\alpha;$$

d'où

$$2tR + 0,96fr' \times 2t\sin\alpha$$
$$= 2T_1R - Pr - 0,96fr'P - 0,96fr'p + 0,96fr' \times 2T_1\sin\alpha - 0,4fr' \times 2T_1\cos\alpha$$

$$2t(R + 0,96fr'\sin\alpha)$$
$$= 2T_1[R + fr'(0,96\sin\alpha - 0,4\cos\alpha)] - 0,96fr'(P + p) - Pr$$

Divisant par 2 les deux membres de l'égalité,

$$t(R + 0,96 fr' \sin\alpha)$$
$$= T_1 [R + fr'(0,96 \sin\alpha - 0,4 \cos\alpha)] - 0,96 fr' \frac{P + p}{2} - \frac{Pr}{2},$$

d'où

$$t = \frac{T_1 [R + fr'(0,96 \sin\alpha - 0,4 \cos\alpha)] - 0,96 fr' \dfrac{P + p}{2} - \dfrac{Pr}{2}}{R + 0,96 fr' \sin\alpha}.$$

En second lieu, remplaçant dans la même équation $t$ par sa valeur $2T_1 - T$, en fonction de la tension propre de la courroie, on aura

$$(2T - 2T_1)R = Pr + 0,96 fr'[P + p - (2T - 2T_1)\sin\alpha] + 0,4 fr' \times 2T_1 \cos\alpha,$$

$$2TR - 2T_1 R = Pr + 0,96 fr'P + 0,96 fr'p - 0,96 fr' \times 2T \sin\alpha$$
$$+ 0,96 fr' \times 2T_1 \sin\alpha + 0,4 fr' \times 2T_1 \cos\alpha,$$

$$2T(R + 0,96 fr' \sin\alpha)$$
$$= 2T_1 R + Pr + 0,96 fr'P + 0,96 fr'p + 0,96 fr'.2T_1 \sin\alpha + 0,4 fr'.2T_1 \cos\alpha,$$

$$2T(R + 0,96 fr' \sin\alpha)$$
$$= 2T_1[R + fr'(0,96 \sin\alpha + 0,4 \cos\alpha)] + 0,96 fr'(P + p) + Pr,$$

$$T(R + 0,96 fr' \sin\alpha)$$
$$= T_1[R + fr'(0,96 \sin\alpha + 0,4 \cos\alpha)] + 0,96 fr' \frac{P + p}{2} + \frac{Pr}{2},$$

$$T = \frac{T_1[R + fr'(0,96 \sin\alpha + 0,4 \cos\alpha)] + 0,96 fr' \dfrac{P + p}{2} + \dfrac{Pr}{2}}{R + 0,96 fr' \sin\alpha}.$$

Si les deux poulies ont le même rayon,

$$\sin\alpha = 0 \quad \text{et} \quad \cos\alpha = 1.$$

Dans ce cas particulier, il vient

$$t = \frac{T_1(R - 0,4 fr') - 0,96 fr' \dfrac{P + p}{2} - \dfrac{Pr}{2}}{R},$$

$$T = \frac{T_1(R + 0,4 fr') + 0,96 fr' \dfrac{P + p}{2} + \dfrac{Pr}{2}}{R}.$$

Lorsque les brins de la courroie forment entre eux un angle quelconque, il est facile de trouver les valeurs de $\sin\alpha$ et $\cos\alpha$. En effet, la distance des axes $OO'$ étant une des données de la question, ainsi que $aa'$, si, par le point $a$, on mène $au$ parallèlement à la ligne des centres, le triangle $aa'u$ donne immédiatement

$$aa' = au\cos\alpha = OO'\cos\alpha\,;$$

d'où

$$\cos\alpha = \frac{aa'}{OO'} \quad \text{et} \quad a'u = au\sin\alpha = OO'\sin\alpha,$$

d'où

$$\sin\alpha = \frac{a'u}{OO'}.$$

Or $a'u = R - R'$ : donc

$$\sin\alpha = \frac{R - R'}{OO'}.$$

Les formules qui servent à déterminer les tensions des deux brins, ainsi qu'on le voit, sont peu commodes pour les usages de la pratique. Par la méthode des approximations successives que nous avons déjà employée, on peut obtenir des valeurs fort approchées et toujours suffisantes. Négligeons d'abord le frottement dû aux tensions T, $t$. La pression normale, dans ce cas, aura pour valeur

$$S = P + p,$$

et, par suite, l'équation deviendra

$$(T - t)R = Pr + (P + p)fr'\,;$$

d'où

$$T - t = \frac{Pr + (P + p)fr'}{R}.$$

Nous avons trouvé plus haut que la tension T du brin conducteur est égale à la tension du brin conduit, augmentée du frottement de la courroie,

$$T = t(e)^{\frac{fs}{R}} = tk,$$

$k$, comme nous l'avons dit, représentant $(e)^{\frac{fs}{R}}$.

Par conséquent,

$$T - t = tk - t = t(k - 1),$$

Désignant par Q la différence $T - t$ fournie par l'équation d'équilibre, on aura

$$T - t = t(k - 1) = Q, \quad \text{d'où} \quad t = \frac{Q}{k - 1}.$$

Dans cette expression, Q représentant la valeur maxima que doit acquérir la différence des tensions pour vaincre la résistance utile et le frottement exercé sur les tourillons, on augmentera encore cette valeur de $\frac{1}{10}$, précaution nécessaire dans le but d'empêcher le glissement de la courroie, si, pendant la marche de la machine, ce qui a lieu le plus souvent, la résistance éprouvait certaines variations.

Pour trouver la tension du brin conducteur, remarquons que

$$T = t + Q.$$

Remplaçant $t$ par sa valeur en fonction de Q, on aura

$$T = \frac{Q}{k - 1} + Q, \quad T = \frac{Q + kQ - Q}{k - 1}, \quad T = Q\,\frac{k}{k - 1}.$$

De là on déduit, pour la valeur de la tension primitive,

$$T_1 = \frac{T + t}{2} = \frac{1}{2}\,\frac{Qk - Q}{k - 1}, \quad T_1 = \frac{1}{2} Q\,\frac{k + 1}{k - 1}.$$

Les valeurs de T et $t$ étant ainsi obtenues par première approximation, si on les introduit dans i'équation générale de la pression S exercée sur les tourillons, la résolution de l'équation d'équilibre conduira à des valeurs plus approchées des tensions des deux brins; mais, dans la plupart des cas, on se contente de la première valeur approximative, l'erreur commise étant d'ailleurs compensée par l'accroissement de $\frac{1}{10}$ donné à la tension du brin conduit.

Généralement, dans une transmission de mouvement au moyen de courroies, on détermine *a priori* la quantité de travail qui doit être communiquée à la circonférence du tambour. On en déduira l'effort Q ou la différence des tensions, en divisant ce travail par la vitesse à la circonférence extérieure.

S'il s'agit, par exemple, d'une machine ayant une force nominale de N chevaux-vapeur, V étant la vitesse à la circonférence extérieure du tambour, on aura

$$Q = \frac{N \times 75}{V}.$$

Lorsque la courroie s'enroule sur deux poulies ou tambours de diamètres différents, le calcul doit toujours être fait pour la poulie qui donne la plus grande valeur de la tension $t$ du brin conduit, c'est-à-dire pour la plus petite.

64. APPLICATION NUMÉRIQUE. — *Trouver la tension du brin conduit d'une courroie enroulée sur la demi-circonférence d'une poulie en fonte de $0^m,20$ de rayon, sachant que l'effort transmis à la circonférence extérieure est de 60 kilogrammes.*

$$t = \frac{Q}{k-1}, \quad k = 2,41, \quad t = \frac{60}{2,41-1} = 42^{kg},55.$$

En augmentant de $\frac{1}{10}$, d'après la règle indiquée, on aura

$$t = 46^{kg},805.$$

Pour la tension du brin conducteur, il viendra

$$T = 46,805 + 60 = 106^{kg},805.$$

Enfin la tension primitive sera exprimée par

$$T_1 = \frac{T+t}{2} = \frac{46,805 + 106,805}{2} = 76^{kg},805.$$

Si l'on emploie la formule générale

$$t = \frac{Q}{(e)^{\frac{fs}{R}} - 1}, \quad S = \pi r \quad \text{et} \quad f = 0,28,$$

on a

$$t = \frac{60}{2,718^{0,28 \times 3,4} - 1}.$$

En calculant le terme $2,718^{0,28 \times 3,14}$, on trouve $2,408$, d'où

$$t = \frac{60}{2,408 - 1} = 42^{k\xi},61.$$

**65.** *Rouleaux de tension.* — Les principes qui précèdent ont appris à déterminer la tension du brin conducteur, dans l'hypothèse où les deux brins conservent leur tension naturelle. Il est aisé de comprendre que généralement il ne saurait en être ainsi et que le cuir quand il est neuf est plus tendu que lorsqu'il est vieux. D'autre part, il est à remarquer que, par des temps humides, les courroies se détendent, de sorte que les personnes préposées à la conduite des machines sont obligées de les retendre fréquemment. Le moyen le plus simple, dans ce cas, consiste à faire usage de rouleaux de tension qui, en vertu de la pression qu'ils exercent sur les courroies, rendent constante la tension primitive. On voit *a priori* que ce but ne pourra être atteint qu'à la condition que le poids du rouleau aura été convenablement calculé, suivant la valeur donnée à la tension primitive des deux brins de la courroie. Proposons-nous donc de trouver le poids du rouleau capable de conserver cette tension, quelles qu'en soient les causes qui peuvent la modifier.

Soient R, R' les rayons des tambours, O le centre du rouleau de pression, quand la tension naturelle $T_1$ n'a pas été altérée. Comme ce rouleau est mobile dans un sens, il est évident que, étant appuyé sur un des brins de la courroie, il descendra si elle fléchit. Soit O' le centre du rouleau dans sa nouvelle position. Son poids P, qui agit verticalement, se décompose en deux autres forces, l'une $Om = P'$ normale à la courroie, l'autre $On = F$ parallèle à sa direction. Cette dernière force est détruite par la résistance du tourillon, qui empêche le rouleau de glisser sur la courroie. Nous n'aurons donc à considérer que la composante normale P'. Quand le rouleau vient occuper sa nouvelle position, le brin, directement pressé, se bifurque et prend la forme $a' O'' a$ ( *fig.* 50 ). Or, le point d'application d'une force pouvant être transporté en un point quelconque de sa direction, celui de P sera en O'', et partant celui de P' sera au même point. Alors, le rouleau étant en équilibre, les tensions exercées sur les brins $aO''$,

$a'O''$ seront égales à la tension naturelle $T_1$; car, si cela n'avait pas lieu, le rouleau descendrait jusqu'à ce que cette condi-

Fig. 5o.

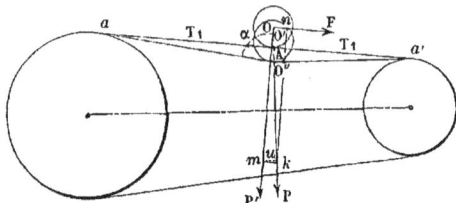

tion fût réalisée. Ainsi la courroie est soumise à l'action des trois forces $P'$, $T_1$, $T_1$, qui la maintiennent à l'état d'équilibre relatif, ce qui exige que l'une d'elles soit égale et directement opposée à la résultante des deux autres. Appelant A l'angle formé par les deux brins $aO''$, $a'O''$, le parallélogramme des forces fournira la relation suivante :

$$P'^2 = T_1^2 + T_1^2 + 2\,T_1\,T_1\cos A, \quad P'^2 = 2\,T_1^2 + 2\,T_1^2\cos A,$$
$$P'^2 = 2\,T_1^2\,(1 + \cos A).$$

Remplaçant $1 + \cos A$ par sa valeur $2\cos^2\tfrac{1}{2}A$,

$$P'^2 = 2\,T_1^2\,2\cos^2\tfrac{1}{2}A = 4\,T_1^2\cos^2\tfrac{1}{2}A,$$

d'où

$$P' = \sqrt{4\,T_1^2\cos^2\tfrac{1}{2}A}, \quad P' = 2\,T_1\cos\tfrac{1}{2}A.$$

Faisons $\tfrac{1}{2}A = \alpha$, il viendra

$$P' = 2\,T_1\cos\alpha.$$

Présentement, désignons par $\beta$ l'angle que forme la direction de la courroie avec la ligne des centres supposée horizontale. Du triangle rectangle $mOk$ on déduit immédiatement

$$P' \doteq P\cos mOk.$$

Par le point $m$, menons l'horizontale $mu$, comme $mk$ est parallèle à la direction de la courroie, angle $umk = \beta$. Or l'angle $mOk$ est égal à l'angle $umk$, à cause de la perpendicularité des côtés; donc, en substituant, on aura

$$P' = P\cos\beta,$$

par suite

$$P \cos\beta = 2\,T_1 \cos\alpha, \quad \text{d'où} \quad P = \frac{2\,T_1 \cos\alpha}{\cos\beta}.$$

Telle est l'expression approximative du poids du rouleau de tension.

Dans cette formule,

$T_1$ est la tension naturelle de la courroie;

$\alpha$ la moitié de l'angle obtus formé par les deux brins de la courroie sur laquelle pèse le rouleau de tension, angle que l'on pourra se donner d'avance;

$\beta$ l'angle formé par la tangente commune aux deux tambours avec la ligne des centres.

Dans la pose des courroies, si l'on a soin de leur donner une longueur telle qu'elle ne prenne au repos que par la flexion donnée *a priori*, on sera sûr que la tension du brin conducteur aura, avec une grande approximation, la valeur déterminée par le calcul. On pourra d'ailleurs se réserver la faculté d'augmenter ou de diminuer l'action du poids du rouleau de tension.

Quand la disposition des tambours est telle que le rouleau de tension n'agit pas verticalement, par une combinaison de leviers, on dirige son action dans le sens qui convient, et l'on détermine la pression normale à la direction de la courroie, en faisant l'angle $\beta = 0$; par suite $\cos\beta = 1$, et la formule devient

$$P = 2\,T_1 \cos\alpha.$$

Le mécanisme des rouleaux de tension affecte des formes très-diverses. Une des dispositions les plus employées consiste en un levier à trois branches (*fig.* 51), mobile autour d'un axe O. A l'une des branches AO est adapté le rouleau qui s'appuie sur la courroie, la deuxième branche OB est terminée par un contre-poids et la troisième OC, qui a la forme d'une manivelle, sert à manœuvrer l'appareil. Cette disposition permet d'utiliser les rouleaux de tension pour embrayer et débrayer. La longueur de la courroie ayant été réglée de manière qu'elle oscille librement autour de la poulie, mais dans des limites peu étendues, quand la machine est mise en

marche, évidemment la poulie motrice tournera autour de
son axe sans entraîner la courroie et la poulie à conduire res-

Fig. 51.

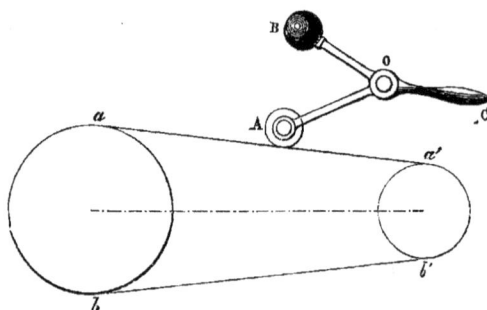

tera en repos. Si, en agissant sur la manivelle, on fait tourner
le levier autour du centre de rotation, jusqu'à ce que le rouleau de tension repose sur la courroie, la pression exercée
déterminera une tension capable de produire le mouvement.
A l'inverse, si on relève le rouleau, la courroie. devenant
libre, la poulie conduite cessera de participer au mouvement.

66. *Longueur totale de la courroie.* — Soient (*fig.* 52)

O et O' les centres des tambours embrassés par la courroie
    sans fin;
R, R' leurs rayons respectifs;
D la distance des centres OO';
$\alpha$ l'angle de chaque brin avec la ligne des centres;
L la longueur totale de la courroie.

Fig. 52.

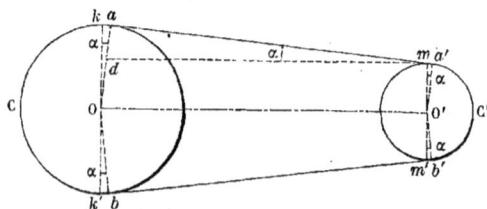

Il est visible que cette longueur est égale à deux fois la tangente commune, augmentée de la somme des arcs $acb$, $a'c'b'$ embrassés par la courroie sur les deux tambours. Il est encore évident que l'arc $acb$ est plus grand qu'une demi-circonférence, tandis que l'arc $a'c'b'$ est moindre. Ainsi l'on aura

$$L = 2\,aa' + acb + a'c'b'.$$

Par le point $a'$, menant $a'd$ parallèlement à la ligne des centres, évidemment $a'd = OO' = D$ et $ad = R - R'$. De plus, l'angle $aa'd$ sera égal à l'angle que forme chaque brin de la courroie avec $OO'$. Du triangle rectangle $aa'd$ on déduit immédiatement

$$\overline{aa'}^2 = \overline{a'd}^2 - \overline{ad}^2$$

ou

$$\overline{aa'}^2 = D^2 - (R - R')^2 \quad \text{et} \quad aa' = \sqrt{D^2 - (R - R')^2} \, ;$$

d'où

$$2\,aa' = 2\sqrt{D^2 - (R - R')^2}.$$

Menons les deux diamètres $kk'$, $mm'$ perpendiculaires à la ligne des centres et remarquons que, dans le tambour de rayon $R$, l'arc $acb$ embrassé par la courroie est égal à la demi-circonférence $kck'$, augmentée de deux fois l'arc $ak$. L'angle $aOk$ étant égal à l'angle $\alpha$, parce que leurs côtés sont perpendiculaires, si nous désignons par $a$ la valeur de cet angle en parties du rayon, on aura

$$2\,\alpha = 2\,aR.$$

On voit encore que l'arc embrassé par la courroie sur le tambour de rayon $R'$ est égal à la demi-circonférence $mc'm'$, diminuée de deux fois l'arc $a'm$, et l'on aura aussi

$$2\,\alpha = 2\,aR',$$

puisque l'angle $a'O'm$ est aussi égal à l'angle $\alpha$; donc

$$acb + a'c'b' = \pi R + 2\,aR + \pi R' - 2\,aR'$$

ou

$$acb + a'c'b' = \pi(R + R') + 2\,a(R - R');$$

par suite

$$2\,aa' + acb + a'c'b' \cdot$$

ou

$$L = \pi(R + R') + 2\sqrt{D^2 - (R - R')^2} + 2a(R - R').$$

Si la courroie est croisée, on trouve, par le même raisonnement,

$$L = \pi(R + R') + 2\sqrt{D^2 - (R + R')} + 2a(R + R').$$

Si l'angle $\alpha$ est nul, ce qui a lieu lorsque les deux poulies sont de même rayon, la formule devient

$$L = 2\pi R + 2D.$$

Lorsque l'angle $\alpha$ est très-petit, les deux rayons diffèrent peu l'un de l'autre et l'on peut négliger $R - R'$. On a ainsi

$$L = \pi(R + R') + 2D.$$

**67.** *Largeur des courroies.* — Des expériences de **M.** Morin, il résulte que l'on peut faire supporter aux courroies des tensions de $0^{kg},25$ par millimètre carré de section. Il sera donc facile de calculer leur largeur, connaissant l'épaisseur du cuir.
Soient

L la largeur de la courroie ;
E l'épaisseur du cuir ;
A l'aire de la section ;
T la tension maxima de la courroie.

Puisque la courroie peut, en toute sécurité, supporter un effort de $\frac{1}{4}$ de kilogramme par millimètre carré de section, il est évident que, pour 4 millimètres carrés, l'effort sera égal à 1 kilogramme.
Par conséquent

$$A = 4 \times T^{mmq}.$$

Or

$$A = L \times E,$$

d'où

$$L \times E = 4 \times T \quad \text{et} \quad L = \frac{4 \times T}{E}.$$

Ordinairement les lanières qui servent à faire les courroies ont de 6 à 8 millimètres d'épaisseur.

Dans un Mémoire relatif à la largeur des courroies, **M.** Laborde a fait les observations suivantes.

1° La résistance à vaincre doit être inférieure à la force capable de faire glisser la courroie sur la poulie;

2° La tension ne doit jamais être telle qu'elle puisse étendre le cuir;

3° La tension ne doit pas augmenter inutilement le frottement des tourillons;

4° La courroie doit être flexible, c'est-à-dire qu'elle doit se ployer facilement dans toutes ses parties.

Pour réaliser la quatrième condition, l'auteur du Mémoire conseille de rejeter le moyen anciennement employé, de superposer deux courroies et de les enduire, de temps à autre, de suif mêlé de saindoux, ce qui les rend plus flexibles et les empêche de se dessécher.

Après ces considérations préliminaires, M. Laborde a posé les deux principes suivants :

1° Les largeurs des courroies sont en raison directe des quantités de travail à transmettre, la vitesse étant la même;

2° Les largeurs des courroies, pour un même travail transmis, sont en raison inverse des vitesses.

Soient

L, L' les largeurs de deux courroies;
T, T' les quantités de travail;
V, V' les vitesses.

On aura

$$\frac{L}{L'} = \frac{\dfrac{T}{V}}{\dfrac{T'}{V'}}, \quad \text{d'où} \quad L' = L\,\frac{T'V}{TV'}.$$

Cet ingénieur a déduit de l'expérience qu'une courroie de $0^m,081$ de largeur, ayant une tension ordinaire et marchant avec une vitesse de $162^m,50$ par minute, peut, sans se déformer, transmettre un travail de 1 cheval-vapeur ou 75 kilogrammètres. Comme l'expérience de M. Laborde se rapporte à des poulies de même diamètre, auquel cas l'arc embrassé est égal à une demi-circonférence, il est évident que les résultats obtenus doivent être modifiés lorsque la courroie n'embrasse pas la moitié de la poulie, puisque sa tension n'est plus la même.

La largeur de la courroie étant en raison directe de la tension du brin conducteur sera aussi proportionnelle à celle du brin conduit.

Soient

L la largeur de la courroie, quand l'arc embrassé est égal à une demi-circonférence;

L' la largeur relative à un arc qui n'est pas égal à une demi-circonférence;

$t$ la tension du brin conduit dans le premier cas;

$t'$ la tension dans le second cas;

S une demi-circonférence;

S' un arc quelconque.

On aura

$$\frac{L}{L'} = \frac{t}{t'};$$

or

$$t = \frac{Q}{k-1} = \frac{Q}{(e)^{\frac{fS}{R}} - 1} :$$

donc, en substituant, il viendra

$$\frac{L}{L'} = \frac{Q}{(e)^{\frac{fS}{R}} - 1} : \frac{Q}{(e)^{\frac{fS'}{R'}} - 1} = \frac{(e)^{\frac{fS'}{R'}} - 1}{(e)^{\frac{fS}{R}} - 1},$$

d'où

$$L' = L\, \frac{(e)^{\frac{fS}{R}} - 1}{(e)^{\frac{fS'}{R'}} - 1}.$$

Ainsi, au moyen de cette relation, il sera facile, connaissant la largeur de la courroie qui embrasse la moitié d'une poulie, de calculer la largeur de la courroie qui n'embrasserait pas la moitié d'une autre poulie de même vitesse à la circonférence extérieure et transmettant la même puissance.

Pour des poulies en fonte, lorsque l'arc embrassé est égal à une demi-circonférence, on aura

$$(e)^{\frac{fS}{R}} = (e)^{\frac{0,28 \times \pi R}{R}} = (e)^{0,28 \times 3,14},$$

d'où

$$\log(e)^{\frac{fs}{R}} = 0,28 \times 3,1415 \times 0,434$$

et

$$(e)^{\frac{fs}{R}} = 2,41, \quad (e)^{\frac{fs}{R}} - 1 = 1,41.$$

La valeur de $(e)^{\frac{fs}{R}}$ pour des arcs de grandeurs diverses étant données, on a pu calculer le rapport

$$\frac{(e)^{\frac{fs}{R}} - 1}{(e)^{\frac{fs'}{R'}} - 1} = \frac{1,41}{(e)^{\frac{fs'}{R'}} - 1}$$

et, par suite, former un tableau qui simplifie le calcul de la largeur des courroies, d'après les principes posés par M. Laborde.

| Rapport de l'arc embrassé à la circonférence entière. | Valeur de $(e)^{\frac{fs'}{R'}} - 1$ | Valeur de $\dfrac{1,41}{(e)^{\frac{fs'}{R'}} - 1}$ |
|---|---|---|
| 0,2 | 0,42 | 3,36 |
| 0,3 | 0,69 | 2,04 |
| 0,4 | 1,02 | 1,38 |
| 0,5 | 1,41 | 1,00 |
| 0,6 | 1,87 | 0,75 |
| 0,7 | 2,43 | 0,58 |
| 0,8 | 3,09 | 0,46 |
| 0,9 | 3,87 | 0,36 |
| 1,00 | 4,81 | 0,29 |

Les constructeurs emploient un autre procédé pour déterminer la largeur des courroies. Éclairés par l'expérience, ils ont reconnu qu'il faut 15 décimètres carrés de courroie par force de cheval-vapeur.

Ainsi, N étant la force nominale de la machine et S la surface de la courroie qui lui correspond, on aura

$$S = N \times 0^{mq},15.$$

Comme cette surface est égale à la largeur de la courroie L,

multipliée par la vitesse, il viendra, en appelant V la vitesse
à la circonférence extérieure de la poulie,

$$L \times V = N \times 0^{mq},15, \quad \text{d'où} \quad L = \frac{N \times 0^{mq},15}{V}.$$

**68. APPLICATIONS.** — 1° *Trouver la largeur d'une courroie dont
le brin conducteur a une tension de 50 kilogrammes, sachant
que l'épaisseur du cuir est égale à 6 millimètres et qu'il peut
supporter un effort de 0ks,25 par millimètre carré ou de 1 kilogramme par 4 millimètres carrés.*

$$A = 4 \times T, \quad L \times 6 = 4 \times 50, \quad L = \frac{4 \times 50}{6} = 33^{um}.$$

2° *Quelle doit être la largeur d'une courroie qui doit transmettre une force nominale de 8 chevaux-vapeur, sachant
qu'elle embrasse la moitié de la poulie et que la vitesse à la
circonférence extérieure est de 4 mètres ?*

$$N = 8 \times 75 = 600^{kg}, \quad Q = \frac{600}{4} = 150^{kg},$$

$$t = \frac{Q}{k-1} = \frac{150}{k-1}.$$

D'après le tableau, lorsque l'arc embrassé est égal à une
demi-circonférence, on a

$$k = 2,41, \quad \text{d'où} \quad t = \frac{150}{2,41-1} = 106^{kg}.$$

En augmentant de $\frac{1}{10}$, pour être sûr que la courroie ne glis-
sera pas,

$$t = 116^{kg},6.$$

Par conséquent

$$T = 150^{kg} + 116^{kg},6 = 266^{kg},6.$$

Si l'épaisseur du cuir est égale à 6 millimètres, on aura

$$L = \frac{266,6 \times 4}{6} = 177^{mm}.$$

En appliquant la formule empirique des constructeurs,

$$L = 0,15\frac{N}{V},$$

on a

$$L = 0,15\frac{8}{4} = 300^{mm}.$$

La formule de M. Laborde conduit encore à un résultat différent,

$$L' = L\frac{T'V}{TV}, \quad L = 0^m,081,$$

. $T = 1$ cheval-vapeur, $V = 162,50$ par minute.

Dans l'exemple que nous avons choisi,

$$T' = 8 \text{ chevaux-vapeur},$$
$$V' = 240^m \text{ par minute},$$

d'où

$$L' = 0,081\frac{8 \times 162,50}{240}, \quad L' = 0^m,438.$$

Cet écart considérable a pour cause la faible épaisseur des courroies employées par M. Laborde dans ses expériences.

3° *Trouver la largeur de la courroie d'une machine de 4 chevaux, sachant qu'elle embrasse les 0,4 de la petite poulie et que la vitesse à la circonférence extérieure est égale à 6 mètres.*

$$N = 4 \times 75 = 300^{kgm},$$
$$Q = \frac{300}{6} = 50^{kg}, \quad t = \frac{Q}{k-1}.$$

La valeur de $k$, relative à 0,4 de la circonférence, prise dans le tableau, est égale à 2,02. Donc

$$t = \frac{50}{2,02-1} = 49^{kg},02.$$

En augmentant de $\frac{1}{10}$, on a

$t = 53^{kg},920$, d'où $T = 50 + 53,920 = 103^{kg},920.$

Si le cuir a 5 millimètres d'épaisseur,

$$L = \frac{103,920 \times 4}{5} = 83^{mm}.$$

Si l'on veut déterminer la largeur de la courroie, en appli-

12.

quant les principes posés par M. Laborde, on est obligé de
déterminer *a priori* la largeur, dans l'hypothèse où l'arc embrassé est égal à une demi-circonférence. Nous avons trouvé
plus haut

$$L' = L \frac{(e)^{\frac{fS}{R}} - 1}{(e)^{\frac{fS'}{R'}} - 1}, \quad L' = L \frac{1,41}{(e)^{\frac{fS'}{R'}} - 1}.$$

D'après le dernier tableau, quand l'arc embrassé est égal
à 0,4 de la circonférence de la poulie,

$$\frac{1,41}{(e)^{\frac{fS'}{R'}} - 1} = 1,38:$$

donc

$$L' = L \times 1,38;$$

or

$$L = 0,081 \frac{4 \times 162,50}{360} = 0^m,146.$$

Par suite

$$L' = 0,146 \times 1,38 = 0^m,201.$$

4° *Trouver le poids d'un rouleau capable de conserver à une
courroie sa tension naturelle sous un angle de 170 degrés, sachant que la résistance à vaincre à la circonférence de la poulie est égale à 40 kilogrammes, que la ligne des centres est
horizontale et que l'arc embrassé est les 0,4 de la circonférence.*

Commençons par déterminer l'angle formé par chaque brin

Fig. 53.

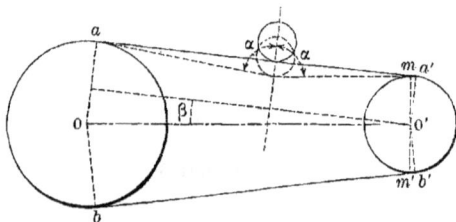

avec l'horizontale OO' (*fig.* 53). A cet effet, menons la perpendiculaire $mO'm'$ à cette ligne et remarquons que l'angle

$a'O'm$ est égal à l'angle β, comme ayant les côtés perpendiculaires. Or l'arc embrassé étant les 0,4 de la circonférence vaut 144 degrés et sa moitié 72 degrés. Si donc on retranche 72 de 90 degrés, le reste, 18 degrés, sera la mesure de l'angle $a'O'm$ ou de son égal β,

$$t = \frac{Q}{k - 1}.$$

D'après le tableau,

$$k = 2,02 :$$

donc

$$t = \frac{40}{2,02 - 1} = 39^{kg}$$

et, en augmentant de $\frac{1}{10}$,

$$t = 39 + 3,9 = 42,9,$$

d'où

$$T = 40 + 42,9 = 82,9 \quad \text{et} \quad 2T_1 = 42,9 + 82,9 = 125^{kg},8.$$

Appliquant la formule trouvée,

$$P = 2T_1 \frac{\cos\alpha}{\cos\beta}, \quad P = 125,8 \frac{\cos 85°}{\cos 18°},$$

$$\cos 85° = 0,08716, \quad \cos 18° = 0,95106,$$

$$P = 125,8 \frac{0,08716}{0,95106}, \quad P = 11^{kg},5.$$

**69.** *Résistance au roulement.* — La résistance au roulement est une résistance qui s'oppose au mouvement des corps cylindriques assujettis à rouler sur une surface plane ou plus généralement les uns sur les autres.

Considérons un cylindre O (*fig.* 54) assujetti à rouler sur un plan horizontal XX' et soumis à une pression P, due au poids du rouleau et d'une force extérieure quelconque. Évidemment, en vertu de cette pression et de la compressibilité plus ou moins grande des substances en contact, les deux corps s'engageront l'un dans l'autre. Si l'on suppose une force motrice horizontale F, agissant tangentiellement à la circonférence du rouleau cylindrique, elle devra être capable de vaincre la résistance occasionnée par les aspérités de l'un des corps s'engageant dans les parties rentrantes de l'autre sur la partie *cbd* du côté où le mouvement a lieu. On possède peu

Fig. 54.

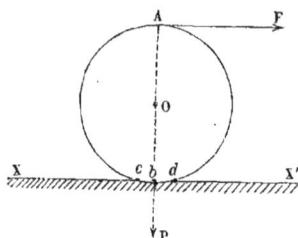

d'expériences sur la résistance au roulement. Les premières sont dues à Coulomb. Ce physicien, dans ses recherches sur la roideur des cordes, fut amené à faire rouler des cylindres de bois de gaïac sur des surfaces planes en bois de chêne. Il reconnut que la force F capable de vaincre la résistance au roulement était :

1° Proportionnelle à la pression exercée ;

2° En raison inverse du diamètre des rouleaux ;

3° Proportionnelle à un coefficient constant, dépendant de la nature du rouleau et du corps sur lequel s'opère le mouvement.

M. Morin, par des expériences exécutées à Vincennes et au Conservatoire des Arts et Métiers, avec des cylindres de bois roulant sur du bois, du cuir, du plâtre, a confirmé les résultats de Coulomb ; de plus, il a constaté que, pour des poids et des diamètres égaux, la résistance au roulement croît quand la largeur de la zone de contact diminue.

Appelons

F la force capable de vaincre la résistance qu'éprouve la circonférence du rouleau, de la part du corps sur lequel a lieu le roulement ;

P la pression normale exercée ;

A le coefficient de la résistance au roulement ;

D le diamètre du rouleau.

On aura

$$F = A \frac{P}{D}.$$

On doit à M. Poncelet les valeurs suivantes de A, d'après la nature des substances :

*Rouleaux en bois d'orme ou de chêne.*

Sur un pavé uni. ........................ $A = 0,0074$

*Rouleaux d'orme.*

Sur un plan horizontal en bois de chêne... .. $A = 0,00162$

*Rouleaux de gaïac.*

Sur un plan horizontal en bois de chêne...... $A = 0,00097$

*Roues de voitures garnies de bandes de fer roulant sur une chaussée horizontale.*

En sable ou cailloutis nouvellement placés.... $A = 0,0634$
En empierrement, à l'état ordinaire d'entretien. $A = 0,0414$
Chaussée pavée, à l'état ordinaire d'entretien, (vitesse de $0^m,8$ à 1 mètre par seconde).... $A = 0,0238$
Chaussée en carreaux (même vitesse que précédemment). ............................ $A = 0,0185$
En terre ferme et unie. ................... $A = 0,0185$
En empierrement et aussi roulante que les routes anglaises. ....................... $A = 0,0150$
En madriers de chêne brut. ...... .......... $A = 0,0102$

*Roues en fonte sur ornières en fer horizontales.*

Plates et dans l'état habituel. ............... $A = 0,0035$
Étroites et saillantes, dans l'état habituel...... $A = 0,0012$
Étroites, parfaitement entretenues et épousse-tées. ................................ $A = 0,0007$

Remarquons que, dans les machines, les organes assujettis à rouler sont liés à d'autres corps et que de leur contact résulte le frottement de glissement, auprès duquel la résistance au roulement est très-petite. C'est ce qui explique pourquoi, dans les cas ordinaires de la pratique, on peut négliger cette résistance nuisible.

Des expériences directes, faites par M. Morin, sur le tirage des voitures, ont fait connaître le rapport de l'effort de trac-

tion au poids de la charge, y compris celui de la voiture.
Dans les résultats obtenus, il a tenu compte de toutes les résistances à vaincre, telles que la résistance au roulement, le
frottement des essieux contre les boîtes, etc. Pour les voitures
ordinaires, roulant sur des routes pavées, ce rapport, suivant
la vitesse du véhicule et l'état d'entretien de la voie, varie de
0,25 à 0,03. Au grand trot, sa valeur est un peu plus du double
qu'au pas, à cause des cahots des roues contre les obstacles
inébranlables qui naissent des inégalités de la route.

# CHAPITRE V.

70. *Roideur des cordes.* -- Les cordes sont généralement formées de trois torons ou cordes plus minces, réunies ensemble par la torsion : les torons sont composés d'un certain nombre de ficelles ou brins qu'on appelle *fils de caret.*

La roideur d'une corde est la résistance qu'elle oppose à l'enroulement. Elle est évidemment égale à l'effort qu'il faut développer pour l'appliquer sur un contour curviligne.

Lorsqu'une corde s'enroule sur un cylindre et qu'elle est sollicitée, à l'une de ses extrémités, par un poids Q, qui détermine un effort de tension, et à l'autre par une puissance P (*fig.* 55), elle éprouve à se plier sur la circonférence une dif-

Fig. 55.

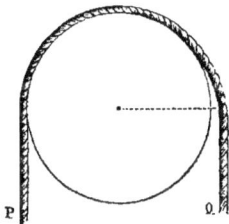

ficulté qui résulte de sa roideur. On observe que la partie de cette corde située du côté de la résistance s'écarte de la direction propre de cette force, de sorte que son bras de levier est plus grand que le rayon du cylindre, augmenté du rayon de la corde. Au contraire, la partie qui correspond à la puissance conserve une direction qui se confond avec celle de cette force, attendu que le ressort de la corde tend plutôt à favoriser l'enroulement qu'à l'empêcher. Le moment de la résistance sera donc augmenté d'une certaine quantité, provenant de la résistance opposée à l'enroulement sur la circonférence du tambour.

Appelant $r$ le rayon du tambour, augmenté du rayon de la corde; $a$ la quantité dont la corde s'éloigne du côté de la résistance, on aura

$$P r = Q r + Q a = Q(r + a).$$

Ainsi une partie de la puissance sera absorbée en pure perte par cette résistance nuisible.

**71.** *Expériences de Coulomb.*— Les premières expériences sur la roideur des cordes sont dues au physicien Amontons. Coulomb les reprit en 1781, avec l'appareil imaginé par son prédécesseur. Voici en quoi il consiste : A une poutre AA', disposée horizontalement (*fig.* 56), sont adaptées deux pou-

Fig. 56.

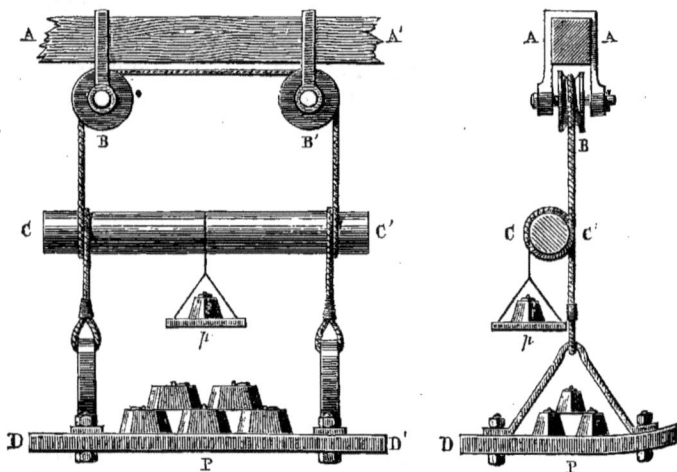

lies fixes B, B', sur lesquelles s'enroule la corde soumise à l'expérience. Chaque brin, après s'être enroulé d'un tour sur un cylindre horizontal mobile CC', s'attache à l'un des crochets qui supportent un plateau DD' chargé de poids. La corde est disposée de manière que les tours de chaque brin qui enveloppe le rouleau soient symétriques. Sur ce rouleau, et à égale distance des deux brins, s'enroule une ficelle usée, à l'extrémité de laquelle est aussi suspendu un plateau, que l'on peut charger d'un poids $p$, suffisant pour produire le mouvement du cylindre sur lui-même, en enroulant la partie inférieure du cordage et en déroulant la partie supérieure.

$P$ étant le poids du grand plateau et de sa charge, la tension de chaque brin du cordage sera $\dfrac{P}{2}$. On voit aisément que, dans le mouvement du rouleau sur lui-même, le chemin parcouru par le poids moteur $p$ est le double du chemin parcouru par un point de la circonférence du rouleau. Pour le démontrer, supposons que le rouleau $CC'$, sous l'action du poids moteur $p$, soit descendu, d'un mouvement de transport, d'une quantité $aa'$. Évidemment, après ce déplacement, le point de contact de la circonférence du rouleau et de la direction verticale de la ficelle doit être un point $b$ de la position primitive, tel que l'arc $cb = ac$, $ab' = aa'$ (*fig.* 57). Ainsi le poids $p$ se sera déplacé d'une quantité $aa'$, en vertu du mouvement de transport du rouleau et d'une quantité $cb = aa'$ par l'effet du déroulement de la ficelle. Par suite, le chemin réel parcouru par le poids $p$ sera $2aa'$ et le travail accompli aura pour valeur

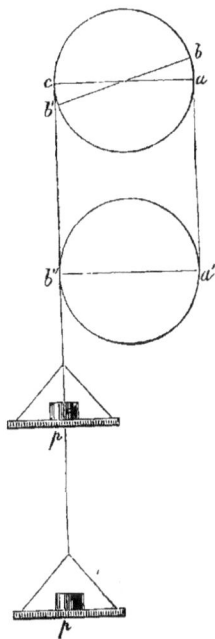

Fig. 57.

$$p \times 2aa'.$$

Désignant par $R_1$ la roideur de chaque brin de corde, le travail développé par les deux roideurs sera

$$2R_1 \times aa'.$$

Si le mouvement est très-lent, ou à peu près uniforme, on aura pour équation d'équilibre

$$2R_1 \times aa' = p \times 2aa' \quad \text{ou} \quad R_1 = p,$$

ce qui montre que la roideur de chaque brin, considérée comme résistance nuisible, a pour mesure le poids moteur capable de vaincre la résistance à l'enroulement du cordage sur le rouleau.

A la suite de ses expériences, Coulomb a formulé la conclusion suivante :

*Pour une même corde, la roideur, c'est-à-dire la résistance à l'enroulement, est en raison inverse du diamètre du tambour.*

Désignant par $R_1$, $R'_1$ les résistances relatives à deux tambours de diamètres D et D', on aura

$$\frac{R_1}{R'_1} = \frac{D'}{D}. \quad \text{d'où} \quad R_1 \times D = R'_1 \times D'.$$

Par conséquent, *le produit du diamètre du tambour par la résistance à l'enroulement est une quantité constante, quelle que soit la valeur de ce diamètre.*

Les calculs de M. Morin confirment l'exactitude de cette loi pour des cordes de $0^m,02$ de diamètre s'enroulant sur des cylindres de tous les diamètres et montrent que les résultats obtenus avec une corde de $0^m,0144$ sont fort approximatifs; mais la loi cesse d'être vraie pour des cordes de $0^m,0088$. Toutefois comme, dans les applications de la pratique, les cordes ont généralement un diamètre supérieur à $0^m,0088$, on admet, sans restriction, que la roideur d'une corde varie en raison inverse du diamètre du tambour.

Coulomb est encore parvenu aux mêmes conséquences par un autre mode d'expérimentation. Sur un banc horizontal, formé de deux madriers parallèles, il plaçait alternativement des cylindres de diamètres différents, sur lesquels s'enroulait la corde expérimentée, aux extrémités de laquelle étaient suspendus des poids égaux. Une ficelle flexible, dont on pouvait négliger la roideur, enveloppait de plusieurs tours les cylindres et portait, à son extrémité, un plateau que l'on chargeait de poids en quantité suffisante pour produire un mouvement très-lent des rouleaux sur le banc. La résistance au roulement ayant été préalablement déterminée, la différence entre le poids moteur et cette résistance faisait connaître la roideur de la corde soumise à l'expérience.

En résumé, les lois déduites de l'expérience par Coulomb peuvent, dans toute leur généralité, être énoncées de la manière suivante :

1° *La roideur d'une corde est inversement proportionnelle au diamètre du rouleau ;*

2° *Elle est sensiblement indépendante de la vitesse du mouvement ;*

3° *Son intensité peut être représentée par deux termes, l'un A constant pour chaque corde et chaque rouleau et qui se rapporte à la roideur naturelle de la corde, parce qu'il dépend du mode de fabrication de la corde, ainsi que du degré plus ou moins grand de torsion des fils dont elle se compose ; l'autre proportionnel à la tension du brin qui s'enroule et que nous représenterons par BT, le facteur B étant aussi un nombre constant pour chaque corde et se rapportant à la tension du brin.*

D'après cela, si l'on considère un rouleau dont le diamètre $D = 1^m$, on aura

$$R_1 = A + BT,$$

et, pour un rouleau d'un diamètre quelcónque,

$$R_1 = \frac{A + BT}{D}.$$

Dans la discussion des expériences de Coulomb que nous avons rapportées, Navier admet que les constantes A et B varient proportionnellement à une certaine puissance du diamètre de la corde, de sorte que les coefficients A et B prennent la forme suivante :

$$A = ad^\mu, \quad B = bd^\mu.$$

On a donc

$$R_1 = \frac{d^\mu}{D}(a + bT) = \frac{1}{D}(ad^\mu + bd^\mu).$$

Dans cette relation, l'exposant $\mu$ dépend de l'état de la corde.

Pour les cordes blanches ordinaires, $\mu$ est compris entre 1 et 2. D'après cet expérimentateur, le nombre 2 convient aux cordes neuves, 1,5 aux cordes demi-usées et 1 aux cordes de faible grosseur et très-flexibles.

Quand il s'agit de cordes goudronnées, la puissance $d^\mu$ du diamètre est remplacée par le nombre $n$ de fils de caret. Dans ce cas, on a

$$R_1 = \frac{n}{D}(a + bT) = \frac{1}{D}(na + nbT).$$

Ainsi Navier a pu, dans le tableau suivant, résumer les expériences de Coulomb.

**Tableau des poids nécessaires pour plier différentes cordes autour d'un arbre de 1 mètre de diamètre.**

| INDICATION DES CORDES et de leur grosseur. | DIAMÈTRE des cordes $d$. | POIDS des cordes par mètre de longueur. | VALEURS de $d^\mu a = A$ et $na = A$. | VALEURS de $d^\mu b = B$ et $nb = B$. |
|---|---|---|---|---|
| | m | k | k | k |
| Cordes blanches de 30 fils de caret .. | 0,0200 | 0,2834 | 0,222460 | 0,0097382 |
| Cordes blanches de 15 fils de caret... | 0,0144 | 0,1448 | 0,063514 | 0,0055182 |
| Cordes blanches de 6 fils de caret ... | 0,0088 | 0,0522 | 0,010604 | 0,0023804 |
| Cordes goudronnées de 30 fils........ | 0,0236 | 0,3326 | 0,349600 | 0,0125514 |
| Cordes goudronnées de 15 fils........ | 0,0168 | 0,1632 | 0,105928 | 0,0605920 |
| Cordes goudronnées de 6 fils........ | 0,0096 | 0,0693 | 0,212080 | 0,0025968 |

72. *Manière de se servir du tableau.* — Pour trouver la roideur d'une corde donnée à l'aide de ce tableau, on choisit les nombres qui se rapportent à la corde dont le diamètre $d$ se rapproche le plus du diamètre $d'$ de la corde dont il s'agit et l'on introduit dans la formule les valeurs de $d^\mu a$ et $d^\mu b$ qui lui correspondent, en ayant soin de remplacer D et T par les nombres relatifs à la question proposée, ce qui revient, comme on le voit, à calculer la roideur de la corde du tableau, enroulée sur un tambour de même diamètre et soumis à une tension T; on multiplie ensuite le résultat ainsi obtenu par le

rapport $\dfrac{d'^{\mu}}{d^{\mu}} = \left(\dfrac{d'}{d}\right)^{\mu}$, $d'$ représentant le diamètre de la corde donnée. On a donc

$$R_{1} = \frac{1}{D} \left(\frac{d'}{d}\right)^{\mu} (a + bT) d^{\mu} = \frac{1}{D} \left(\frac{d'}{d}\right)^{\mu} (ad^{\mu} + bd^{\mu}T).$$

Pour les cordes goudronnées, à la place de $\left(\dfrac{d'}{d}\right)^{\mu}$, on met le rapport $\dfrac{n'}{n}$ du nombre de fils de caret des deux cordes.

M. Poncelet fait observer que, pour les cordes blanches mouillées de $0^{m},02$ et au-dessus, le terme $d^{\mu}a$ doit être le double de la valeur consignée dans le tableau. Pour les cordes goudronnées, la valeur de $d^{\mu}a$ augmente un peu lorsque la température est au-dessous de zéro ; elle est un peu moindre pour les cordes qui viennent d'être pliées sur le tambour, ce qui prouve que, au bout d'un certain temps seulement, la roideur atteint sa limite, de sorte que, si une corde passe sur deux tambours consécutifs, la résistance à l'enroulement est un peu moindre que celle obtenue au moyen du tableau. On se réserve d'ailleurs la faculté de diminuer la roideur des cordes, en les imprégnant d'un corps gras ou en les frottant avec du savon.

**73.** *Observations critiques sur la formule de Navier.* — Dans l'interprétation mathématique des expériences de Coulomb, relatives à des cordes de différents diamètres, Navier a admis, d'une manière absolue, que l'exposant $\mu$ du diamètre dépendait de l'état des cordes ; mais, comme le fait observer très-judicieusement M. Morin, ce principe est inadmissible, car, dans le cas purement hypothétique d'une corde de 1 mètre de diamètre, la roideur serait la même, quel que fût l'état de la corde, puisque toutes les puissances de $d = 1$ donneraient toujours l'unité. Ainsi la formule, telle qu'elle a été présentée par Navier, ne saurait être l'expression exacte de la roideur des cordes.

**74** *Formules de M. Morin.* — Reprenant la discussion des expériences de Coulomb, M. Morin a été conduit à penser qu'il était plus rationnel d'exprimer les coefficients A et B en

fonction du nombre de fils de caret. Adoptant les valeurs de
A et B obtenues par Navier pour les différentes cordes expé-
rimentées, M. Morin a posé, en principe, que le coefficient B
est toujours proportionnel au nombre $n$ de fils de caret et que
le coefficient A est formé de deux termes, l'un proportionnel
à $n$ et l'autre au carré de $n$. A cet effet, il a divisé les valeurs
de A et B du tableau par le nombre $n$, pour en déduire les valeurs relatives à un seul fil de caret, et la moyenne différentielle par fil de caret entre les trois cordes qui avaient servi
aux expériences de Coulomb.

Telle est l'économie de la méthode qui a servi de base aux
formules de M. Morin. Il a ainsi trouvé :

*Cordes blanches ordinaires.*

$$n = 3o, \quad d = 0,200, \quad A = 0,222460, \quad \frac{A}{n} = 0,0074153,$$

$$n = 15, \quad d = 0,0114, \quad A = 0,063514, \quad \frac{A}{n} = 0,0042343,$$

$$n = 6, \quad d = 0,0088, \quad A = 0,010604, \quad \frac{A}{n} = 0,0017673.$$

Pour trouver la moyenne différentielle par fil de caret, remarquons que, la différence des nombres de fils de caret entre
les deux premières cordes étant 15, la différence pour un seul
fil de caret entre les deux valeurs de $\frac{A}{n}$ relatives à ces deux
forces sera

$$\frac{0,0074153 - 0,0042343}{15} = \frac{0,0031810}{15} = 0,000212.$$

De même, la différence par fil de caret entre la deuxième et
la troisième corde sera

$$\frac{0,0042343 - 0,0017673}{9} = 0,0002741.$$

En comparant la première et la dernière, comme la différence des nombres de fils de caret est 24, on aura encore

$$\frac{0,0074153 - 0,0017673}{24} = 0,0002353.$$

Par conséquent, la moyenne différentielle par fil de caret sera

$$\frac{0,000212 + 0,0002741 + 0,0002353}{3} = 0,000241.$$

M. Morin prend pour moyenne le nombre $0,000245$.

Ainsi, de ce qui précède, il résulte que, pour les besoins de la pratique, il a pu représenter les valeurs de A avec une approximation suffisante, au moyen de la formule

$$A = n[0,0017673 + 0,000245(n - 6)]$$

ou

$$A = n(0,0002973 + 0,000245 n).$$

La valeur de B étant considérée comme directement proportionnelle au nombre de fils de caret, on aura, pour les trois cordes,

$$n = 30, \quad d = 0,200, \quad B = 0,009738, \quad \frac{B}{n} = 0,0003246,$$

$$n = 15, \quad d = 0,0144, \quad B = 0,005518, \quad \frac{B}{n} = 0,0003678,$$

$$n = 6, \quad d = 0,0088, \quad B = 0,002380, \quad \frac{B}{n} = 0,0003967.$$

La moyenne entre les différentes valeurs de $\frac{B}{n}$ est

$$0,0003630, \quad \text{d'où} \quad B = 0,000363 n.$$

La roideur de la corde étant donnée par la relation

$$R_1 = A + BT,$$

on aura, en remplaçant A et B par leurs valeurs en fonction du nombre de fils de caret,

$$R_1 = n(0,000297 + 0,000245 n + 0,000363 T)^{kg};$$

et, comme cette résistance est en rayon inverse du diamètre du tambour, si ce diamètre est représenté par D, il viendra

$$R_1 = \frac{n}{D}(0,000297 + 0,000245 n + 0,000363 T)^{kg}.$$

**75.** *Cordes goudronnées.* — En appliquant les mêmes principes aux cordes goudronnées, on a

$$n = 30, \quad A = 0,34982, \quad B = 0,0125605, \quad \frac{A}{n} = 0,0116603, \quad \frac{B}{n} = 0,00041868,$$

$$n = 15, \quad A = 0,106003, \quad B = 0,006037, \quad \frac{A}{n} = 0,0070662, \quad \frac{B}{n} = 0,00040246,$$

$$= 6, \quad A = 0,0212012, \quad B = 0,0025997, \quad \frac{A}{n} = 0,0035335, \quad \frac{B}{n} = 0,00043328,$$

Moyenne des différentes valeurs de $\frac{B}{n}$ :

$$0,00041814, \quad \text{d'où} \quad B = 0,00041814\,n.$$

La valeur générale de A peut être exprimée par la formule suivante :

$$A = n(0,0014575 + 0,000346\,n).$$

Ainsi, en remplaçant A et B par leurs valeurs, dans la formule générale qui exprime la roideur d'une corde, on aura

$$R_i = n(0,0014575 + 0,000346\,n + 0,00041814\,T)^{kg},$$

si le diamètre du tambour est égal à 1 mètre et, pour un tambour de diamètre D, on aura

$$R_i = \frac{n}{D}(0,0014575 + 0,000346\,n + 0,00041814\,T)^{kg}.$$

En employant ces formules, M. Morin a formé le tableau suivant, où sont consignées les valeurs de A et B relatives à des cordes de différents diamètres s'enroulant sur un tambour de 1 mètre de diamètre.

| NOMBRE DE FILS. | CORDES BLANCHES. | | | CORDES GOUDRONNÉES. | | |
|---|---|---|---|---|---|---|
| | DIAMÈTRES. | VALEUR de la roideur naturelle A. | VALEUR de la roideur proportionnelle à la tension B. | DIAMÈTRES. | VALEUR de la roideur naturelle A. | VALEUR de la roideur proportionnelle à la tension B. |
| | m | kg | kg | m | kg | kg |
| 6 | 0,0089 | 0,1060380 | 0,002178 | 0,0105 | 0,021201 | 0,002512992 |
| 9 | 0,0110 | 0,0225207 | 0,003267 | 0,0129 | 0,041143 | 0,003769488 |
| 12 | 0,0127 | 0,0388476 | 0,004356 | 0,0149 | 0,067314 | 0,005025984 |
| 15 | 0,0141 | 0,0595845 | 0,005445 | 0,0167 | 0,097712 | 0,006282480 |
| 18 | 0,0155 | 0,0847314 | 0,006534 | 0,0183 | 0,138339 | 0,007538976 |
| 21 | 0,0168 | 0,1142883 | 0,007623 | 0,0198 | 0,183193 | 0,008795472 |
| 24 | 0,0179 | 0,1482552 | 0,008712 | 0,0211 | 0,234276 | 0,010051968 |
| 27 | 0,0190 | 0,2866321 | 0,009801 | 0,0224 | 0,291586 | 0,011308464 |
| 30 | 0,0200 | 0,2294100 | 0,010890 | 0,0236 | 0,355125 | 0,012564963 |
| 33 | 0,0210 | 0,2766159 | 0,011979 | 0,0247 | 0,424891 | 0,013821456 |
| 36 | 0,0220 | 0,3282228 | 0,013068 | 0,0258 | 0,500886 | 0,015077952 |
| 39 | 0,0228 | 0,3842397 | 0,014157 | 0,0268 | 0,583108 | 0,016334480 |
| 42 | 0,0237 | 0,4446666 | 0,015246 | 0,0279 | 0,671559 | 0,017590944 |
| 45 | 0,0246 | 0,5095035 | 0,016335 | 0,0289 | 0,766237 | 0,018847440 |
| 48 | 0,0254 | 0,5787504 | 0,017424 | 0,0298 | 0,867144 | 0,020103936 |
| 51 | 0,0261 | 0,6524073 | 0,018513 | 0,0308 | 0,974278 | 0,021360432 |
| 54 | 0,0268 | 0,7304742 | 0,019602 | 0,0316 | 1,087641 | 0,022616928 |
| 57 | 0,0276 | 0,8129511 | 0,020691 | 0,0326 | 1,207231 | 0,023873424 |
| 60 | 0,0283 | 0,8998380 | 0,021780 | 0,0334 | 1,333050 | 0,025129920 |

**76. *Diamètre des cordes*.** — On obtient le diamètre d'une corde, en fonction du nombre de fils de caret, au moyen des deux formules empiriques suivantes :

1° Pour les cordes blanches et sèches,

$$d = \sqrt{0,1338\,n}.$$

2° Pour les cordes goudronnées,

$$d = \sqrt{0,186\,n}.$$

La valeur de $d$ est exprimée en centimètres.

**77. *Résistance des cordes à la rupture*.** — Des expériences de Duhamel sur la force des cordages il résulte que, pour les cordes blanches, la résistance est proportionnelle au carré du diamètre, mais qu'elle croît dans un rapport un peu plus grand que leur poids, sous l'unité de longueur, et que le nombre de fils de caret dont elles se composent. Navier estime qu'une corde de 8 centimètres de circonférence peut se rompre sous un effort de traction qui varie de 2000 à 3000 kilogrammes. Le diamètre d'une circonférence de 8 centimètres étant égal à $2^c,54$, on aura, en vertu de la loi établie expérimentalement par Duhamel,

$$\frac{2500}{Q} = \frac{(2,54)^2}{d^2}, \quad \text{d'où} \quad Q = \frac{2500}{(2,54)^2}\, d^2 = 400\, d^2,$$

et, en fonction de la circonférence,

$$Q = 40,5\, c^2.$$

Cette valeur peut varier de $\frac{1}{5}$, en plus ou en moins, suivant la qualité du chanvre et le mode de fabrication des cordes.

D'après Coulomb, les cordes blanches ne doivent jamais être chargées au delà de 40 kilogrammes par fil de caret, quoique généralement elles puissent, sans se rompre, supporter un effort qui varie de 50 à 60 kilogrammes. La résistance des cordes goudronnées est approximativement égale aux $\frac{2}{3}$ ou aux $\frac{3}{4}$ de celle des cordes blanches, pour le même nombre de fils de caret. Quant aux cordes mouillées, à diamètre égal, leur résistance n'est à peu près que le $\frac{1}{3}$ de celle des cordes sèches.

Rondelet, dans son *Traité de l'Art de bâtir*, mesure la résistance à la rupture d'une corde par le nombre de fils de caret dont elle se compose et par la charge que peut supporter l'un de ces fils. Partant de cette hypothèse, que chaque fil a un diamètre égal à 2 millimètres, connaissant la grosseur de la corde, il en déduit le nombre de fils de caret qui convient à cette grosseur. Multipliant le nombre ainsi obtenu par la résistance d'un seul fil, on obtient la résistance totale. Ses expériences ont appris que la résistance d'un fil de 2 millimètres de diamètre diminue quand la grosseur de la corde augmente. Pour les cordes dont le diamètre est inférieur à 27 millimètres, cette résistance est égale à $7^{kg},800$ ; lorsque le diamètre est compris entre 27 et 54 millimètres, elle est de

7$^{kg}$,200 et 7 kilogrammes seulement pour les diamètres compris entre 54 et 81 millimètres. Enfin, pour clore cette série de renseignements pratiques, nous ajouterons que la rupture des cordes a lieu de préférence aux points d'attache ou d'enroulement et aux nœuds. Au bout de quelques heures, elles se rompent sous des efforts inférieurs à ceux qu'elles ont supportés pendant quelques minutes. Avant la rupture, ordinairement elles s'allongent.

**78.** *Poids de cordages.* — Il est souvent utile de connaître le poids d'une corde en fonction du diamètre ou de la circonférence. M. Hubert, ingénieur des constructions navales, a donné la règle suivante :

*Le ⅕ du carré de la circonférence exprimé en pouces représente en livres le poids d'une brasse de 5 pieds de longueur de la corde.*

D'après cette donnée pratique, si l'on désigne par $c$ la circonférence de la corde, exprimée en centimètres, le poids P de 1 mètre courant de corde sera exprimé par la formule suivante :

$$P = 0,00826\, c^{2\,kg}.$$

**79.** *Équilibre de la poulie fixe, en tenant compte de la roideur de la corde.*— Conservons les notations adoptées dans le cas où l'on a tenu compte seulement de la résistance active et du frottement sur l'axe. Soient

P la puissance ;

Q la résistance utile ;

$\alpha$ l'angle formé par chaque brin avec la direction de la pression normale ;

R le rayon de la poulie ;

$r$ le rayon du tourillon ;

$r'$ le rayon de la corde ;

S la pression normale.

Considérant le centre de la poulie comme point des moments et remarquant que le bras de levier de la roideur de la corde est égal à R, on aura, abstraction faite du poids de la poulie,

$$PR = QR + \frac{A + BQ}{2R} R + S fr.$$

Pour avoir la pression normale, décomposons les forces $P$ et $Q$, chacune en deux autres parallèles et perpendiculaires à OA (*fig.* 15); on aura

Forces parallèles.......... $\begin{cases} P \cos\alpha, \\ Q \cos\alpha ; \end{cases}$

Forces perpendiculaires.... $\begin{cases} P \sin\alpha, \\ Q \sin\alpha. \end{cases}$

Résultante des forces parallèles,

$$X = P \cos\alpha + Q \cos\alpha = \cos\alpha(P + Q).$$

Résultante des forces perpendiculaires,

$$Y = P \sin\alpha - Q \sin\alpha = \sin\alpha(P - Q);$$

d'où

$$S^2 = (P + Q)^2 \cos^2\alpha + (P - Q)^2 \sin^2\alpha,$$

et

$$S = \sqrt{(P + Q)^2 \cos^2\alpha + (P - Q)^2 \sin^2\alpha}.$$

Par conséquent,

$$PR = QR + \frac{A + BQ}{2R} R + fr\sqrt{(P + Q)^2 \cos^2\alpha + (P - Q)^2 \sin^2\alpha},$$

ou

$$PR = QR + \tfrac{1}{2}(A + BQ) + fr\sqrt{(P + Q)^2 \cos^2\alpha + (P - Q)^2 \sin^2\alpha}.$$

Pour le calcul du radical, appliquant le théorème d'Algèbre de Poncelet, on aura

$$S = 0,96(P + Q) \cos\alpha + 0,4(P - Q) \sin\alpha,$$

et

$$Sfr = 0,96 fr(P + Q) \cos\alpha + 0,4 fr(P - Q) \sin\alpha,$$
$$Sfr = 0,96 Pfr\cos\alpha + 0,96 Qfr\cos\alpha + 0,4 Pfr\sin\alpha - 0,4 Qfr\sin\alpha.$$

En substituant, l'équation d'équilibre deviendra

$$PR = QR + \tfrac{1}{2}(A + BQ) + 0,96 Pfr\cos\alpha + 0,96 Qfr\cos\alpha + 0,4 Pfr\sin\alpha - 0,4 Qfr\sin\alpha.$$

Faisant passer dans le premier membre les termes du second renfermant le facteur $P$,

$$PR - 0,96 Pfr\cos\alpha - 0,4 Pfr\sin\alpha = QR + \tfrac{3}{2}(A + BQ) + 0,96 Qfr\cos\alpha - 0,4 Qfr\sin\alpha$$
$$P[R - fr(0,96 \cos\alpha + 0,4 \sin\alpha)] = QR + \tfrac{1}{2}(A + BQ) + Qfr(0,96 \cos\alpha - 0,4 \sin\alpha)$$

d'où

$$P = \frac{QR + \frac{1}{2}(A + BQ) + Q fr(o,96 \cos\alpha - o,4\sin\alpha)}{R - fr(o,96\cos\alpha + o,4\sin\alpha)}.$$

Lorsque les cordons sont parallèles, la pression sur l'axe S étant égale à $P + Q$, on a

$$PR = QR + \frac{A + BQ}{2R}R + fr(P + Q),$$

ou

$$PR = QR + \frac{1}{2}(A + BQ) + Pfr + Qfr,$$
$$PR - Pfr = QR + \frac{1}{2}(A + BQ) + Qfr,$$
$$P(R - fr) = QR + \frac{1}{2}(A + BQ) + Qfr;$$

d'où

$$P = \frac{Q(R + fr) + \frac{1}{2}(A + BQ)}{R - fr}.$$

**80.** APPLICATION NUMÉRIQUE.— *Trouver la valeur de la puissance dans les conditions suivantes :*

| | |
|---|---|
| Résistance utile............ | $Q = 6oo^{kg}$, |
| Diamètre de la poulie........ | $D = o^m,4o$, |
| Diamètre de la corde....... .. | $d = o,o28$, |
| Angle. .................... | $\alpha = 6o°$, |
| Rayon du tourillon.......... . | $r = o^m,oi$, |
| Coefficient du frottement...... | $f = o^m,o8$. |

Le rayon de la poulie étant o,20 et celui de la corde o,o14, la valeur de R qui doit être introduite dans la formule est égale à o,20 + o,o14 ou o,214.

D'après le tableau de M. Morin, pour une corde de o$^m$,o28 de diamètre,

$$A = o,899838, \quad B = o,o2178,$$

$$P = \frac{6oo.o,214 + \frac{1}{2}(o,899838 + o,o2178.6oo) + 6oo.o,o8.o,oi(o,96\cos6o° - o,4\sin6o°)}{o,214 - o,o8.o,oi(o,96\cos6o° - o,4\sin6o°)},$$

$$\sin6o° = o,86603, \quad \cos6o° = o,50000,$$

$$P = \frac{6oo.o,214 + \frac{1}{2}(o,899838 + o,o2178.6oo) + 6oo.o,o8.o,oi(o,96.o,5 - o,4.o,86603)}{o,214 - o,o8.o,oi(o,96.o,5 - o,4.o,86603)}$$

$$P = 636^{kg}.$$

**81.** *Équilibre de la poulie mobile, en tenant compte de la roideur de la corde.*— La théorie que nous avons donnée de la poulie mobile et les résultats auxquels nous avons été conduit ne sont pas d'une rigueur absolue. Nous avons explicitement admis que les deux cordons formaient des angles égaux avec la verticale. Il n'en est jamais ainsi; car, si nous considérons l'équation d'équilibre dans la simple hypothèse que le frottement est la seule résistance nuisible à vaincre,

$$PR = TR + Qfr \quad \text{ou} \quad P = T + \frac{Qfr}{R},$$

nous voyons que la valeur de P est supérieure à celle de T. Conséquemment, lorsque la puissance P agit pour vaincre la résistance active et le frottement, l'angle formé par la direction de la puissance avec la verticale doit être moindre que celui de la tension T avec la même droite; *a fortiori*, cette inégalité des angles doit-elle avoir lieu si l'on fait intervenir la roideur de la corde. Soient $\alpha$ et $\beta$ les angles formés respectivement par les directions de la puissance P et de la tension T; $p$ le poids de la poulie (*fig.* 16) [1].

Décomposons chacune de ces forces en deux autres verticales et horizontales.

Les composantes horizontales seront exprimées par

$$P \sin\alpha \quad \text{et} \quad T \sin\beta.$$

Comme elles doivent se neutraliser, nous aurons

$$P \sin\alpha - T \sin\beta = 0.$$

La poulie étant en équilibre, évidemment la résultante des composantes verticales $P \cos\alpha$ et $T \cos\beta$, qui est égale à leur somme, doit être directement opposée à la charge Q, augmentée du poids $p$ de la poulie. On aura donc

$$P \cos\alpha + T \cos\beta = Q + p.$$

L'arc embrassé par la corde sur la circonférence de la poulie étant une des données, la somme $\alpha + \beta$ des angles formés par les deux brins sera connue. Il reste donc à chercher leur différence, ce qui fera connaître facilement la valeur de chacun d'eux.

---

[1] Quand on fait intervenir la roideur de la corde, l'angle AOC de la figure est l'angle $\beta$ dont il est question.

A cet effet, des deux équations que nous avons établies par la décomposition des forces P et T, déduisons les valeurs de ces forces en fonction des angles $\alpha$ et $\beta$.

En considérant l'équation

$$P \sin\alpha - T \sin\beta = 0,$$

on obtient

$$P = T\frac{\sin\beta}{\sin\alpha} \quad \text{et} \quad T = P\frac{\sin\alpha}{\sin\beta}.$$

Dans l'équation

$$P \cos\alpha + T \cos\beta = Q + p,$$

remplaçant P et T par ces valeurs, on aura

1° $$P \cos\alpha + \frac{P \sin\alpha \cos\beta}{\sin\beta} = Q + p.$$

Faisant disparaître le dénominateur,

$$P \cos\alpha \sin\beta + P \sin\alpha \cos\beta = (Q + p) \sin\beta,$$
$$P (\cos\alpha \sin\beta + \sin\alpha \cos\beta) = (Q + p) \sin\beta,$$
$$P \sin(\alpha + \beta) = (Q + p) \sin\beta,$$

d'où

$$P = \frac{(Q + p) \sin\beta}{\sin(\alpha + \beta)}.$$

2° $$\frac{T \sin\beta \cos\alpha}{\sin\alpha} + T \cos\beta = Q + p,$$

ou

$$T \sin\beta \cos\alpha + T \cos\beta \sin\alpha = (Q + p) \sin\alpha,$$
$$T (\sin\beta \cos\alpha + \cos\beta \sin\alpha) = (Q + p) \sin\alpha,$$
$$T \sin(\alpha + \beta) = (Q + p) \sin\beta,$$

d'où

$$T = \frac{(Q + p) \sin\alpha}{\sin(\alpha + \beta)}.$$

Présentement, considérons l'équation d'équilibre, en tenant compte du frottement et de la roideur de la corde,

$$PR = TR + \frac{A + BT}{2R}R + Qfr,$$

ou

$$PR = TR + \tfrac{1}{2}(A + BT) + Qfr.$$

La substitution des valeurs de P et T dans cette équation conduira à une nouvelle équation, qui servira à trouver les angles $\alpha$ et $\beta$.

On aura

$$(Q+p)\frac{\sin\beta}{\sin(\alpha+\beta)}R = (Q+p)\frac{\sin\alpha}{\sin(\alpha+\beta)}R + \tfrac{1}{2}\left[A + \frac{B(Q+p)\sin\alpha}{\sin(\alpha+\beta)}\right] + Qfr$$

$$(Q+p)\frac{\sin\beta}{\sin(\alpha+\beta)}R = (Q+p)\frac{\sin\alpha}{\sin(\alpha+\beta)}R + \tfrac{1}{2}A + \frac{\tfrac{1}{2}B(Q+p)\sin\alpha}{\sin(\alpha+\beta)} + Qfr$$

Divisant les deux membres de l'équation par $(Q+p)R$, il viendra

$$\frac{\sin\beta}{\sin(\alpha+\beta)} = \frac{\sin\alpha}{\sin(\alpha+\beta)} + \frac{\tfrac{1}{2}A}{R(Q+p)} + \frac{\tfrac{1}{2}B\sin\alpha}{R\sin(\alpha+\beta)} + \frac{Qfr}{R(Q+p)}$$

$$\frac{\sin\beta}{\sin(\alpha+\beta)} = \frac{\sin\alpha}{\sin(\alpha+\beta)}\left(1 + \frac{\tfrac{1}{2}B}{R}\right) + \frac{\tfrac{1}{2}A + Qfr}{R(Q+p)}.$$

Telle est la relation entre les angles $\alpha$ et $\beta$ des deux brins de la corde avec la verticale [1].

Ces angles étant connus, on trouvera la valeur de la puissance P et de la tension T, au moyen des deux équations déjà obtenues,

$$P = (Q+p)\frac{\sin\beta}{\sin(\alpha+\beta)},$$

$$T = (Q+p)\frac{\sin\alpha}{\sin(\alpha+\beta)}.$$

La valeur de la puissance P peut encore être présentée sous une autre forme. En effet, de l'équation

$$P\cos\alpha + T\cos\beta = Q + p,$$

tirons la valeur de T; on aura

$$T = \frac{(Q+p) - P\cos\alpha}{\cos\beta}.$$

Remplaçant T par cette expression dans l'équation d'équi-

---

[1] Elle indique que $\sin\beta$ surpasse $\sin\alpha$ d'une quantité très-petite. Conséquemment, dans les applications, on peut, sans erreur sensible, dire que les deux angles $\alpha$ et $\beta$ sont égaux.

libre, il viendra

$$PR = \frac{(Q+p)R}{\cos\beta} - \frac{PR\cos\alpha}{\cos\beta} + \tfrac{1}{2}A + \frac{\tfrac{1}{2}B(Q+p)}{\cos\beta} - \frac{\tfrac{1}{2}BP\cos\alpha}{\cos\beta} + Qfr.$$

Faisant disparaître le dénominateur $\cos\beta$,

$$PR\cos\beta = (Q+p)R - PR\cos\alpha + \tfrac{1}{2}A\cos\beta + \tfrac{1}{2}B(Q+p) - \tfrac{1}{2}BP\cos\alpha + Qfr\cos\beta.$$

Faisant passer dans le premier membre toutes les quantités renfermant **P**,

$$PR\cos\beta + PR\cos\alpha + \tfrac{1}{2}BP\cos\alpha = (Q+p)R + \tfrac{1}{2}B(Q+p) + \tfrac{1}{2}A\cos\beta + Qfr\cos\beta,$$

$$P[R(\cos\alpha + \cos\beta) + \tfrac{1}{2}B\cos\alpha] = (Q+p)(R+\tfrac{1}{2}B) + \cos\beta(Qfr + \tfrac{1}{2}A);$$

d'où l'on déduit

$$P = \frac{(Q+p)(R+\tfrac{1}{2}B) + \cos\beta(Qfr + \tfrac{1}{2}A)}{R(\cos\alpha + \cos\beta) + \tfrac{1}{2}B\cos\alpha}.$$

Si nous supposons les deux brins de la corde verticaux, ce qui a lieu fort souvent,

$$\cos\alpha = 1, \quad \cos\beta = 1,$$

d'où

$$P = \frac{(Q+p)(R+\tfrac{1}{2}B) + Qfr + \tfrac{1}{2}A}{2R + \tfrac{1}{2}B}.$$

On peut facilement obtenir la tension T de la corde; car, les angles $\alpha$ et $\beta$ étant très-petits, les deux premières équations d'équilibre peuvent être remplacées par

$$P\alpha - T\beta = o \quad \text{et} \quad P + T = Q + p;$$

d'où l'on tire

$$T = (Q+p) - P.$$

Substituant à **P** sa valeur, on aura

$$T = (Q+p) - \frac{(Q+p)(R+\tfrac{1}{2}B) + \tfrac{1}{2}A + Qfr}{2R + \tfrac{1}{2}B}.$$

Réduisant au même dénominateur,

$$T = \frac{2R(Q+p) + \tfrac{1}{2}B(Q+p) - (Q+p)(R+\tfrac{1}{2}B) - \tfrac{1}{2}A - Qfr}{2R + \tfrac{1}{2}B}.$$

Mettant $Q + p$ en facteur commun,

$$T = \frac{(Q+p)(2R + \frac{1}{2}B - R - \frac{1}{2}B) - \frac{1}{2}A - Q fr}{2R + \frac{1}{2}B},$$

ou

$$T = \frac{R(Q+p) - \frac{1}{2}A - Q fr}{2R + \frac{1}{2}B}.$$

Dans la pratique, comme nous l'avons fait observer, on considère comme égaux les angles $\alpha$ et $\beta$ formés par les deux brins de la corde avec la verticale. Considérée sous ce point de vue, la question peut être traitée d'une manière bien simple, ainsi que nous l'avons fait dans l'hypothèse où l'on ne tient compte que du frottement sur l'axe.

Soient

P la charge augmentée du poids de la poulie;

R le rayon considéré au milieu du diamètre de la corde;

$r$ le rayon du tourillon;

$f$ le coefficient du frottement;

C la sous-tendante de l'arc embrassé par la corde sur la gorge de la poulie.

Nous aurons, en appliquant le principe des moments,

$$PR = TR + Q fr + \frac{A + BT}{2R} R.$$

Par approximation, on a trouvé

$$T = \frac{QR}{C}.$$

Divisant les deux membres par R et introduisant dans l'équation cette valeur approchée de T, on aura

$$P = \frac{QR}{C} + \frac{Q fr}{R} + \frac{\frac{1}{2}A}{R} + \frac{\frac{1}{2}BQ}{C}.$$

Mettant Q en facteur commun,

$$P = Q\left(\frac{R}{C} + \frac{fr}{R} + \frac{\frac{1}{2}B}{C}\right) + \frac{\frac{1}{2}A}{R}.$$

Qand les deux brins de la corde sont parallèles, $c = 2R$ et l'on a

$$P = Q\left(\tfrac{1}{2} + \frac{fr}{R} + \frac{B}{4R}\right) + \tfrac{1}{2}\frac{A}{R}.$$

**82.** *Condition d'équilibre du treuil différentiel, en tenant compte du frottement et de la roideur de la corde.* — Le treuil différentiel, que l'on nomme aussi *chèvre de Lombard*, est un appareil dont l'invention, d'après les Anglais, est due aux Chinois. De temps immémorial, il est employé dans l'Inde et en Chine pour élever l'eau des puits. Il consiste en deux cylindres A, B (*fig.* 58) de même axe, mais de rayons différents, reposant, au moyen de tourillons, sur deux supports. La corde, attachée par ses deux extrémités à la surface des deux cylindres, s'enroule dans un sens sur le premier et en

Fig. 58.

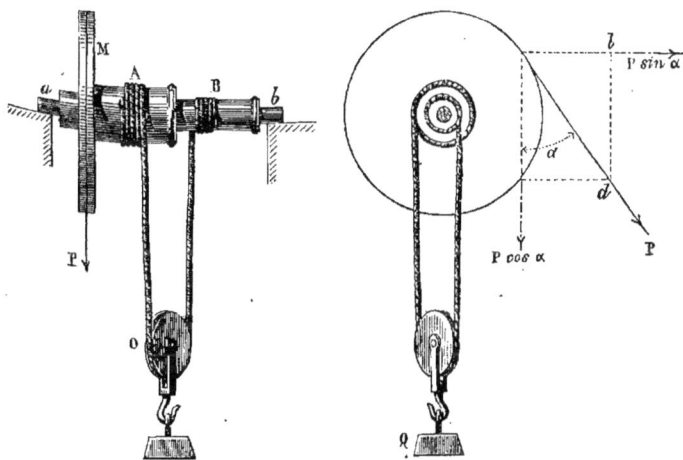

sens contraire sur le second, d'où résulte que, lorsque le système tourne autour de son axe, qui est horizontal, l'un des brins s'enroule, tandis que l'autre se déroule. Elle soutient une poulie mobile O, à la chape de laquelle est suspendu le poids que l'on veut élever. Enfin la force motrice P agit tangentiellement à la circonférence d'une roue ou à l'extrémité d'une manivelle.

Pour établir les conditions d'équilibre, nommons

P la puissance;

Q la résistance active;

P′ le poids de l'arbre du treuil;

p le poids de la poulie mobile;

R le rayon du grand cylindre;

R′ le rayon du petit cylindre;

r′ le rayon des tourillons;

r le rayon de la poulie mobile;

T la tension du brin de corde s'enroulant sur le grand cylindre;

T′ la tension du brin de corde qui correspond sur le petit cylindre;

α l'angle formé par la direction de la puissance avec la verticale;

l le bras de levier de la puissance P, c'est-à-dire le rayon de la circonférence que décrit son point d'application.

Faisons d'abord abstraction des résistances nuisibles. Lorsque l'arbre de l'appareil a accompli une révolution, le travail développé par la puissance P a pour valeur

$$P \times 2\pi l.$$

D'autre part, sur le grand cylindre la corde s'enroule d'une quantité égale à $2\pi R$, tandis que sur le petit cylindre elle se déroule d'une longueur égale à $2\pi R'$. Donc la corde s'est raccourcie d'une quantité représentée par

$$2\pi R - 2\pi R' = 2\pi (R - R').$$

Comme le diamètre de la poulie mobile est ordinairement égal à $R + R'$, il s'ensuit que les deux brins sont à peu près parallèles. De plus, le raccourcissement de la corde se répartissant également sur les deux brins, le raccourcissement partiel de chaque brin sera égal à $\pi(R - R')$. Ainsi la charge se sera élevée d'une quantité représentée par $\pi(R - R')$ et, par suite, le travail de la résistance pour une révolution sera

$$\pi(R - R')(Q + p).$$

On aura donc

$$P \times 2\pi l = \pi(R - R')(Q + p),$$

d'où

$$P = (Q + p)\,\frac{R - R'}{2\,l} \quad \text{ou} \quad \frac{P}{Q + p} = \frac{\frac{1}{2}(R - R')}{l}.$$

Ce qui apprend que, *abstraction faite des résistances nuisibles, la puissance est à la résistance comme la demi-différence des rayons des cylindres est à la longueur de la manivelle ou au rayon de la roue.*

Cette relation fait encore voir qu'on peut diminuer la grandeur de la force motrice, en diminuant convenablement la différence $R - R'$ des rayons des deux cylindres sur lesquels s'enroule la corde qui soutient, au moyen de la poulie mobile, le poids qu'il faut élever; mais il est à remarquer que, dans ce cas, le chemin parcouru par le point d'application de la puissance croîtra de plus en plus. Désignons, en effet, par $n$ le nombre de révolutions correspondant à une élévation $h$ du poids. On aura

$$\pi (R - R')\,n = h, \quad \text{d'où} \quad n = \frac{h}{\pi (R - R')}.$$

Si nous supposons la quantité $h$ constante, la valeur de $n$ sera d'autant plus grande que la différence $R - R'$ des rayons sera plus petite, ce qui confirme ce principe général déduit de la théorie du levier :

*Ce que l'on gagne en force, on le perd toujours en vitesse.*

Pour tenir compte du frottement des tourillons et de la roideur de la corde, remarquons que, si l'on fait abstraction d'abord de la force motrice $P$, la tension $T$, dans le système, jouera le rôle de puissance. Alors les formules relatives à la poulie mobile seront immédiatement applicables au treuil différentiel. On aura donc

$$T = \frac{(Q + p)\,(r + \frac{1}{2}B) + \frac{1}{2}A + fr'Q}{2\,r + \frac{1}{2}B},$$

$$T' = \frac{r\,(Q + p) - \frac{1}{2}A - fr'Q}{2\,r + \frac{1}{2}B}.$$

Le frottement ayant pour valeur la pression normale exercée, multipliée par le coefficient du frottement, il faut d'abord chercher la résultante des forces qui sollicitent le système. Comme la résistance active $Q$, le poids $P'$ de l'arbre du treuil et le poids $p$ de la poulie mobile sont des forces parallèles de même sens, et leur résultante sera égale à leur somme

$$Q + P' + p.$$

Décomposons la puissance P en deux forces, l'une $P \cos \alpha$ verticale et l'autre $P \sin \alpha$ horizontale. Cette dernière étant très-petite peut être négligée dans l'équation d'équilibre. Ainsi la résultante générale de toutes les forces ou la pression qui détermine le frottement aura pour valeur

$$Q + P' + p + P \cos \alpha.$$

Remarquons que les tensions T, T' des deux brins, par suite du mode d'enroulement de la corde, tendant à faire tourner l'arbre en sens contraires, les moments de ces forces, par rapport à l'axe, doivent être affectés de signes différents dans l'équation d'équilibre. Nous aurons donc

$$P l = TR - T'R' + \frac{A + BT}{2R} R + fr'(Q + P' + p + P \cos \alpha)$$

ou

$$P l = TR - T'R' + \tfrac{1}{2}(A + BT) + fr'(Q + P' + p + P \cos \alpha).$$

Pour obtenir la puissance, au moyen de cette équation, il suffit de remplacer T et T' par leurs valeurs respectives trouvées plus haut. On a ainsi

$$P l = \frac{[(Q + p)(r + \tfrac{1}{2}B) + \tfrac{1}{2}A + fr'Q]R}{2r + \tfrac{1}{2}B} - \frac{[r(Q + p) - \tfrac{1}{2}A - fr'Q]R}{2r + \tfrac{1}{2}B}$$
$$+ \tfrac{1}{2}A + \frac{\tfrac{1}{2}B[(Q + p)(r + \tfrac{1}{2}B) + \tfrac{1}{2}A + fr'Q]}{2r + \tfrac{1}{2}B} + fr'(Q + P' + p + P \cos \alpha)$$

Mettant en facteur commun le terme

$$(Q + p)(r + \tfrac{1}{2}B) + \tfrac{1}{2}A + fr'Q,$$

on a

$$P l = \frac{[(Q + p)(r + \tfrac{1}{2}B) + \tfrac{1}{2}A + fr'Q](R + \tfrac{1}{2}B)}{2r + \tfrac{1}{2}B} - \frac{[r(Q + p) - \tfrac{1}{2}A - fr'Q]R}{2r + \tfrac{1}{2}B}$$
$$+ \tfrac{1}{2}A + fr'(Q + P' + p + P \cos \alpha),$$

$$P l = \frac{[(Q + p)(r + \tfrac{1}{2}B) + \tfrac{1}{2}A + fr'Q](R + \tfrac{1}{2}B) - [r(Q + p) - \tfrac{1}{2}A - fr'Q]R}{2r + \tfrac{1}{2}B}$$
$$+ \tfrac{1}{2}A + fr'(Q + P' + p + P \cos \alpha),$$

d'où

$$P = \frac{[(Q+p)(r+\frac{1}{2}B) + \frac{1}{2}A + fr'Q](R+\frac{1}{2}B) - [r(Q+p) - \frac{1}{2}A - fr'Q]B'}{l(2r+\frac{1}{2}B)}$$
$$+ \frac{\frac{1}{2}A + fr'(Q+P'+p+P\cos\alpha)}{l}.$$

Si l'on néglige les résistances passives, on a évidemment

$$T = T' = \frac{Q+p}{2},$$

et, en supprimant dans l'équation finale tous les termes qui se rapportent au frottement des tourillons et à la roideur de la corde, il vient

$$P = (Q+p)\frac{R-R'}{2l},$$

résultat que nous avons déjà obtenu par la considération du principe de la transmission du travail.

83. *Palan différentiel.* — Cet appareil, imaginé par l'ingénieur anglais Wilson, est une application du treuil des Chinois. Il se compose de deux poulies A, B (*fig.* 59), la première fixe, la seconde mobile. On donne à la poulie fixe une épaisseur suffisante pour que l'on puisse y creuser deux gorges, dont les rayons diffèrent très-peu l'un de l'autre. Ainsi la poulie fixe est, à proprement parler, une poulie double, dont les deux parties font corps ensemble. Une chaîne sans fin s'enroule sur les gorges de la poulie fixe et sur celles de la poulie mobile. L'examen de la figure montre que la chaîne partant du point E de la gorge qui correspond au plus grand rayon s'enroule sur la poulie mobile, puis passe sur la plus petite gorge de la poulie fixe, pour venir se rejoindre, après être descendue, au point origine E de la poulie fixe. Les gorges de la poulie fixe sont munies de saillies ou dents qui, en s'engageant dans les maillons de la chaîne, favorisent la communication du mouvement. Enfin au crochet de la chape de la poulie mobile est suspendu le fardeau que l'on veut élever. La puissance est appliquée au brin libre K de la poulie fixe. La théorie de cet appareil est absolument la même que celle du treuil. Désignons par R, R' les rayons des deux gorges

de la poulie fixe. Lorsque le rouet aura accompli une révolution, le brin EG se sera raccourci d'une quantité $2\pi R$, tandis

Fig. 59.

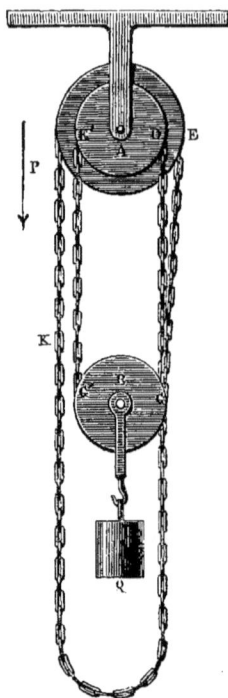

que le brin conduit E'G' se sera allongé d'une longueur $2\pi R'$. Donc, puisque $R > R'$, le raccourcissement de la longueur des deux brins sera représenté par $2\pi R - 2\pi R'$. Or, comme cette diminution de longueur se répartit également entre les deux brins, l'élévation du fardeau sera égale à la moitié de $2\pi R - 2\pi R'$. Appelant, comme précédemment, P la puissance et Q la résistance, on aura

$$P \cdot 2\pi R = Q\pi(R - R'), \quad \text{d'où} \quad P = Q\frac{R - R'}{2R}.$$

Souvent cet appareil reçoit une autre disposition. Les deux poulies montées sur le même axe et qui font corps ensemble sont mises en mouvement au moyen d'une manivelle $l$ (*fig.* 60). Une corde sans fin s'enroule sur deux autres poulies mobiles, dont le rayon est la moyenne arithmétique $\dfrac{R+R'}{2}$ entre les rayons des deux premières. Aux chapes des poulies mobiles sont suspendus les poids que l'on veut élever. Il est à remarquer que, du mode d'enroulement de la corde résulte évidemment que, tandis que l'une des poulies mobiles monte, l'autre descend. Comme précédemment, le chemin parcouru par chacune d'elles est égal à $\pi(R - R')$. Appelant Q, Q' les charges supportées par les deux poulies mobiles et $l$ la lon-

Fig. 56.

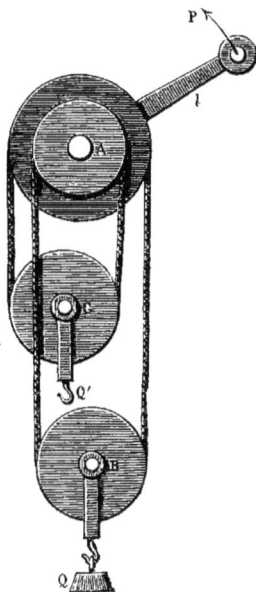

gueur de la manivelle ou le bras de levier de la puissance, et remarquant que les déplacements des charges ont lieu en sens contraire, on aura, pour équation d'équilibre dynamique,

$$P.2\pi l = Q\pi(R - R') - Q'\pi(R - R')$$

ou

$$P.2l = (Q - Q')(R - R'),$$

14.

d'où

$$P = (Q - Q') \frac{R - R'}{2l}.$$

La charge de la poulie qui descend est toujours moindre que celle de la poulie qui monte. Si l'on veut tenir compte du frottement, on calculera cette résistance nuisible comme nous l'avons indiqué. Désignant par F sa valeur et par $r$ le rayon des tourillons, il viendra

$$P.2\pi l = (Q - Q')(R - R')\pi + F.2\pi r,$$
$$P.2l = (Q - Q')(R - R') + 2Fr,$$

d'où

$$P = (Q - Q') \frac{R - R'}{2l} + \frac{Fr}{l}.$$

Le palan différentiel est aujourd'hui, dans les arts et dans les usages de la vie, préféré au treuil différentiel. Les ateliers de construction possèdent cet appareil, que l'on a soin d'installer près des machines-outils, afin qu'un ouvrier seul puisse manœuvrer de lourdes pièces.

84. *Équilibre du palan ordinaire, en tenant compte de la roideur des cordes.* — Considérons, comme dans le cas où l'on a tenu compte du frottement et de la résistance active, un palan composé de deux systèmes de poulies égales, montées sur deux axes différents. Admettons que les cordons soient parallèles et faisons abstraction de leur poids, ainsi que de celui des poulies, dont l'influence est relativement faible; de plus, rappelons que la tension de chaque brin est alternativement puissance et résistance. Conservant les notations adoptées, $t$, $t_1$, $t_2$, $t_3$, $t_4$, ..., $t_{n-1}$, $t_n$ ou P (*fig.* 21, p. 52), pour représenter les tensions des différents cordons, à partir de la boucle à laquelle est fixé le premier cordon, la question se réduira à appliquer successivement à chaque cordon les principes relatifs à la poulie mobile. Pour l'équilibre de cette poulie, lorsque les cordons sont parallèles, en ayant égard au frottement et à la roideur de la corde, nous avons trouvé

$$P = \frac{Q(R + fr) + \frac{1}{2}(A + BQ)}{R - fr} \quad \text{ou} \quad P = \frac{Q(R + fr + \frac{1}{2}B) + \frac{1}{2}A}{R - fr},$$

relation dans laquelle R représente le rayon de chaque poulie, augmenté du rayon de la corde, $r$ le rayon de l'œil de la poulie, A la roideur naturelle de la corde et B la roideur proportionnelle à la tension.

Pour plus de simplicité dans les calculs qui vont suivre, posons

$$\frac{\frac{1}{2}A}{R - fr} = a \quad \text{et} \quad \frac{R + fr + \frac{1}{2}B}{R - fr} = b.$$

d'où

$$P = a + bQ.$$

La tension $t_1$ faisant office de puissance, lorsque la résistance qu'offre le brin précédent est représentée par la tension $t$, on aura

$$t_1 = a + bt.$$

Pareillement, pour la tension suivante $t_2$,

$$t_2 = a + bt_1.$$

Remplaçant $t_1$ par sa valeur en fonction de $t$,

$$t_2 = a + b(a + bt) = a + ab + b^2 t.$$

De même encore, pour les autres tensions,

$$t_3 = a + bt_2 = a + b(a + ab + b^2 t) = a + ab + ab^2 + b^3 t,$$

$$t_4 = a + bt_3 = a + b(a + ab + ab^2 + b^3 t) = a + ab + ab^2 + ab^3 + b^4 t,$$

$$\dots \dots \dots \dots \dots \dots \dots \dots \dots \dots \dots \dots \dots,$$

$$t_{n-1} = a + ab + ab^2 + ab^3 + \dots + ab^{n-2} + b^{n-1} t,$$

$$t_n \text{ ou } P = a + ab + ab^2 + ab^3 + \dots + ab^{n-2} + ab^{n-1} + b^n t.$$

Mettant dans cette dernière relation la quantité $a$ en facteur commun,

$$P = a(1 + b + b^2 + b^3 + b^4 + \dots + b^{n-2} + b^{n-1}) + b^n t.$$

Remarquons que la quantité renfermée entre parenthèses est la somme des termes d'une progression par quotient, dont le premier terme est $1$, le dernier $b^{n-1}$ et la raison $b$. Donc, en substituant, on aura

$$P = a \frac{b^{n-1} b - 1}{b - 1} + b^n t \quad \text{ou bien} \quad P = a \frac{b^n - 1}{b - 1} + b^n t.$$

La résistance active se répartissant entre les différents brins parallèles, on aura aussi

$$Q = t + t_1 + t_2 + t_3 + \ldots + t_{n-2} + t_{n-1}.$$

Remplaçant $t_1$, $t_2$, $t_3$, ... par leurs valeurs respectives, il viendra

$$Q = t + (a + bt) + (a + ab + b^2 t) + (a + ab + ab^2 + b^3 t) + \cdots$$
$$+ (a + ab + ab^2 + \ldots + ab^{n-2} + b^{n-1} t).$$

Mettant les facteurs $a$ et $t$ en évidence,

$$Q = t (1 + b + b^2 + b^3 + \ldots + b^{n-1})$$
$$+ a [(1) + (1 + b) + (1 + b + b^2) + (1 + b + b^2 + b^3) + \cdots$$
$$+ (1 + b + b^2 + \ldots + b^{n-2})].$$

Multipliant et divisant par $b - 1$ les termes de la parenthèse qui ont $a$ pour facteur commun, nous aurons

$$Q = t (1 + b + b^2 + b^3 + b^4 + \ldots + b^{n-1})$$
$$+ a \left[ \frac{b-1}{b-1} + \frac{(1+b)(b-1)}{b-1} + \frac{(1+b+b^2)(b-1)}{b-1} \right.$$
$$\left. + \frac{(1+b+b^2+b^3)(b-1)}{b-1} + \ldots + \frac{(1+b+b^2+\ldots+b^{n-2})(b-1)}{b-1} \right].$$

Remplaçant $1 + b + b^2 + \ldots$ par sa valeur $\frac{b^n - 1}{b - 1}$, il viendra

$$Q = t \frac{b^n - 1}{b - 1} + a \left( \frac{b-1}{b-1} + \frac{b^2-1}{b-1} + \frac{b^3-1}{b-1} + \ldots + \frac{b^{n-1}-1}{b-1} \right) \ \text{(1)},$$

$$Q = t \frac{b^n - 1}{b - 1} + a \frac{b - 1 + b^2 - 1 + b^3 - 1 + b^4 - 1 + \ldots + b^{n-1} - 1}{b - 1}.$$

Ajoutant et retranchant, dans le second membre, l'unité au numérateur du terme en $a$, l'égalité ne sera pas troublée,

$$Q = t \frac{b^n - 1}{b - 1} + a \frac{b - 1 + b^2 - 1 + b^3 - 1 + b^4 - 1 + \ldots + b^{n-1} - 1 + 1 - 1}{b - 1}.$$

---

(1) Cette transformation est une conséquence d'une loi remarquable établie par l'Algèbre

$$\frac{x^m - a^m}{x - a} = x^{m-1} + a \cdot x^{m-2} + a^2 x^{m-3} + a^3 x^{m-4} + \ldots$$

L'unité affectée du signe — étant répétée $n$ fois, on aura encore

$$Q = t\frac{b^n - 1}{b - 1} + a\frac{1 + b + b^2 + b^3 + \ldots + b^{n-2} + b^{n-1} - n}{b - 1}.$$

Remplaçant encore $1 + b + b^2 + b^3 + \ldots + b^{n-1}$ par sa valeur

$$\frac{b^{n-1} b - 1}{b - 1} = \frac{b^n - 1}{b - 1},$$

on aura

$$Q = t\frac{b^n - 1}{b - 1} + a\frac{\left(\dfrac{b^n - 1}{b - 1} - n\right)}{b - 1}.$$

Multipliant les deux membres de l'équation par $b - 1$, on aura

$$Q(b - 1) = t(b^n - 1) + a\left(\frac{b^n - 1}{b - 1} - n\right).$$

Réduisant $n$ au dénominateur $b - 1$,

$$Q(b - 1) = t(b^n - 1) + a\frac{b^n - 1 - bn + n}{b - 1}.$$

Déduisant de cette équation la valeur de $t$,

$$t = Q\frac{b - 1}{b^n - 1} - a\frac{b^n - 1 - bn + n}{(b^n - 1)(b - 1)}.$$

Dans l'équation trouvée plus haut,

$$P = a\frac{b^n - 1}{b - 1} + b^n t.$$

Remplaçons $t$ par cette valeur,

$$P = a\frac{b^n - 1}{b - 1} + b^n\left[Q\frac{b - 1}{b^n - 1} - a\frac{b^n - 1 - bn + n}{(b^n - 1)(b - 1)}\right],$$

$$P = a\frac{b^n - 1}{b - 1} - a\frac{(b^n - 1 - bn + n)b^n}{(b^n - 1)(b - 1)} + Q\frac{(b - 1)b^n}{b^n - 1}.$$

Mettant $a$ en facteur commun,

$$P = a \left[ \frac{(b^n - 1)(b^n - 1) - b^n (b^n - 1 - bn + n)}{(b^n - 1)(b - 1)} \right] + Q \frac{(b - 1) b^n}{b^n - 1},$$

$$P = a \left[ \frac{(b^n - 1)^2 - b^n (b^n - 1 - bn + n)}{(b^n - 1)(b - 1)} \right] + Q \frac{(b - 1) b^n}{b^n - 1}.$$

Développant le carré du binôme $(b^n - 1)$ et effectuant les calculs,

$$P = a \frac{b^{2n} - 2 b^n + 1 - b^{2n} + b^n + n b^{n+1} - n b^n}{(b^n - 1)(b - 1)} + Q \frac{(b - 1) b^n}{b^n - 1},$$

$$P = a \frac{n b^{n+1} - n b^n - b^n + 1}{(b^n - 1)(b - 1)} + Q \frac{(b - 1) b^n}{b^n - 1},$$

$$P = a \left[ \frac{n b^{n+1} - n b^n}{(b^n - 1)(b - 1)} - \frac{b^n - 1}{(b^n - 1)(b - 1)} \right] + Q \frac{(b - 1) b^n}{b^n - 1},$$

$$P = a \left[ \frac{n b^{n+1} - n b^n}{(b^n - 1)(b - 1)} - \frac{1}{b - 1} \right] + Q \frac{(b - 1) b^n}{b^n - 1}.$$

Mettant $n b^n$ en facteur commun,

$$P = a \left[ \frac{n b^n (b - 1)}{(b^n - 1)(b - 1)} - \frac{1}{b - 1} \right] + Q \frac{(b - 1) b^n}{b^n - 1},$$

$$P = a \left[ \frac{n b^n}{b^n - 1} - \frac{1}{b - 1} \right] + Q \frac{(b - 1) b^n}{b^n - 1}.$$

**85. Application numérique de la formule.** — *Trouver l'effort qu'il faudra exercer sur le garant d'un palan équipé à 8 brins, dans les conditions suivantes :*

Poids à soulever.............. $Q = 2000^{kg}$
Rayon des poulies à la gorge..... $R = 0^m,06$
Diamètre de la corde........... $d = 0^m,018$
Rayon de l'œil des poulies....... $r = 0^m,01$
Coefficient du frottement........ $f = 0^m,15$

$$a = \frac{\frac{1}{2} A}{R - fr}, \quad b = \frac{R + fr + \frac{1}{2} B}{R - fr}.$$

Le bras du levier étant égal au rayon de la poulie, augmenté du rayon de la corde, on aura, pour la valeur de R qui doit être introduite dans la formule,

$$R = 0,06 + \frac{0,018}{2} = 0,069.$$

D'après le tableau relatif à la roideur des cordes, les valeurs de A et B qui correspondent à une corde de $0^m,018$ de diamètre sont

$$A = 0,1482552, \quad \tfrac{1}{2}A = 0,0741276,$$

d'où
$$B = 0,008712, \quad \tfrac{1}{2}B = 0,004356,$$

$$a = \frac{0,0741276}{0,069 - 0,15 \times 0,01} = 1,098,$$

$$b = \frac{0,069 + 0,15 \times 0,01 + 0,004356}{0,069 - 0,15 \times 0,01} = 1,108,$$

$$P = a\left(\frac{nb^n}{b^n - 1} - \frac{1}{b-1}\right) + Q\frac{(b-1)b^n}{b^n - 1}.$$

Le palan étant équipé à 8 brins, c'est-à-dire se composant de quatre poulies fixes et de quatre poulies mobiles $n = 8$,

$$P = 1,098\left[\frac{8 \times (1,108)^8}{(1,108)^8 - 1} - \frac{1}{1,108 - 1}\right] + 2000\left[\frac{(1,108 - 1)(1,108)^8}{(1,108)^8 - 1}\right],$$

$$P = 391^{kg},52.$$

La formule dont nous venons de faire l'application est peu commode pour les usages de la pratique. Ordinairement, dans l'industrie, on emploie six palans de dimensions différentes. M. Morin a réuni, dans le tableau suivant, les données numériques relatives au calcul de la puissance pour chacun d'eux.

| NUMÉROS des palans. | DIAMÈTRES | | RAYON moyen R. | RAYON de l'œil des poulies $r$. | NOMBRE de brins $n$. | NOMBRE de fils de caret. |
|---|---|---|---|---|---|---|
| | des poulies à la gorge. | des cordes. | | | | |
| | m | m | m | m | | |
| 1 | 0,032 | 0,008 | 0,0200 | 0,00300 | 4 | // |
| 2 | 0,060 | 0,012 | 0,0360 | 0,00450 | 6 | 6 |
| 3 | 0,100 | 0,015 | 0,0575 | 0,00500 | 6 | 12 |
| 4 | 0,120 | 0,018 | 0,0690 | 0,00525 | 8 | 18 |
| 5 | 0,150 | 0,020 | 0,0850 | 0,00750 | 8 | // |
| 6 | 0,200 | 0,030 | 0,1150 | 0,01000 | 4 | // |

Les formules pratiques qui se rapportent à ces palans sont aussi réunies dans le tableau qui suit; elles résultent de l'application de la formule générale trouvée plus haut.

| NUMÉROS des palans. | DIAMÈTRES des cordes. | PALANS ÉQUIPÉS AVEC DES CORDES | |
| --- | --- | --- | --- |
| | | blanches. | goudronnées. |
| | m | kg | kg |
| 1 | 0,008 | $P = 0,6311 + 0,3122\,Q$ | $''$ |
| 2 | 0,012 | $P = 1,959 + 0,2273\,Q$ | $P = 3,003 + 0,2344\,Q$ |
| 3 | 0,015 | $P = 2,680 + 0,2172\,Q$ | $P = 4,469 + 0,2240\,Q$ |
| 4 | 0,018 | $P = 5,345 + 0,1780\,Q$ | $P = 8,568 + 0,1852\,Q$ |
| 5 | 0,020 | $P = 6,810 + 0,1825\,Q$ | $''$ |
| 6 | 0,030 | $P = 11,170 + 0,3350\,Q$ | $''$ |

Au moyen de ce tableau, on peut déterminer approximativement la grandeur de l'effort capable de soulever un poids donné et, réciproquement, le poids que l'on pourra soulever avec un effort donné appliqué au garant.

**86. APPLICATIONS NUMÉRIQUES AU MOYEN DU TABLEAU.** — 1° *Trouver l'effort qu'il faut exercer sur le garant d'un palan n° 3, équipé à 6 brins, pour soulever un poids de 500 kilogrammes.*

La formule du tableau qui se rapporte à ce cas est

$$P = 2,680 + 0,2172\,Q,$$
$$P = 2,680 + 0,2172 \times 500,$$
$$P = 111^{kg},280.$$

2° *Trouver le poids que l'on pourra soulever, en développant un effort de 300 kilogrammes sur le garant d'un palan n° 6.*

La formule pratique relative à ce cas est

$$P = 11,170 + 0,3350\,Q,$$

d'où

$$Q = \frac{P - 11,170}{0,3350},$$

$$Q = \frac{300 - 11,170}{0,335} = 862^{kg},18.$$

3° *Trouver l'effort de traction qui peut être produit par 10 hommes exerçant chacun un effort de 30 kilogrammes sur le garant d'un palan n° 3, équipé avec une corde goudronnée.*

D'après le tableau,

$$P = 5,469 + 0,2240\,Q,$$

$$Q = \frac{P - 4,469}{0,2240}\ \ P = 30 \times 10 = 300^{kg},$$

$$Q = \frac{300 - 4,469}{0,2240} = 1319^{kg}.$$

**87.** *Remarque essentielle.* — Ces formules ne peuvent être employées qu'autant que les palans ont les dimensions indiquées dans le tableau. Quand il n'en est pas ainsi, on fait usage de la formule générale qui permet de tenir rigoureusement compte des données de la question.

**88.** *Équilibre de la chèvre, en tenant compte du frottement et de la roideur de la corde.* — La chèvre est une machine qui sert à élever des fardeaux. C'est une combinaison du treuil et de la poulie fixe, ou du palan et du treuil, pour opérer la transformation du mouvement circulaire continu ou intermittent en un mouvement rectiligne continu ou intermittent. Cet appareil se compose de deux montants AB, AB', nommés *hanches*, lesquels sont réunis au moyen de traverses (*fig.* 61) qu'on appelle *épars*, retenues en assemblage par des clés en bois. Les hanches qui forment avec le sol un triangle isoscèle sont maintenues à la partie supérieure par des bandes de fer et des boulons. Les extrémités inférieures sont frettées et garnies chacune d'une pointe de fer qui les empêche de glisser sur le sol. Ce triangle s'appuie sur une pièce D plus ou moins inclinée nommée *pied de la chèvre*. Entre les hanches et près de la tête de la chèvre sont deux poulies *p*, *p'* montées sur le même axe; enfin, à 1^m,20 ou 1^m,30 au-dessus du sol, est disposé un treuil terminé par deux têtes carrées K, K' percées de mortaises servant à embarrer les leviers auxquels est appliquée la force motrice. Quelquefois l'un des tourillons du treuil reçoit, extérieurement au triangle formé par les hanches, une roue d'engrenage commandée par un pignon et une manivelle. Le treuil reçoit plusieurs tours d'un câble qui, après s'être enroulé sur l'une des poulies tient en suspension

Fig. 61.

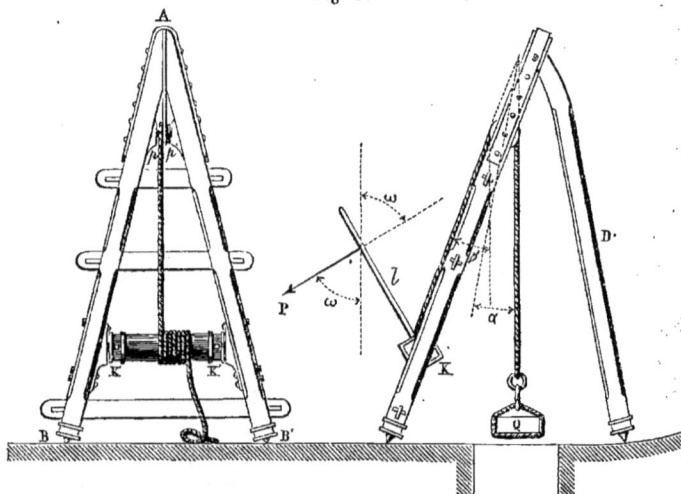

le fardeau Q que l'on veut élever. Souvent, ainsi que cela a lieu dans l'artillerie, le treuil est combiné avec un palan ou avec des poulies mouflées. La chèvre des charpentiers s'établit sans pied; on l'appuie contre quelque partie de l'édifice, et le plus souvent elle est maintenue inclinée de 75 à 80 degrés avec l'horizon au moyen d'un câble ou haubans. Pour manœuvrer l'appareil, un ouvrier agit de haut en bas sur l'un des leviers quand l'arbre du treuil a fait un quart de révolution, un autre ouvrier embarre le second levier dans la tête opposée du treuil par la mortaise qui occupe alors la partie supérieure, et, en agissant de haut en bas, le treuil fait un second quart de tour. La manœuvre se continue de même jusqu'à ce que le fardeau soit parvenu à la hauteur où il devait être élevé.

Pour établir les conditions d'équilibre, considérons d'abord le cas où la chèvre est une combinaison du treuil et de la poulie fixe. Soient

Q le poids du fardeau à élever;
P la puissance appliquée à l'extrémité du levier;
l la longueur de ce levier;

R le rayon de l'arbre du treuil;

r le rayon de la poulie.

Si l'on néglige le frottement et la roideur de la corde, la tension du brin qui s'enroule sur l'arbre du treuil pourra être considérée comme égale au poids Q. Le théorème des moments conduira à l'équation suivante :

$$QR = Pl, \quad \text{d'où} \quad P = Q\frac{R}{l}.$$

Pour tenir compte du frottement et de la roideur de la corde, appelons

R' le rayon de la poulie fixe;

r le rayon des tourillons de cette poulie;

r' celui des tourillons de l'arbre du treuil;

α l'angle formé par la direction de chaque brin avec la direction de la pression normale S;

T la tension du brin qui s'enroule sur le treuil.

Comme cette tension doit équilibrer la résistance active Q, le frottement des axes de la poulie et la roideur de la corde, on aura d'abord l'équation suivante :

$$TR' = QR' + \frac{A + BQ}{2R'}R' + Sfr$$

ou

$$TR' = QR' + \tfrac{1}{2}(A + BQ) + Sfr.$$

Cherchant la valeur de S, comme on l'a déjà fait quand il a été question de la poulie fixe, on obtiendra une équation du second degré qu'il suffira de résoudre par rapport à T. Cette équation du second degré peut être remplacée par une équation du premier degré, en opérant la décomposition des forces T et Q en deux autres: l'une parallèle à la droite qui passe par le centre de la poulie et le point de concours des deux brins de la corde, l'autre perpendiculaire à la même droite. Les composantes de la force T sont

$$T\cos\alpha \quad \text{et} \quad T\sin\alpha,$$

et celles de la force Q

$$Q\cos\alpha \quad \text{et} \quad Q\sin\alpha.$$

La résultante des forces parallèles sera

$$T \cos\alpha + Q \cos\alpha = (T + Q) \cos\alpha,$$

et celle des forces perpendiculaires qui sont de sens contraires

$$T \sin\alpha - Q \sin\alpha = (T - Q) \sin\alpha,$$

d'où

$$S^2 = (T + Q)^2 \cos^2\alpha + (T - Q)^2 \sin^2\alpha.$$

Par la formule qui donne la valeur approchée, il vient

$$S = 0,96 (T + Q) \cos\alpha + 0,4 (T - Q) \sin\alpha$$

et

$$S fr = 0,96 T fr \cos\alpha + 0,96 Q fr \cos\alpha + 0,4 T fr \sin\alpha - 0,4 Q fr \sin\alpha.$$

En substituant, l'équation d'équilibre devient

$$TR' = QR' + \tfrac{1}{2}(A + BQ) + 0,96 T fr \cos\alpha$$
$$+ 0,96 Q fr \cos\alpha + 0,4 T fr \sin\alpha - 0,4 Q fr \sin\alpha.$$

Faisant passer dans le premier membre tous les termes du second contenant le facteur T,

$$TR' - 0,96 T fr \cos\alpha - 0,4 T fr \sin\alpha$$
$$= QR' + \tfrac{1}{2}(A + BQ) + 0,96 Q fr \cos\alpha - 0,4 Q fr \sin\alpha,$$
$$T[R' - fr(0,96 \cos\alpha + 0,4 \sin\alpha)]$$
$$= Q[R' + fr(0,96 \cos\alpha - 0,4 \sin\alpha)] + \tfrac{1}{2}(A + BQ),$$

d'où

$$T = \frac{Q[R' + fr(0,96 \cos\alpha - 0,4 \sin\alpha)] + \tfrac{1}{2}(A + BQ)}{R' - fr(0,96 \cos\alpha + 0,4 \sin\alpha)}.$$

La question est présentement ramenée à calculer le treuil, en considérant la force P comme puissance et la tension T comme résistance active.

Le bras de levier de la puissance P étant $l$ et celui de la résistance T étant égal au rayon R de l'arbre du treuil, on aura encore

$$Pl = TR + \frac{A + BT}{2R} R + S f' r'.$$

En désignant par $f'$ le coefficient du frottement relatif aux nouvelles surfaces frottantes qui peuvent ne pas être de la même nature que celles de la poulie, appelons

$\beta$ l'angle que forme avec la verticale la direction du brin qui s'enroule sur le treuil;

$\omega$ celui que forme la direction de la puissance avec la verticale;

$q$ le poids du treuil.

Décomposons les forces P et T en deux autres, l'une verticale et l'autre horizontale. Les composantes de P seront

$$P \cos\omega \quad \text{et} \quad P \sin\omega,$$

celles de la tension T

$$T \cos\beta \quad \text{et} \quad T \sin\beta.$$

La composante verticale $P \cos\omega$ et le poids $p$ du treuil n'étant pas de même sens que $T \cos\beta$, leur résultante aura pour valeur

$$T \cos\beta - P \cos\omega - p.$$

Pareillement pour les forces $T \sin\beta$ et $P \sin\omega$, qui sont aussi de sens contraires, on aura

$$T \sin\beta - P \sin\omega,$$

d'où

$$S^2 = (T \cos\beta - P \cos\omega - p)^2 + (T \sin\beta - P \sin\omega)^2;$$

par conséquent, il viendra, par approximation,

$$S = 0,96 (T \cos\beta - P \cos\omega - p) + 0,4 (T \sin\beta - P \sin\omega),$$
$$S = 0,96 T \cos\beta - 0,96 P \cos\omega - 0,96 p + 0,4 T \sin\beta - 0,4 P \sin\omega.$$

En substituant dans l'équation d'équilibre, nous aurons

$$P l = TR + \tfrac{1}{2}(A + BT) + 0,96 T f' r' \cos\beta - 0,96 P f' r' \cos\omega$$
$$+ 0,4 T f' r' \sin\beta - 0,4 P f' r' \sin\omega - 0,96 p f' r'.$$

Faisant passer dans le premier membre les termes du second contenant P

$$P l + 0,96 P f' r' \cos\omega + 0,4 P f' r' \sin\omega$$
$$= TR + \tfrac{1}{2}(A + BT) + 0,96 T f' r' \cos\beta + 0,4 T f' r' \sin\beta - 0,96 p f' r',$$

Mettant les facteurs P, T et $f'r'$ en évidence

$$P[l + f'r'(\text{0,96}\cos\omega + \text{0,4}\sin\omega)]$$
$$= T[R + f'r'(\text{0,96}\cos\beta + \text{0,4}\sin\beta)] + \tfrac{1}{2}(A + BT) - \text{0,96}\,p f'r'$$

d'où

$$P = \frac{T[R + f'r'(\text{0,96}\cos\beta + \text{0,4}\sin\beta)] + \tfrac{1}{2}(A + BT) - \text{0,96}\,p f'r'}{l + f'r'(\text{0,96}\cos\omega + \text{0,4}\sin\omega)},$$

L'angle $\beta$ étant moindre que 45 degrés, on aura à $\frac{1}{25}$ près

$$\text{0,96}\cos\beta + \text{0,4}\sin\beta = \text{1}.$$

De plus, l'angle $\omega$ pouvant varier entre zéro et 90 degrés, comme d'ailleurs on a négligé le poids des leviers embarrés aux deux têtes du treuil et des composantes de l'effort exercé par les hommes dans le sens propre de leur direction, on pourra encore poser

$$\text{0,96}\cos\omega + \text{0,4}\sin\omega = \text{1};$$

d'après cela, la formule deviendra

$$P = \frac{T(R + f'r') + \tfrac{1}{2}(A + BT) - \text{0,96}\,p f'r'}{l + f'r'}.$$

Supposons en second lieu que la chèvre soit une combinaison d'un treuil et d'un palan ou d'un treuil et d'un système de poulies mouflées.

Désignons, comme dans le cas précédent, par T la tension du brin qui s'enroule sur le treuil, et remarquons que sa direction n'étant pas parallèle aux brins des poulies mouflées faudra considérer à part les conditions d'équilibre entre la tension de ce brin et celle du brin qui précède, représentée par $t_n$. Comme avant ce dernier, à partir de la boucle d'attache, il y a $n - 1$ brins, en conservant d'ailleurs les dénominations adoptées pour le palan, la valeur de $t_n$ sera donnée par la relation

$$t_n = a\left(\frac{nb^{n-1}}{b^n - 1} - \frac{1}{b - 1}\right) + \frac{(b - 1)b^{n-1}}{b^n - 1}\,Q.$$

Pour trouver le frottement des tourillons des poulies, décomposons la tension T du brin, qui n'est pas parallèle aux autres, en deux forces, l'une verticale et l'autre horizontale.

La première aura pour valeur

$$T \cos \beta,$$

et la seconde

$$T \sin \beta;$$

donc, le rayon des poulies mouflées étant $R'$, l'équation d'équilibre relative à la tension $T$ sera

$$TR' = t_n R' + \frac{A + B t_n}{2 R'} R' + S fr$$

ou

$$TR' = t_n R' + \tfrac{1}{2}(A + B t_n) + S fr.$$

Les deux forces $t_n$ et $T \cos \beta$ étant parallèles et de même sens, leur résultante aura pour valeur

$$t_n + T \cos \beta,$$

et par suite

$$S^2 = (t_n + T \cos \beta)^2 + T^2 \sin^2 \beta,$$

d'où

$$S = \sqrt{(t_n + T \cos \beta)^2 + T^2 \sin^2 \beta}.$$

Comme le rapport de $t_n + T \cos \beta$ à $T \sin \beta$ est au moins égal à 2, d'après le tableau des valeurs approchées des radicaux du second degré, on aura, à $\frac{1}{71}$ près,

$$S = 0,986 (t_n + T \cos \beta) + 0,233 T \sin \beta,$$
$$S = 0,986 t_n + 0,986 T \cos \beta + 0,233 T \sin \beta;$$

d'où, en substituant dans l'équation donnant la valeur de $T$,

$$TR' = t_n R' + \tfrac{1}{2}(A + B t_n) + 0,986 t_n fr + 0,986 T fr \cos \beta + 0,233 T fr \sin \beta.$$

Faisant passer devant le premier membre les termes contenant $T$, il viendra

$$TR' - 0,986 T fr \cos \beta - 0,233 T fr \sin \beta = t_n R' + \tfrac{1}{2}(A + B t_n) + 0,986 t_n fr,$$
$$T[R' - fr(0,986 \cos \beta + 0,233 \sin \beta)] = t_n(R' + \tfrac{1}{2}B + 0,986 fr) + \tfrac{1}{2}A,$$

d'où

$$T = \frac{t_n(R' + \tfrac{1}{2}B + 0,986 fr) + \tfrac{1}{2}A}{R' - fr(0,986 \cos \beta + 0,233 \sin \beta)}.$$

Les valeurs de $t_n$ et $T$ étant ainsi obtenues, on trouvera l'ef fort moyen qu'il faudra appliquer au levier de la même manière que dans le premier cas.

$$P l = TR + \frac{A + BT}{2 R} R + S f' r',$$

$$P l = TR + \tfrac{1}{2} (A + BT) + S f' r'.$$

Pour obtenir la pression normale exercée sur les tourillons de l'arbre du treuil, décomposons encore les forces T et P en deux autres, l'une verticale et l'autre horizontale. Les composantes de T étant $T \cos \beta$, $T \sin \beta$ et celles de P ayant aussi pour valeurs respectives $P \cos \omega$ et $P \sin \omega$, comme le poids de l'arbre du treuil a été désigné par $p$, la résultante de toutes les composantes verticales, en tenant compte du sens de leur action, sera exprimée par

$$T \cos \beta - p - P \cos \omega.$$

De même la résultante des forces horizontales sera

$$T \sin \beta - P \sin \omega,$$

d'où

$$S^2 = (T \cos \beta - p - P \cos \omega)^2 + (T \sin \beta - P \sin \omega)^2$$

et

$$S = 0,96 (T \cos \beta - p - P \cos \omega) + 0,4 (T \sin \beta - P \sin \omega),$$

$$S = 0,96 T \cos \beta - 0,96 p - 0,96 P \cos \omega + 0,4 T \sin \beta - 0,4 P \sin \omega.$$

Remplaçant dans l'équation d'équilibre,

$$P l = TR + \tfrac{1}{2} (A + BT) + 0,96 T f' r' \cos \beta - 0,96 p f' r'$$
$$- 0,96 P f' r' \cos \omega + 0,4 T f' r' \sin \beta - 0,4 P f' r' \sin \omega.$$

Faisant passer dans le premier membre les termes en P, on aura

$$P l + 0,96 P f' r' \cos \omega + 0,4 P f' r' \sin \omega$$
$$= TR + \tfrac{1}{2} (A + BT) + 0,96 T f' r' \cos \beta - 0,96 p f' r' + 0,4 T f' r' \sin \beta.$$

Mettant P en facteur commun,

$$P [ l + f' r' (0,96 \cos \omega + 0,4 \sin \omega) ]$$
$$= T [ R + f' r' (0,96 \cos \beta + 0,4 \sin \beta) ] + \tfrac{1}{2} (A + BT) - 0,96 p f' r',$$

d'où

$$P = \frac{T[R + f'r'(0,96\cos\beta + 0,4\sin\beta)] + \frac{1}{2}(A + BT) - 0,96pf'r'}{l + f'r'(0,96\cos\omega + 0,4\sin\omega)}.$$

Posant encore

$$0,96\cos\beta + 0,4\sin\beta = 1,$$
$$0,96\cos\omega + 0,4\sin\omega = 1,$$

on aura

$$P = \frac{T(R + f'r') + \frac{1}{2}(A + BT) - 0,96pf'r'}{l + f'r'},$$

et, pour la valeur de T, il viendra aussi

$$T = \frac{t_n(R' + \frac{1}{2}B + 0,986fr) + \frac{1}{2}A}{R' - fr}.$$

**89.** APPLICATION NUMÉRIQUE. — *Trouver l'effort moyen qu'il faut développer pour soulever un fardeau de 1500 kilogrammes au moyen d'une chèvre équipée à quatre brins.*

Poids à soulever.......................... $Q = 1500^{kg}$
Nombre de brins........................... $n = 4$
Diamètre de la corde...................... $d = 0^m,028$
Rayon des poulies......................... $R = 0^m,100$
Rayon des tourillons des poulies.......... $r = 0,02$
Rayon de l'arbre du treuil................ $R = 0,104$
Rayon des tourillons de cet arbre......... $r' = 0,04$
Poids du treuil........................... $p = 80^{kg}$
Les poulies étant en cuivre et tournant sur
  un axe en fer............................ $f = 0,15$
L'arbre du treuil étant en bois et tournant
  sur des coussinets de même substance.. $f' = 0,07$

La tension du brin qui précède immédiatement celui qui s'enroule sur le treuil s'obtient au moyen de la formule suivante :

$$t_n = a\left(\frac{nb^{n-1}}{b^n - 1} - \frac{1}{b - 1}\right) + \frac{(b-1)b^{n-1}}{b^n - 1}Q,$$

$$a = \frac{A}{2(R' - fr)}, \quad b = \frac{R' + fr + \frac{1}{2}B}{R' - fr}.$$

15.

D'après le tableau, pour une corde de $0^m,028$ de diamètre,

$$A = 0,8998380,$$
$$B = 0,0217800.$$

Pour tenir compte du rayon de la corde, on doit augmenter le rayon des poulies considéré à la gorge de $\dfrac{0,028}{2}$ ou $0,014$. Ainsi la valeur de $R'$ qui doit être introduite dans la formule est égale à $0,100 + 0,014$ ou $0,114$. On aura donc

$$a = \frac{0,8998380}{2(0,114 - 0,02 \times 0,15)} = \frac{0,8998380}{0,222} = 4,053.$$

$$b = \frac{0,114 + 0,15 \times 0,02 + \frac{1}{2}0,0217800}{0,114 - 0,15 \times 0,02} = 1,15,$$

d'où

$$t_n = 4,053 \left[ \frac{4 \times (1,15)^3}{(1,15)^4 - 1} - \frac{1}{1,15 - 1} \right] + \frac{(1,15 - 1)(1,15)^3}{(1,15)^5 - 1} Q,$$

$$t_n = 5,87685 + 0,3045 Q.$$

On calculera la tension $T$ du brin qui s'enroule sur le treuil par la formule

$$T = \frac{t_n(R' + \frac{1}{2}B + 0,987 fr) + \frac{1}{2}A}{R' - fr}.$$

Substituant à $t_n$ sa valeur, on aura

$$T = \frac{(5,87685 + 0,3045 Q)(0,114 + 0,01089 + 0,987.0,15.0,02) + 0,449919}{0,114 - 0,15.0,02}$$

$$T = 10,82 + 0,350 \times Q.$$

Remplaçant $Q$ par sa valeur 1500 kilogrammes,

$$T = 10,82 + 0,350 \times 1500,$$
$$T = 535^{kg},82.$$

Enfin on obtiendra l'effort moteur moyen par la formule

$$P = \frac{T(R + f'r' + \frac{1}{2}B) + \frac{1}{2}A - 0,96 p f' r'}{l + f' r'}.$$

Dans l'hypothèse où cet effort agit à $1^m,50$ de l'axe de l'arbre du treuil, dans la formule on doit faire $l = 1^{m},50$. De plus, pour tenir compte de la grosseur de la corde, le rayon $R = 0,104$ doit être augmenté de $0^{m},014$, ce qui donne $R = 0,118$. On aura donc

$$P = \frac{535,82(0,118 + 0,07.0,04 + 0,01089) + 0,4499190 - 0,96.80.0,07.0,04}{1,50 + 0,07.0,04}$$

$$P = 46^{kg},84.$$

# CHAPITRE VI.

90. *Application du principe des forces vives au mouvement des machines.* — Au point de vue industriel, les machines sont des appareils ayant pour objet l'exécution de certains travaux des arts au moyen des moteurs ou des forces motrices que nous présente la nature : les principaux moteurs sont les animaux, le vent, l'eau, le calorique et l'électricité.

En considérant les différentes machines employées dans l'industrie, on reconnaît qu'elles peuvent être divisées en deux classes : les unes sont destinées à vaincre des résistances considérables, comme dans l'élévation de lourds fardeaux, la compression des corps et le travail des métaux en général, tandis que les autres servent à exécuter des ouvrages qui exigent plus d'adresse et d'habileté que de force. Quelle que soit la nature de la machine, quand elle est en activité, c'est-à-dire qu'elle travaille, on constate la présence de deux forces, la *puissance* et la *résistance*.

La charrue, par exemple, éprouve, de la part du sol, une résistance qui ne peut être vaincue que par une puissance telle que la force musculaire de bœufs ou de chevaux.

Dans le transport des marchandises, le frottement des roues de la voiture contre le sol s'oppose au mouvement et l'effort exercé par les chevaux ou par la vapeur en vertu de son élasticité sert à vaincre cette résistance.

Si l'on considère les machines de la seconde classe, par exemple celles qui agissent directement sur des matières textiles, comme les machines à broder ou à fabriquer les dentelles, évidemment l'ouvrage ne peut être exécuté sans qu'il se développe certaines résistances telles que les frottements entre les divers organes de la machine, indépendamment de la résistance très-légère que présente la substance ténue servant à la fabrication; il est donc encore indispensable de leur appliquer une force motrice. On comprend facilement qu'une machine étant toujours destinées à vaincre une résistance et à opérer en même temps le déplacement du point d'application de cette résistance en sens contraire de son action, la puissance doit développer une quantité de travail correspondant à celle de toutes les résistances qui se rencontrent dans la machine.

Ces considérations conduisent naturellement à regarder les machines comme des agents matériels essentiellement inertes servant d'intermédiaires entre certaines forces nommées puissances et d'autres forces appelées résistances ou simplement comme des appareils destinés à transmettre le travail des forces.

Les machines, en général, se composent d'une suite de pièces matérielles qui, de proche en proche, se transmettent le mouvement, depuis celle qui est directement soumise à l'action de la puissance jusqu'à celle qui opère le travail utile.

La pièce ou le système de pièces recevant immédiatement l'action de la force motrice se nomme récepteur et celle qui exécute l'ouvrage se nomme outil ou opérateur. Souvent aussi, par extension, le récepteur est appelé moteur.

Les pièces intermédiaires entre le récepteur et l'opérateur sont désignées sous le nom de communicateurs.

Les différents organes d'une machine doivent toujours être calculés de manière que les efforts qu'ils ont à supporter n'altèrent pas l'invariabilité de leur forme et, par suite, qu'ils transmettent la vitesse, sans perte sensible, suivant des lois qui dépendent de la construction géométrique de la machine.

On appelle travail moteur la somme des travaux développés pendant un certain temps par toutes les forces motrices qui agissent sur la machine, et travail résistant la somme des valeurs absolues des travaux accomplis par toutes les forces résistantes, pendant le même temps.

C'est par la classification des forces suivant leur mode d'action et par l'application du principe des forces vives que l'on peut se faire une idée nette sur la transmission du travail dans une machine.

Les forces qui agissent sur une machine en mouvemen peuvent être divisées en quatre classes.

1° Les forces motrices ou mouvantes, destinées à produire le travail utile et à vaincre toutes les résistances. Comme ces forces agissent dans le sens du mouvement des organes qu'elles sollicitent, le travail qu'elles développent sera essentiellement positif. Appelant F la résultante de toutes ces forces, considérées séparément, et E le chemin parcouru par le point d'application, ce travail aura pour valeur FE.

2° Les résistances utiles, c'est-à-dire les forces que les corps sur lesquels opère la machine opposent au mouvement; de sorte que leur travail, étant toujours développé en sens contraire de celui des forces motrices, sera négatif. Si nous désignons par Q ces résistances et par E' le chemin que décrit le point d'application, ce travail sera de la forme — QE'.

3° Les résistances nuisibles ou passives, qui agissent d'une manière continue ou intermittente pendant toute la durée du mouvement. Ces forces, qui tendent à détruire le mouvement, sont dues aux frottements des organes les uns contre les autres, à la roideur des cordes ou des courroies, aux chocs que peuvent occasionner des changements subits de vitesse et à la résistance des milieux dans lesquels se meuvent les organes. Le travail des résistances nuisibles doit donc aussi, comme le précédent, être retranché du travail moteur. Appelant R ces résistances et E" le chemin parcouru, le travail accompli sera — RE".

4° Les poids des pièces qui montent et qui descendent alternativement. Ces forces agissant tantôt dans le sens du mouvement, tantôt en sens contraire, donnent lieu à un travail positif ou négatif, suivant le sens de leur action ; c'est-à-dire que, dans le premier cas, il doit être ajouté au travail des puissances et, dans le second, il doit en être retranché. Désignant par P le poids des pièces douées d'un mouvement alternatif et par H la hauteur dont s'abaisse ou s'élève le centre de gravité, le travail accompli sera de la forme $\pm$ PH. D'après cela, on aura

$$FE - QE' - RE'' \pm PH = \tfrac{1}{2}M(V'^2 - V^2),$$

si la machine est composée d'organes animés d'un mouvement de transport parallèle.

Pendant un temps élémentaire, l'équation sera

$$F e - Q e' - R e'' \pm P h = M V v.$$

Quand la machine est composée de pièces douées d'un mouvement de rotation, il viendra

$$FE - QE' - RE'' \pm PH = \tfrac{1}{2} I (V_1'^2 - V_1^2),$$

et, pour un temps élémentaire,

$$F e - Q e' - R e'' \pm P h = I V_1 v_1.$$

Comme, dans une machine, c'est toujours l'effet utile que l'on doit avoir en vue, déduisons de ces équations la valeur de QE' et de Q e'. On aura

$$QE' = FE - RE'' \pm PH - \tfrac{1}{2} M (V'^2 - V^2),$$
$$Q e' = F e - R e'' \pm P h - M V v,$$
$$QE' = FE - RE'' \pm PH - \tfrac{1}{2} I (V_1'^2 - V_1^2),$$
$$Q e' = F e - R e'' \pm P h - I V_1 v_1.$$

Telle est la forme simple sous laquelle Poncelet a présenté l'équation des forces vives, appliquée aux machines.

**91.** *Discussion des différents termes de l'équation. — Conditions du maximum d'effet.* — Toute la théorie des machines se trouve résumée dans les équations précédentes; mais, pour en bien comprendre l'économie, il importe de considérer séparément le travail de chaque force et de reconnaître, par la discussion, son influence sur l'effet utile qu'il s'agit évidemment de rendre un maximum.

Commençons par le travail moteur FE. Quelle que soit la nature du moteur ou de la puissance, la pression F, exercée au point d'application, est susceptible de varier avec la vitesse, de telle sorte qu'elle devient un maximum pour une vitesse nulle et, réciproquement, un minimum pour la plus grande vitesse possible. Or, comme le travail accompli est proportionnel à l'effort exercé et au chemin parcouru, dans les deux cas, le travail sera nul. Il y aura donc entre ces deux limites une valeur de la vitesse qui rendra le terme FE un maximum, et comme, fort souvent, lorsque la vitesse s'éloigne, soit en plus, soit en moins de cette valeur normale, le travail décroît sensiblement, il est indispensable de conserver cette vitesse au point d'application de la force motrice; donc, pour le maximum d'effet, le mouvement uniforme convient au travail des puissances. Suivant la nature du moteur, il y a encore d'autres conditions à réaliser : ainsi il faut éviter avec soin les chocs et toute décomposition de la force et de la vitesse du moteur nuisible à l'effet utile et ayant pour objet d'augmenter les résistances passives. Ajoutons toutefois qu'il est impossible de préciser, d'une manière générale, les moyens que l'on doit employer à cet égard; l'étude seule des différents récepteurs fait connaître le meilleur parti que l'on peut tirer de la force motrice.

Les mêmes observations s'appliquent au travail des résistances utiles. Ainsi l'on doit examiner avec soin la vitesse et la forme qui conviennent à l'outil pour qu'à une même quantité de travail développé par la force motrice corresponde le maximum d'effet utile. On a reconnu, en effet, par l'expérience, que, pour un ouvrage d'une espèce déterminée, l'opérateur doit posséder une certaine vitesse, dont on ne saurait s'écarter sans nuire à sa conservation propre, ainsi qu'à la quantité et à la bonne qualité des produits que l'on veut obtenir. Pour les résistances utiles, comme pour les puissances, il importe donc aussi que le mouvement soit uniforme.

Quant aux résistances passives, comme elles tendent constamment à détruire une portion, plus ou moins grande, du travail moteur, il y a lieu d'étudier, dans chaque cas, les moyens propres à diminuer le travail qu'elles absorbent en pure perte et de rechercher la forme, la vitesse et la disposition des organes qui y sont soumis, pour que le terme $RE''$ représentant le travail de ces résistances devienne un minimum. Ces forces sont de deux sortes : les premières, qui agissent d'une manière continue pendant toute la durée du mouvement, comprennent le frottement, la roideur des cordes et la résistance des milieux dans lesquels se meuvent les organes de la machine; les secondes résultent des chocs ou des changements brusques de vitesse qui se produisent pendant un temps très-court. D'après les notions que nous avons acquises sur le frottement et le travail qu'il absorbe, on atténuera les effets de cette résistance en diminuant le poids des pièces assujetties à glisser les unes sur les autres, et surtout le diamètre des axes de rotation, sans toutefois dépasser la limite au delà de laquelle leur solidité serait compromise. Il faut encore que les surfaces frottantes soient bien polies et recouvertes d'un enduit convenable, que l'on renouvellera de temps à autre pendant la durée du mouvement. En ce qui concerne la résistance que les milieux opposent au mouvement des corps, comme elle croît, en général, proportionnellement au carré de la vitesse, il convient de limiter cette vitesse et de donner aux corps qui la possèdent des formes telles qu'ils puissent vaincre facilement la résistance qu'ils rencontrent de la part de ces milieux.

D'autre part, si nous considérons les résistances nuisibles de la seconde espèce, qui sont occasionnées par les chocs, comme les solides dont les machines se composent ne présentent jamais les caractères d'une parfaite élasticité, et qu'ils ne conservent pas la forme rigoureusement invariable, en vertu du théorème de Carnot, la quantité de travail qui a servi à opérer la déformation est égale à la moitié de la force vive due à la vitesse perdue et gagnée par les corps qui se choquent. Ainsi les organes qui, dans les machines, se rencontrent, ne réagissant plus après le choc, on pourra, d'après la théorie du choc des corps que nous avons exposée, si aucune circonstance n'y met obstacle, opérer la restitution du travail consommé, en donnant au corps choquant une masse très-considérable par rapport à celle du corps choqué. Il est constant qu'il en résultera ainsi une plus grande régularité dans le mouvement de la machine et que la perte de travail due au choc sera moindre; mais il est utile de remarquer que l'accroissement de la masse choquante aura pour effet d'augmenter l'énergie du frottement et de rendre la machine moins prompte à céder aux variations subites du travail nécessitées souvent par certaines fabrications. Lorsque des pièces se quittent et reviennent brusquement en contact, soit qu'elles abandonnent la machine, soit qu'elles transmettent le mouvement, pour éviter les chocs et les changements brusques de vitesse, on donne peu de jeu aux articulations et l'on n'emploie, pour transformer le mouvement continu en mouvement alternatif, que des organes tels que les manivelles et les excentriques, qui éteignent et restituent graduellement la vitesse au commencement et à la fin de chaque révolution. Enfin toutes les pièces qui sont solidaires et qui servent à la transmission du travail doivent être soigneusement reliées ensemble et leur mouvement doit être continu.

Le terme PH, qui représente le travail accompli par le poids des pièces de la machine, disparaîtra de l'équation des forces vives, lorsque le centre de gravité de tout le système restera à la même hauteur pendant toute la durée du mouvement; mais, si H n'est pas égal à zéro, il restera dans l'équation une quantité de travail relative au poids des pièces qui montent et descendent. Les roues bien centrées et les charriots qui se meuvent horizontalement sont un exemple du cas où le déplacement du centre de gravité est nul. Quant aux pièces qui montent et descendent alternativement, leur poids, augmentant et diminuant périodiquement le travail moteur d'une quantité constante PH, il semble *a priori* superflu de s'en occuper, puisqu'elles n'ont aucune influence sur l'effet utile de la machine, comme cela a lieu dans les châssis des scies verticales, dans les tiges et les pistons des pompes; mais il est à remarquer que ces alternatives produisent des variations qui altèrent l'uniformité du mouvement dont nous avons constaté l'importance. Dès lors, dans le projet d'une machine, il importe d'y avoir égard.

Pour rendre le terme PH nul, assurément le moyen le plus simple et le plus radical consisterait à supprimer complétement les pièces à mouvement alternatif, comme on l'a fait par la substitution de la scie circulaire à la scie droite; mais, quand leur emploi est inévitable, on doit au moins en limiter le nombre et en atténuer l'influence par tous les moyens possibles. C'est dans ce but qu'il faut n'employer que des roues bien centrées par rapport à l'axe de rotation et que souvent on oppose à la masse des pièces douées d'un mouvement alternatif, soit d'autres masses qui oscillent en sens contraire, soit des contre-poids qui maintiennent le centre de gravité à une hauteur constante. Toutefois, il ne faut pas perdre de vue que ce surcroît de charge augmente le frottement et qu'alors on doit s'assurer, par le calcul, qu'il y a un avantage réel à adopter cette disposition. La même discussion se rapporte également aux pièces à mouvement alternatif horizontal, telles que les chariots et les châssis des scies horizontales. En résumé, les organes doués d'un mouvement alternatif provoquant l'action des forces d'inertie qui nuisent à l'uniformité du mouvement, quand on ne peut se dispenser de les employer, on doit les disposer de manière que les vitesses s'éteignent d'elles-mêmes, au moment où le mouvement de ces pièces change périodiquement de sens.

92. *Influence de l'inertie des masses.* — Considérons l'équation des forces vives que nous avons établie,

$$QE' = FE - RE'' \pm PH - \tfrac{1}{2}I(V_1'^2 - V_1^2).$$

Si le mouvement est uniforme, $V_1' = V_1$, et, d'après ce qui a été dit sur les pièces à mouvement alternatif, le terme PH ne saurait exister dans l'équation. On a donc

$$QE' = FE - RE''$$

ou

$$FE = QE' + RE'';$$

ce qui montre que le travail des puissances est égal à la somme des travaux des résistances et que, dans ce cas, l'inertie est sans influence.

Lorsque le mouvement de la machine est varié, l'égalité entre le travail des puissances et celui de toutes les résistances cesse d'avoir lieu pour un temps élémentaire quelconque; mais, comme le mouvement est ordinairement périodique, c'est-à-dire qu'il devient alternativement accéléré et retardé, la vitesse reste toujours renfermée entre certaines limites. Si l'on considère une des périodes de temps qui se succèdent et qui soient telles que, au commencement et à la fin de chacune d'elles, la vitesse de la machine reste la même, comme le terme PH, au bout de ce temps, devient égal à zéro, ainsi que le terme $\tfrac{1}{2}I(V_1'^2 - V_1^2)$, le travail des puissances pendant la période considérée est encore égal à celui des résistances. Ainsi, bien que, pour chaque temps élémentaire, le travail moteur ne soit pas égal au travail résistant, on peut néanmoins admettre l'égalité de ces travaux pendant toute la durée de la marche de la machine, puisqu'elle ne cesse pas d'exister pour toutes les périodes qu'embrasse le mouvement. Quelles que soient donc les variations de la vitesse, dans l'hypothèse admissible du mouvement périodique, le travail développé par les forces motrices est égal au travail des résistances, pendant le temps total de la marche de la machine.

Pour bien apprécier l'influence de l'inertie ou de la force vive, ce qui est la même chose, remarquons que, le mouvement étant accéléré, ou $V'_1 > V_1$, le terme $\frac{1}{2}I(V_1'^2 - V_1^2)$, étant négatif, représente, dans l'équation, la portion du travail moteur absorbé qui a servi à produire la variation de la force vive. On déduit de l'équation générale

$$FE = QE' + RE'' \pm PH + \frac{1}{2}I(V_1'^2 - V_1^2),$$

et

$$FE > QE' + RE'' \pm PH.$$

Donc le mouvement est accéléré lorsque le travail des puissances est supérieur à celui des résistances.

Si, au contraire, le mouvement est retardé, c'est-à-dire si $V'_1 < V_1$, le terme $\frac{1}{2}I(V_1'^2 - V_1^2)$ est positif et exprime, dans l'équation, une quantité de travail qui s'ajoute à celui du moteur. Il est visible que, dans ce cas, on a

$$FE < QE' + RE'' \pm PH.$$

ce qui montre que le mouvement sera retardé lorsque le travail moteur sera moindre que le travail résistant.

On comprend aisément que, dans le cas du mouvement accéléré, le travail moteur se compose de deux parties distinctes : la première est égale au travail des résistances utiles et passives ; la seconde produit l'accroissement de force vive que prend la machine. Dans le cas du mouvement retardé, le travail moteur n'effectue qu'une portion du travail résistant, tandis que l'autre portion est produite par la force vive de la machine. En d'autres termes, lorsque le mouvement devient accéléré, l'excès du travail des puissances sur celui des résistances est emmagasiné dans la masse totale de la machine, sous forme de force vive, et, lorsqu'il est retardé, cet excès, ainsi tenu en réserve, se manifeste pour effectuer une quantité de travail égale à celle qu'il aurait produite directement.

Ainsi les masses, en vertu de l'inertie, peuvent être considérées comme des réservoirs de travail ; elles l'emmagasinent, dans les accélérations, pour le restituer dans les retards. C'est à ce point de vue que M. Morin, d'après l'idée émise par Carnot, a pu les assimiler à un étang, à un réservoir d'une roue hydraulique, recevant et conservant l'eau d'un ruisseau quand la roue ne consomme pas toute l'eau, et la lui fournissant, au contraire, en se vidant, lorsque cette roue en dépense plus que n'en fournit la source.

93. *Avantages du mouvement uniforme.* — La discussion de l'équation des forces vives nous a fait reconnaître que l'uniformité du mouvement est une condition essentielle à la régularité de la marche de la machine, soit que l'on considère le travail moteur, soit que l'on ait en vue le travail résistant. Il est évident, en effet, que, lorsqu'une machine se meut d'un mouvement uniforme, les puissances et les résistances agissant d'une manière continue, avec une intensité constante, les organes restent en contact sans éprouver des chocs ou des changements subits de vitesse, ce qui atténue considérablement les causes capables de nuire à la solidité de la machine. D'un autre côté, nous rappellerons que, dans cet état dynamique, les parties extrêmes, c'est-à-dire le récepteur et l'outil ou opérateur conservent les vitesses qui conviennent au maximum d'effet utile et à la bonne qualité des produits que l'on veut obtenir. Sans contredit, ce dernier avantage est le plus précieux de tous ceux qui résultent de l'uniformité du mouvement. On peut encore prouver, par des considérations purement géométriques, que, pour une même quantité de travail produit, dans le même temps, une machine, douée d'un mouvement varié, supporte des efforts plus considérables que si le mouvement est uniforme. En effet, les variations de la vitesse comportant implicitement les variations des efforts, le travail développé, dans le cas du mouvement varié, pourra être représenté par une surface que limite une courbe, dont les ordonnées exprimeront les grandeurs diverses de l'effort variable, pendant la période considérée. Soit A B B′ A′ (*fig.* 62) la surface mixtiligne qui est l'expression géométrique du travail de la machine douée d'un mouvement va-

rié, les abscisses représentant les chemins successivement parcourus, et les ordonnées les grandeurs de l'effort variable.

Fig. 62.

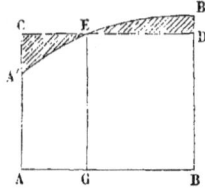

Le travail de la machine à mouvement uniforme, étant le même, sera représenté par la surface du rectangle ABDC, dont la hauteur AC sera égale à l'effort constant moyen de l'effort variable. Évidemment la surface du rectangle ABDC ne pourra être équivalente à la surface mixtiligne limitée par la courbe qu'autant que les ordonnées de cette courbe seront, tantôt plus grandes, tantôt moindres que la hauteur AC du rectangle. Donc, à égalité de travail, dans un temps donné, la machine douée d'un mouvement uniforme supporte des efforts moins considérables que la machine à mouvement varié; mais, comme les organes d'une machine doivent être calculés d'après les plus grands efforts qu'ils ont à supporter, il est constant que, pour une machine à mouvement varié, les pièces exigeront de plus fortes dimensions, ce qui augmentera leur poids et par suite l'énergie des résistances nuisibles. Cette comparaison met en lumière les avantages du mouvement uniforme et les inconvénients du mouvement varié. Il est donc de la plus haute importance, pour le constructeur de machines, de chercher, par tous les moyens possibles, suivant les cas, à réaliser les conditions qui permettent d'obtenir le mouvement uniforme ou, au moins, de ne pas trop s'en écarter.

A cet effet, comme nous l'avons déjà indiqué dans le cours de cette discussion, il faudra, si cela est possible, n'employer que des pièces de rotation à mouvement continu et supprimer toute action intermittente de la part des puissances et des résistances. Les roues devront être bien centrées pour que le centre de gravité ne monte ni ne descende, ce qui empêchera d'ailleurs la force centrifuge d'exercer une pression sur l'axe, puisque les parties de la roue seront ainsi symétriquement disposées autour de cet axe.

**94.** *Moyen de resserrer les écarts de la vitesse.* — Considérons l'équation relative à un travail élémentaire

$$IV_i v_i = Fe - Qe' - Re'' \pm Ph,$$

d'où l'on déduit

$$v_i = \frac{Fe - Qe' - Re'' \pm Ph}{IV_i}.$$

Si le travail élémentaire $Fe$ de la puissance est plus grand que la somme des travaux élémentaires de toutes les résistances, la variation $v_i$ sera positive et le mouvement sera accéléré. De même, si la somme des travaux élémentaires des résistances l'emporte sur le travail élémentaire moteur, la variation $v_i$ sera négative et le mouvement sera retardé; mais, dans les deux cas, la valeur absolue de $v_i$ sera d'autant moindre que le moment d'inertie sera plus considérable et que la vitesse $V_i$ sera plus grande. On voit donc par là que, pour un même excès de l'un des travaux sur l'autre, on pourra limiter les variations de la vitesse en augmentant la masse de la machine et par l'emploi d'organes de transmission doués d'un mouvement de rotation très-rapide.

**95.** *Remarque sur la mise en marche des machines.* — Quand une machine sort du repos, le travail élémentaire de la puissance l'emporte sur celui de la résistance, et la vitesse, d'abord nulle, croît graduellement. Cette inégalité entre les deux travaux provient de ce que la puissance a sa valeur maxima ou la résistance sa valeur minima. Évidemment l'accroissement de la force vive n'aura lieu qu'autant que le travail élémentaire de la puissance conservera sa supériorité sur celui des résistances; mais de la constitution même des machines il résulte que la vitesse ne saurait croître indéfiniment et que, au bout d'un temps plus ou moins long, elle atteindra une certaine limite qui sera son maximum. Dans ce cas, la variation $v_i$ devenant égale à zéro, l'équation précédente prendra la forme

$$o = Fe - Qe' - Re'' \pm Ph,$$

d'où

$$F e = Q e' + R e'' \pm P h.$$

Il est clair que cette égalité entre le travail des puissances et celui des résistances, qui est la condition du mouvement uniforme, ne pourra exister que si $h = 0$. Faisant donc abstraction du terme $\pm P h$, on aura

$$F e = Q e' + R e'',$$

relation qui exprime ce que nous avons déjà établi par le principe des travaux élémentaires :

*Le mouvement est uniforme ou bien il y a équilibre lorsque le travail élémentaire des puissances est égal au travail élémentaire des résistances, au même instant du mouvement.*

Principe que nous avons encore formulé de la manière suivante :

*Le moment virtuel de la puissance est égal au moment virtuel de la résistance.*

Nous avons dit, en effet, que, quelle que soit la nature du moteur, il existe une certaine vitesse correspondant à un effort nul ; si donc la force vive de la machine croît sans cesse à chaque révolution, il arrivera un moment où le point d'application de la puissance aura une vitesse telle que le moteur ne sera plus capable d'exercer le moindre effort, ce qui n'a pas lieu pour les résistances dont l'énergie, fort souvent, croît avec la rapidité du mouvement. Lorsque la force vive et le travail communiqué auront atteint leur limite maxima, ils conserveront la même valeur ou décroîtront pour croître de nouveau, d'une manière périodique, pendant toute la durée de la marche de la machine. En définitive, à partir de la vitesse qui correspond au travail moteur maximum, si le mouvement s'accélère, non-seulement l'effort diminue, mais encore certaines résistances augmentent. Par conséquent, pendant l'accroissement de la vitesse de la machine, le travail moteur décroît, tandis que celui des résistances croît de plus en plus, ce qui explique qu'il arrivera un moment où le travail de la puissance sera égal à celui des résistances.

96. *Impossibilité du mouvement perpétuel.*— Des principes généraux qui précèdent il résulte que le *mouvement perpétuel*

est un problème absolument insoluble. Il s'agirait de construire une machine qui, une fois mise en mouvement par une première impulsion, non-seulement pourrait se mouvoir d'elle-même sans le secours d'aucune force extérieure, mais encore serait capable de produire un effet utile. On ne saurait contester l'immense avantage d'une telle machine, si elle était possible; mais, malheureusement, ceux qui s'appliquent à la recherche de ce problème poursuivent une chimère. Leur erreur provient surtout de qu'ils oublient que, dans le mouvement des machines, les organes qui les composent donnent lieu à des résistances nuisibles; de sorte que, même dans le cas le plus favorable, celui où la machine marcherait à vide sans produire de travail utile, la force vive qui lui aurait été communiquée serait sans cesse diminuée par le travail des résistances passives et finirait par s'éteindre complétement.

Considérons l'équation générale des forces vives

$$FE - QE' - RE'' \pm PH = \tfrac{1}{2}I(V_1'^2 - V_1^2).$$

Supposons que l'on ait mis la machine en mouvement d'une manière quelconque et que, pour rentrer dans le cas du mouvement perpétuel, on fasse disparaître l'action de la force extérieure. Écartant, de même, le travail utile QE', puisque la machine marche à vide, et remarquant que PH = o, l'équation deviendra

$$- RE'' = \tfrac{1}{2}I(V_1'^2 - V_1^2), \quad - RE'' = \tfrac{1}{2}IV_1'^2 - \tfrac{1}{2}IV_1^2,$$

ou bien

$$IV_1^2 - 2RE'' = IV_1'^2.$$

Or RE'', travail des résistances nuisibles, croît sans cesse en valeur absolue avec le temps. Il arrivera donc un instant où 2RE'' atteindra $IV_1^2$. On aura donc

$$o = IV_1'^2.$$

Pour que cette relation soit satisfaite, il faut que la vitesse $V_1$ devienne nulle, c'est-à-dire que la machine s'arrête.

Ajoutons encore qu'il est aussi illusoire de s'appliquer à la recherche d'une machine dont l'effet utile devienne égal au travail moteur qu'elle a reçu.

16.

Supposons que la machine possède sa vitesse de régime et qu'elle la conserve. Le mouvement étant uniforme, le travail des puissances est égal à celui des résistances. Désignant par $T_m$ le travail moteur, par $T_u$ le travail utile et par $T_p$ le travail des résistances passives, on aura

$$T_m = T_u + T_p, \quad \text{d'où} \quad T_m > T_u.$$

Malgré l'évidence de ces préceptes généraux, il y a encore aujourd'hui des hommes intelligents, mais peu instruits, qui s'occupent de cette utopie. Il en est encore d'autres qui, se renfermant exclusivément dans l'étude de la Statique, croient aussi pouvoir perpétuer indéfiniment le mouvement d'une machine. Cette étrange prétention, de leur part, tient à ce qu'ils confondent la notion des forces que les machines peuvent réduire ou multiplier avec la notion du travail qu'elles doivent transmettre en quantité moindre que celui qu'elles reçoivent. L'illusion qui se produit dans leur esprit a presque toujours pour cause la fausse appréciation qu'ils font des effets dynamiques de la machine. Ces effets se mesurent par le produit de deux facteurs et ils n'ont en vue que la grandeur absolue de l'effort que suppose la résistance à vaincre. Or, quand une machine multiplie la force, c'est toujours au détriment de l'espace que fait parcourir cette force. Ainsi, par une combinaison plus ou moins ingénieuse d'organes mécaniques, on a bien pu multiplier la grandeur de l'effort; mais, dès qu'il a fallu entrer dans le domaine de la Dynamique pour entretenir la force motrice avec le travail engendré, on a rencontré une difficulté insurmontable. La constitution organique d'une machine et le travail moteur sont deux éléments d'essence très-différente et, quel que soit l'agencement des pièces, on comprend aisément que le mécanisme ne pourra, en aucun cas, alimenter le travail moteur.

Si l'on envisage la question du mouvement perpétuel sous un autre point de vue, on aperçoit encore que la perpétuité du mouvement implique celle des organes de la machine. Est-il possible que leur conservation puisse longtemps durer sans altération? Cette impossibilité matérielle n'a pu être constatée; car les essais faits jusqu'à ce jour reposent sur des principes si absurdes que toutes les machines dites *à mouvement perpétuel*, ayant reçu une première impulsion, ont été réduites au repos, au bout d'un temps très-court.

En résumé, sous quelque aspect que soit considérée la recherche du mouvement perpétuel, elle constitue un problème insoluble : *c'est vouloir faire quelque chose de rien.*

**97.** *Théorie générale du volant.* — Le volant a pour objet de régulariser le mouvement d'une machine et de renfermer entre des limites convenables les écarts périodiques de la vitesse. Le rôle que jouent les masses dans le mouvement des machines nous a appris que, en vertu de leur inertie, elles sont capables d'atténuer les accroissements et les diminutions de vitesse, occasionnés par les excès alternatifs du travail moteur et du travail résistant l'un sur l'autre ; mais il ne s'ensuit pas, si l'on néglige les variations périodiques du mouvement, que la vitesse ne puisse acquérir une grande valeur ou se ralentir graduellement, de manière que la machine, après un temps plus ou moins long, passe à l'état de repos. Cette observation fait comprendre la différence qui existe entre les régulateurs et le volant. Les premiers conservent à la machine une vitesse moyenne, telle que, pendant un nombre quelconque de périodes qu'embrasse le mouvement, la valeur moyenne du travail moteur soit égale à la valeur moyenne du travail résistant, tandis que le second doit empêcher que la machine ne s'écarte pas trop de la vitesse normale.

L'emploi du volant doit avoir lieu dans les trois cas suivants :

1° Lorsque l'action du moteur est périodiquement variable, comme dans les machines à vapeur, où, en vertu de son inertie, il emmagasine et restitue ensuite l'excès du travail moteur sur le travail résistant ; mais, comme cette conservation et cette restitution se font à des intervalles très-courts, dans ce cas, le rôle du volant consiste à régulariser le mouvement de la machine et à le rapprocher, le plus possible, du mouvement uniforme.

2° Si l'action de la résistance est périodiquement variable ou intermittente, comme dans les laminoirs, où il absorbe l'excès du travail disponible sur le travail résistant, lorsque la machine marche à vide, pour restituer ensuite cet excès au moment où le passage du fer sous les cylindres occasionne une résistance que le travail du moteur serait incapable de vaincre longtemps, sans le secours du volant.

3° Si la puissance et la résistance sont à la fois périodiques ou intermittentes.

Il se compose ordinairement d'un anneau en fonte relié à l'axe au moyen de bras de même matière, qui s'assemblent sur un noyau ou moyeu calé à l'arbre de rotation.

Dans l'établissement du volant, il faut avoir soin de le placer le plus près possible des organes doués d'un mouvement variable, pour empêcher l'irrégularité de se transmettre aux autres pièces de la machine. Ainsi il est monté sur l'axe du moteur ou sur l'axe de l'opérateur, suivant que c'est le premier ou le second qui a la vitesse la plus variable.

On néglige habituellement l'influence régulatrice des bras, et, par conséquent, on assure une régularité plus grande que celle qui est obtenue par l'inertie de l'anneau seul.

Appelons T l'excès du travail des puissances sur celui des résistances et I le moment d'inertie de l'anneau du volant. Appliquant le principe des forces vives, on aura

$$T = \tfrac{1}{2} I (V_1'^2 - V_1^2) \quad \text{ou} \quad I (V_1'^2 - V_1^2) = 2 T.$$

Si nous désignons par $R_1$ le rayon moyen de l'anneau, la valeur I du moment d'inertie sera $MR_1^2$. Donc

$$MR_1^2 (V_1'^2 - V_1^2) = 2 T.$$

Remplaçant M par $\dfrac{P}{g}$, il viendra

$$\frac{P}{g} R_1^2 (V_1'^2 - V_1^2) = 2 T,$$

d'où l'on tire

$$P = \frac{2 T g}{R_1^2 (V_1'^2 - V_1^2)}, \quad P = \frac{2 T g}{R_1^2 (V_1' + V_1)(V_1' - V_1)};$$

Appelant $u$ la vitesse angulaire moyenne, on aura

$$u = \frac{V_1' + V_1}{2} \quad \text{ou} \quad 2 u = V_1' - V_1.$$

Substituant dans l'équation,

$$P = \frac{2\,T\,g}{R_1^2 \times 2\,u\,(V_1' - V_1)}.$$

Si l'on s'impose la condition que la variation de la vitesse ne dépasse pas la vitesse moyenne d'une fraction $\frac{1}{n}$, on aura

$$V_1' - V_1 = \frac{u}{n},$$

d'où

$$P = \frac{2\,T\,g}{R_1^2 \times 2\,u \times \dfrac{u}{n}} \quad \text{ou bien} \quad P = \frac{T\,g\,n}{R_1^2\,u^2}.$$

$u$ étant la vitesse angulaire moyenne, $R_1\,u$ sera la vitesse absolue à la circonférence moyenne. Si nous la désignons par $V$, nous aurons

$$V = R_1\,u \quad \text{et} \quad V^2 = R_1^2\,u^2;$$

par conséquent,

$$P = \frac{T\,g\,n}{V^2}.$$

Le nombre régulateur $n$, que l'on appelle *coefficient de régularité*, dépend de la fabrication des produits et de la nature de la machine. On comprend donc qu'il ne doit pas être le même pour toutes les classes de machines.

D'après Watt, dans les cas ordinaires, $n = 32$. Pour les moulins à farine, les scieries, on peut diminuer le coefficient de régularité, tandis que, pour les machines destinées à la filature du coton, du lin et à la fabrication du papier, qui exigent une grande régularité dans la marche, on doit l'augmenter et l'élever même jusqu'à 50 et 60. En général, sa valeur dépend de la perfection de l'ouvrage que l'on veut exécuter et c'est par l'observation de la marche des bonnes machines déjà construites que l'on apprécie, dans chaque cas particulier, la valeur qu'il convient d'adopter.

D'après ce qui vient d'être dit sur le volant, on comprend que, pour assurer la régularité du mouvement d'une machine, il n'est pas nécessaire d'augmenter le moment d'inertie de toutes les pièces qui la composent, ce qui occasionnerait l'accroissement des résistances passives. On se contente d'y suppléer en adaptant à l'arbre de rotation l'organe supplémentaire dont il est question. Toutefois, comme le poids du volant produit aussi un surcroît de frottement, il convient d'alléger ce poids autant que possible, tout en lui conservant la force vive nécessaire à la régularisation du mouvement. C'est dans ce but que la masse de l'anneau se trouve rejetée à une certaine distance de l'axe de rotation.

On se donne ordinairement le rayon moyen $R_1$ d'après des considérations purement locales et particulières à la machine. Il sera donc facile, le poids du volant étant déterminé par la formule générale, de connaître la section de l'anneau ; car, désignant par $a$ l'aire de cette section dans le sens du rayon et par $d$ la densité de la matière dont le volant est formé, on aura

$$P = 2\pi R_1 ad, \quad \text{d'où} \quad a = \frac{P}{2\pi R_1 d}.$$

L'examen de la formule apprend qu'il y a avantage à prendre le rayon moyen $R_1$ le plus grand possible, puisque, la section devenant plus petite, le volant pèsera moins et par suite le frottement sur les appuis, qui dépend de ce poids, diminuera ; mais il est bon de remarquer que le volant, pendant le mouvement de rotation, est soumis à l'action de la force centrifuge, qui tend à séparer les bras et les segments dont se compose la jante. Il y a donc pour la vitesse de régime particulière à chaque machine un rayon moyen qu'il ne convient pas de dépasser. Ce n'est pas le lieu ici d'entrer dans tous les détails que nécessite l'établissement des volants. Nous réservons cette partie de la question pour les cas particuliers que nous aurons à traiter plus tard et nous nous bornerons actuellement à faire observer, d'après M. Morin, que la vitesse à la circonférence moyenne peut, sans danger, atteindre 25 à 30 mètres par seconde, mais qu'elle ne doit jamais dépasser cette limite maxima.

**98.** *Des manivelles.* — La manivelle est un organe employé pour opérer la transformation du mouvement circulaire continu en rectiligne alternatif et réciproquement.

Elle se compose d'un bras solidement fixé par l'une de ses extrémités à un arbre, avec lequel elle peut tourner, tandis qu'à l'autre extrémité est adapté un boulon nommé *bouton* ou *maneton*, s'engageant dans le coussinet de la bielle qui lui communique le mouvement. On voit, par la *fig.* 63, quelle est la forme que l'on donne ordinairement aux manivelles. La partie A représente le moyeu de la manivelle, dont K est le corps. Ce moyeu est traversé par l'arbre de rotation B. Le bouton D, qui reçoit l'action de la puissance au moyen de la bielle à laquelle il est articulé, s'engage dans une ouverture pratiquée à la tête de la manivelle et se termine par une partie filetée qui, à l'aide d'un écrou, permet de le serrer.

Fig. 63.

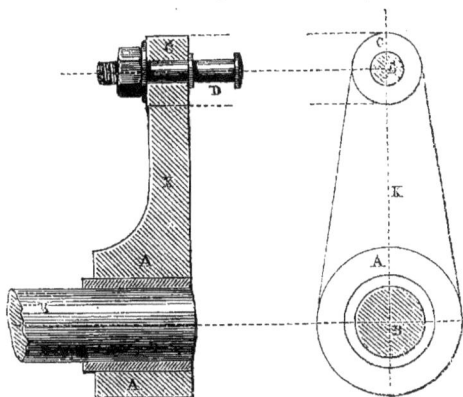

La bielle est une pièce à laquelle on donne des formes diverses; elle est, d'un côté, articulée au bouton de la manivelle et, de l'autre, à la tige animée du mouvement alternatif rectiligne.

**99. *Division des manivelles.*** — Une *manivelle simple* n'est composée que d'un seul bras, ou, si elle en a deux, les axes longitudinaux sont situés dans un même plan avec l'axe de l'arbre de rotation.

Les *manivelles multiples* ou *composées* sont formées de plusieurs bras non situés dans un même plan avec l'axe de rotation.

Les manivelles simples et composées sont dites *à simple*
ou *à double effet*, selon que les efforts transmis sur le bouton
agissent pendant une demi-révolution ou pendant une révolution entière. Dans une manivelle à double effet, la direction
de la puissance change de sens à la fin de chaque demi-révolution.

100. *Manivelle simple à simple effet.* — Dans la théorie qui
va suivre, nous admettrons, avec tous les géomètres qui ont
traité la question, notamment Navier, que la bielle est infinie,
c'est-à-dire que, pendant le mouvement, elle occupe des positions parallèles, hypothèse admissible lorsque la bielle,
ainsi que cela a lieu souvent, a une longueur égale à cinq ou
six fois celle de la manivelle.

Supposons que la bielle se meuve dans une direction constante, verticale par exemple; appelons $r$ la longueur de la
manivelle et $F$ l'effort constant transmis sur le bouton. Il est
évident que, pendant le mouvement, le centre du bouton décrira une circonférence de rayon $r$ et que l'effort restera constamment oblique à la direction du chemin parcouru; par
conséquent, lorsque le bouton passera de la position A à la
position $a$ (*fig.* 64) le travail accompli sera égal au produit

Fig. 64.

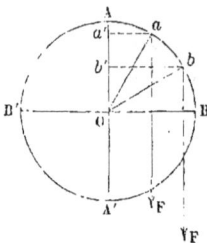

$F \times A a'$ de l'effort constant par la projection $A a'$ du chemin
parcouru sur la direction de cet effort. De même, dans le passage de $a$ en $b$, le travail sera $F \times a' b'$, et ainsi de suite pour
d'autres déplacements élémentaires; par conséquent, la quantité de travail T développée entre les points AA', c'est-à-dire
pour une demi-révolution, sera exprimée par

$$T = F (A a' + a' b' + \ldots) \quad \text{ou} \quad T = F \times AA' = 2 F r.$$

**101.** *Variation du travail.* — Pour apprécier le degré de régularité du travail d'une manivelle simple à simple effet, nous allons estimer le travail élémentaire maximum, le travail élémentaire minimum, le travail élémentaire moyen et comparer ces travaux entre eux. Commençons, à cet effet, par chercher l'expression générale du travail élémentaire ou instantané.

Considérons la manivelle quand le bouton s'est déplacé d'une quantité *ab*, que nous appellerons *a*. Le travail aura pour valeur $F \times bb'$ (*fig.* 65).

Fig. 65.

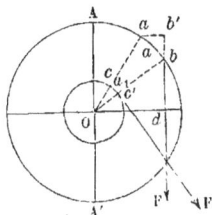

À la limite, le triangle mixtiligne *abb'*, pouvant être considéré comme rectiligne, sera semblable au triangle *bOd*. On aura donc·

$$\frac{Ob}{ab} = \frac{Od}{bb'} \quad \text{ou} \quad \frac{r}{a} = \frac{Od}{bb'},$$

d'où

$$bb' = \frac{a}{r} Od.$$

Substituant dans l'expression du travail élémentaire, on aura

$$t = F \frac{a}{r} Od.$$

Les quantités F, *a*, *r* étant constantes, la valeur de *t* dépend uniquement du bras de levier de F, à un instant quelconque.

Le travail élémentaire sera donc maximum ou minimum, selon que le bras de levier O*d* deviendra lui-même maximum ou minimum. Or, comme O*d* est la projection de la manivelle sur un diamètre horizontal, il deviendra maximum lorsque la manivelle se projettera en véritable grandeur, ce qui aura lieu pour la position horizontale de la manivelle. Dans ce cas, $Od = r$ et l'on a

$$t = F \frac{a}{r} r = Fa.$$

Lorsque le bouton sera aux points morts A, A', le bras de levier étant nul, puisque la projection de la manivelle est un point, le travail sera égal à zéro.

Cherchons maintenant le travail instantané moyen. Dans ce cas, l'effort, quelle que soit la position de la manivelle, doit agir avec la même énergie; d'où il résulte que la longueur de son bras de levier doit être constante ou, en d'autres termes, que la direction de cet effort doit être constamment tangente à la circonférence décrite par son point d'application. Ainsi on appelle *bras de levier moyen d'une manivelle* la distance à partir du centre de rotation où l'on doit appliquer tangentiellement l'effort constant pour que le travail développé pendant une révolution soit égal au travail développé par ce même effort agissant sur le bouton.

Appelant $x$ la longueur de ce bras de levier, le chemin parcouru par le point d'application sera $2\pi x$ et le travail développé sera exprimé par $F \times 2\pi x$, puisque la force agit alors dans la direction du chemin parcouru. On aura donc

$$2F\pi x = 2Fr, \quad \text{d'où} \quad x = \frac{r}{\pi} = 0,318\,r.$$

Ainsi le bras de levier moyen est approximativement égal au tiers de la longueur de la manivelle. Désignant par $a_1$ l'arc élémentaire décrit par l'extrémité de ce bras de levier, le travail instantané moyen sera représenté par $F a_1$. Les deux arcs $a$ et $a_1$, étant semblables, sont proportionnels à leurs rayons; d'où

$$a_1 = 0,318\,a.$$

Par conséquent le travail élémentaire moyen aura pour valeur

$$F \times 0,318\,a \quad \text{ou} \quad 0,318\,Fa.$$

Prenant le travail élémentaire maximum pour terme de comparaison,

$$\text{Maximum} \dots \dots \quad t = 1,$$
$$\text{Minimum} \dots \dots \quad t' = 0,$$
$$\text{Moyen} \dots \dots \quad t'' = 0,318.$$

Les trois travaux seront donc entre eux comme les nombres 1,0 et 0,318 ou bien les écarts de ces travaux seront :

1° Écart du travail maximum et du travail moyen

$$1 - 0,318 = 0,682.$$

2° Écart du travail moyen et du travail minimum

$$0,318 - 0 = 0,318,$$

ou, en d'autres termes, le travail moyen diffère des deux travaux extrêmes des 0,682 et 0,318 du travail maximum.

Si nous voulons connaître la variation du travail pendant une demi-révolution seulement, remarquons que, dans ce cas, le chemin parcouru par l'extrémité du bras de levier moyen est égal à $\pi x$; d'où

$$\mathrm{F} \times \pi x = 2 \mathrm{F} r \quad \text{et} \quad x = \frac{2}{\pi} r = 0,637 r.$$

Désignant, comme précédemment, par $a_1$ l'arc élémentaire décrit par l'extrémité du bras de levier moyen, le travail instantané moyen sera $\mathrm{F} a_1$ et, comme $a_1 = 0,637 a$, ce travail aura encore pour valeur $0,637 \mathrm{F} a$.

Comparant les deux travaux instantanés moyen et minimum au travail maximum pris pour unité, on aura

$$\text{Maximum} \dots \dots \quad t = 1,$$
$$\text{Minimum} \dots \dots \quad t' = 0,$$
$$\text{Moyen} \dots \dots \quad t'' = 0,637.$$

Ce qui montre que le plus grand écart est moindre que pendant une révolution entière.

**102. Représentation graphique d'une manivelle simple, à simple effet.** — Pour trouver graphiquement le travail développé pendant une demi-révolution, remarquons que le travail correspondant à cette période est la somme des travaux élémentaires, tels que $t = F \frac{a}{r} O d$; expression dans laquelle F représente l'effort constant transmis sur le bouton par la bielle, $a$ l'arc élémentaire décrit par le centre de ce bouton et $O d$ le bras de levier variable.

Cette expression est le produit de deux facteurs, l'un représenté par l'arc élémentaire $a$ et l'autre par $\frac{F.O d}{r}$; car

$$t = a \frac{F.O d}{r}.$$

On obtiendra facilement le premier en divisant la circonférence décrite par le bouton de la manivelle en un très-grand nombre de parties égales. Pour avoir le second, posons

$$x = \frac{F.O d}{r}, \quad \text{d'où} \quad \frac{x}{F} = \frac{O d}{r},$$

ce qui indique que le second facteur est une quatrième proportionnelle aux trois quantités $r$, F et $O d$. Ainsi le travail instantané pourra être représenté par la surface d'un rectangle, dont les dimensions respectives seront l'arc élémentaire $a$ et

$$x = \frac{F.O d}{r}.$$

Cela posé, partageons, en un certain nombre de parties égales, en douze par exemple, la demi-circonférence décrite par le bouton de la manivelle et soit AB ( *fig.* 66 et 67 ) cette demi-circonférence rectifiée, divisée aussi en douze parties égales, de sorte que A $a$, $ab$, $bc$, ... seront les arcs $AA_1$, $A_1 A_2$, $A_2 A_3$, ... développés. Au point origine A de la circonférence rectifiée, menons une perpendiculaire AF à AB, que nous supposerons égale à l'effort constant F transmis sur le bouton et traçons, sous un angle quelconque avec AF, une droite AS égale à la longueur $r$ de la manivelle. Joignons le point S au point F et portons, à partir du point A, une longueur A$m$ égale au bras de levier $O d$, de l'effort constant lorsque le bouton de la manivelle occupera la position $A_1$. Si, par le point $m$, nous menons la parallèle $mm'$ à SF, la partie interceptée A$m'$

sur AF représentera la hauteur du rectangle qui est l'expression géométrique du travail élémentaire dans le passage de A

Fig. 66.

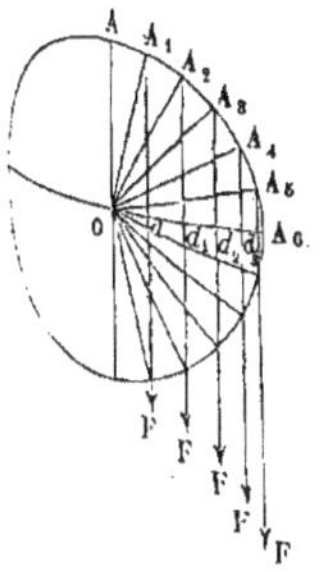

Fig. 67.

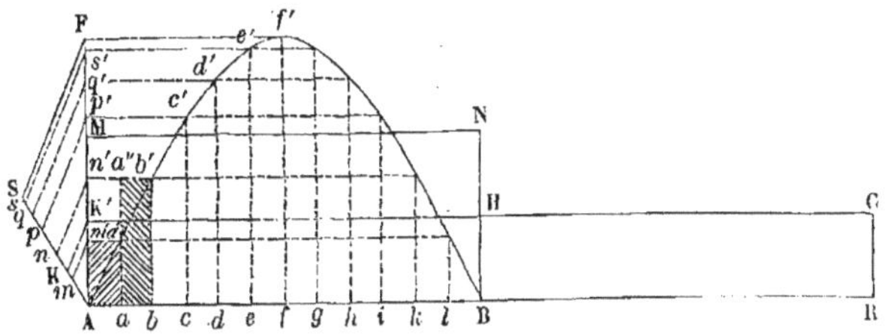

en $A_1$ du bouton de la manivelle; car la comparaison des deux triangles semblables ASF, A$mm'$ donne

$$\frac{AF}{AS} = \frac{A\,m'}{A\,m} \quad \text{ou} \quad \frac{F}{r} = \frac{A\,m'}{O\,d},$$

d'où

$$A\,m' = \frac{F.O\,d}{r}.$$

Si donc, au point $a$ du développement de la circonférence, on mène une perpendiculaire à AB et, par le point $m'$, une parallèle à la même ligne, on obtiendra un rectangle A$aa'm'$, qui représentera le travail élémentaire développé par l'effort constant lorsque le bouton de la manivelle décrit l'arc $AA_1$. Pareillement, pour le travail élémentaire correspondant au déplacement $A_1A_2$, portons sur AS une longueur A$n$ égale au nouveau bras de levier O$d_1$. La droite $nn'$, menée parallèlement à SF, déterminera sur AF une longueur A$n'$, qui sera la hauteur du second rectangle, représentant le travail élémentaire dans le passage de $A_1$ en $A_2$. On obtiendra ce rectangle $abb'a''$ en élevant une perpendiculaire à AB au point $b$ et en lui menant une parallèle par le point $n'$. On exprimera de la même manière les travaux élémentaires relatifs aux déplacements qui suivent, jusqu'à ce que le bouton de la manivelle soit parvenu au point mort inférieur.

Remarquons présentement que, si les deux points A et $a$ sont très-voisins, à la limite le rectangle A$aa'm'$ se confondra avec le triangle A$aa'$. Dans la même hypothèse, le rectangle $abb'a''$ pourra être confondu avec le trapèze $abb'a'$; par conséquent, si par les points tels que $a'$, $b'$, $c'$,…, obtenus d'après la méthode que nous venons d'indiquer, on fait passer une ligne continue, concurremment avec le développement de la demi-circonférence décrite par le bouton de la manivelle, elle limitera une surface qui représentera, par quadrature, le travail que développe l'effort transmis sur le bouton d'une manivelle simple, à simple effet.

Pour trouver l'expression géométrique du travail moyen, remarquons que le bras de levier, ainsi que l'effort, étant constant, ce travail sera représenté par la surface d'un rectangle. Comme nous avons trouvé précédemment que ce bras de levier $x = \dfrac{r}{\pi}$, prenons une longueur AK sur AS, qui lui soit égale, et par le point K menons KK' parallèlement à SF. Le rectangle ARGK', qui a pour base la circonférence entière rectifiée AR et pour hauteur AK', représentera le travail moyen; car la similitude des triangles AKK', ASF donne

$$\frac{AK'}{AK} = \frac{AF}{AS},$$

d'où

$$AK' = \frac{AK \times AF}{AS}, \quad AK' = \frac{r \times F}{\pi \times r} = \frac{F}{\pi}.$$

Par conséquent,

$$\text{rectangle ARGK'} = \frac{F}{\pi} \times AR = \frac{F \times 2\pi r}{\pi} = 2\,Fr.$$

Pour une demi-révolution, le travail moyen serait représenté par le rectangle ABHK'. Ce travail peut encore être obtenu d'une autre manière. Appelons A l'aire limitée par la courbe et la demi-circonférence rectifiée. D'après ce que nous avons vu sur le travail des forces variables, l'effort capable de produire, pendant une demi-révolution, la même quantité de travail que l'effort transmis sur le bouton aura pour valeur $\dfrac{A}{\pi r}$.

Prenons sur AF une longueur AM qui représente la grandeur de cet effort; évidemment le rectangle ABNM, qui a pour base AB $= \pi r$ et pour hauteur AM $= \dfrac{A}{\pi r}$, sera l'expression du travail moyen.

**103.** *Manivelle simple à double effet.* — Dans une manivelle simple à double effet, l'effort constant agissant pendant une révolution, le travail développé sera égal à deux fois le travail d'une manivelle à simple effet. On aura donc

$$T = 2Fr + 2Fr = 4Fr.$$

Par les mêmes considérations que dans le cas précédent, on aura

$$\text{Maximum} \ldots \ldots \ldots \quad t = Fa,$$
$$\text{Minimum} \ldots \ldots \ldots \quad t = 0.$$

Appelant $x$ le bras de levier moyen, il viendra

$$F \times 2\pi x = 4Fr, \quad \text{d'où} \quad x = \frac{2r}{\pi} = 0,637\,r;$$

$a_1$ étant l'arc élémentaire décrit par l'extrémité du bras de levier moyen, le travail instantané sera $Fa_1$ et, en vertu de la proportionnalité des arcs semblables à leurs rayons,

$$a_1 = 0,637\,a,$$

d'où

$$\text{trav. élém. moyen} = 0,637\,Fa.$$

Prenant encore le travail maximum pour terme de comparaison, on aura

$$\text{Maximum} \ldots \ldots \ldots \quad t = 1,$$
$$\text{Minimum} \ldots \ldots \ldots \quad t' = 0,$$
$$\text{Moyen} \ldots \ldots \ldots \quad t'' = 0,637.$$

Ainsi le travail d'une manivelle simple à double effet est moins irrégulier que celui d'une manivelle simple à simple effet.

**104.** *Représentation graphique du travail d'une manivelle simple à double effet.* — Puisque le travail d'une manivelle à double effet est égal à deux fois celui d'une manivelle à simple effet, il est évident qu'il sera représenté par deux surfaces égales, telles que celle que nous avons obtenue dans le cas précédent (*fig.* 68).

Fig. 68.

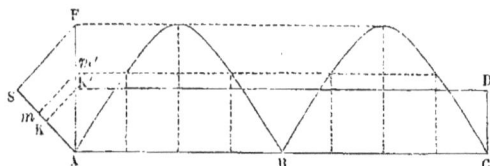

Pour avoir l'expression géométrique du travail moyen, prenons sur AS une longueur AK égale au bras de levier moyen $\frac{2}{\pi} r$ et menons KK' parallèlement à SF, le rectangle de hauteur AK' et de base AC $= 2\pi r$ représentera ce travail; car les deux triangles semblables AKK', ASF fournissent la relation suivante :

$$\frac{AK'}{AK} = \frac{AF}{AS}, \quad \text{c'est-à-dire} \quad \frac{AK'}{\frac{2r}{\pi}} = \frac{F}{r},$$

d'où

$$AK' = \frac{2Fr}{\pi r} = \frac{2F}{\pi}.$$

Par conséquent,

$$\text{rectangle ACDK'} = \frac{2F}{\pi} \times AC = \frac{2F}{\pi} \times 2\pi r = 4Fr.$$

**105.** *Manière de régler le poids des équipages d'une manivelle.* — Des considérations qui précèdent il résulte que la puissance, à la fin de la première demi-révolution, peut cesser d'agir, circonstance qui se rapporte aux manivelles à simple effet; que son action peut continuer pendant la seconde demi-révolution, en changeant de sens, ou enfin qu'elle continue à agir dans la même direction. Ce dernier cas évidemment est relatif à la pesanteur dont l'action se manifeste sur les pièces à mouvement alternatif. Puisque cette dernière force agit successivement comme puissance et comme résistance, il importe d'examiner quelle est son influence sur les écarts du travail.

Soit $p$ le poids des pièces à mouvement alternatif, composé du poids de la bielle et de son équipage. Il est à remarquer que cette force, suivant le sens du mouvement, s'ajoutant à la puissance ou en étant alternativement retranchée, n'apporte aucune modification à la quantité de travail développée pendant une révolution entière et par suite le bras de levier moyen conserve la même valeur que dans le cas où l'on néglige l'action de la pesanteur. Il en résulte encore que le moment virtuel moyen sera invariable; et, comme le moment virtuel de la puissance ne cesse pas d'être nul lorsque le bouton de la manivelle est parvenu aux points morts, on voit aisément que l'influence des pièces à mouvement alternatif solidaires de la manivelle s'exercera seulement sur le travail instantané maximum.

On comprend, d'après cela, la manivelle étant à simple ou à double effet, que les excès du travail élémentaire maximum des forces F et $p$ sur le travail élémentaire moyen seront plus considérables que dans les cas précédents, si le poids $p$ agit dans le même sens que la puissance F, puisque le travail F$a$ sera augmenté de $pa$. Il est donc essentiel, dans ce cas, d'équilibrer l'équipage autour de l'axe de rotation. Les choses ne se passent pas ainsi si, la manivelle étant à simple effet, le poids $p$ agit en sens contraire de la puissance F; alors l'action de la force F étant dirigée de bas en haut et le poids $p$ agissant de haut en bas, le travail instantané maximum qui correspond à la position horizontale de la manivelle aura pour valeur $(F - p)a$ dans la première demi-révolution, tandis que, dans la seconde, il sera $pa$, puisque la force F a cessé d'agir et que l'action du poids $p$ continue pendant toute la durée du mouvement. Il est constant que, pour apprécier l'écart du travail maximum sur le travail moyen, il faudra prendre le plus grand des travaux que nous venons d'estimer, c'est-à-dire que l'on prendra $(F - p)a$ si l'on a

$$(F - p)a > pa \quad \text{ou} \quad F - p > p,$$

et

$$pa \quad \text{si} \quad pa > (F - p)a \quad \text{ou} \quad p > F - p.$$

On voit facilement que le travail de la manivelle sera d'autant moins irrégulier que la différence des écarts entre eux pour les deux demi-révolutions sera plus petite. La condition la plus avantageuse se rapporte donc au cas où l'on aura

$$(F - p)a = pa,$$

d'où

$$F = 2p \quad \text{et} \quad p = \tfrac{1}{2}F.$$

Par conséquent, le travail élémentaire maximum aura pour valeur

$$\tfrac{1}{2}Fa \quad \text{ou} \quad 0,5\,Fa.$$

Les travaux élémentaires moyen et minimum ayant conservé leurs valeurs respectives $0,318\,Fa$ et zéro, on voit que l'irrégularité du travail est moindre que pour les cas précédents.

106. *Manivelle double à double effet.* — Pour atténuer l'irrégularité de l'action exercée par la puissance sur une seule manivelle, cette puissance fort souvent est également répartie entre deux ou plusieurs manivelles, calées sur le même arbre de rotation, de manière que les plus grands moments des efforts exercés par les unes correspondent aux plus petits moments des efforts exercés par les autres. Tel est l'objet des *manivelles multiples.*

Considérons d'abord le cas où le système est composé de deux manivelles à double effet. Si les axes longitudinaux des deux bras sont contenus dans un même plan avec l'axe de rotation, de manière que les boutons soient diamétralement opposés, les particularités que présente cette disposition sont absolument les mêmes que celles de la manivelle simple. On ne peut donc ainsi diminuer les irrégularités du travail. Au contraire, on y parvient au moyen d'une manivelle double, dite *manivelle coudée*, dont les deux bras ne sont pas dans le même plan avec l'axe de rotation ( *fig.* 69).

Il est évident que le travail total pour une révolution est égal à la somme des travaux développés par les efforts transmis sur les deux bras. On aura donc

$$T = 4\,Fr + 4\,Fr = 8\,Fr.$$

Pour connaître les variations du travail instantané et en déduire l'angle que doivent former les bras, dans les conditions les plus avantageuses, considérons la manivelle dans deux

Fig. 69.

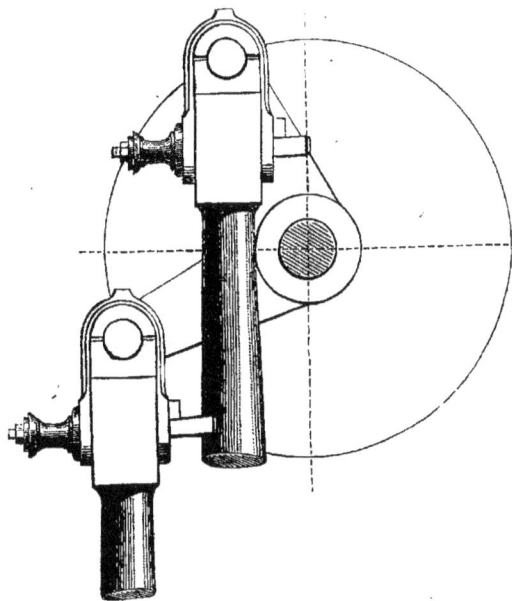

positions différentes : 1° lorsque les bras se trouvent d'un même côté d'un diamètre horizontal (*fig.* 70); 2° lorsqu'ils

Fig. 70.

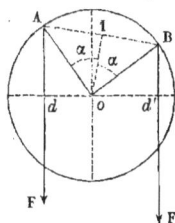

sont situés d'un même côté d'un diamètre vertical (*fig.* 71). Soient OA, OB les deux bras de la manivelle projetés sur un plan perpendiculaire à l'axe de rotation (*fig.* 70). D'après la

disposition adoptée, on voit que le travail élémentaire de la
manivelle se compose de la somme des travaux élémentaires

Fig. 71.

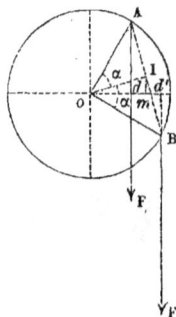

développés par les efforts transmis sur chacun des bras. On
aura donc, première position de la manivelle,

$$t = F \frac{a}{r} O d + F \frac{a}{r} O d',$$

ou

$$t = F \frac{a}{r} (O d + O d') = F \frac{a}{r} dd'.$$

Comme F, $a$, $r$ sont des quantités constantes, le travail instantané maximum correspondra à la plus grande valeur de
$dd'$. Or, $dd'$ étant la projection de la corde AB sur un diamètre
horizontal, il faut que AB se projette en véritable grandeur, ce
qui aura lieu si AB est parallèle au diamètre horizontal. Ainsi,
dans la première position de la manivelle, la limite supérieure
du travail instantané correspond à la position horizontale de
la corde AB. Le point I étant le milieu de la corde AB, ce
travail maximum sera ainsi exprimé

$$t = F \frac{a}{r} 2 AI.$$

Dans la seconde position de la manivelle, nous aurons pour
l'expression du travail élémentaire (*fig.* 71)

$$t = F \frac{a}{r} O d + F \frac{a}{r} O d' \quad \text{ou} \quad t = F \frac{a}{r} (O d + O d').$$

La droite $dd'$ étant la projection de AB sur le diamètre horizontal, la projection du point I sera au point $m$, milieu de $dd'$. On aura donc

$$Od = Om - dm, \quad Od' = Om + d'm.$$

Ajoutant membre à membre et remarquant que $dm = d'm$, on aura

$$Od + Od' = 2Om.$$

Substituant dans l'expression du travail élémentaire, il viendra

$$t = F\frac{a}{r}2Om.$$

Comme $Om$ est la projection de la droite OI sur le diamètre horizontal, dans cette position de la manivelle le travail sera maximum lorsque OI se confondra avec ce diamètre, ce qui aura lieu pour la direction verticale de la corde AB.

Puisque les deux bras ne sont pas dans le prolongement l'un de l'autre, le travail instantané du système ne pourra jamais devenir nul; mais on comprend que la limite inférieure de ce travail correspondra à la position verticale de l'un des bras, attendu que pour ce bras, dans cette position, le travail est nul.

Remarquons présentement que, si la première valeur du travail maximum $F\frac{a}{r}2AI$ devient très-grande lorsque la corde croît, la seconde $F\frac{a}{r}2Om$ décroîtra, puisque plus une corde est grande, plus sa distance au centre est petite; par conséquent, abstraction faite du travail moyen, l'écart de ces deux travaux pourra devenir relativement considérable. On le réduira le plus possible en faisant AI $=$ OI; de sorte que, le triangle rectangle AOI étant isocèle, l'angle AOI $= 45°$; l'angle IOB ayant la même valeur, l'angle AOB sera droit. Ainsi, pour la régularité du travail, il convient que les deux bras soient calés à angle droit, l'un par rapport à l'autre. On peut encore, par d'autres considérations, arriver à la même conclusion.

Appelant $\alpha$ le demi-angle AOI des deux bras, puisque la limite supérieure du travail correspond à la position horizontale de la corde AB, il est clair que, cette condition étant satisfaite, la projection O*d* sera égale à AI. Du triangle rectangle AIO, nous déduisons

$$AI \text{ ou } Od = r \sin\alpha;$$

d'où

$$t = F\frac{a}{r} 2 AI = \frac{2Fa}{r} r \sin\alpha \quad \text{ou} \quad t = 2Fa\sin\alpha.$$

Considérant la manivelle dans la seconde position, lorsque AB est verticale, on a aussi

$$OI \text{ ou } Om = r\cos\alpha,$$

d'où

$$t = F\frac{a}{r} 2 OI = \frac{2Fa}{r} r\cos\alpha \quad \text{ou} \quad t = 2Fa\cos\alpha.$$

Pour le travail minimum, le bouton de l'un des bras étant au point mort, le bras de levier O*d* de la force qui agit aura pour valeur $r\sin 2a$; donc, dans ce cas,

$$t = F\frac{a}{r} r\sin 2\alpha = Fa\sin 2\alpha$$

ou

$$t = 2Fa\sin\alpha\cos\alpha.$$

Lorsque $\sin\alpha$ augmente, $\cos\alpha$ diminue. Ainsi, pour resserrer les écarts le plus possible, on fera

$$\sin\alpha = \cos\alpha,$$

d'où

$$\alpha = 45°, \quad \text{d'où} \quad 2\alpha = 90°.$$

D'après cette discussion, l'angle des deux bras étant droit et de plus la limite supérieure du travail instantané correspondant à la position verticale ou à la position horizontale de la corde AB, la projection sera le côté du carré inscrit ou $r\sqrt{2}$; donc

$$t = F\frac{a}{r} r\sqrt{2} = Fa\sqrt{2},$$

Maximum... $t = 1,414\,Fa.$

Quand l'un des bras est vertical, l'autre étant horizontal, on aura

$$\text{Minimum} \ldots \ldots \quad t = F \frac{a}{r} \times r = F a.$$

Présentement, déterminons le travail instantané moyen, ce qui nous permettra d'apprécier le degré de régularité de l'action des forces qui sollicitent les deux bras. Soit $x$ la longueur du bras de levier moyen. Pendant une révolution, le travail moyen aura pour valeur $2F \times 2\pi x$, puisqu'au travail variable de chaque bras correspond un travail moyen $F . 2\pi x$. On aura donc

$$2F \times 2\pi x = 8 F r, \quad \text{d'où} \quad x = \frac{2 r}{\pi} = 0,637 r.$$

Le travail instantané moyen relatif à l'un des bras aura pour valeur $0,637 F a$, et, pour les deux bras, on aura

$$\text{Moyen} \ldots \ldots \quad t = 2 \times 0,637 F a = 1,274 F a.$$

Comme dans les cas qui précèdent, comparons ces trois travaux en prenant le travail maximum pour unité. On obtiendra

$$\text{Maximum} \ldots \ldots \ldots \quad t = 1.$$

$$\text{Minimum} . \ . \ . \ \ldots \quad t' = \frac{F a}{1,414 F a} = 0,707,$$

$$\text{Moyen} \ldots \ldots \ldots \quad t'' = \frac{1,274 F a}{1,414 F a} = 0,90.$$

Ces trois nombres, comparés à ceux précédemment obtenus, nous montrent que le travail d'une manivelle double à double effet est beaucoup plus régulier que celui de la manivelle simple.

**107.** *Représentation graphique du travail d'une manivelle double à double effet.* — Soient OA la longueur de chaque bras de la manivelle et F l'effort constant transmis par la bielle sur le bouton (*fig.* 72 et 73). Partageons la circonférence et son développement en un très-grand nombre de parties égales. Au point origine B, élevons une perpendiculaire BF égale à l'effort constant F et tirons, sous un angle quel-

conque avec BF, une droite égale à la longueur de la manivelle; enfin joignons le point S au point F. Les deux bras
étant rectangulaires, si nous supposons l'un OA vertical,

Fig. 72.                                    Fig. 73.

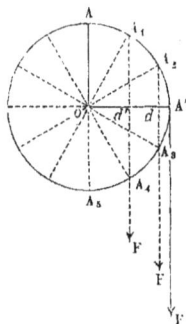
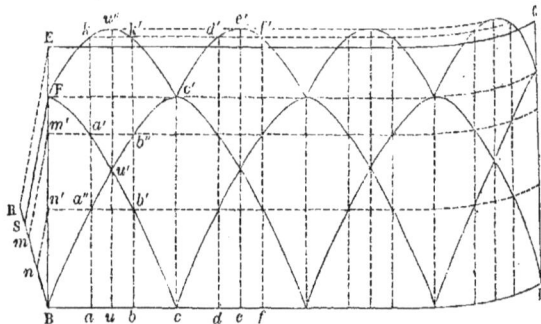

l'autre OA′ sera horizontal; par conséquent, le travail instantané relatif au premier bras sera un minimum, tandis que celui du second bras sera un maximum. Construisons, comme
nous l'avons fait précédemment, la courbe du travail pour le
premier bras et remarquons que, le bouton du second bras
étant au point A′, la courbe du travail pour ce bras aura son
origine à gauche du point B, à une distance égale au quart
du développement de la circonférence. Au moment du départ, la première courbe ayant son origine au point B, le
point correspondant de la seconde courbe sera à l'extrémité F de la droite BF, puisque le travail instantané du second bras est alors un maximum. Lorsque le bouton du
premier bras a décrit l'arc AA₁, celui du second a décrit un
arc égal à A′A₃ et le bras de levier de l'effort est O𝑑. Pour
avoir le point de la courbe relatif à ce déplacement, portons
sur AS, à partir du point B, une longueur B𝑚 égale à O𝑑 et
menons 𝑚𝑚′ parallèlement à SF, d'après ce que nous avons
vu, le point de rencontre 𝑎′ de la parallèle à BD, menée par le
point 𝑚′ avec la perpendiculaire 𝑎𝑎′ élevée au point 𝑎 sur la
même droite, sera le point cherché. On obtiendrait de même le
point 𝑏′ de la courbe en portant, sur BS, la longueur B𝑛 égale
au bras de levier O𝑑′ de l'effort, lorsque le bouton du second
bras est parvenu au point A₄. Par cette construction, on ob-

tiendra la courbe $Fa'u'b'c$ pour un quart de révolution du second bras de manivelle. On construira d'une manière identique les courbes du travail pour les autres parties d'une révolution entière. Enfin, ainsi qu'on le voit, la question se réduit à totaliser les quantités de travail développées par les deux bras de la manivelle.

A cet effet, remarquons que, lorsque les deux boutons ont décrit deux arcs égaux, dont le développement est $Ba$, le travail du premier bras est représenté par $Baa''$ et celui du second par $Baa'F$; par conséquent, le travail relatif à ce déplacement sera égal à la somme de ces deux surfaces. Il est visible qu'en faisant la somme des ordonnées du même point, on obtiendra une surface $BakF$, qui sera approximativement l'expression géométrique du travail élémentaire correspondant au déplacement $Aa$. L'ordonnée de l'une des courbes étant nulle, $BF$ sera l'un des côtés parallèles du trapèze et l'autre $ak$ sera égal à $aa'$ augmenté de $aa''$. De même, pour un déplacement représenté par $au$ sur le développement, le travail du premier bras a pour expression la surface $auu'a''$ et celui du second la surface $auu'a'$. Ajoutant à l'ordonnée $aa''$ l'ordonnée $aa'$ et à l'ordonnée $uu'$ sa propre longueur, puisque le point $u'$ est commun aux deux courbes, le trapèze $auu''k$ représentera le travail pour ce nouveau déplacement. En continuant ainsi de suite à faire la somme des ordonnées des courbes qui se croisent, on obtiendra, si la circonférence a été divisée en un très-grand nombre de parties égales, une série de points tels, que la courbe continue que l'on fera passer par ces points limitera, concurremment avec le développement de la circonférence et avec les ordonnées extrêmes, une surface dont la quadrature exprimera le travail développé, pendant une révolution, par une manivelle double à double effet.

Pour trouver l'expression géométrique du travail constant pendant une révolution, nous ferons observer que, le bras de levier moyen étant $\frac{2}{\pi} r$, comme la manivelle est double, on doit porter sur $BS$ une longueur $BR$ égale à deux fois $\frac{2}{\pi} r$.

Menant par le point R une parallèle à $SF$, la droite $BE$ sera la hauteur du rectangle qui représentera le travail moyen; car on a

$$\frac{BF}{BS} = \frac{BE}{BR},$$

d'où

$$BE = \frac{BF \times BR}{BS}, \quad BE = \frac{F \times \dfrac{4r}{\pi}}{r} = \frac{4F}{\pi}.$$

Par conséquent,

$$\text{rectangle BDCE} = \frac{4F}{\pi} \times BD = \frac{4F}{\pi} \times 2\pi r = 8Fr.$$

**108.** *Travail d'une manivelle en tenant compte des obliquités de la bielle.* — Dans les divers cas que nous avons examinés, nous avons admis que les directions de la bielle ne cessaient pas d'être parallèles, ce qui nous a conduit à une solution suffisamment exacte pour les besoins de la pratique; mais lorsque la bielle est très-courte, ce qui a lieu dans les locomobiles et dans certaines machines fixes, il n'est plus permis de négliger son obliquité et de la considérer comme agissant suivant une direction constante. La solution générale de la question exige des calculs très-compliqués que l'on peut remplacer par un procédé graphique qui convient parfaitement aux applications. Puisque l'angle formé par la bielle avec la tige qui la commande varie à chaque instant du mouvement, il est clair que l'intensité de l'effort transmis ne reste pas constante et qu'elle dépend de la valeur de cet angle. Avant tout, indiquons comment on peut calculer la grandeur de l'effort pour une position quelconque du bouton de la manivelle.

Considérons le cas d'une machine verticale à mouvement direct et soient

$OA = r$ la longueur de la manivelle; ,

$MN = 2r$ la course du piston;

$AN$ la longueur de la bielle;

$ac$ la grandeur de l'effort agissant sur la surface du piston (*fig.* 74).

Supposons le bouton de la manivelle au point mort inférieur A et se déplaçant d'une quantité $AA_1$. Si du point $A_1$, avec un rayon égal à la longueur de la bielle, on décrit un

Fig. 74.

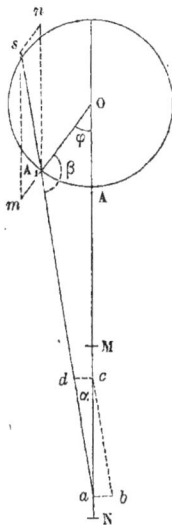

arc de cercle, le point $a$, où il rencontre la verticale, donne, par sa distance au point N, une longueur $a$N qui est le chemin parcouru par le piston, lorsque le bouton de la manivelle a décrit l'arc $AA_1$ et la position correspondante de la bielle est représentée par $A_1 a$. A partir du point $a$, portons la longueur $ac$, qui exprime l'intensité de l'effort exercé sur le piston, et décomposons cet effort en deux autres, l'un $ad$ dans la direction de la bielle et l'autre $ab$ perpendiculaire à OA. Ce dernier est détruit par la résistance des guides. Désignons par $\alpha$ l'angle de la bielle avec la verticale, par P l'effort constant $ac$ et par F celui qui est transmis par la bielle motrice sur le bouton de la manivelle. Du triangle rectangle $adc$ on déduit immédiatement

$$ac = ad \cos\alpha \quad \text{ou} \quad P = F \cos\alpha,$$

d'où

$$F = \frac{P}{\cos\alpha}.$$

Transportons l'effort F sur le bouton de la manivelle au point $A_1$ et décomposons encore cet effort en deux autres, l'un $A_1 n$ vertical et l'autre $A_1 m$ suivant l'axe de la manivelle. Comme ce dernier est neutralisé par la résistance qu'oppose l'axe de rotation, nous n'aurons à considérer que l'effort $A_1 n$ ou $P'$. Ainsi, pour cette position du bouton, le système se trouve exactement dans les mêmes conditions que si l'effort était transmis sur le bouton par une bielle verticale.

Appelant $\varphi$ l'angle au centre $AOA_1$ et $\beta$ l'angle $OA_1 a$, on aura

$$\beta = 180^\circ - (\alpha + \varphi).$$

L'angle $\beta$ étant ainsi déterminé et d'ailleurs les angles $nSA_1$, $SnA_1$ étant respectivement égaux aux angles $\beta$ et $\varphi$, le triangle $nSA_1$ fournira la relation suivante :

$$\frac{A_1 n}{A_1 S} = \frac{\sin\beta}{\sin\varphi} \quad \text{ou} \quad \frac{P'}{F} = \frac{\sin\beta}{\sin\varphi},$$

d'où

$$P' = \frac{F \sin\beta}{\sin\varphi}.$$

Remplaçant F par sa valeur trouvée plus haut,

$$P' = \frac{P}{\cos\alpha} \frac{\sin\beta}{\sin\varphi}.$$

On comprend que cette opération doit être réitérée pour toutes les positions du bouton de la manivelle et que, par la méthode précédemment indiquée, on obtiendra facilement la surface qui représente le travail de la manivelle correspondant à une révolution.

**109.** *Représentation graphique.* — Soient OA la longueur de la manivelle et $Aa'$ celle de la bielle (*fig.* 75 et 76). Divisons la circonférence et son développement en un certain nombre de parties égales et supposons que le bouton de la manivelle passe du point mort inférieur A au point $A_1$. En décrivant du point $A_1$, comme centre, avec un rayon égal à la longueur de la bielle un arc de cercle, on obtiendra un point $a_1$, tel que $a' a_1$ sera le chemin parcouru par le piston correspondant au déplacement $AA_1$ du bouton de la manivelle. A partir du point $a_1$, portons sur la verticale une longueur $a_1 k$ égale à l'intensité de l'effort qui agit sur la surface du piston, et remarquons que cet effort se décompose en deux autres, l'un

Fig. 75.

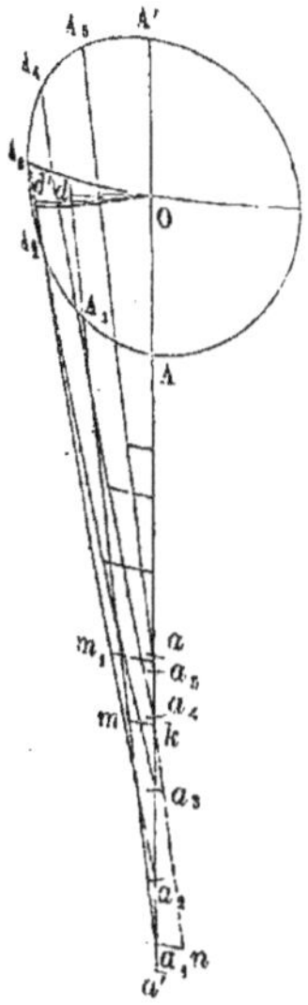

Fig. 76.

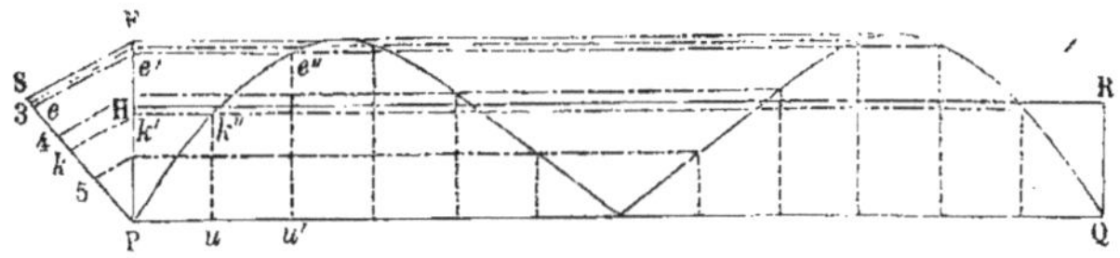

$a_1 m$ transmis par la bielle motrice sur le bouton et l'autre perpendiculaire à la direction de la tige, qui est détruit par la résistance des guides. La perpendiculaire $O d$ abaissée du point O sur la direction de la bielle, quand le bouton de la manivelle occupe la position $A_1$, sera le bras de levier de cet effort. En faisant les mêmes constructions que dans le cas précédent, on obtiendra les deux courbes qui limitent les surfaces représentant le travail développé pendant une révolution. Nous ferons observer que la grandeur de l'effort varie avec l'obliquité de la bielle, mais que les deux courbes sont symétriques. En divisant la surface obtenue par le développement $PQ = 2\pi r$ de la circonférence, on obtiendra la hauteur $PH$ du rectangle $PQRH$ qui représente le travail moyen.

# CHAPITRE VII.

**110.** *Résistance des matériaux.* — Cette branche de la Mécanique appliquée est, sans contredit, une des plus importantes. Elle se rapporte aux déformations que les organes des machines ou les matériaux employés dans la construction sont exposés à subir sous l'action des efforts extérieurs qui les sollicitent. La cohésion des molécules détermine alors, dans les corps solides, des résistances qui réagissent contre ces efforts. Comme les déformations dépendent de la grandeur des efforts extérieurs, de leur direction et de la position du point d'application, on comprend l'utilité, pour le constructeur, de connaître la limite au delà de laquelle elles ne pourraient avoir lieu sans compromettre la solidité des pièces. Dans ce Chapitre, nous nous proposerons donc de calculer les dimensions qu'il convient de donner à ces pièces pour qu'elles puissent supporter, en toute sécurité, les efforts extérieurs qui tendent à en altérer la forme.

**111.** *Efforts à considérer dans les machines et dans les constructions.* — Les matériaux que l'on emploie sont soumis à des efforts instantanés ou permanents qui les *étendent*, les *compriment*, les *fléchissent* ou les *tordent*. De là quatre efforts différents à considérer :

1° *L'effort de traction ou d'extension qui sollicite le corps dans le sens de la longueur et tend à l'allonger.* Tel est le cas d'un poids supporté par une corde ou par une barre de fer verticale. Il en est de même de l'effort supporté par la tige du piston d'une machine à vapeur, dans le mouvement de descente du piston.

2° *L'effort de compression qui presse le corps et tend à le refouler dans le sens de la longueur.* Cet effort se manifeste dans une pièce debout, supportant un poids à la partie supérieure. La tige du piston d'une machine à vapeur est également soumise à un effort de compression, dans le mouvement ascensionnel de ce piston.

3° *L'effort de flexion qui agit perpendiculairement à la longueur de la pièce et lui fait prendre une forme courbe.* Tel est, par exemple, l'effort qui agit à l'une des extrémités d'une pièce de forme prismatique encastrée dans un mur par l'autre extrémité.

4° *L'effort de torsion qui tend à tordre la pièce autour de son axe.* Ce cas se présente lorsqu'une pièce est encastrée par une extrémité, tandis qu'à l'autre extrémité, au moyen d'un levier perpendiculaire à l'axe, on applique une force qui tend à imprimer à cette pièce un mouvement de rotation. Tel est encore l'effort supporté par l'arbre d'un treuil sollicité à tourner dans un sens par l'action du poids que l'on veut élever et à tourner en sens contraire, en vertu de l'effort appliqué à la manivelle.

112. *Effort de traction. Hypothèses diverses. Module ou coefficient d'élasticité.* — Les géomètres qui se sont occupés de cette question, en l'absence d'observations rigoureuses, ont été conduits à admettre implicitement et explicitement les hypothèses suivantes, qui servent de base à la théorie de la résistance à la traction :

1° *Lorsqu'un solide est soumis à un effort de traction, il s'allonge jusqu'à une certaine limite, différente pour chaque nature de corps; mais, aussitôt que l'effort extérieur cesse d'agir, les forces moléculaires qui avaient déterminé le premier état d'équilibre tendent à ramener les molécules à leur place; de sorte que le solide reprend exactement sa forme et ses dimensions primitives.* La limite de l'allongement se nomme *limite d'élasticité.*

2° *Les allongements que prend successivement la pièce sont proportionnels aux différentes valeurs de l'effort de traction, tant que la limite d'élasticité n'est pas atteinte.*

3° *Ces allongements sont proportionnels à la longueur de la pièce.*

4° *La durée de l'effort de traction n'exerce aucune in-fluence sur l'allongement jusqu'à la limite d'élasticité.*

5° *Les accroissements de longueur ne modifient pas la sec-tion transversale de la pièce.*

6° *La grandeur des efforts capables d'allonger la pièce d'une quantité déterminée est directement proportionnelle à l'aire de la section.*

Cela posé, appelons

**L** la longueur de la pièce;
**A** l'aire de la section transversale;
**P** l'effort de traction;
*l* l'allongement de la pièce relatif à cet effort;
*i* l'allongement par mètre courant.

Évidemment l'accroissement de longueur par mètre cou-rant sera $\dfrac{l}{L}$ et l'effort supporté par mètre carré de section $\dfrac{P}{A}$.

Puisque, en deçà de la limite d'élasticité, les allongements produits sont proportionnels aux efforts, on aura, au moyen de la proportion qui suit, l'allongement correspondant à un effort de 1 kilogramme,

$$\frac{P}{A} : 1 :: \frac{l}{L} : i,$$

d'où

$$i = \frac{A\,l}{PL} \quad \text{et} \quad \frac{1}{i} = \frac{PL}{A\,l}.$$

Posant $\dfrac{1}{i} = E$, on aura encore

$$E = \frac{PL}{A\,l}.$$

Cette quantité **E**, qui représente un poids, se nomme le *module* ou le *coefficient d'élasticité* de la substance qui com-pose le corps soumis à l'effort de traction. En d'autres termes, *le module d'élasticité exprime le nombre de kilogrammes qu'il faudrait appliquer à un solide de 1 mètre carré de sec-tion pour l'allonger, si cela était possible, de 1 mètre par mètre courant.* On voit aisément qu'il est égal au rapport de l'effort exercé par unité de surface à l'allongement par unité de longueur. Si, dans la formule, on fait $A = 1$ et $L = l$, ce qui est la même chose que de poser $L = 1$ et $l = 1$, on aura

$$E = P.$$

Ces principes permettent de déterminer expérimentalement le coefficient d'élasticité relatif à chaque substance et d'en faire l'application à la recherche de l'effort capable de produire un allongement donné et, réciproquement, de déterminer l'allongement qui correspond à une charge donnée.

Dans le tableau suivant, qui a été dressé par Poncelet, les valeurs du coefficient E se rapportent au millimètre carré; mais comme, dans les applications de l'industrie, la section transversale des pièces est toujours exprimée en fonction du mètre carré, il suffira de multiplier ces coefficients par un million, puisque, d'après l'hypothèse admise, les charges sont proportionnelles aux aires des sections. Quelques-uns de ces coefficients ont été déduits des expériences faites par M. Wertheim :

| DÉSIGNATION DES CORPS. | ALLONGEMENT par mètre courant dans la limite d'élasticité. | CHARGE par millimètre carré correspondant à cette limite | VALEUR de E par millimètre carré. |
|---|---|---|---|
| | | kg | kg |
| Chêne.................... | $\frac{1}{600} = 0,00167$ | 2,00 | 1200 |
| Sapin jaune ou blanc........... | $\frac{1}{850} = 0,00117$ | 2,17 | 1854 |
| Sapin rouge ou pin.......... | $\frac{1}{470} = 0,00210$ | 3,15 | 1500 |
| Mélèze ou larix............ | $\frac{1}{510} = 0,00192$ | 1,73 | 900 |
| Hêtre rouge................. | $\frac{1}{570} = 0,00175$ | 1,63 | 930 |
| Frêne................. | $\frac{1}{885} = 0,00113$ | 1,27 | 1120 |
| Orme.... ........... | $\frac{1}{414} = 0,00242$ | 2,35 | 970 |
| Fers doux passés à la filière, de petite dimension............ | $\frac{1}{1250} = 0,00080$ | 14,75 | 18000 |
| Fers en barres........ ........ | $\frac{1}{1510} = 0,00066$ | 12,205 | 20000 |
| Fers du Berry (Wertheim) { étirés.. | » | » | 20869 |
| { recuits. | » | » | 20784 |
| Acier d'Allemagne, très-bonne qualité, recuit à l'huile.......... | $\frac{1}{835} = 0,00120$ | 25 | 21600 |
| Acier fondu très-fin, trempé, recuit à l'huile................. | $\frac{1}{4500} = 0,00222$ | 66 | 30000 |
| Acier fondu (Wertheim) { étiré... | » | » | 19549 |
| { recuit.. | » | » | 19561 |
| Acier anglais en fil (Wertheim).............. { étiré... | » | » | 18809 |
| { recuit.. | » | » | 17278 |
| Acier ordinaire recuit au blanc (Wertheim)................ | » | » | 18045 |
| Fonte de fer à grains fins...... . | $\frac{1}{1200} = 0,00083$ | 10,00 | 12000 |
| Fonte grise ordinaire, anglaise, bonne qualité................ | $\frac{1}{1400} = 0,00078$ | 6,00 | 9096 |
| Fils de cuivre (Wertheim) { étirés.. | » | » | 12000 |
| { recuits. | » | » | 10509 |
| Fils de laiton recuits.......... | $\frac{1}{743} = 0,00135$ | 15,00 | 10000 |
| Laiton fondu............... | $\frac{1}{1320} = 0,00076$ | 4,80 | 6450 |
| Bronze de canon fondu......... | $\frac{1}{1590} = 0,00063$ | 2,00 | 3200 |
| Fil de plomb de coupelle, étiré à froid, de 0ᵐ,004 de diamètre... | $\frac{1}{1490} = 0,00067$ | 0,40 | 600 |
| Fil de plomb impur, du commerce, étiré à froid, de 0ᵐ,006 de diamètre..................... ... | $\frac{1}{2000} = 0,00050$ | 0,40 | 800 |
| Plomb fondu ordinaire......... | $\frac{1}{477} = 0,00210$ | 1,00 | 500 |
| Étain.. ...........(Wertheim). | » | » | 3200 |
| Zinc............ ... id . | » | » | 9600 |
| Or étiré........... id . | » | » | 8131 |
| Or recuit....... ... id . | » | » | 5585 |
| Argent étiré. ....... id . | » | » | 7358 |
| Platine fil moyen. .. id . | » | » | 17044 |
| Platine fil moyen, recuit. id . | » | » | 15518 |

## Résultats des expériences de MM. Chevandier et Wertheim sur les bois des Vosges.

| DÉSIGNATION des bois. | ALLONGEMENT correspondant à la limite d'élasticité. | CHARGE par millimètre carré relative à cette élasticité. | VALEUR du coefficient d'élasticité par millimètre carré. |
|---|---|---|---|
| | m | kg | kg |
| Acacia.......................... | 0,00253 | 3,188 | 1261,9 |
| Sapin........................... | 0,00193 | 2,153 | 1113,2 |
| Charme......... ........ ........ | 0,00118 | 1,282 | 1085,7 |
| Bouleau........................ | 0,00162 | 1,617 | 997,2 |
| Hêtre.......................... | 0,00236 | 2,317 | 980,4 |
| Chêne à glands pédonculés.......... | » | » | 977,8 |
| Chêne à glands sessiles............. | 0,00254 | 2,349 | 921,8 |
| Pin sylvestre...... ..... .......... | 0,00289 | 1,633 | 564,1 |
| Orme........................... | 0,00158 | 1,842 | 1165,3 |
| Sycomore....................... | 0,00098 | 1,139 | 1163,8 |
| Frêne.......................... | 0,00111 | 1,246 | 1121,4 |
| Aune... ..... .......... ..... . | 0,00101 | 1,121 | 1108,1 |
| Tremble........................ | 0,00096 | 1,035 | 1075,9 |
| Érable......................... | 0,00105 | 1,068 | 1021,4 |
| Peuplier........... ........ . | 0,00195 | 1,007 | 517,2 |

## Tableau relatif aux dimensions usuelles des bois des Vosges.

| DÉSIGNATION des bois. | DIMENSIONS DES PIÈCES : | | | COEFFICIENT d'élasticité. | OBSERVATIONS. |
|---|---|---|---|---|---|
| | Longueur. | Largeur. | Épaisseur. | | |
| | m | m | m | kg | |
| | 14,00 | 0,290 | 0,324 | 1136,7 | |
| | 13,00 | 0,255 | 0,284 | 1156,7 | |
| | 10,48 | 0,223 | 0,243 | 1026,9 | |
| Sapin.......... | 10,46 | 0,170 | 0,196 | 1245,0 | |
| | 10,47 | 0,093 | 0,123 | 1257,6 | Chevrons. |
| | 4,24 | 0,246 | 0,054 | 1089,6 | Madriers. |
| | 4,25 | 0,241 | 0,028 | 1202,2 | Planches. |
| Valeur moyenne.............. | | | | 1159,2 | |
| | 5,87 | 0,232 | 0,253 | 825,1 | |
| | 6,11 | 0,217 | 0,237 | 822,3 | |
| | 7,06 | 0,191 | 0,220 | 858,9 | |
| | 6,82 | 0,160 | 0,189 | 1007,0 | |
| | 6,54 | 0,137 | 0,161 | 638,1 | |
| Chêne......... | 4,01 | 0,083 | 0,081 | 601,3 | Chevrons. |
| | 4,00 | 0,078 | 0,0804 | 774,3 | Chevrons. |
| | 6,50 | 0,293 | 0,0546 | 965,8 | Doublettes. |
| | 3,65 | 0,143 | 0,0422 | 1210,7 | Échantillons. |
| | 3,37 | 0,242 | 0,0282 | 1251,2 | Entrevoux. |
| Valeur moyenne.............. | | | | 895,5 | |

**113.** *Expériences de M. Eaton Hodgkinson.* — Des expériences faites par ce savant physicien anglais conduisent à des conclusions qui ne sont pas conformes aux hypothèses généralement admises. En opérant sur des barres de fer de première qualité et de $0^m,01313$ de diamètre, réunies ensemble par des manchons à vis, de manière à former une longueur de 15 mètres, il a déduit les conséquences qui suivent :

1° *Sous des charges inférieures à celle qui correspond à la limite d'élasticité, il y a un allongement permanent, c'est-à-dire que la longueur de la pièce est plus grande que la longueur primitive, aussitôt que l'effort de traction a cessé d'agir.*

2° *Jusqu'à la limite de* $14^{kg},997$ *par millimètre, l'allongement total croît proportionnellement à la charge; il en est de même de l'allongement permanent, sans toutefois que celui-ci atteigne au plus la valeur négligeable d'un centième de millimètre par mètre courant, sous la charge de* $14^{kg},997$.

3° *A partir de la charge* $14^{kg},997$ *et principalement à partir de* $18^{kg},74$ *par millimètre carré, les allongements totaux et les allongements permanents croissent très-rapidement et dans un rapport supérieur à celui des charges.*

4° *Les allongements totaux croissent moins vite que les allongements permanents et ceux-ci augmentent avec la durée de la charge.*

En prenant la moyenne de tous les résultats obtenus sous des charges différentes rapportées au mètre carré, il a obtenu, pour la valeur du coefficient d'élasticité,

$$E = 1981644000^{kg}.$$

Une nouvelle série d'expériences, entreprises sur une barre de $15^m,25$ de longueur sur $0^m,01909$ de diamètre, a fourni des résultats très-peu différents. Prenant la moyenne des résultats obtenus par les expériences faites sur les deux barres, il a admis la valeur suivante :

$$E = 1935945850^{kg}.$$

Des mêmes expériences, M. Hodgkinson a conclu que la plus faible charge occasionne un allongement permanent.

Cette opinion, partagée par d'habiles expérimentateurs, controversée par d'autres, n'élucide pas la question, encore fort obscure, de l'allongement par voie de traction. D'autre part, comme le fait observer M. Morin, pour accorder une entière confiance aux conclusions de ce savant physicien, il faudrait préalablement s'assurer que le temps, qui contribue à l'accroissement rapide des allongements permanents, n'est pas, à l'inverse, une cause qui ramène le corps à sa longueur primitive, dès que l'action de l'effort de traction est suspendue. Il est d'ailleurs utile de remarquer que les allongements permanents sont tellement faibles, jusqu'à la charge de $14^{kg},997$, qu'on peut, sans inconvénient, les négliger dans les règles à suivre pour l'établissement des constructions.

**114.** *Observation importante sur la charge limite.* — Dans les constructions, lorsque les pièces ne peuvent être directement soumises à l'expérience avant leur emploi, il convient de ne leur faire supporter que des charges égales à la moitié de celles qui correspondent à la limite d'élasticité. On pourra cependant dépasser cette moitié, si les pièces ne sont pas exposées à des vibrations ou à des chocs, et surtout si la durée des efforts est relativement courte; mais, dans tous les cas, il est prudent que les charges ne soient pas supérieures aux trois quarts de celles relatives à la limite. Lorsque les matériaux ont été préalablement éprouvés et qu'on est sûr de leur qualité et de leur parfaite homogénéité, les charges peuvent recevoir une valeur qui diffère peu de celle qui correspond à la limite d'élasticité. C'est ainsi que procèdent, en Angleterre, les Compagnies de chemins de fer et celles qui se chargent de la construction des ponts métalliques.

**115. APPLICATIONS.** — 1° *Trouver la section qu'il convient de donner à une barre de fer qui doit être soumise à un effort permanent de traction égal à* 3000 *kilogrammes.*

D'après le tableau, la charge qui correspond à la limite d'élasticité étant $12^{kg},205$ par millimètre carré de section, on aura, en tenant compte de l'observation qui précède,

$$\frac{3000}{6,1025} = 491^{mmq}.$$

2° *Trouver l'allongement que peut faire subir à une barre de fer rond de 20 millimètres de diamètre et de 6 mètres de longueur un effort de traction longitudinal égal à 3000 kilogrammes.*

La surface de la section étant $\pi R^2$ ou en fonction du diamètre $\dfrac{D^2}{1,273}$, l'effort supporté par millimètre carré aura pour valeur

$$3000 : \frac{(20)^2}{1,273} = \frac{3000 \times 1,273}{(20)^2} = 9^{kg},547,$$

résultat qui indique que la charge par millimètre carré n'atteint pas celle qui correspond à la limite d'élasticité.

Pour trouver l'allongement, prenons la formule générale qui exprime la valeur du coefficient d'élasticité,

$$E = \frac{PL}{A\,l};$$

on en déduit

$$l = \frac{PL}{AE}.$$

La surface de la section étant égale à 314 millimètres carrés et, d'après le tableau, le module d'élasticité ayant pour valeur 20000 kilogrammes par millimètre carré, on aura

$$l = \frac{3000 \times 6}{314 \times 20000} = 0^m,00286.$$

On peut encore résoudre cette question de la manière suivante : les allongements étant proportionnels, on obtiendra l'allongement de l'unité de longueur, sous une charge de $9^{kg},547$, par la relation suivante :

$$\frac{12,205}{9,547} = \frac{0,00066}{i},$$

0,00066 étant l'allongement relatif à la limite d'élasticité ; d'où

$$i = \frac{9,547 \times 0,00066}{12,205} = 0^m,00051.$$

Pour une longueur de 6 mètres, on aura

$$l = 0^m,00051 \times 6 = 0^m,00306.$$

Cette différence de deux dixièmes de millimètre entre les deux résultats prouve que la charge de $12^{kg},205$ par millimètre carré ne se rapporte pas à un allongement de $0^m,00066$. M. Morin, dans son Traité de la *Résistance des matériaux*, adopte le coefficient 18000 pour le calcul de la section des barres de fer doux. En introduisant dans la formule ce coefficient, on trouve $0^m,00318$. Le coefficient d'élasticité qui correspond exactement à l'allongement de $0^m,00066$ est 18500.

**116.** *Résistance des corps à la rupture par extension.* — Les expériences faites sur la rupture des corps soumis à des efforts de traction ont appris que, pour une barre solide prismatique ou cylindrique, la résistance à la rupture est sensiblement proportionnelle à l'aire de la section transversale de la pièce.

En l'absence de conclusions formelles sur l'élasticité des corps, on a dû rechercher directement sous quelles charges avait lieu la rupture des différents corps employés dans les constructions. Le nombre de kilogrammes qui, pour chacun d'eux, se rapporte à l'unité de surface a reçu le nom de *coefficient de rupture par traction ou extension.* Bien que les expériences sur la rupture par extension présentent moins de précision et de régularité que celles relatives à l'élasticité, on a pu cependant assigner très-approximativement une limite minima à la grandeur des efforts capables de rompre les pièces de natures différentes.

L'expérience a encore conduit à admettre que les prismes et les cylindres ne devaient être soumis qu'à des efforts permanents de traction, bien au-dessous de ceux qui peuvent produire la rupture. On comprend, en effet, que l'état hygrométrique de l'air, les vibrations, les chocs sont autant de causes qui peuvent, avec le temps, influer d'une manière notable sur la résistance des pièces.

Pour les bois, les pierres et les mortiers, on prend $\frac{1}{10}$ de la charge de rupture et pour les métaux $\frac{1}{6}$.

Nous appellerons *coefficient de résistance à la traction ou à l'extension* l'effort de traction que peut supporter une pièce, en toute sécurité, par mètre carré de section.

Appelant $T$, le coefficient de résistance à la traction et A l'aire de la section transversale, on aura

$$P = T_r A.$$

1° La section est un rectangle dont $a$ et $b$ sont les dimensions,

$$P = T_r ab.$$

2° La section est un carré,

$$P = T_r a^2.$$

3° La section est un cercle de diamètre D,

$$P = T_r \frac{D^2}{1,273}.$$

Ces trois relations serviront, connaissant le coefficient de résistance à la traction et les dimensions de la section transversale, à déterminer la charge que pourra supporter la pièce, sans danger de rupture.

Réciproquement, s'il s'agit de trouver les dimensions de la section pour que la pièce puisse supporter une charge donnée, on aura successivement

$$ab = \frac{P}{T_r},$$

$$a^2 = \frac{P}{T_r} \quad \text{et} \quad a = \sqrt{\frac{P}{T_r}},$$

$$D^2 = \frac{1,273\,P}{T_r} \quad \text{et} \quad D = \sqrt{\frac{1,273\,P}{T_r}}.$$

## Tableau des coefficients de rupture et des coefficients de résistance à la traction longitudinale.

| DÉSIGNATION DES CORPS. | EFFORTS par millimètre carré | |
|---|---|---|
| | capable de produire la rupture. | qu'on peut faire supporter avec sécurité. |

### Bois.

| | kg | kg |
|---|---|---|
| Chêne dans le sens des fibres, fort............... | 8,00 | 0,80 |
| Chêne dans le sens des fibres, faible............ | 6,00 | 0,60 |
| Tremble dans le sens des fibres................. | 6 à 7 | 0,60 à 0,70 |
| Sapin dans le sens des fibres................... | 8 à 9 | 0,80 à 0,90 |
| Sapin des Vosges dans le sens des fibres......... | 4,00 | 0,40 |
| Frêne...................................... | 12,00 | 1,20 |
| Frêne des Vosges............................. | 6,78 | 0,678 |
| Pin sylvestre des Vosges...................... | 2,48 | 0,248 |
| Orme....................................... | 10,40 | 1,040 |
| Orme des Vosges............................. | 6,99 | 0,699 |
| Hêtre des Vosges............................ | 8,00 | 0,800 |
| Teak des Vosges employé aux constructions navales. | 11,00 | 1,100 |
| Buis des Vosges.............................. | 14,00 | 1,400 |
| Poirier des Vosges........................... | 6,90 | 0,690 |
| Acajou..................................... | 5,60 | 0,560 |
| Tremble des Vosges.......................... | 7,20 | 0,720 |
| Tremble latéralement aux fibres, par glissement... | 0,57 | 0,057 |
| Sapin latéralement aux fibres................. | 0,42 | 0,042 |
| Chêne perpendiculairement aux fibres.......... | 1,60 | 0,160 |
| Peuplier perpendiculairement aux fibres........ | 1,25 | 0,125 |
| Larix perpendiculairement aux fibres........... | 0,94 | 0,094 |
| Chêne ou sapin des essences indiquées. { Pièces droites formées de morceaux assemblés par entailles ou crémaillères............. | 4,00 | 0,400 |
| Arcs en planches de champs ou en bois plié............... | 3,00 | 0,300 |

### Métaux.

| | | |
|---|---|---|
| Fer forgé ou étiré. { Le plus fort, de petit échantillon...... | 60,00 | 10,00 |
| Le plus faible, de très-gros échantillon. | 25,00 | 4,16 |
| Fers en barres, moyen....................... | 40,00 | 6,66 |
| Fer ou tôle laminée { tiré dans le sens du laminage....... | 41,00 | 7,00 |
| tiré dans le sens perpendiculaire.... | 36,00 | 6,00 |
| Tôles fortes corroyées dans les deux sens........ | 35,00 | 6,00 |

Tableau des coefficients de rupture et des coefficients
de résistance à la traction longitudinale (*suite*).

| DÉSIGNATION DES CORPS. | EFFORTS par millimètre carré | |
|---|---|---|
| | capable de produire la rupture. | qu'on peut faire supporter avec sécurité. |
| | kg | kg |
| Fer dit *ruban*, très-doux..... ..... ............ | 45,00 | 7,00 |
| Fil de fer non recuit. Moyen de 1 à 3 millimètres de diamètre. | 60,00 | 10,00 |
| Fil de fer non recuit. De l'Aigle de 0^mm,23 de diamètre..... | 90,00 | 15,50 |
| Fil de fer non recuit. Le plus faible, d'un grand diamètre... | 50,00 | 8,33 |
| Fil de fer non recuit. Le plus fort, de 0^mm,5 à 1 millimètre de diamètre................ | 80,00 | 13,33 |
| Fil de fer en faisceau ou câble................. | 30,00 | 5,00 |
| Chaines en fer doux ordinaires, à maillons oblongs..... | 24,00 | 6,00 |
| Chaines en fer doux renforcées par des étançons......... | 32,00 | 5,33 |
| Fonte de fer grise. La plus forte, coulée verticalement. | 13,50 | 2,25 |
| Fonte de fer grise. La plus faible, coulée horizontalement..................... | 12,50 | 2,17 |
| Acier. Fondu ou de cémentation étiré au marteau en petits échantillons........... | 100,00 | 16,76 |
| Acier. Le plus mauvais, en gros échantillons, mal trempé................. | 36,00 | 6,00 |
| Acier. Moyen............................. | 75,00 | 12,50 |
| Bronze de canons, moyennement............... | 16 à 23 | 3,83 |
| Bronze laminé dans le sens de la longueur...... | 21,00 | 3,50 |
| Bronze laminé, de qualité supérieure.......... | 26,00 | 4,33 |
| Bronze battu............................. | 25,00 | 4,17 |
| Bronze fondu............................. | 13,40 | 2,33 |
| Cuivre jaune ou laiton fin..................... | 12,60 | 2,10 |
| Arcs ou pièces d'assemblage en fer forgé ou en fonte grise.................... | 25,20 | 4,20 |
| Cuivre rouge en fil non recuit. Le plus fort, au-dessous de 1 millimètre.................... | 70,00 | 11,76 |
| Cuivre rouge en fil non recuit. Moyen de 1 à 2 millimètre de diamètre................ | 50,00 | 8,33 |
| Cuivre rouge en fil non recuit. Moyen, le plus mauvais.......... | 40,00 | 6,67 |
| Cuivre jaune en fil non recuit. Le plus fort, au-dessous de 1 millimètre de diamètre.......... | 85,00 | 14,16 |
| Cuivre jaune en fil non recuit. Moyen...................... | 50,00 | 8,38 |
| Fil de platine écroui, non recuit, de 0^mm,127 de diamètre.................... | 116,00 | 19,33 |
| Fil de platine écroui, recuit..................... | 34,00 | 5,67 |

## Tableau des coefficients de rupture et des coefficients de résistance à la traction longitudinale (*fin*).

| DÉSIGNATION DES CORPS. | EFFORTS par millimètre carré | |
|---|---|---|
| | capable de produire la rupture. | qu'on peut faire supporter avec sécurité. |
| | kg | kg |
| Étain fondu................................ | 3,00 | 0,50 |
| Zinc fondu................................. | 6,00 | 1,00 |
| Zinc laminé................................ | 5,00 | 0,833 |
| Plomb fondu............................... | 1,28 | 0,213 |
| Plomb laminé.............................. | 1,35 | 0,225 |
| Fil de plomb de coupelle, fondu passé à la filière, de 4 millimètres de diamètre................. | 1,36 | 0,227 |
| *Cordes.* | | |
| Aussières et grelins de chanvre de Strasbourg, de 13 à 14 millimètres de diamètre................. | 8,80 | 4,40 |
| Aussières et grelins de chanvre de Lorraine........ | 6,50 | 3,25 |
| Aussières et grelins de chanvre de Strasbourg ou de Lorraine, de 23 millimètres de diamètre....... | 6,00 | 3,00 |
| Aussières et grelins de chanvre de Strasbourg, de 40 à 54 millimètres de diamètre............... | 5,50 | 2,75 |
| Cordages goudronnés. ......................... | 4,40 | 2,20 |
| Courroies en cuir noir........................ | // | 0,20 |
| *Pierres.* | | |
| Basalte d'Auvergne........................... | 77,00 | 7,70 |
| Calcaire de Portland.......................... | 60,00 | 6,00 |
| Calcaire blanc à grains fins et homogènes........ | 14,40 | 1,44 |
| Calcaire à tissu compacte, lithographique......... | 30,80 | 3,08 |
| Calcaire à tissu arénacé, sablonneux............. | 22,90 | 2,29 |
| Calcaire à tissu oolithique. ..................... | 13,70 | 1,37 |
| Briques { de Provence, très-bien cuites........... | 19,50 | 1,95 |
| { ordinaires faibles..................... | 8,00 | 0,80 |
| Plâtre { gâché ferme............................. | 11,70 | 1,17 |
| { gâché moins ferme..................... | 5,80 | 0,58 |
| { fabriqué à la manière ordinaire......... | 4,00 | 0,40 |
| Mortiers { en chaux grasse et sable de 14 ans. .... | 4,20 | 0,42 |
| { en chaux grasse, mauvais............. | 0,75 | 0,075 |
| { en chaux hydraulique ordinaire et sable. | 9,00 | 0,90 |
| { en chaux très-hydraulique............. | 15,00 | 1,50 |
| { ciment de Pouilly d'un an. .......... | 9,60 | 0,96 |

**117. Applications.** — 1º *Trouver le diamètre qu'il convient de donner à une tige en fer rond moyen, destinée à supporter un effort de traction longitudinal égal à* 3000 *kilogrammes.*

$$P = T_r \times \frac{D^2}{1,273}, \quad D^2 = \frac{1,273\,P}{T_r}, \quad D = \sqrt{\frac{1,273\,P}{T_r}}.$$

D'après le tableau, $T_r = 6^{kg},66$ par millimètre carré,

$$D = \sqrt{\frac{1,273 \times 3000}{6,66}}, \quad D = 23^{mm},95.$$

2º *Déterminer le diamètre de la tige du piston d'une machine à vapeur marchant à n atmosphères, sachant que le diamètre du cylindre est* D.

La pression exprimée en kilogrammes qui correspond à une atmosphère étant 10330 kilogrammes par mètre carré, pour $n$ atmosphères, elle sera égale à $n \times 10330$; et, comme la surface du piston est $\dfrac{D^2}{1,273}$, la pression totale, c'est-à-dire l'effort qui tend à allonger la tige, aura pour valeur

$$\frac{D^2}{1,273} \times 10330\,n.$$

Désignant par $d$ le diamètre de la section de la tige, il viendra

$$\frac{D^2}{1,273} \times 10330\,n = T_r \times \frac{d^2}{1,273} \quad \text{ou} \quad D^2 \times 10330\,n = T_r\,d^2;$$

d'où l'on déduit

$$d^2 = \frac{D^2 \times 10330\,n}{T_r} \quad \text{et} \quad d = D\sqrt{\frac{10330\,n}{T_r}}.$$

Si $n = 5$ atmosphères et $D = 0^m,600$, on aura

$$d = 0^m,600\sqrt{\frac{10330 \times 5}{6,66}}, \quad d = 52^{mm},83.$$

3º *Calculer le diamètre que l'on doit donner aux anneaux d'une chaîne en fer, destinée à supporter un effort de tension égal à* 1800 *kilogrammes.*

Appelant $d$ le diamètre de la section, sa surface sera $\dfrac{d^2}{1,273}$ et, comme l'anneau se compose de deux branches, la surface des deux sections aura pour valeur $\dfrac{2\,d^2}{1,273}$. Si le fer est faible et de très-gros échantillon, d'après le tableau, $T_r = 4,16$; on aura donc

$$1800^{kg} = \frac{2\,d^2}{1,273} \times 4,16,$$

d'où

$$d^2 = \frac{1800 \times 1,273}{2 \times 4,16} = \frac{900 \times 1,273}{4,16}$$

et

$$d = \sqrt{\frac{900 \times 1,273}{4,16}} = 30\sqrt{\frac{1,273}{4,16}}, \quad d = 16^{mm},596.$$

4° *Trouver le côté de la section carrée d'une tige de pompe en bois de chêne, destinée à soulever une charge de 6000 kilogrammes.*

$$P = T_r \times a^2, \quad a = \sqrt{\frac{P}{T_r}}.$$

D'après le tableau, $T_r = 0^{kg},6$; par conséquent,

$$a = \sqrt{\frac{6000}{0,6}} = \sqrt{\frac{1000}{0,1}} = \sqrt{10000} = 100^{mm} = 0^m,1.$$

5° *Trouver la largeur qu'il convient de donner à une courroie en cuir noir de 6 millimètres d'épaisseur, sachant qu'elle doit transmettre un effort de 200 kilogrammes.*

Appelant $l$ la largeur en millimètres, la surface de la section sera $6 \times l$. On aura donc

$$P = 6 \times l \times T_r, \quad \text{d'où} \quad l = \frac{P}{6\,T_r}.$$

D'après le tableau, $T_r = 0,20$,

$$l = \frac{200}{6 \times 0,20} = 167^{mm}.$$

**118.** *Résistance à la rupture des cylindres soumis à une pression intérieure.* — Lorsqu'un fluide est contenu dans un cylindre, il exerce une certaine pression qui tend à le dilater ou à le faire éclater. Cette pression se distribue uniformément sur toutes les parties de la surface intérieure et, s'il y a rupture, elle a lieu évidemment suivant une section passant par l'axe du cylindre, puisqu'elle correspond à l'effort maximum qui se manifeste, en vertu du principe de la transmission des pressions. Il importe donc de donner à la paroi une épaisseur suffisante pour qu'elle puisse résister à l'effort qui tend à produire la rupture.

Soient

$P$ la pression intérieure exercée par mètre carré de surface;

$d$ le diamètre extérieur du cylindre;

$d'$ le diamètre intérieur;

$T$, le coefficient de résistance à la traction, c'est-à-dire l'effort de traction que peut supporter, en toute sécurité, par unité de surface, la matière dont le cylindre est formé;

$L$ la longueur du cylindre.

Décomposons la surface intérieure en surfaces élémentaires dont les dimensions respectives soient des éléments de la circonférence et de la longueur L. La pression exercée sur une de ces surfaces infiniment petite sera PL$a$, en désignant par $a$ un arc élémentaire. Comme la pression se produit normalement à la surface, elle aura pour direction la perpendiculaire $aO$ au plan tangent (*fig.* 77). Cette force PL$a$ peut être décomposée en deux autres, l'une *an* parallèle au plan de rupture XX′, l'autre *as* perpendiculaire à ce plan. Appelant $\alpha$ l'angle du plan tangent et du plan méridien XX′, les deux composantes seront exprimées par

$$an = \mathrm{PL}a\sin\alpha, \quad as = \mathrm{PL}\,a\cos\alpha.$$

Remarquons présentement que, si l'on considère un second plan méridien YY′ perpendiculaire au premier, il existera un second élément $a'$ symétrique correspondant à une surface élémentaire sur laquelle se produira une pression PL$a'$ égale à la pression PL$a$. Opérant la même décomposition des forces, on aura

$$a'n' = \mathrm{PL}a'\sin\alpha, \quad a's' = \mathrm{PL}a'\cos\alpha.$$

Les deux composantes PL$a\sin\alpha$ et PL$a'\sin\alpha$, étant égales et de sens contraire, s'entre-détruisent, de sorte que nous n'avons à considérer que les composantes normales à la section méridienne. Or $a\cos\alpha$ et $a'\cos\alpha$ sont les projections des

Fig. 77.

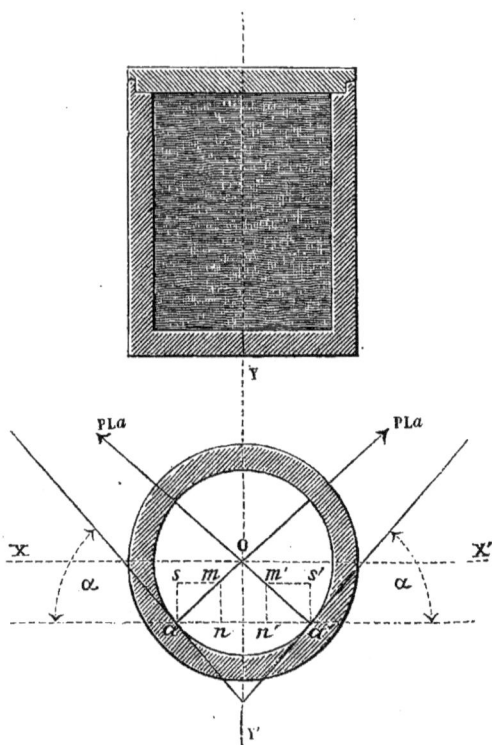

àrcs élémentaires $a$ et $a'$ sur le plan méridien XX'. Appelant $p$ et $p'$ ces projections, on aura

$$an = \mathrm{PL}\,p, \quad a'n' = \mathrm{PL}\,p'.$$

Il en serait de même pour toutes les surfaces élémentaires placées d'un même côté du plan XX'. Conséquemment, la pression totale exercée sur la surface intérieure de la moitié du cylindre aura pour valeur

$$\mathrm{PL}(p + p' + q + q' + \ldots),$$

en désignant par $q$, $q'$ les projections de deux autres éléments symétriques, et, comme la somme des projections sur le plan méridien est égale au diamètre intérieur $d$, nous voyons que cette pression se réduit à celle qui aurait lieu, dans les mêmes conditions, sur la surface d'un rectangle ayant pour base le diamètre intérieur du cylindre et pour hauteur la longueur L. Elle sera donc égale à $PLd'$.

La surface qui résiste à la rupture est égale à $(d - d')$L ou $2e$L, en appelant $e$ l'épaisseur du cylindre. Ainsi la relation d'équilibre entre la puissance et la résistance sera exprimée par l'équation suivante :

$$2e\,LT_r = PLd', \quad \text{d'où} \quad e = \frac{Pd'}{2T_r},$$

et, en fonction du rayon R,

$$e = \frac{P \times 2R}{2T_r} = \frac{PR}{T_r}.$$

Cette formule, dont l'expérience a d'ailleurs confirmé l'exactitude, montre que la résistance à la rupture, par l'effet d'une pression intérieure, est tout à fait indépendante de la longueur des cylindres et qu'elle est d'autant plus grande que le rayon intérieur est moindre.

**119.** *Tuyaux de conduite.* — La même formule conduit à des résultats trop faibles quand on l'applique à la détermination des épaisseurs des tuyaux de conduite des eaux et des gaz. Suivant la nature des tuyaux, on ajoute une épaisseur constante, qui a pour objet de les prémunir contre les chocs et généralement contre toutes les causes accidentelles de rupture. Désignant par $e'$ l'épaisseur constante, on aura

$$e = \frac{Pd'}{2T_r} + e' \quad \text{ou} \quad e = \frac{PR}{T_r} + e'.$$

Si la pression est de $n$ atmosphères,

$$P = 10330\,n,$$

et par suite

$$e = \frac{10330\,nd'}{2T_r} + e', \quad e = \frac{5165\,nd'}{T_r} + e'.$$

19.

Les ingénieurs, éclairés par l'expérience, ont adopté, pour les conduites d'eau, les proportions suivantes :

Fer.................... $T_r = 6000000^{kg}$    $E = 0,00086\,nd + 0,0030$

Fonte................ $T_r = 3000000$    $E = 0,00160\,nd + 0,0080$

Fonte $\{$ horizontalement. $T_r = 2170000$    $E = 0,00238\,nd + 0,0085$

coulée $\{$ verticalement... $T_{r.} = 3000000$    $E = 0,00160\,nd + 0,0080$

Cuivre laminé.......... $T_r = 3500000$    $E = 0,00147\,nd + 0,0040$

Plomb............... $T_r = 213000$    $E = 0,00242\,nd + 0,0050$

Zinc................. $T_r = 833000$    $E = 0,00620\,nd + 0,0040$

Bois................. $T_r = 160000$    $E = 0,03230\,nd + 0,0270$

Pierres naturelles...... $T_r = 1400000$    $E = 0,00363\,nd + 0,0300$

Pierres factices........ $T_r = 960000$    $E = 0,00538\,nd + 0,0400$

**120. Résistance du fond des cylindres.** — La pression totale exercée sur le fond du cylindre est évidemment égale à

$$\frac{P\,d'^2}{1,273}.$$

La surface annulaire qui s'oppose à cet effort de traction a pour valeur

$$\frac{d^2 - d'^2}{1,273},$$

et par suite la résistance à l'arrachement est

$$T_r \frac{d^2 - d'^2}{1,273};$$

d'où l'équation d'équilibre

$$\frac{P\,d'^2}{1,273} = T_r \frac{d^2 - d'^2}{1,273}$$

et

$$P = T_r \frac{d^2 - d'^2}{d'^2}, \quad P = T_r \frac{d - d'}{d'} \frac{d + d'}{d'}.$$

Nous avons trouvé précédemment, pour la valeur de l'épaisseur qu'il convient de donner à la paroi latérale du cylindre,

$$e = \frac{P\,d'}{2\,T_r};$$

or

$$e = \frac{d - d'}{2},$$

d'où

$$\frac{d - d'}{2} = \frac{P d'}{2 T_r} \quad \text{et} \quad P = T_r \frac{d - d'}{d'}.$$

La comparaison des deux formules montre que la résistance à la rupture du fond d'un cylindre coulé d'une seule pièce est supérieure à celle qu'oppose la surface latérale, puisque $\frac{d + d'}{d'} > 2$. Voilà pourquoi on calcule toujours l'épaisseur de la paroi et non celle du fond.

Il arrive souvent, comme dans les chaudières à vapeur et les réservoirs en fer ou en fonte, que le fond est assemblé au corps du cylindre au moyen de boulons ou de rivets. Dans ce cas leur nombre et leurs dimensions doivent être déterminés de manière qu'ils puissent résister à la pression intérieure qui tend à les rompre.

Soient

$D$ le diamètre intérieur du cylindre;
$d$ le diamètre des boulons;
$m$ leur nombre;
$P$ la pression intérieure par mètre carré;
$T_r = 6000000$ le coefficient de résistance à la traction pour le fer.

L'effort de traction longitudinal que peut supporter un boulon est

$$\frac{d^2}{1,273} T_r,$$

et l'effort total relatif à tous les boulons,

$$m \frac{d^2}{1,273} T_r,$$

d'où

$$\frac{P D^2}{1,273} = \frac{m d^2}{1,273} T_r, \quad P D^2 = m d^2 T_r$$

et

$$m = \frac{P}{T_r} \frac{D^2}{d^2} = \frac{P}{6000000} \left( \frac{D}{d} \right)^2.$$

Cette relation servira à trouver le nombre de boulons à employer, connaissant leur diamètre et celui du cylindre.

Si ce nombre est donné et que l'on se propose de calculer le diamètre, on déduira de l'équation d'équilibre

$$d^2 = \frac{PD^2}{mT_r}, \quad \text{d'où} \quad d = D\sqrt{\frac{P}{mT_r}} = D\sqrt{\frac{P}{m \times 6000000}}.$$

**121. Résistance d'une sphère à la rupture.** — Par les mêmes considérations, dans le cas d'un cylindre creux, on démontrerait que la pression intérieure qui tend à opérer la rupture est égale à la pression exercée sur une section méridienne. Comme cette section est un grand cercle de la sphère, on aura, en conservant les notations adoptées,

$$P\frac{d'^2}{1,273}.$$

La surface annulaire qui résiste, étant la différence de deux cercles, dont les diamètres sont respectivement $d$ et $d'$, sera exprimée par

$$\frac{d^2 - d'^2}{1,273}.$$

Conséquemment on aura l'équation d'équilibre

$$P\frac{d'^2}{1,273} = T_r\frac{d^2 - d'^2}{1,273} \quad \text{ou} \quad Pd'^2 = T_r(d^2 - d'^2),$$

et

$$P = T_r\frac{d^2 - d'^2}{d'^2}.$$

Cette relation met en évidence que la résistance à la rupture d'une sphère creuse est la même que celle du fond d'un cylindre creux de même diamètre. Pour trouver l'épaisseur, remarquons que, l'un des diamètres étant toujours une des données de la question, si le diamètre extérieur, par exemple, est connu, on aura

$$Pd'^2 + T_r d'^2 = T_r d^2, \quad d'^2(P + T_r) = T_r d^2, \quad d'^2 = \frac{T_r d^2}{P + T_r}$$

et

$$d' = d \sqrt{\frac{T_r}{P + T_r}},$$

et, si le diamètre intérieur est donné,

$$d = d' \sqrt{\frac{P + T_r}{T_r}}.$$

# CHAPITRE VIII.

**122.** *Efforts de compression.* — Les hypothèses admises pour les efforts de traction se rapportent également aux efforts de compression. Par conséquent, tant que les efforts de compression ne sont pas supérieurs à la limite d'élasticité relative à la traction, le refoulement de la pièce dans le sens de l'axe n'altère pas l'élasticité. Ainsi :

1° *Les raccourcissements absolus de la pièce sont proportionnels aux efforts de compression.*

2° *En raison inverse de la section transversale supposée constante, quoique la longueur de la pièce diminue par le refoulement.*

3° *Indépendants de la durée des efforts de compression.*

On admet encore que le même effort appliqué longitudinalement à une pièce fait varier sa longueur de la même quantité, soit en plus, soit en moins, selon qu'il tire ou refoule cette pièce.

Il suit de là que le module ou coefficient d'élasticité relatif à la compression, pour la même substance, aura absolument la même valeur numérique que le module d'élasticité relatif à la traction. Ainsi la quantité E, dans la formule générale, représente un poids capable d'allonger ou de raccourcir de 1 mètre un prisme de 1 mètre de longueur et de 1 mètre carré de section. Toutefois, pour qu'il n'y ait pas de confusion dans l'application de la formule, nous désignerons par C le nouveau module d'élasticité et l'on aura

$$C = \frac{PL}{A\,l},$$

d'où

$$P = C\,\frac{A\,l}{L} \quad \text{et} \quad l = \frac{PL}{AC}.$$

Au moyen de ces deux relations, on pourra résoudre des questions analogues à celles que nous nous sommes proposées sur les efforts de traction.

**123.** *Résistance des bois à la compression. Expériences de Rondelet.* — Ce célèbre architecte rapporte dans son Traité, l'*Art de bâtir*, qu'un cube de bois de chêne comprimé, au moyen de poids, dans le sens de la longueur des fibres, s'est écrasé sous une charge de 385 à 472 kilogrammes par centimètre carré et que l'écrasement a eu lieu, sous une charge de 439 à 462 kilogrammes, pour un cube en bois de sapin. Les cubes soumis à l'expérience ont diminué de hauteur, sans se désagréger, ceux en bois de chêne de plus d'un tiers du côté et ceux en bois de sapin de moitié. Il semble encore résulter des mêmes expériences que la charge de rupture reste constante, tant que la longueur de la pièce ne dépasse pas sept ou huit fois la plus petite dimension de la section transversale. Dès que cette longueur limite est atteinte, les supports en bois commencent à ployer et la flexion qu'ils prennent est d'autant plus grande que ces supports sont plus longs, les dimensions de la base restant les mêmes. Ainsi, d'après Rondelet, ce qui d'ailleurs a été confirmé par d'autres expérimentateurs, la résistance à la compression diminue à mesure que la longueur de la pièce augmente. La résistance qu'un cube de bois oppose à l'écrasement étant prise pour unité, le décroissement de cette résistance, selon que le support est plus ou moins long, est indiqué dans le tableau suivant :

| Rapport de la hauteur au côté de la base. | Rapport des résistances. |
|---|---|
| 1 | 1 |
| 12 | $\frac{5}{6}$ |
| 24 | $\frac{1}{2}$ |
| 36 | $\frac{1}{3}$ |
| 48 | $\frac{1}{6}$ |
| 60 | $\frac{1}{12}$ |
| 72 | $\frac{1}{24}$ |

La charge moyenne capable de produire l'écrasement étant prise égale à 420 kilogrammes par centimètre carré pour le chêne et le sapin, si les dimensions des solides ont entre elles

les rapports ci-dessus, les charges de rupture pour chacun d'eux sont consignées dans ce second tableau :

| Rapport de la hauteur au côté de la base. | Rapport des résistances. | Résistances à l'écrasement pour le chêne et le sapin. |
|---|---|---|
| | | kg |
| 1 | 1 | 420 |
| 12 | $\frac{5}{6}$ | 350 |
| 24 | $\frac{1}{2}$ | 210 |
| 36 | $\frac{1}{3}$ | 140 |
| 48 | $\frac{1}{6}$ | 70 |
| 60 | $\frac{1}{12}$ | 35 |
| 72 | $\frac{1}{24}$ | 17,5 |

M. Morin a modifié les nombres déduits de la règle de Rondelet, en représentant les résultats par une courbe auxiliaire à coordonnées rectangulaires. A cet effet, il a pris pour abscisses les rapports des hauteurs à la plus petite dimension de la section transversale et pour ordonnées les charges qui déterminent la rupture. On comprend aisément que cette méthode, fort usitée en Mécanique appliquée, ait pu conduire à la relation qui doit exister entre les dimensions des pièces soumises à des efforts de compression et la grandeur des efforts capables à la limite stricte, de les faire fléchir.

En admettant la charge d'écrasement égale à 420 kilogrammes, par la construction graphique que nous venons de rappeler, M. Morin a obtenu les nombres suivants :

| Rapport des hauteurs à la plus petite dimension. | Charges de rupture par centimètre carré. |
|---|---|
| | kg |
| 1 | 420 |
| 12 | 310 |
| 14 | 292 |
| 16 | 276 |
| 18 | 258 |
| 20 | 243 |
| 22 | 227 |
| 24 | 212 |
| 28 | 183 |
| 32 | 156 |
| 36 | 132 |
| 40 | 108 |
| 48 | 72 |
| 60 | 38 |
| 72 | 17,5 |

Partant de cette donnée d'expérience, fournie par Ronde-let, qu'il est prudent de ne pas charger un poteau de chêne d'une hauteur égale à deux fois le côté de la section de plus de 48 kilogrammes par centimètre carré et un poteau d'une hauteur égale à quinze fois le côté de cette section, de plus de 38$^{kg}$,10, on reconnaît que la charge permanente qu'un support en bois peut supporter en toute sécurité est égale à $\frac{1}{7}$ ou à $\frac{1}{8}$ environ de la charge de rupture. On a ainsi formé le tableau suivant :

### Charges que peuvent supporter avec sécurité les poteaux en bois.

| Rapport de la hauteur à la plus petite dimension. | Charges en kilogrammes par centimètre carré. |
|:---:|:---:|
| 12 | 44,3 |
| 14 | 42,0 |
| 16 | 39,4 |
| 18 | 37,0 |
| 20 | 35,0 |
| 22 | 32,7 |
| 24 | 36,0 |
| 28 | 26,0 |
| 32 | 22,0 |
| 36 | 16,1 |
| 40 | 15,4 |
| 48 | 10,2 |
| 60 | 5,4 |
| 72 | 2,5 |

**124. APPLICATION.**— *Trouver la charge permanente que peut supporter avec sécurité un poteau en bois de chêne à section carrée de 0$^m$,20 de côté et de 3$^m$,20 de hauteur.*

La hauteur contenant seize fois le côté de la base, le coefficient de résistance, d'après le tableau, sera égal à 39$^{kg}$,4 et l'on aura

$$P = 39^{kg},4 \times (20)^2 = 39,4 \times 400 = 15760^{kg},$$

puisque 39$^{kg}$,4 représentent la charge par centimètre carré.

Lorsque le rapport de la base à la hauteur est compris entre deux nombres consécutifs du tableau, on prend pour

charge permanente par centimètre carré la moyenne arithmétique entre les charges qui correspondent à ces nombres.

**125.** *Expériences de M. Hodgkinson.* — Ce physicien a fait
quelques expériences sur les poteaux en bois de chêne de
Dantzig et en sapin de diverses essences. De la comparaison
des résultats avec les dimensions des poteaux, il a déduit les
deux formules suivantes que l'on peut employer, dans les applications, entre certaines limites, suivant que la section est
à base carrée ou à base rectangulaire,

$$P = K \frac{b^4}{l^2}, \quad P = K \frac{ab^3}{l^2},$$

P représente en kilogrammes l'effort de compression capable
de déterminer la rupture, K un coefficient constant pour
chaque nature de bois, $a$, $b$, $l$ les dimensions du poteau.

Les quantités $a$, $b$ sont exprimées en centimètres et la longueur $l$ en décimètres.

M. Hodgkinson a donné à K les valeurs suivantes :

Pour le chêne de Dantzig et le chêne fort en gé-
néral. . . . . . . . . . . . . . . . . . . . . . . . . . . . . . . K = 2565
Pour le chêne faible. . . . . . . . . . . . . . . . . . . . K = 1800
Pour le sapin rouge blanc et fort et le pin résineux.  K = 2142
Pour le sapin blanc faible et le pin jaune. . . . . . . K = 1600

En substituant dans la formule générale, on aura pour ces
quatre essences de bois

$$P = 2565 \frac{b^4}{l^2}, \quad P = 2565 \frac{ab^3}{l^2};$$

$$P = 1800 \frac{b^4}{l^2}, \quad P = 1800 \frac{ab^3}{l^2};$$

$$P = 2142 \frac{b^4}{l^2}, \quad P = 2142 \frac{ab^3}{l^2};$$

$$P = 1600 \frac{b^4}{l^2}, \quad P = 1600 \frac{ab^3}{l^2}.$$

**126. APPLICATION.**— *Trouver la charge capable d'écraser un
poteau en chêne fort de* 1m,540 *de hauteur et dont le côté de
la base est égal à* 0m,05.

D'après l'interprétation donnée à ces formules empiriques, le côté de la base étant rapporté au centimètre et la hauteur au décimètre, nous exprimerons les dimensions du poteau par 15,40 et 5. On aura donc

$$P = 2565 \times \frac{(5)^4}{(15,40)^2},$$

$$P = 6759^{kg}.$$

**127.** *Formules pratiques.* — Si l'on admet qu'il convient, pour la solidité de la construction, de ne pas faire supporter aux poteaux en bois une charge supérieure au dixième de celle qui est capable de les faire fléchir, on pourra calculer la valeur des efforts de compression au moyen des formules suivantes :

| Nature des bois. | Section carrée. | Section rectangulaire. |
|---|---|---|
| Chêne fort. . . . . . . . . . . . . | $P = 256,5 \dfrac{b^4}{l^2}$ | $P = 256,5 \dfrac{ab^3}{l^2}$ |
| Chêne faible. . . . . . . . . . . | $P = 180 \; \dfrac{b^4}{l^2}$ | $P = 180 \; \dfrac{ab^3}{l^2}$ |
| Sapin rouge et blanc fort et pin résineux. . . . . . . . . . . { | $P = 214,2 \dfrac{b^4}{l^2}$ | $P = 214,2 \dfrac{ab^3}{l^2}$ |
| Sapin blanc faible et pin résineux jaune. . . . . . . . . . . { | $P = 160 \; \dfrac{b^4}{l^2}$ | $P = 160 \; \dfrac{ab^3}{l^2}$ |

Antérieurement aux expériences de M. Hodgkinson, MM. Navier et Duleau avaient déjà établi que la résistance à la compression était proportionnelle à

$$\frac{b^4}{l^2}, \quad \frac{ab^3}{l^2}, \quad \frac{d^4}{l^2},$$

suivant que la pièce est à section carrée, section rectangulaire ou section circulaire d'un diamètre $d$.

**128.** *Observation essentielle sur les expériences de M. Hodgkinson.* — Pour en déduire des règles qui puissent avec certitude satisfaire aux exigences de la pratique, M. Morin, ainsi qu'il l'a fait pour les expériences de Rondelet, a représenté par une courbe la loi qui lie les dimensions de la pièce à la charge qu'elles peuvent supporter. La comparaison des règles posées par ces deux expérimentateurs lui a fait reconnaître qu'il y a accord très-approximatif pour des rapports compris entre 30 et 45 et au delà; mais que les écarts sont considérables pour les pièces dont la hauteur est moindre que trente fois le côté de la base. A l'appui de cette conclusion, M. Morin cite l'application qu'il a faite de la formule aux poteaux du magasin de la Villette. Ces poteaux, qui ont un équarrissage de 35 centimètres et une hauteur de 32 centimètres, supportent un effort de $72^{kg},5$, tandis que la formule conduit à une charge de 244 kilogrammes par centimètre carré; mais, comme dans la construction il est rare que l'on emploie des poteaux d'une si faible hauteur par rapport au côté de la section, on peut, sans crainte, employer les formules de M. Hodgkinson pour des pièces dont le rapport de la hauteur au plus petit côté de la base sera compris entre 12 et 60.

**129.** *Résistance des pilots à l'écrasement.* — D'après Rondelet, les pilots complétement enfoncés dans le sol peuvent supporter, en toute sécurité, une charge de 30 à 35 kilogrammes par centimètre carré de section et quelquefois plus. Ils sont ordinairement en bois de chêne et doivent être enfoncés jusqu'au refus, c'est-à-dire jusqu'à ce qu'ils ne pénètrent pas de plus de 4 à 5 millimètres par volée de trente coups ou par coup d'un mouton de sonnette à déclic tombant d'une hauteur de 4 à 5 mètres. Dans la plupart des cas, l'équarrissage est donné, de sorte qu'on est ramené à calculer leur nombre d'après le poids de la construction qu'ils ont à supporter.

**130.** APPLICATION.— *On veut établir sur pilotis une construction dont le poids est égal à 10 000 000 de kilogrammes. Combien doit-on battre de pilots à section carrée de 30 centimètres de côté?*

Chaque pilot pourra supporter un effort représenté par

$$(30)^2 . 35^{kg} = 31500^{kg}.$$

Désignant par $n$ leur nombre, on aura

$$n = \frac{10000000}{31500} = 317.$$

Généralement, si l'on appelle $a$ le côté de la section et P la charge totale, on aura

$$n = \frac{P}{35\,a^2};$$

et, si le nombre $n$ est donné, on déterminera l'équarrissage par la formule

$$a^2 = \frac{P}{35\,n}, \quad \text{d'où} \quad a = \sqrt{\frac{P}{35\,n}}.$$

Quand les pilots sont cylindriques, en appelant $d$ le diamètre, on a

$$n = \frac{1,273\,P}{35\,d^2} \quad \text{et} \quad d^2 = \frac{1,273\,P}{35\,n},$$

d'où

$$d = \sqrt{\frac{1,273\,P}{35\,n}}.$$

Pour ne pas interpréter inexactement les résultats obtenus au moyen de ces formules, on ne doit pas perdre de vue que les dimensions $a$ et $d$ sont exprimées en centimètres.

**131.** *Résistance des pierres à la compression.* — Pour constater l'influence de la hauteur des piliers en pierre sur la résistance à l'écrasement, Rondelet a soumis à l'expérience des piliers formés de trois assises cubiques. En discutant les résultats par la méthode graphique déjà indiquée, M. Morin a reconnu que la résistance à l'écrasement décroît très-rapidement avec la hauteur, quand le nombre d'assises augmente, mais qu'elle est indépendante de la hauteur, dès qu'il est égal à trois. A cette limite, la résistance à l'écrasement devient un peu supérieure à la moitié de celle qu'oppose une seule assise. Toutefois cette conséquence ne peut être admise que pour de faibles hauteurs, attendu que les poussées horizontales qui se produisent peuvent influer sur la solidité de la construction plus énergiquement que les charges qui tendent à opérer la rupture par compression.

Des expériences de M. Vicat il résulte que, *pour des prismes et des cylindres semblables, les résistances à l'écrasement sont en raison directe des sections des bases.*

Enfin toutes les observations recueillies en France par MM. Rondelet, Gauthey, Vicat, et en Angleterre par M. Resnie, sur la résistance des pierres et des maçonneries ont conduit à des conclusions qui peuvent être formulées de la manière suivante :

1° Les qualités physiques des pierres, telles que le grain, la dureté, la couleur, la densité ne sont pas des caractères suffisants pour apprécier exactement leur résistance à l'écrasement.

2° Dans une carrière, les pierres qui proviennent du toit et du fond sont moins résistantes que celles du milieu.

3° Pour des corps semblables, la résistance à l'écrasement est en raison directe de l'aire des sections transversales.

4° Pour une même nature de pierre, la résistance est la plus grande possible quand l'échantillon affecte la forme cubique.

5° La résistance d'un cube étant représentée par 1, celle du cylindre inscrit posé sur sa base sera o,8o ; celle du même cylindre posé sur l'arête sera o,22 et celle de la sphère inscrite o,26.

6° Les pierres dures cèdent fort peu à la pression et se divisent subitement en lames et en aiguilles sans consistance, qui se réduisent facilement en poussière.

7° Dans les premiers instants de la rupture, les pierres tendres se partagent en pyramides ou en cônes, dont les bases sont les faces supérieures ou inférieures.

8° La résistance des supports diminue d'autant plus qu'ils sont formés d'un plus grand nombre de parties.

9° Dans les constructions ordinaires, on ne doit charger les maçonneries en pierres de taille et les maçonneries en moellons que du vingtième du poids que pourraient supporter sans s'écraser les matériaux dont elles sont composées.

C'est d'après les résultats de ces expériences que l'on a formé le tableau qui suit. Nous ferons toutefois observer que l'ingénieur chargé de la construction d'un édifice doit constater par lui-même la résistance des matériaux qu'il emploie, et qu'il est prudent de ne pas accepter sans contrôle des résultats moyens qui, dans certains cas, peuvent conduire à de graves erreurs. Si les matériaux qu'il doit employer sont d'un usage local, l'observation des plus anciennes constructions pourra l'éclairer sur la valeur des charges qu'il convient de faire supporter. Dans le cas contraire, il soumettra à des pressions toujours croissantes, jusqu'à ce que l'écrasement s'ensuive, des échantillons taillés en cubes; et, en prenant la dixième partie de la charge qui correspond à l'écrasement, on aura la charge qu'il ne faudra pas dépasser dans la construction en projet.

Tableau des charges que l'on peut faire supporter, avec sécurité, d'une manière permanente, aux supports en maçonnerie, par centimètre carré de section.

| DÉSIGNATION DES CORPS. | POIDS du décimètre cube. | POIDS dont on peut charger les corps avec sécurité par centimètre carré, le rapport de la longueur à la plus petite dimension étant 12. |
|---|---|---|
| *Pierres volcaniques, graniteuses, siliceuses et argileuses.* | kg | kg |
| Basalte de Suède et d'Auvergne.............. | 2,95 | 200,00 |
| Lave dure du Vésuve......................... | 2,60 | 59,00 |
| Lave tendre de Naples....................... | 1,97 | 23,00 |
| Porphyre................................... | 2,87 | 247,00 |
| Granit vert des Vosges...................... | 2,85 | 62,00 |
| Granit gris de Bretagne..................... | 2,74 | 65,00 |
| Granit de Normandie, dit *gatonas*.......... | 2,66 | 70,00 |
| Granit gris des Vosges...................... | 2,64 | 42,00 |
| Grès très-dur, blanc ou roussâtre.......... | 2,50 | 87,00 |
| Grès bigarré des Vosges..................... | » | 20,10 |
| Grès tendre................................ | 2,49 | 20,40 |
| Pierre de porc ou puante (argileuse)....... | 2,66 | 68,00 |
| Pierre grise de Florence (argileuse à grains fins).. | 2,56 | 42,00 |
| *Pierres calcaires.* | | |
| Marbre noir de Flandre...................... | 2,72 | 79,00 |
| Marbre blanc veiné, statuaire et marbre turquin.. | 2,69 | 31,00 |
| Pierre noire de Saint-Fortunat, très-dure et coquilleuse................................ | 2,65 | 63,00 |
| Liais de Bagneux, près Paris, très-dur à grain fin.. | 2,44 | 44,00 |
| Roche de Châtillon, près Paris, pure et un peu coquilleuse................................. | 2,29 | 17,00 |
| Roche douce................................ | 2,08 | 13,00 |
| Roche d'Arcueil, près Paris................. | 2,30 | 25,00 |
| Pierre de Saillancourt, près Pontoise. { 1re qualité. | 2,41 | 14,00 |
| { 2e qualité. | 2,29 | 12,00 |
| { 3e qualité. | 2,10 | 9,00 |
| Pierre ferme de Conflans, employée à Paris...... | 2,07 | 9,00 |
| Pierre tendre (lambourde vergelée), employée à Paris, résistant à l'eau.................... | 1,80 | 6,00 |
| Calcaire dur de Givry, près Paris........... | 2,36 | 31,00 |
| Calcaire tendre de Givry.................... | 2,07 | 12,00 |
| Calcaire jaune, oolithique, de Jaumont, près Metz.............. { 1re qualité. | 2,20 | 18,00 |
| { 2e qualité. | 2,00 | 12,00 |
| Calcaire d'Armanvilliers, près Metz.. { 1re qualité. | 2,00 | 12,00 |
| { 2e qualité. | 2,00 | 10,00 |
| Roche vive de Saulny, près Metz............. | 2,55 | 30,00 |
| Roche de Bagneux........................... | 2,78 | 36,55 |
| Laversine.................................. | 2,55 | 28,60 |

Tableau des charges que l'on peut faire supporter, avec sécurité, d'une manière permanente, aux supports en maçonnerie, par centimètre carré de section. (*Suite.*)

| DÉSIGNATION DES CORPS. | POIDS d décimètre cube. | POIDS dont on peut charger les corps avec sécurité par centimètre carré, le rapport de la longueur à la plus petite dimension étant 12. |
|---|---|---|
| | | kg |
| Vitry. | 2,45 | 24,20 |
| Moulins. | 2,30 | 12,45 |
| Saint-Non. | » | 21,60 |
| Forgel. | 2,24 | 12,20 |
| Marly-la-Ville. | 2,06 | 12,30 |
| Vergelé ferré. | 1,89 | 6,25 |
| Abage Duval. | 1,73 | 3,21 |
| Blanc royal de Merry. | 1,72 | 3,75 |
| Vergelé fin. | 1,50 | 2,95 |
| Lambourde. | 1,70 | 1,82 |
| Caumont (Eure). | 2,02 | 21,20 |
| Roche jaune de Rozéreuilles, près Metz. | 2,40 | 18,00 |
| Calcaire bleu à graphites, donnant la chaux hydraulique de Metz. | 2,60 | 20,00 |
| Lambourde de qualité inférieure, résistant mal à l'eau. | 1,56 | 2,00 |
| Vanderesse (Aisne). | 2,50 | 15,00 |
| Beffroy (Meuse). | 2,50 | 4,50 |
| Brauvilliers (Meuse). { 1re qualité. | 2,30 | 9,30 |
| 2e qualité. | 1,98 | 1,50 |
| Meulière tendre (Marne). | 1,50 | 1,50 |
| Meulière dure (Marne). | 1,50 | 0,75 |
| Craie d'Épernay. | 1,80 | 0,90 |
| Plâtre silicaté. | » | 2,38 |
| *Briques.* | | |
| Brique dure très-cuite. | 1,56 | 15,00 |
| Brique rouge. | 2,17 | 6,00 |
| Brique rouge pâle. | 2,09 | 4,00 |
| Brique de Hammersmith. | » | 7,00 |
| Brique de Hammersmith brûlée ou vitrifiée. | » | 10,00 |
| Briques anglaises ou flamandes tendres. | » | 1,80 |
| *Plâtre et mortiers.* | | |
| Plâtre gâché à l'eau. | » | 2,99 |
| Plâtre silicaté. | » | 2,70 |
| Plâtre silicaté avec cailloux. | » | 3,28 |
| Motier ordinaire en chaux et sable. | » | 3,50 |
| Mortier en ciment et tuileaux pilés. | » | 4,80 |
| Mortier en grès pilé. | » | 2,90 |
| Mortier en pouzzolane de Naples et de Rome. | » | 3,70 |
| Béton en bon mortier, de dix-huit mois. | » | 4,00 |

**132.** *Résistance de la fonte à la compression.* — C'est à M. Hodgkinson que l'on doit les expériences les plus complètes et les plus précises sur la résistance des fontes à la compression. Ce savant physicien a soumis à l'expérience des barres de fonte de 3$^m$,o5 sur o$^{mq}$,ooo645 de section. Toutes les précautions avaient été prises pour prévenir la flexion et les résultats obtenus ont montré que, jusqu'à la charge de 17$^{kg}$,41 par millimètre carré, les compressions totales sont très-approximativement proportionnelles aux charges et que, jusqu'à la charge de 32$^{kg}$,27, si des compressions totales on retranche les compressions permanentes, les restes qui représentent les compressions élastiques sont encore proportionnels aux charges. Jusqu'à la limite de 10 à 12 kilogrammes par millimètre carré, la compression permanente est tellement faible que, dans les applications, on peut la négliger. La moyenne des résultats déduits des expériences a donné, pour la valeur du coefficient d'élasticité,

$$E = 8804764000^{kg}.$$

Si l'on se reporte à ce qui a été dit sur la résistance à l'extension, on voit que, dans les deux cas et dans les limites des charges que doivent supporter les constructions, les deux coefficients d'élasticité, relatifs à l'extension et à la compression, diffèrent peu l'un de l'autre. Pour la résistance à l'extension, on a

$$E = 9096070000^{kg}.$$

Prenant la moyenne, on aura

$$E = 8950417000^{kg}.$$

Antérieurement aux expériences de M. Hodgkinson, on admettait que le coefficient d'élasticité pour les fontes grises à grains fins était

$$E = 12000000000^{kg}.$$

Nous ferons toutefois observer que la résistance des fontes à la compression peut varier suivant leur nature et surtout suivant le mode de traitement du minerai. De plus, l'accord entre les coefficients d'extension et de compression ne peut être admis qu'entre des limites de charges très-restreintes, ainsi que les expériences de **M.** Hodgkinson l'ont mis en évidence.

**133.** *Charge limite de compression.* — Par la considération du module d'élasticité de la fonte, déduit des expériences de **M.** Hodgkinson, il est facile de trouver la charge qui correspond à la limite de compression élastique. En effet, cet expérimentateur a trouvé que, sous une charge de $23^{kg}, 27$ par millimètre carré, la compression totale par mètre de longueur est égale à $0^m, 0029432$ et la compression permanente à $0^m, 00050768$; d'où, pour la valeur de la compression élastique,

$$0^m, 0029432 - 0^m, 00050768 = 0^m, 0024355,$$

et, comme le module d'élasticité est égal à $8\,804\,764\,000$ kilogrammes, en vertu de la proportionnalité admise entre les efforts de compression et les refoulements qu'ils produisent, on aura, en désignant par $C_1$ l'effort relatif à la limite d'élasticité,

$$\frac{E}{C_1} = \frac{1^m}{0,0024355} \quad \text{et} \quad C_1 = E \times 0,0024355,$$

$$C_1 = 8804764000 \times 0,0024355 = 21444000^{kg}.$$

**134.** *Coefficient de résistance à la compression. Charge de rupture.* — Nous appellerons *coefficient de résistance à la compression* l'effort de compression que l'on peut, dans les constructions, faire supporter à la fonte, avec sécurité, par mètre carré de section. Il est prudent de ne pas charger les supports et colonnes en fonte au delà de la moitié de la charge capable d'altérer l'élasticité. Ainsi la valeur du coefficient de la résistance à la compression que l'on pourra admettre sera

$$C = 10722000^{kg}.$$

Quelques constructeurs prennent pour base du coefficient de compression la charge de rupture et s'imposent la condition que la charge permanente ne doit, en aucun cas, dépasser $\frac{1}{4}$ ou $\frac{1}{6}$ de celle qui détermine la rupture.

Pour la fonte, l'effort de rupture étant égal en moyenne à

$$75000000^{kg},$$

selon que l'on prendra $\frac{1}{4}$ ou $\frac{1}{6}$ de cette charge, on aura

$$C = 1875000^{kg},$$
$$C = 1250000^{kg}.$$

On voit que la première valeur de C se rapproche beaucoup de la charge qui correspond à la limite d'élasticité;
aussi convient-il, dans les applications, d'adopter le coefficient 12 500 000 kilogrammes.

En résumé, nous ferons usage des deux coefficients

$$C = 10722000^{kg},$$
$$C = 1250000^{kg}.$$

Le premier déduit du module d'élasticité convient aux
ponts métalliques et généralement aux constructions exposées
à des vibrations. Quant au second, on l'emploie toujours pour
le calcul des dimensions que l'on doit donner aux colonnes
en fonte.

**135.** *Formules de MM. Hodgkinson et Love pour les colonnes en fonte.* — La relation qui existe entre les dimensions des colonnes en fonte et leur résistance à la compression n'a pas encore été très-rigoureusement établie, bien que
de nombreuses expériences, propres à élucider la question,
aient été faites par plusieurs expérimentateurs. Par des considérations purement théoriques, on a été amené à conclure
que la résistance à la compression est en raison directe de la
quatrième puissance du diamètre et en raison inverse du carré
de la hauteur. Cependant les expériences de M. Hodgkinson
sur les supports en fer et en fonte n'ont pas confirmé cette
conclusion. Ainsi la plupart des résultats généralement admis aujourd'hui découlent d'un empirisme fort souvent en
contradiction avec la théorie raisonnée. C'est d'ailleurs ce qui
arrive dans presque toutes les questions qui se rapportent à
la résistance des matériaux, et par suite ce qui rend fort obscure cette importante question de la Mécanique appliquée.

A la suite d'expériences nombreuses, soigneusement exécutées sur des colonnes pleines ou creuses en fonte, M. Hodgkinson a formulé les conclusions suivantes :

1° Dans toutes les colonnes d'une certaine longueur, à

dimensions égales, la résistance à la rupture est approximativement trois fois plus grande quand les extrémités sont des surfaces planes perpendiculaires à l'axe et à la direction de l'effort, que lorsqu'elles sont arrondies.

2° Pour une colonne longue ou pour un pilier de dimensions constantes, dont les extrémités sont solidement fixées par des disques, des bases ou d'une autre manière, la résistance à la rupture par compression est la même que pour un pilier de même section dont la longueur est réduite de moitié et dont les extrémités seraient arrondies, quand même l'effort serait dirigé suivant l'axe.

3° Le renflement ou l'accroissement de diamètre des colonnes vers le milieu de la hauteur augmente la résistance à la rupture de $\frac{1}{7}$ à $\frac{1}{8}$ de la valeur normale.

Partant de ces données d'expérience, M. Hodgkinson a proposé les formules empiriques suivantes, pour des colonnes en fonte, dont le rapport de la hauteur au diamètre est compris entre 25 et 120 :

Colonnes pleines, à bases plates......    $P = 10676 \dfrac{d^{3,6}}{l^{1,7}}$

Colonnes creuses, à bases plates......    $P = 10676 \dfrac{d^{3,6} - d'^{3,6}}{l^{1,7}}$

Dans ces formules

P exprime des kilogrammes ;
$d$ et $d'$ les diamètres en centimètres ;
$l$ la longueur en décimètres.

Comme, dans la pratique, il est prudent que les piliers ne supportent pas un effort de compression supérieur à $\frac{1}{6}$ de la charge, en substituant 1780 au coefficient 10676, on aura les formules qui serviront à déterminer les poids que les colonnes en fonte, pleines ou creuses, peuvent supporter avec sécurité.

Colonnes pleines, à bases plates.......    $P = 1780 \dfrac{d^{3,6}}{l^{1,7}}$

Colonnes creuses, à bases plates.......    $P = 1780 \dfrac{d^{3,6} - d'^{3,6}}{l^{1,7}}$

Pour des colonnes plus courtes, M. Hodgkinson a proposé

la formule

$$P' = \frac{PC_e}{P + 0,75C}.$$

P' représente l'effort de rupture en kilogrammes;
P l'effort calculé, d'après l'une des formules précédentes;
$C_e$ la résistance maxima du pilier, en supposant la hauteur
     égale à une fois et demie le diamètre.

M. Love, ingénieur distingué, a proposé deux formules, qui
peuvent, dans les applications, être substituées à celles de
M. Hodgkinson, d'autant plus qu'elles évitent l'emploi peu
commode des exposants fractionnaires.

Pour les colonnes en fonte,

$$P = \frac{C_e A}{1,45 + 0,00337 \left(\frac{l}{d}\right)^2}.$$

Dans cette formule

P exprime la charge de rupture;
$C_e$ la résistance maxima à l'écrasement par centimètre carré;
A l'aire de la section transversale en centimètres carrés;
$l$ la hauteur de la colonne en centimètres;
$d$ le diamètre en centimètres.

Pour les piliers dont la hauteur est comprise entre cinq et
trente fois le diamètre, M. Love a encore adopté la formule

$$P = \frac{C_e A}{0,68 + 0,1 \frac{l}{d}}.$$

La charge de rupture étant égale à 75000000 kilogrammes par
mètre carré de section ou à 7500 kilogrammes par centimètre
carré, en remplaçant $C_e$ par ce dernier nombre dans la formule,
on aura

$$P = \frac{7500 \times A}{1,45 + 0,00337 \left(\frac{l}{d}\right)^2}.$$

La section étant circulaire $A = \dfrac{d^2}{1,273}$,

$$P = \dfrac{7500\,d^2}{1,273\left[1,45 + 0,00337\left(\dfrac{l}{d}\right)^2\right]},$$

$$P = \dfrac{7500\,d^2}{1,273\,\dfrac{1,45\,d^2 + 0,00337\,l^2}{d^2}},$$

$$P = \dfrac{7500\,d^4}{1,273\,(1,45\,d^2 + 0,00337\,l^2)} = \dfrac{7500\,d^4}{1,846\,d^2 + 0,0043\,l^2}.$$

Pour trouver la formule pratique servant à déterminer l'effort que la colonne peut supporter avec sécurité, rappelons que le coefficient de la résistance à la compression admis est égal à 12 500 000 kilogrammes par mètre carré ou 1250 kilogrammes par centimètre carré. Substituant ce coefficient à celui de rupture, on aura

$$P = \dfrac{1250\,d^4}{1,846\,d^2 + 0,0043\,l^2}.$$

136. *Résistance du fer à la compression.* — Les expériences de M. Hodgkinson, exécutées sur des barres de fer de $3^m,05$, ont montré que l'hypothèse de la proportionnalité des forces de compression aux raccourcissements est encore réalisée entre certaines limites. Le refoulement produit a été trouvé égal à $2^{mm},54$ ou à $0^m,00083$ par mètre courant. Partant de cette donnée d'expérience et par les mêmes déductions que pour la fonte, la valeur du coefficient d'élasticité du fer est

$$E = 16295000000^{kg},$$

et la charge limite au delà de laquelle l'élasticité serait altérée

$$C_i = 13524850^{kg}.$$

La charge permanente est aussi égale à la moitié de celle qui correspond à la limite d'élasticité. Ainsi l'on pourra faire supporter au fer, en toute sécurité, un effort, par mètre carré,

$$C = 6762425^{kg}.$$

Dans les applications, on prend ordinairement la valeur

$$C = 6000000^{kg}.$$

**137.** *Charge de rupture.* — Les ingénieurs admettent géné-ralement que l'écrasement du fer a lieu sous une charge de 25000000 de kilogrammes. Si, comme pour la fonte, on prend le coefficient de compression qui doit entrer dans les calculs égal à $\frac{1}{4}$ ou à $\frac{1}{6}$ de la charge de rupture, on aura

$$C = 6250000^{kg},$$
$$C = 4166666^{kg}.$$

Ainsi les écarts entre les coefficients déduits de la charge li-mite et de la charge de rupture sont peu considérables, de sorte que, dans la pratique, on pourra adopter

$$C = 6000000^{kg}.$$

**138.** *Formule de M. Love pour les colonnes en fer.* — La formule de M. Love relative à la rupture est, en désignant par $C_e$ le coefficient de rupture par centimètre carré,

$$P^{kg} = \frac{C_e A}{1,55 + 0,0005 \left(\frac{l}{d}\right)^2},$$

A exprimant l'aire de la section en centimètres carrés, $l$, $d$ la hauteur et le diamètre en centimètres.

Le coefficient de rupture par centimètre carré étant égal à 2500 kilogrammes, en remplaçant $C_e$ par ce nombre, on pourra déterminer l'effort capable d'écraser une colonne en fer, au moyen de la formule

$$P^{kg} = \frac{2500 \times A}{1,55 + 0,0005 \left(\frac{l}{d}\right)^2}.$$

Remplaçant A par sa valeur $\frac{d^2}{1,273}$, on a

$$P = \frac{2500 \, d^2}{1,273 \left[1,55 + 0,0005 \left(\frac{l}{d}\right)^2\right]} = \frac{2500 \, d^4}{1,973 \, d^2 + 0,00064 \, l^2}.$$

Comme nous avons admis que le fer peut supporter, avec sécurité, une charge de 6 000 000 de kilogrammes par mètre carré ou de 600 kilogrammes par centimètre carré, en remplaçant 2500 par 600, on aura la formule qu'il convient d'appliquer au calcul de la charge permanente que peuvent supporter, dans les constructions, des colonnes de dimensions données.

**139.** *Application de la formule de M. Love aux colonnes creuses.* — L'examen de ces formules fait immédiatement reconnaître qu'elles ne se prêtent pas très-commodément aux applications usuelles sur les colonnes creuses. Dans l'hypothèse, d'ailleurs très-admissible, que la résistance d'une colonne creuse à l'écrasement est égale à la résistance d'une colonne pleine du diamètre extérieur, diminuée de la résistance d'une colonne pleine du diamètre intérieur, l'une et l'autre ayant même hauteur, on est encore obligé de recourir à des tâtonnements successifs pour trouver ces diamètres.

Éclairés par l'expérience, les fondeurs ont constaté que l'épaisseur des colonnes creuses ne doit jamais descendre au-dessous d'une limite indépendante des conditions de résistance que nous avons indiquées, mais qui dépend de la nature des fontes, de leur degré de fluidité et surtout de la longueur des colonnes; de telle sorte que la matière puisse être également répartie autour du noyau et que la fixité de celui-ci soit assurée. Ordinairement, dans les constructions, on se conforme à la règle suivante :

| Hauteur des colonnes. | Épaisseurs inférieures en millimètres. |
|---|---|
| 2 à 3$^m$ | 12 |
| 3 à 4 | 15 |
| 4 à 6 | 20 |
| 6 à 8 | 25 |

Il importe de ne pas donner aux colonnes une épaisseur moindre que celles indiquées au tableau, lorsque les charges seront un peu fortes. Ces conditions, imposées par les difficultés du moulage des colonnes, ne sauraient cependant dispenser de calculer leur épaisseur, en fonction des charges qu'elles doivent supporter, sauf à l'augmenter, si l'application des règles qui précèdent conduisait à un résultat inférieur à la limite minima. La charge et la hauteur étant connues par le projet, on se donne le diamètre extérieur, de manière que les proportions de la colonne soient en harmonie avec la structure de l'édifice.

Appelons

$l$ la hauteur de la colonne en fonte;

P la charge permanente qu'elle doit supporter;

P′ la charge que peut supporter une colonne pleine, de même hauteur, ayant le diamètre extérieur donné;

P″ la charge d'une colonne pleine, de même hauteur et dont le diamètre est celui du vide cherché;

$d''$ le diamètre intérieur;

D'après ce qui a été dit,

$$P'' = P' - P.$$

Les quantités P′ et P étant préalablement déterminées par la formule de M. Love, il sera facile d'en déduire le diamètre intérieur $d''$, en l'appliquant de nouveau à la charge P″; car on aura

$$P'' = \frac{1250\,d''^4}{1,85\,d''^2 + 0,0043\,l^2},$$

d'où

$$1,85\,P''\,d''^2 + 0,0043\,P''\,l^2 = 1250\,d''^4,$$

$$1250\,d''^4 - 1,85\,P''\,d''^2 = 0,0043\,P''\,l^2,$$

$$d''^4 - \frac{1,85\,P''\,d''^2}{1250} = \frac{0,0043\,P''\,l^2}{1250}.$$

Posant $d''^2 = x$, il viendra

$$x^2 - \frac{1,85\,P''\,x}{1250} = \frac{0,0043\,P''\,l^2}{1250},$$

d'où

$$x = \frac{1,85\,P''}{2 \times 1250} + \sqrt{\frac{(1,85)^2\,P''^2}{(2 \times 1250)^2} + \frac{0,0043\,P''\,l^2}{1250}}.$$

Réduisant au même dénominateur la quantité sous le radical,

$$x = \frac{1,85\,\mathrm{P}''}{2 \times 1250} + \sqrt{\frac{(1,85)^2\mathrm{P}''^2 + 0,0043\,\mathrm{P}''\,l^2 \times 2^2 \times 1250}{(2 \times 1250)^2}},$$

$$x = \frac{1,85\,\mathrm{P}''}{2 \times 1250} + \sqrt{\frac{\mathrm{P}''(3,4225\,\mathrm{P}'' + 21,50)\,l^2}{(2 \times 1250)^2}},$$

$$x = \frac{1,85\,\mathrm{P}''}{2 \times 1250} + \frac{1}{2 \times 1250}\sqrt{\mathrm{P}''(3,4225\,\mathrm{P}'' + 21,50\,l^2)},$$

$$x = \frac{1}{2500}\left(1,85\,\mathrm{P}'' + \sqrt{\mathrm{P}''(3,4225\,\mathrm{P}'' + 21,50\,l^2)}\right);$$

d'où

$$d'' = \sqrt{\frac{1}{2500}\left(1,85\,\mathrm{P}'' + \sqrt{\mathrm{P}'' + (3,4225\,\mathrm{P}'' + 21,50\,l^2)}\right)},$$

$$d'' = \tfrac{1}{50}\sqrt{\left(1,85\,\mathrm{P}'' + \sqrt{\mathrm{P}''(3,4225\,\mathrm{P}'' + 21,50\,l^2)}\right)}.$$

Ainsi que nous l'avons fait observer, si l'épaisseur de la colonne $\dfrac{d - d''}{2}$ est égale ou supérieure à la limite minima indiquée, on adoptera la valeur trouvée. Dans le cas contraire, on l'augmentera jusqu'à ce qu'elle atteigne cette limite ou bien, ce qui vaut peut-être mieux, on diminuera le diamètre extérieur que l'on s'est imposé d'abord et l'on recommencera le calcul pour ce nouveau diamètre.

**140. Résistance des tubes à la compression. — Formule de M. Fairbairn.** — On doit à cet ingénieur anglais d'intéressantes recherches sur la résistance des tubes soumis à des pressions extérieures, qui tendent à l'écraser. Ses expériences relatives aux tubes des chaudières de locomotives ont été exécutées au moyen d'une presse hydraulique, refoulant l'eau dans un grand cylindre. Les tubes expérimentés étant solidement fixés dans ce cylindre, on comprend que, au moyen de deux manomètres parfaitement gradués, M. Fairbairn ait pu estimer exactement la pression exercée sur les parois extérieures.

De la comparaison entre elles des dimensions des tubes et

des pressions respectivement exercées sur chacun d'eux, il a déduit la formule

$$P = \frac{AE^2}{LD},$$

dans laquelle

P exprime en kilogrammes, par centimètre carré, la pression capable de produire l'écrasement ;

A une constante, dont la valeur dépend de la nature du métal dont les tubes sont formés ;

L la longueur du tube en mètres ;

D le diamètre intérieur en mètres ;

E l'épaisseur du métal en mètres.

Dans deux séries d'expériences, M. Fairbairn a trouvé :

Moyenne des résultats de la première série....   $A = 386120$

Moyenne des résultats de la seconde série.....   $A = \overline{420000}$

Moyenne des résultats des deux séries........     $403060$

Prenant le nombre 400000, on pourra employer la formule suivante pour les tubes en tôle :

$$P = 400000 \frac{E^2}{LD}.$$

Des expériences analogues à celles de M. Fairbairn ont été faites à Montluçon sur des tubes formés de plusieurs feuilles de tôle assemblées longitudinalement et transversalement par des rivets.

Le tube soumis à l'expérience avait 2 mètres de longueur, $1^m,70$ de diamètre intérieur et $0^m,006$ d'épaisseur. L'écrasement a eu lieu sous une pression de $5\frac{1}{2}$ atmosphères. De la formule de M. Fairbairn

$$P = \frac{AE^2}{DL}$$

déduisant la valeur A, il vient

$$A = \frac{PDL}{E^2}.$$

Introduisant dans cette équation le résultat de l'expérience de Montluçon et les dimensions du tube expérimenté, on aura

$$A = \frac{5,6815 \times 1,88 \times 1,70}{0,000036} = 504390.$$

Nous ferons observer que, dans l'application de la formule, la longueur du tube a été réduite à 1,88, attendu que la pression qui tend à produire l'écrasement n'agit que sur la partie des parois du tube comprise entre les rivets d'assemblage, aux deux extrémités. Ainsi la valeur de la pression capable d'écraser les tubes des foyers intérieurs pourra être déterminée par la formule

$$P = 500000 \frac{E^2}{LD},$$

P étant la pression en kilogrammes par centimètre carré et les dimensions du tube étant rapportées au mètre.

Des expériences faites par M. Manès, ingénieur en chef des Mines, sur des tubes en cuivre rouge, de différentes dimensions, ont conduit, par l'application de la formule aux valeurs suivantes de la constante A :

Première expérience.......... $A = 550930$
Deuxième expérience......... $A = 516500$
Troisième expérience........ $A = 867720$

Valeur moyenne............. $A = 645050$

D'autre part, un tube en laiton de 2 mètres de longueur, $0^m,10$ de diamètre et $0^m,004$ d'épaisseur, expérimenté à Montluçon, dans les mêmes conditions que les précédents, a été écrasé sous une pression de 18 atmosphères. Le calcul du facteur A, au moyen de la formule, a donné la valeur

$$A = 929700^{kg}.$$

En résumé, dans des cas analogues à ceux que nous venons de citer, on pourra toujours, par la formule de M. Fairbairn et avec les valeurs de la constante A, calculer la grandeur des pressions extérieures capables de produire l'écrasement d'un tube dont la longueur et le diamètre sont donnés.

# CHAPITRE IX.

**141.** *Résistance des corps à la flexion.* — La théorie de la résistance à la flexion est basée sur des faits d'expérience recueillis par divers observateurs. Pour l'intelligence de ce qui va suivre, nous allons les rappeler sommairement. Lorsqu'un solide disposé horizontalement sur deux appuis est soumis à l'action d'un effort extérieur qui tend à le fléchir transversalement, la face supérieure devient concave et la face inférieure convexe, de sorte que certaines fibres s'allongent, tandis que d'autres se raccourcissent. Galilée, et après lui Mariotte et Leibnitz ont admis, d'une manière absolue, que toutes les fibres, à partir de la face supérieure, s'allongent. Des expériences, exécutées en 1767, par Duhamel du Monceaux, sur des bois de différentes essences, ont confirmé que les fibres placées du côté de la surface concave s'allongent et que celles situées du côté de la surface convexe se raccourcissent ou se compriment. De plus, les allongements et les raccourcissements étant d'autant plus grands que les fibres considérées sont plus voisines des faces extérieures, il s'ensuit que de l'extérieur à l'intérieur ils doivent diminuer de plus en plus et qu'il doit exister une surface telle que les fibres qui en font partie restent de longueur constante. Pour ce motif, cette surface a reçu le nom de *couche neutre* ou de *couche des fibres invariables.* Cette hypothèse, qui, dans l'état actuel de la question, a prévalu s'accorde avec les résultats des expériences de MM. Charles Dupin, Duleau, Fairbairn et Morin.

En résumé, les lois fondamentales de la résistance à la flexion peuvent être énoncées de la manière suivante :

*Lorsqu'un solide prismatique, placé horizontalement sur*

deux appuis ou encastré à une extrémité, supporte une charge qui tend à le fléchir transversalement :

1° Il prend une forme courbe ;

2° Les fibres placées du côté de la surface concave s'allongent ;

3° Celles qui sont du côté de la surface convexe se raccourcissent ;

4° Les allongements sont égaux aux raccourcissements ;

5° Les allongements et les raccourcissements sont proportionnels aux charges qui produisent les flexions.

142. *Équation générale d'équilibre.* — Considérons un solide BD (*fig.* 78) encastré à l'une des extrémités et suppo-

Fig. 78.

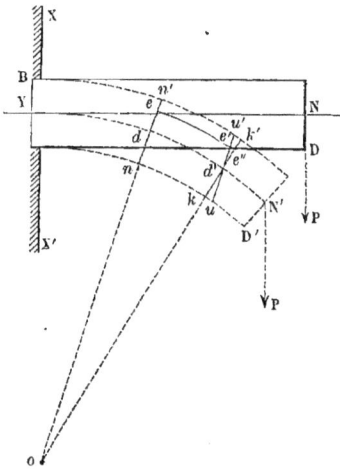

sons que, sous l'action d'une force qui agit perpendiculairement à sa longueur, il prenne la forme BD', de manière que non-seulement l'extrémité Y de la fibre neutre soit fixe, mais encore que la tangente à la courbe affectée par cette fibre, après la déformation, ne puisse pas changer de direction. Le corps étant regardé comme formé d'un très-grand nombre de fibres parallèles juxtaposées, si nous imaginons des sections transversales perpendiculaires à l'axe longitudinal, le mouvement de rotation imprimé à ces fibres, par l'effort de flexion, ayant lieu, dans chaque section, autour d'une ligne continue de la couche invariable, il est clair que les allongements et les raccourcissements seront proportionnels aux distances des fibres considérées à cette couche. Soient donc $nn'$, $kk'$ deux sections transversales infiniment voisines, dont les plans, suffisamment prolongés, se rencontrent suivant une droite perpendiculaire au plan qui, dans le sens de la longueur, partage le corps en deux parties symétriques. Après la déformation, les sections considérées ne cessant pas d'être normales à la ligne des fibres invariables, la projection O de l'intersection des plans des sections sera le centre de courbure de cette ligne. Par le point $d'$, où la fibre invariable rencontre la section $kk'$, menons $uu'$ parallèlement à $nn'$. Il est évident que la partie $ee'$ d'une fibre, limitée aux deux sections et qui, avant la flexion, avait une longueur $ee' = n'u' = dd'$, s'est allongée d'une quantité $e'e''$ proportionnelle à la distance $r$ de cette fibre à la fibre invariable; car les deux triangles $Odd'$ et $e'd'e''$ étant semblables, on a

$$\frac{e'e''}{e'd'} = \frac{dd'}{Od'}, \quad \text{d'où} \quad e'e'' = \frac{e'd' \times dd'}{Od'}.$$

Représentant par $a$ l'arc élémentaire de la fibre invariable, compris entre les deux sections, par $r'$ la distance $e''d'$ de la fibre considérée à la couche invariable, et par $R_1$ le rayon de courbure de la courbe affectée par la fibre neutre, on aura

$$e'e'' = \frac{ar'}{R_1},$$

relation qui indiqué très-clairement que, la quantité $\frac{a}{R_1}$ étant une constante pour toutes les fibres comprises entre les sections, l'allongement $e'e''$ sera proportionnel à la distance à la couche invariable. De cette relation on déduit encore

$$\frac{e'e''}{a} = \frac{r'}{R_1},$$

et, comme

$$a = dd' = ee',$$

il vient

$$\frac{e'\,e''}{dd'} = \frac{e'\,e''}{ee'} = \frac{r'}{R_{1}}.$$

Il est visible que $\frac{e'\,e''}{ee'}$ représente l'allongement $i$ par mètre courant, de sorte que

$$\frac{r'}{R_{1}} = i.$$

Appelant $m'$ l'aire de la section de la fibre et $M$ le module d'élasticité, la résistance $x'$ à l'extension sera

$$x' = E\,m'\,i = \frac{E\,m'\,r'}{R_{1}} = \frac{E}{R_{1}}\,m'\,r'.$$

Remarquons présentement que, dans l'hypothèse où l'effort de flexion ne cesse pas d'être perpendiculaire à la longueur et où la flexion est très-petite, ce qui doit toujours avoir lieu, si pour chaque section on décompose l'effort extérieur en deux autres, l'un perpendiculaire à la section et l'autre parallèle, la grandeur du premier sera nulle ou tellement faible que l'on pourra en faire abstraction, de sorte qu'il ne produira aucune translation. Ainsi les forces moléculaires devront se faire équilibre dans le sens de la longueur; mais, si ces forces sont normales à la section, il en résultera, pour l'équilibre, que la résistance à la traction des fibres situées du côté de la surface concave sera égale à la résistance à la compression des fibres qui se trouvent du côté de la surface convexe. Appelons

$x$ la résistance de la fibre la plus éloignée;
$r$ sa distance à la fibre invariable;
$m$ l'aire de la section.

On aura

$$x = \frac{E}{R_{1}}\,mr,$$

et, pour d'autres fibres,

$$x'' = \frac{E}{R_{1}}\,m''\,r'', \quad x''' = \frac{E}{R_{1}}\,m'''\,r'''.$$

21.

Comme ces forces sont parallèles et que la condition d'équilibre exige que leur résultante X soit égale à zéro, on aura l'équation suivante :

$$X = \frac{E}{R_1} mr + \frac{E}{R_1} m'r' + \frac{E}{R_1} m''r'' + \ldots = 0$$

ou

$$X = \frac{E}{R_1}(mr + m'r' + m''r'' + \ldots) = 0.$$

Or les quantités renfermées entre parenthèses représentent les moments de tous les éléments de la section par rapport à la ligne des fibres invariables et, puisque leur somme est égale à zéro, elle doit évidemment passer par le centre de gravité de la section. On déterminerait absolument de la même manière la grandeur de la résistance opposée par d'autres sections de la pièce, de sorte que, l'état d'équilibre étant assuré pour la section où se manifeste la plus grande énergie des forces extérieures, *a fortiori* il le sera pour toutes les autres. Cette section a reçu de Poncelet le nom de *section dangereuse*, parce que dans cette partie se produisent les plus grandes altérations, qu'il faut avoir soin de limiter, de manière que la solidité de la pièce ne soit pas compromise.

Lorsque le corps soumis à l'action des forces qui tendent à le faire fléchir est parvenu à l'état d'équilibre, comme le mouvement de rotation des fibres s'est opéré autour de la ligne des fibres invariables, la somme des moments des actions moléculaires par rapport à cet axe doit être égale à celle des moments des forces extérieures sollicitant la pièce encastrée. En multipliant les résistances moléculaires par les distances respectives à la ligne des fibres invariables, on aura tous les moments de ces forces

$$\frac{E}{R_1} mr^2, \quad \frac{E}{R_1} m'r'^2, \quad \frac{E}{R_1} m''r''^2,$$

et leur somme sera

$$\frac{E}{R_1}(mr^2 + m'r'^2 + m''r''^2 + \ldots).$$

Remarquons que la somme des quantités renfermées entre

parenthèses est le moment d'inertie de la section, par rapport à la ligne des fibres invariables; donc cette somme, d'après la notation adoptée, sera

$$\frac{EI}{R_1}.$$

Appelant P, P', P'',... les forces extérieures et $p$, $p'$, $p''$,... leurs bras de levier, c'est-à-dire les distances des points d'application à la section, l'équation générale d'équilibre, relative à cette section, sera exprimée par

$$Pp + P'p' + P''p'' + \ldots = \frac{CI}{R_1}.$$

Dans les constructions, il importe que cet état d'équilibre soit constant et que la grandeur des efforts ne dépasse pas certaines limites, qui dépendent de la nature des matériaux employés. On comprend donc que, en aucun cas, les fibres de la section transversale considérée ne doivent pas subir un allongement ou un raccourcissement supérieur à la limite d'élasticité. Pour rendre cette équation d'un usage commode dans les applications, considérons la fibre la plus éloignée de la ligne des fibres invariables, c'est-à-dire celle qui s'allonge ou se raccourcit le plus. Soit $n'u'$ cette fibre, dont l'allongement est $u'k'$. La comparaison des triangles semblables $u'd'k'$ et $dOd'$ fournit encore la relation suivante :

$$\frac{u'k'}{dd'} = \frac{u'd'}{Od}.$$

Or $dd' = n'u'$, longueur de la fibre la plus éloignée avant la déformation; $u'd' = r$, distance de cette fibre à la couche neutre et $Od = R_1$, rayon de courbure de la fibre invariable. En remplaçant, on aura

$$\frac{u'k'}{n'u'} = \frac{r}{R_1}.$$

Appelant $i'$ l'allongement par unité de longueur, cette relation sera exprimée par

$$\frac{u'k'}{n'u'} = \frac{r}{R_1} = i', \quad \text{d'où} \quad \frac{1}{R_1} = \frac{i'}{r}.$$

Remplaçant $\frac{1}{R_1}$ par $\frac{i'}{r}$ dans l'équation générale d'équilibre, il viendra

$$P p + P' p' + P'' p'' + \ldots = \frac{EI\, i'}{r}.$$

Nous avons vu plus haut que l'effort d'extension ou de compression qui correspond à la limite d'élasticité est égal au produit du module d'élasticité par l'allongement de l'unité de longueur et par l'aire de la section. Donc $E i'$ représentera la grandeur de cet effort pour une section dont l'aire est l'unité de surface; mais, comme l'effort permanent ne doit jamais atteindre la valeur qui correspond à la limite d'élasticité, si nous désignons par F le coefficient de résistance à la flexion, c'est-à-dire l'effort permanent que peut supporter la pièce, en toute sécurité, par mètre carré de surface, il est évident que, dans l'application de l'équation d'équilibre, il faudra remplacer $E i$ par F et l'on aura

$$P p + P' p' + P'' p'' + \ldots = \frac{FI}{r}.$$

Si toutes les forces extérieures se réduisent à une seule P, dont le bras de levier est $l$, l'équation prendra la forme

$$P l = \frac{FI}{r}, \quad \text{d'où} \quad P = \frac{FI}{rl}.$$

C'est ordinairement ainsi qu'est exprimée la formule qui sert à trouver l'effort de flexion que peut supporter une pièce encastrée par l'une des extrémités et sollicitée en un point quelconque de sa longueur par une force qui tend à la fléchir transversalement.

La théorie que nous venons d'exposer se rapporte au cas où le rapport des efforts d'extension aux allongements qu'ils occasionnent est le même que celui de ces efforts aux raccourcissements qu'ils produiraient s'ils étaient employés à comprimer la pièce; mais cette hypothèse n'est exacte qu'entre des limites très-étroites et son application conduirait à des résultats erronés pour des charges qui se rapprochent de celle relative à la rupture. Cette restriction est naturellement imposée par les expériences de M. Hodgkinson sur la résistance du fer et de la fonte à la traction et à la compression. Elles ont, en effet, mis en évidence que les extensions et les compressions, jusqu'à de certaines limites, sont approximativement proportionnelles aux charges et qu'elles sont à peu près égales, mais que les choses ne se passent pas de la même manière au delà des limites assignées. Ainsi, pour la fonte, la résistance à la compression surpasse, de plus en plus, la résistance à l'extension, quand l'effort de compression prend des valeurs qui le rapprochent successivement de la charge de rupture, tandis que, pour le fer, le phénomène contraire se manifeste.

Mais comme, dans les constructions, les flexions que prennent les pièces sont calculées de manière que l'égalité entre les allongements et les raccourcissements des fibres ne cesse pas d'exister, la formule générale, basée sur cette hypothèse, trouvera son application dans les cas ordinaires de la pratique.

En résumé, cette formule peut être ainsi traduite en langage ordinaire :

*L'effort de flexion que peut supporter une pièce encastrée par l'une des extrémités et sollicitée en un point quelconque par un effort perpendiculaire à sa longueur est proportionnel au coefficient de résistance à la flexion, au moment d'inertie de la section considérée par rapport à la ligne des fibres invariables et en raison inverse du bras de levier de l'effort et de la distance de la fibre la plus éloignée à la fibre invariable.*

De ce qui précède il résulte que, dans les constructions, pour assurer la stabilité des pièces que l'on doit employer, leurs dimensions doivent être calculées de manière qu'il y ait équilibre entre les forces moléculaires et les forces extérieures. Lorsque la section transversale du solide est constante, la section dangereuse est la section d'encastrement, puisque, pour le même effort, elle correspond au bras de levier maximum.

**Tableau des coefficients de résistance à la flexion relatifs aux corps employés dans les constructions.**

| NATURE DES MATÉRIAUX. | CAS ordinaires. | MATÉRIAUX de choix et constructions allégées. |
|---|---|---|
| | kg | |
| Fonte. { Ponts de chemins de fer...... | 2 000 000 | |
| Ponts ordinaires et arbres de roues hydrauliques......... | 3 000 000 | kg 7 500 000 |
| Pièces ordinaires de machine.. | 7 500 000 | 10 000 000 |
| Fer forgé.......................... | 6 000 000 | 8 000 000 |
| Acier { de première qualité.... ...... | 16 660 000 | 22 000 000 |
| de qualité moyenne.... ...... | 12 500 000 | 16 663 000 |
| Bois de chêne ou de sapin.......... .. | 600 000 | 800 000 |

**143.** APPLICATION DE LA FORMULE A DIFFÉRENTS PROFILS. — 1° *La section est un rectangle dont les dimensions sont a et b* (*fig.* 79).

Fig. 79.

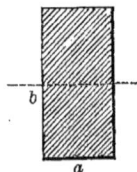

$$P = \frac{FI}{rl}, \quad I = \frac{ab^3}{12}, \quad r = \frac{b}{2};$$

d'où

$$P = \frac{F\,ab^3}{12\,\frac{b}{2}\,l} = \frac{F\,ab^2}{6\,l} \quad \text{et} \quad ab^2 = \frac{6\,P\,l}{F}.$$

Si l'on veut tenir compte du poids du solide, appelant $p$ le poids du mètre courant, le poids total sera $pl$; d'où

$$Pl + pl \times \frac{l}{2} = \frac{FI}{r}$$

ou

$$\left(P + \frac{pl}{2}\right)l = \frac{FI}{r}, \quad P + \frac{pl}{2} = \frac{FI}{rl}, \quad P + \frac{pl}{2} = \frac{Fab^2}{6l}$$

et

$$ab^2 = \frac{6\left(P + \dfrac{pl}{2}\right)l}{F}.$$

L'examen de la formule

$$P = \frac{Fab^2}{6l}$$

montre que la résistance à la flexion est directement proportionnelle à la première puissance de l'une des dimensions et au carré de l'autre. Pour augmenter cette résistance, il suffira donc de rendre leur rapport le plus grand possible, sans toutefois excéder la limite au delà de laquelle la pièce serait faussée.

Supposons que la pièce soit posée à plat et désignons par $P'$ la résistance à la flexion dans ce cas; on aura

$$P' = \frac{Fba^2}{6l}.$$

Divisant membre à membre, il viendra

$$\frac{P}{P'} = \frac{ab^2}{ba^2} = \frac{b}{a}.$$

Puisque, par hypothèse, $b > a$, on aura

$$P > P'.$$

Il y a donc avantage à disposer la pièce de champ plutôt qu'à plat.

2° *La section est un carré dont le côté est horizontal.*

Dans la formule relative au rectangle, il suffit de faire $b = a$,

$$P = \frac{Fa^3}{6l}, \quad a^3 = \frac{6Pl}{F}.$$

En tenant compte du poids de la pièce,

$$a^3 = \frac{6\left(P + \frac{pl}{2}\right)l}{F}.$$

Quand le solide est disposé de manière que la diagonale soit horizontale,

$$I = \frac{a^4}{12} \quad \text{et} \quad r = \frac{a}{\sqrt{2}}.$$

Introduisant ces valeurs dans la formule générale

$$P = \frac{F a^4 \sqrt{2}}{12\,al} = \frac{2 F a^3}{12\,l\sqrt{2}} = \frac{F a^3}{6\,l\sqrt{2}}.$$

Puisque $\sqrt{2} > 1$, il s'ensuit que le dénominateur $6\,l\sqrt{2}$ sera plus grand que $6\,l$ et, par conséquent, la valeur de P, lorsque le côté est horizontal, sera plus grande que dans le second cas.

On aura encore

$$a^3 = \frac{6\,P l\sqrt{2}}{F}, \quad a^3 = \frac{6\left(P + \frac{pl}{2}\right)l\sqrt{2}}{F}.$$

Quand la section est rectangulaire, pour les pièces de charpente en bois, on fait ordinairement

$$a = \tfrac{5}{7}\,b.$$

D'après cela, examinons si, pour les bois en grume, il est préférable que l'équarrissage soit à section carrée ou à section rectangulaire.

Soient (*fig.* 80)

Fig. 80.

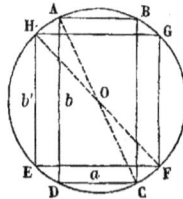

$a$ et $b$ les dimensions d'un rectangle inscrit dans le cercle qui représente la section de la pièce de bois en grume;

$b'$ le côté du carré inscrit dans le même cercle;
P, P′ les résistances relatives aux deux formes de solide.

On aura dans chaque cas

Pour la pièce à section rectangulaire..   $P = \dfrac{F\, ab^2}{6\, l}$,

Pour la pièce à section carrée........   $P' = \dfrac{F\, b'^3}{6\, l}$.

Divisant membre à membre,

$$\frac{P}{P'} = \frac{ab^2}{b'^3}.$$

La valeur $b'$ du côté du carré inscrit étant $r\sqrt{2}$, on aura

$$b'^3 = r\sqrt{2}\, r\sqrt{2}\, r\sqrt{2} = 2,828\, r^3.$$

Si nous considérons le rectangle, d'après la convention établie,

$$a = \tfrac{5}{7} b, \quad a^2 = \tfrac{25}{49} b^2,$$

et, comme la diagonale du rectangle est le diamètre du cercle,

$$a^2 + b^2 = 4\, r^2, \quad \tfrac{25}{49} b^2 + b^2 = 4\, r^2$$

ou

$$\tfrac{74}{49} b^2 = 4\, r^2, \quad b^2 = \frac{4\, r^2 \times 49}{74}, \quad b = \sqrt{\frac{4\, r^2 \times 49}{74}} = 1,628\, r,$$

et

$$a = \tfrac{5}{7} \times 1,628\, r = 1,163\, r;$$

donc

$$a \times b^2 = 1,163\, r \times 2,650384\, r^2 = 3,082\, r^3.$$

Remplaçant $ab^2$ et $b'^3$ par les valeurs que nous venons de trouver, la relation entre P et P′ sera exprimée par

$$\frac{P}{P'} = \frac{3,082\, r^3}{2,828\, r^3} = 1,09 \quad \text{et} \quad P = 1,09\, P',$$

ce qui prouve que la pièce à section rectangulaire est capable d'une plus grande résistance à la flexion que la pièce à section carrée.

3° *La section est un cercle.*

Le moment d'inertie de la section a pour valeur

$$I = \frac{\pi R^4}{4}, \quad \text{d'où} \quad P = \frac{F \pi R^4}{4 R l} = \frac{F \pi R^3}{4 l}$$

ou bien, en fonction du diamètre D,

$$P = \frac{F \pi D^3}{32 l} \quad \text{et} \quad D^3 = \frac{32 P l}{F \pi},$$

et, en ayant égard au poids de la pièce,

$$D^3 = \frac{32 \left( P + \frac{pl}{2} \right) l}{F \pi}.$$

4° *Le solide soumis à un effort de flexion est un tube creux à section rectangulaire (fig. 81).*

Fig. 81.

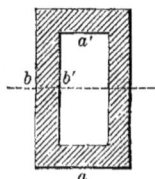

Désignant par $a$, $b$ les dimensions du rectangle extérieur et par $a'$, $b'$ celles du rectangle intérieur,

$$I = \frac{ab^3}{12} - \frac{a'b'^3}{12} = \frac{ab^3 - a'b'^3}{12},$$

$$P = \frac{F(ab^3 - a'b'^3)}{12 \frac{b}{2} l} = \frac{F(ab^3 - a'b'^3)}{6 bl}$$

et

$$\frac{ab^3 - a'b'^3}{b} = \frac{6 P l}{F}, \quad \frac{ab^3 - a'b'^3}{b} = \frac{6 \left( P + \frac{pl}{2} \right) l}{F}.$$

5° *Le solide encastré est un cylindre creux, auquel cas la section est une surface annulaire.*

$$I = \frac{\pi R^4}{4} - \frac{\pi R'^4}{4} = \frac{\pi}{4}(R^4 - R'^4)$$

ou

$$I = \frac{\pi}{4}\left(\frac{D^4}{16} - \frac{D'^4}{16}\right) = \frac{\pi}{64}(D^4 - D'^4),$$

$$P = \frac{F\pi(D^4 - D'^4)}{64 \times \frac{D}{2}l} = \frac{F\pi(D^4 - D'^4)}{32\,Dl};$$

d'où

$$\frac{D^4 - D'^4}{D} = \frac{32\,Pl}{F\pi}, \quad \frac{D^4 - D'^4}{D} = \frac{32\left(P + \frac{pl}{2}\right)l}{F\pi}.$$

6° *Le solide est un tube à section carrée.*

Dans la formule relative au tube à section rectangulaire, on fait $a = b$ et $a' = b'$,

$$P = \frac{F(a^4 - a'^4)}{6\,al},$$

$$\frac{a^4 - a'^4}{a} = \frac{6Pl}{F}, \quad \frac{a^4 - a'^4}{a} = \frac{6\left(P + \frac{pl}{2}\right)l}{F}.$$

7° *Le profil constant du solide est une ellipse.*

Appelant $2a$ le grand axe et $2b$ le petit axe,

$$I = \frac{\pi ab^3}{4}, \quad P = \frac{F\pi ab^3}{4bl} = \frac{F\pi ab^2}{4l},$$

d'où

$$ab^2 = \frac{4Pl}{F\pi}, \quad ab^2 = \frac{4\left(P + \frac{pl}{2}\right)l}{F\pi}.$$

Si le cylindre elliptique est disposé de manière que le grand axe soit vertical,

$$I = \frac{\pi ba^3}{4}, \quad P = \frac{F\pi ba^3}{4al} = \frac{F\pi ba^2}{4l}$$

et

$$ba^2 = \frac{4Pl}{F\pi}, \quad ba^2 = \frac{4\left(P + \frac{pl}{2}\right)l}{F\pi}.$$

8° *Le solide est un tube elliptique.*

Soient $2a$, $2b$ les axes de l'ellipse extérieure et $2a'$, $2b'$ les axes de l'ellipse intérieure (*fig.* 82).

Fig. 82.

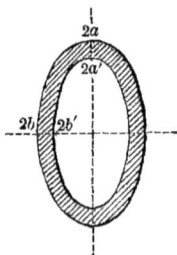

Si le grand axe est vertical,

$$I = \frac{\pi\, b a^3}{4} - \frac{\pi\, b' a'^3}{4} = \frac{\pi}{4}(b a^3 - b' a'^3), \quad P = \frac{F\,\pi\,(b a^3 - b' a'^3)}{4 a l},$$

$$\frac{b a^3 - b' a'^3}{a} = \frac{4\,P\,l}{F\,\pi}, \quad \frac{b a^3 - b' a'^3}{a} = \frac{4\left(P + \dfrac{p l}{2}\right) l}{F\,\pi}.$$

Lorsque le grand axe est horizontal, on a

$$I = \frac{\pi}{4}(a b^3 - a' b'^3), \quad P = \frac{F\,\pi\,(a b^3 - a' b'^3)}{4 b l},$$

$$\frac{a b^3 - a' b'^3}{b} = \frac{4\,P\,l}{F\,\pi}, \quad \frac{a b^3 - a' b'^3}{b} = \frac{4\left(P + \dfrac{p l}{2}\right) l}{F\,\pi}.$$

9° *Le profil a la forme d'une croix* (*fig.* 83).

Fig. 83.

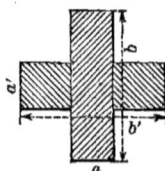

Soient $a$, $b$ les dimensions de l'un des rectangles et $a'$, $b'$

les dimensions de l'autre,

$$I = \frac{ab^3}{12} + \frac{(b' - a)a'^3}{12},$$

$$P = \frac{F[ab^3 + (b' - a)a'^3]}{12\frac{b}{2}l} = \frac{F[ab^3 + (b' - a)a'^3]}{6bl},$$

$$\frac{ab^3 + (b' - a)a'^3}{b} = \frac{6Pl}{F}.$$

Ce cas se rapporte aux bras des roues d'engrenage.

Les constructeurs adoptent les proportions suivantes :

$$a = a', \quad b = b'$$

et

$$b = 5a, \quad b = 6a, \quad b = 7a.$$

Si $b = 5a$, il vient

$$I = \frac{125a^4}{12} + \frac{4a^4}{12} = \frac{129a^4}{12},$$

d'où

$$P = \frac{129Fa^4}{30al} = \frac{129Fa^3}{30l}, \quad a^3 = \frac{30Pl}{129F}.$$

Pour $b = 6a$, on a

$$P = \frac{221Fa^4}{36al} = \frac{221Fa^3}{36l}, \quad a^3 = \frac{36Pl}{221F}.$$

Pour $b = 7a$,

$$P = \frac{349Fa^4}{42al} = \frac{349Fa^3}{42l}, \quad a^3 = \frac{42Pl}{349F}.$$

10° *La section transversale a la forme d'un* T (*fig.* 84).

Fig. 84.

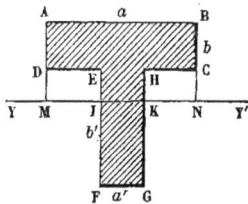

Déterminons d'abord la distance de la fibre la plus éloignée à la fibre invariable et remarquons, à cet effet, que le profil se compose de la somme des surfaces des deux rectangles ABCD et EFGH; par conséquent, si nous considérons le côté supérieur AB comme axe des moments, l'application du théorème général fera connaître aisément la distance du centre de gravité de la section à cet axe. Appelons $a$, $b$ les dimensions du rectangle ACDB et $a'$, $b'$ celles du rectangle EFGH. La distance du centre de gravité du premier rectangle à l'axe étant $\frac{b}{2}$ et celle du second $\frac{b'}{2} + b$, en désignant par $x$ la distance du centre de gravité de la section à l'axe, on aura l'équation

$$ab \times \frac{b}{2} + a'b'\left(\tfrac{1}{2}b' + b\right) = (ab + a'b')x;$$

d'où

$$x = \frac{\frac{1}{2}ab^2 + \frac{1}{2}a'b'^2 + a'bb'}{ab + a'b'}$$

ou

$$x = \frac{\frac{1}{2}\left(ab^2 + a'b'^2 + 2a'bb'\right)}{ab + a'b'}.$$

Soit YY' la direction de la ligne des fibres invariables. Remarquons que la surface de la section est égale à la surface du rectangle ABNM, augmentée de la surface IFGK et diminuée de la somme des surfaces des deux rectangles DEIM, HCNK; par conséquent le moment d'inertie de la section sera égal à la somme des moments d'inertie des deux premiers rectangles, diminuée de la somme des moments d'inertie des seconds,

$$I = \frac{ax^3}{3} + \tfrac{1}{3}a'(b' + b - x)^3 - \tfrac{1}{3}(a - a')(x - b)^3,$$

$$I = \tfrac{1}{3}[ax^3 + a'(b' + b - x)^3 - (a - a')(x - b)^3];$$

d'où

$$P = \frac{F\left[ax^3 + a'(b' + b - x)^3 - (a - a')(x - b)^3\right]}{3l(b + b' - x)},$$

en faisant attention que la fibre la plus éloignée de la ligne des fibres invariables perce le plan de la section sur le côté inférieur du rectangle EFGH.

Ordinairement les constructeurs adoptent les proportions suivantes :

$$a' = b = \tfrac{1}{2}a \quad \text{et} \quad b' = a.$$

Substituant dans la valeur de $x$, il vient

$$x = \frac{\tfrac{1}{2}\left(\tfrac{1}{4}a^3 + \tfrac{1}{2}a^3 + \tfrac{1}{2}a^3\right)}{\tfrac{1}{2}a^2 + \tfrac{1}{2}a^2} = \tfrac{5}{8}a.$$

La valeur du moment d'inertie sera

$$I = \tfrac{1}{3}\left[\frac{125}{512}a^4 + \tfrac{1}{2}a\left(a + \tfrac{1}{2}a - \tfrac{5}{8}a\right)^3 - \left(a - \tfrac{1}{2}a\right)\left(\tfrac{5}{8}a - \tfrac{1}{2}a\right)^2\right],$$

$$I = \frac{37}{192}a^4$$

et la distance de la fibre la plus éloignée à la fibre neutre

$$b + b' - x = a + \tfrac{1}{2}a - \tfrac{5}{8}a = \tfrac{7}{8}a \; ;$$

par conséquent,

$$P = \frac{37\,F a^4}{192 \times \tfrac{7}{8} \times l \times a} = \frac{37\,F a^3}{168\,l},$$

d'où

$$a^3 = \frac{168\,P\,l}{37\,F}.$$

Quelquefois aussi l'on fait

$$a' = b = \tfrac{1}{5}a \quad \text{et} \quad b' = \tfrac{1}{2}a,$$

11° Profil en double T à têtes égales (*fig.* 85).

Fig. 85.

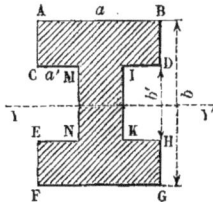

Il est évident que, dans ce cas, la ligne des fibres invariables passe par le milieu de la hauteur et que le moment d'inertie est égal au moment d'inertie du rectangle dont les dimensions sont AB, AF, diminué de deux fois le moment d'inertie du rectangle de dimensions CM et CE. Appelant $a$ et $b$ les dimensions du premier et $a'$, $b'$ celles du second, on aura

$$I = \tfrac{1}{12} ab^3 - \tfrac{1}{12} 2 a' b'^3 = \tfrac{1}{12}(ab^3 - 2 a' b'^3).$$

Introduisant cette valeur dans la formule générale,

$$P = \frac{F(ab^3 - 2 a' b'^3)}{12 \dfrac{b}{2} l} = \frac{F(ab^3 - 2 a' b'^3)}{6 bl},$$

d'où

$$\frac{ab^3 - 2 a' b'^3}{b} = \frac{6 P l}{F}.$$

Faisant, comme cela a lieu ordinairement, $a' = \tfrac{1}{3} a$ et $b' = \tfrac{4}{5} b$,

$$ab^3 - 2 a' b'^3 = ab^3 - 2 \times \tfrac{1}{3} a \times \frac{64}{125} b^3 = ab^3 - \frac{128}{375} ab^3 = \frac{247}{375} ab^3$$

et

$$P = \frac{247 F ab^3}{375 \times 6 bl} = \frac{247 F ab^2}{2250 l}, \quad ab^2 = \frac{2250 P l}{247 F}.$$

12° Profil en double T dont les nervures sont renforcées par des cornières.

Comme dans le cas qui précède, la couche des fibres invariables passe par le milieu de la hauteur de la section. En observant avec attention la *fig.* 86, on voit aisément que le mo-

Fig. 86.

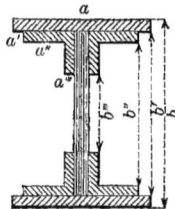

ment d'inertie de la section est égal au moment d'inertie du rectangle dont les dimensions sont $a$ et $b$, diminué de deux fois la somme des moments d'inertie des rectangles ayant pour dimensions respectives $(a', b')$, $(a'', b'')$, $(a''', b''')$; par conséquent,

$$I = \tfrac{1}{12}[ab^3 - 2(a'b'^3 + a''b''^3 + a'''b'''^3)]$$

et

$$P = \frac{F[ab^3 - 2(a'b'^3 + a''b''^3 + a'''b'''^3)]}{6bl}.$$

Ce cas se présente très-fréquemment dans la construction des ponts de chemins de fer. La formule devient très-simple lorsque l'on connaît le rapport des quantités $a$, $a'$, $a''$, $a'''$ et celui des dimensions $b$, $b'$, $b''$, $b'''$.

**144.** *Formules pratiques relatives à des solides de formes diverses, encastrés par l'une des extrémités et sollicités à l'autre extrémité par un effort perpendiculaire à la longueur.* — Pour établir ces formules, il suffit de remplacer, dans les formules générales, la quantité F par les valeurs relatives à chaque nature de corps. Nous avons vu que l'équation générale, en tenant compte de la charge uniforme qui résulte du poids du solide, est représentée par

$$Pl + pl \times \frac{l}{2} = \frac{FI}{rl}$$

ou

$$\left(P + \frac{pl}{2}\right)l = \frac{FI}{rl}.$$

Si l'on fait abstraction du poids du solide, la formule devient

$$Pl = \frac{FI}{rl}.$$

Quand, au contraire, le corps encastré n'est soumis à l'action d'aucune force extérieure et qu'il tend à fléchir, par l'action seule de son propre poids, on fera $P = 0$, et l'on a

$$pl^2 = \frac{2FI}{rl}.$$

Ainsi, suivant les cas, on fera

$$P = 0 \quad \text{ou} \quad \frac{pl}{2} = 0$$

22.

ou bien encore on conservera ces deux termes, si l'on veut tenir compte à la fois du poids du solide et de l'effort extérieur.

Les formules qui suivent ont pour objet la recherche des dimensions que l'on doit donner aux pièces employées dans les constructions, de manière à en assurer la stabilité.

### 1° *Solides prismatiques.*

|  | Cas ordinaires. | Constructions allégées ou matériaux de choix. |
|---|---|---|
| Fonte........ | $ab^2 = \dfrac{\left(P + \frac{pl}{2}\right)l}{1250000}$ | $ab^2 = \dfrac{\left(P + \frac{pl}{2}\right)l}{1670000}$ |
| Fer.......... | $ab^2 = \dfrac{\left(P + \frac{pl}{2}\right)l}{1000000}$ | $ab^2 = \dfrac{\left(P + \frac{pl}{2}\right)l}{1330000}$ |
| Chêne ou sapin. | $ab^2 = \dfrac{\left(P + \frac{pl}{2}\right)l}{100000}$ | $ab^2 = \dfrac{\left(P + \frac{pl}{2}\right)l}{133000}$ |

### 2° *Solides cylindriques à section circulaire.*

|  | Cas ordinaires. | Constructions allégées ou matériaux de choix. |
|---|---|---|
| Fonte........ | $D^3 = \dfrac{\left(P + \frac{pl}{2}\right)l}{736312}$ | $D^3 = \dfrac{\left(P + \frac{pl}{2}\right)l}{981739}$ |
| Fer.......... | $D^3 = \dfrac{\left(P + \frac{pl}{2}\right)l}{589000}$ | $D^3 = \dfrac{\left(P + \frac{pl}{2}\right)l}{785333}$ |
| Chêne ou sapin. | $D^3 = \dfrac{\left(P + \frac{pl}{2}\right)l}{58905}$ | $D^3 = \dfrac{\left(P + \frac{pl}{2}\right)l}{78540}$ |

3° *Solides cylindriques à section elliptique.*

|  | Cas ordinaires. | Constructions allégées ou matériaux de choix. |
|---|---|---|
| Fonte........ | $ba^3 = \dfrac{\left(P + \dfrac{pl}{2}\right)l}{5887500}$ | $ba^3 = \dfrac{\left(P + \dfrac{pl}{2}\right)l}{7850000}$ |
| Fer.......... | $ba^3 = \dfrac{\left(P + \dfrac{pl}{2}\right)l}{4710000}$ | $ba^3 = \dfrac{\left(P + \dfrac{pl}{2}\right)l}{6280000}$ |
| Chêne ou sapin. | $ba^3 = \dfrac{\left(P + \dfrac{pl}{2}\right)l}{471000}$ | $ba^3 = \dfrac{\left(P + \dfrac{pl}{2}\right)l}{628000}$ |

4° *Tubes à section rectangulaire.*

|  | Cas ordinaires. | Constructions allégées ou matériaux de choix. |
|---|---|---|
| Fonte........ | $\dfrac{ab^3 - a'b'^3}{b} = \dfrac{\left(P + \dfrac{pl}{2}\right)l}{1250000}$ | $\dfrac{ab^3 - a'b'^3}{b} = \dfrac{\left(P + \dfrac{pl}{2}\right)l}{1670000}$ |
| Fer.......... | $\dfrac{ab^3 - a'b'^3}{b} = \dfrac{\left(P + \dfrac{pl}{2}\right)l}{1000000}$ | $\dfrac{ab^3 - a'b'^3}{b} = \dfrac{\left(P + \dfrac{pl}{2}\right)l}{1330000}$ |
| Chêne ou sapin. | $\dfrac{ab^3 - a'b'^3}{b} = \dfrac{\left(P + \dfrac{pl}{2}\right)l}{100000}$ | $\dfrac{ab^3 - a'b'^3}{b} = \dfrac{\left(P + \dfrac{pl}{2}\right)l}{133000}$ |

5° *Tubes à section circulaire.*

|  | Cas ordinaires. | Constructions allégées ou matériaux de choix. |
|---|---|---|
| Fonte........ | $\dfrac{D^4 - D'^4}{D} = \dfrac{\left(P + \dfrac{pl}{2}\right)l}{1471875}$ | $\dfrac{D^4 - D'^4}{D} = \dfrac{\left(P + \dfrac{pl}{2}\right)l}{1962500}$ |
| Fer.......... | $\dfrac{D^4 - D'^4}{D} = \dfrac{\left(P + \dfrac{pl}{2}\right)l}{1177500}$ | $\dfrac{D^4 - D'^4}{D} = \dfrac{\left(P + \dfrac{pl}{2}\right)l}{1570000}$ |
| Chêne ou sapin. | $\dfrac{D^4 - D'^4}{D} = \dfrac{\left(P + \dfrac{pl}{2}\right)l}{117750}$ | $\dfrac{D^4 - D'^4}{D} = \dfrac{\left(P + \dfrac{pl}{2}\right)l}{157000}$ |

### 6° *Tubes à section elliptique.*

| | Cas ordinaires. | Constructions allégées ou matériaux de choix. |
|---|---|---|
| Fonte......... | $\dfrac{ba^3 - b'a'^3}{a} = \dfrac{\left(P + \dfrac{pl}{2}\right)l}{5887500}$ | $\dfrac{ba^3 - b'a'^3}{a} = \dfrac{\left(P + \dfrac{pl}{2}\right)l}{7850000}$ |
| Fer.......... | $\dfrac{ba^3 - b'a'^3}{a} = \dfrac{\left(P + \dfrac{pl}{2}\right)l}{4710000}$ | $\dfrac{ba^3 - b'a'^3}{a} = \dfrac{\left(P + \dfrac{pl}{2}\right)l}{6280000}$ |
| Chêne ou sapin. | $\dfrac{ba^3 - b'a'^3}{a} = \dfrac{\left(P + \dfrac{pl}{2}\right)l}{471000}$ | $\dfrac{ba^3 - b'a'^3}{a} = \dfrac{\left(P + \dfrac{pl}{2}\right)l}{628000}$ |

### 7° *Solides à section en double T.*

| | Cas ordinaires. | Constructions allégées ou matériaux de choix. |
|---|---|---|
| Fonte......... | $\dfrac{ab^3 - 2a'b'^3}{b} = \dfrac{\left(P + \dfrac{pl}{2}\right)l}{1250000}$ | $\dfrac{ab^3 - 2a'b'^3}{b} = \dfrac{\left(P + \dfrac{pl}{2}\right)l}{1670000}$ |
| Fer.......... | $\dfrac{ab^3 - 2a'b'^3}{b} = \dfrac{\left(P + \dfrac{pl}{2}\right)l}{1000000}$ | $\dfrac{ab^3 - 2a'b'^3}{b} = \dfrac{\left(P + \dfrac{pl}{2}\right)}{1330000}$ |
| Chêne ou sapin. | $\dfrac{ab^3 - 2a'b'^3}{b} = \dfrac{\left(P + \dfrac{pl}{2}\right)l}{100000}$ | $\dfrac{ab^3 - 2a'b'^3}{b} = \dfrac{\left(P + \dfrac{pl}{2}\right)l}{133000}$ |

### 8° *Solides à section en simple T.*

| | Cas ordinaires. | Constructions allégées ou matériaux de choix. |
|---|---|---|
| Fonte......... | $a^3 = \dfrac{\left(P + \dfrac{pl}{2}\right)l}{1651785}$ | $a^3 = \dfrac{\left(P + \dfrac{pl}{2}\right)l}{2202380}$ |
| Fer....... ... | $a^3 = \dfrac{\left(P + \dfrac{pl}{2}\right)l}{1321428}$ | $a^3 = \dfrac{\left(P + \dfrac{pl}{2}\right)l}{1761904}$ |
| Chêne ou sapin. | $a^3 = \dfrac{\left(P + \dfrac{pl}{2}\right)l}{132142}$ | $a^3 = \dfrac{\left(P + \dfrac{pl}{2}\right)l}{176190}$ |

9° *Solides dont la section est en forme de croix.*

| | Cas ordinaires. | Constructions allégées ou matériaux de choix. |
|---|---|---|
| Fonte | $$\frac{ab^3 + (b'-a)a'^3}{b} = \frac{\left(P + \frac{pl}{2}\right)l}{1250000}$$ | $$\frac{ab^3 + (b'-a)a'^3}{b} = \frac{\left(P + \frac{pl}{2}\right)l}{1670000}$$ |
| Fer | $$\frac{ab^3 + (b'-a)a'^3}{b} = \frac{\left(P + \frac{pl}{2}\right)l}{1000000}$$ | $$\frac{ab^3 + (b'-a)a'^3}{b} = \frac{\left(P + \frac{pl}{2}\right)l}{1330000}$$ |
| Chêne ou sapin | $$\frac{ab^3 + (b'-a)a'^3}{b} = \frac{\left(P + \frac{pl}{2}\right)l}{100000}$$ | $$\frac{ab^3 + (b'-a)a'^3}{b} = \frac{\left(P + \frac{pl}{2}\right)l}{133000}$$ |

10° *Bras des roues d'engrenage.*
(Section en croix.)

| | Fonte. | Fer. |
|---|---|---|
| 1° $b = 5a$ | $a^3 = \dfrac{Pl}{32250000}$ | $a^3 = \dfrac{Pl}{25800000}$ |
| 2° $b = 6a$ | $a^3 = \dfrac{Pl}{46045350}$ | $a^3 = \dfrac{Pl}{36833333}$ |
| 3° $b = 7a$ | $a^3 = \dfrac{Pl}{62321428}$ | $a^3 = \dfrac{Pl}{49857142}$ |

**145.** APPLICATIONS.— 1° *Trouver la charge que peut supporter en toute sécurité une barre carrée en fonte de* 0$^m$,12 *de côté, sachant que la charge agit à* 0$^m$,75 *de la section d'encastrement.*

$$P = \frac{Fa^3}{6l}, \quad P = \frac{7500000 \times (0,12)^3}{6 \times 0,75} = 2880^{kg}.$$

2° *Trouver les dimensions d'une pièce de bois encastrée à l'une des extrémités et capable de supporter une charge de* 900 *kilogrammes, à* 1$^m$,80 *de la section d'encastrement.*

Si l'on néglige le poids du solide, on doit appliquer la formule

$$ab^2 = \frac{Pl}{100000}.$$

Pour les pièces de charpente, la dimension $a$ étant les $\frac{5}{7}$ de $b$, on a

$$\frac{5}{7}b^3 = \frac{P\,l}{100000}, \quad b^3 = \frac{7 \times 900 \times 1,8}{5 \times 100000},$$

$$b = \sqrt[3]{\frac{7 \times 900 \times 1,8}{5 \times 100000}} = 0^m,283, \quad a = \frac{5}{7} \times 0^m,283 = 0^m,202.$$

3° *Trouver le côté de la section d'une pièce de bois carrée, encastrée à l'une des extrémités et supportant une charge de 1500 kilogrammes, à 1^m,30 de la section d'encastrement.*

$$b^3 = \frac{P\,l}{100000}, \quad b^3 = \frac{1500 \times 1,30}{100000},$$

$$b = \sqrt[3]{\frac{1500 \times 1,30}{100000}} = 0^m,269.$$

4° *Trouver le diamètre d'un cylindre plein en fonte, encastré à l'une des extrémités et sollicité à 1^m,80 de la section d'encastrement, par un effort de 8000 kilogrammes qui tend à le fléchir.*

$$D^3 = \frac{P\,l}{736312}, \quad D^3 = \frac{8000 \times 1^m,80}{736312},$$

$$D = \sqrt[3]{\frac{8000 \times 1,80}{736312}} = 0^m,26942.$$

5° *Quel est le diamètre extérieur d'un cylindre creux en fonte capable de supporter le même effort à la même distance de la section d'encastrement, sachant que le diamètre intérieur doit être les $\frac{4}{5}$ du diamètre extérieur.*

$$\frac{D^4 - D'^4}{D} = \frac{P\,l}{1471875}, \quad \frac{D^4 - \left(\frac{4}{5}\right)^4 D^4}{D} = \frac{8000 \times 1,80}{1471875},$$

$$D^3\left(1 - \frac{256}{625}\right) = \frac{8000 \times 1,8}{1471875}, \quad \frac{369\,D^3}{625} = \frac{8000 \times 1,8}{1471875},$$

$$D = \sqrt[3]{\frac{8000 \times 1,8 \times 625}{1471875 \times 369}} = 0^m,25256.$$

6° *Trouver les dimensions d'un tube rectangulaire capable*

de supporter un effort de 10000 *kilogrammes, à une distance de* 3 *mètres de la section d'encastrement.*

$$\frac{ab^3 - a'b'^3}{b} = \frac{Pl}{1250000}.$$

On suppose

d'où

$$a' = \tfrac{4}{5}a, \quad b' = \tfrac{4}{5}b, \quad a = \tfrac{1}{3}b,$$

$$a' = \tfrac{4}{5} \times \tfrac{1}{3}b = \tfrac{4}{15}b.$$

En substituant dans la formule, on aura

$$\frac{\tfrac{1}{3}b^4 - \tfrac{4}{15}b \times b^3 \times \left(\tfrac{4}{5}\right)^3}{b} = \frac{Pl}{1250000}, \qquad \frac{\tfrac{1}{3}b^4 - \tfrac{256}{1875}b^4}{b} = \frac{Pl}{1250000},$$

$$\frac{625\,b^3 - 256\,b^3}{1875} = \frac{10000 \times 3}{1250000}, \qquad \frac{369\,b^3}{1875} = \frac{3}{125},$$

$$b = \sqrt[3]{\frac{3 \times 1875}{125 \times 369}}, \quad b = 0^m,4959;$$

par conséquent

$$a = \frac{0,4959}{3} = 0^m,1653,$$

$$b' = \tfrac{4}{5} \times 0,4959 = 0^m,39672,$$

$$a' = \tfrac{4}{5} \times 0,1653 = 0^m,13224.$$

7° *Trouver les dimensions des bras d'une roue d'engrenage, sachant que le rayon primitif de cette roue est égal à* 1$^m$,50 *et que l'effort exercé est de* 600 *kilogrammes.*

Nous avons vu plus haut que la section affecte la forme en croix :

1° On fait $b = 5a$,

$$a^3 = \frac{Pl}{32250000}, \quad a^3 = \frac{600 \times 1,50}{32250000},$$

$$a = \sqrt[3]{\frac{9}{322500}} = 0^m,0303, \qquad b = 5 \times 0^m,0303 = 0^m,1515.$$

2° On suppose $b = 6a$,

$$a^3 = \frac{Pl}{46045350}, \quad a = \sqrt[3]{\frac{900}{46045350}} = 0^m,026937,$$

$$b = 6 \times 0^m,026937 = 0^m,161622.$$

3° On suppose $b = 7\,a$,

$$a' = \frac{P\,l}{62321428}, \quad a = \sqrt[3]{\frac{900}{62321428}} = 0^m,024352,$$

$$b = 7 \times 0,024352 = 0^m,170464.$$

**146.** *Dimensions d'un solide prismatique encastré par l'une des extrémités, la charge étant uniformément répartie sur la longueur de la pièce.* — Appelons $p$ la charge uniformément distribuée par mètre courant sur la longueur $l$ de la pièce $(fig.\,87)$ et soient $s$, $s'$, $s''$,... des éléments de cette longueur,

Fig. 87.

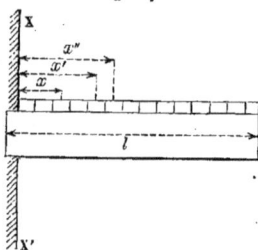

distants de quantités $x$, $x'$, $x''$,... de la section d'encastrement. Les charges sur ces éléments seront exprimées par

$$ps, \quad ps', \quad ps'',\ldots,$$

et leurs moments, par rapport à la section, seront respectivement

$$psx, \quad ps'x', \quad ps''x'',\ldots.$$

La somme des moments de ces forces extérieures étant égale à la somme des moments des réactions moléculaires, représentées par $\dfrac{FI}{r}$, ainsi que nous l'avons vu, on aura

$$ps\,x + ps'\,x' + ps''\,x'' + \ldots = \frac{FI}{r}$$

ou

$$p\,(s\,x + s'\,x' + s''\,x'' + \ldots) = \frac{FI}{r}.$$

En vertu du théorème des moments, la somme des quantités renfermées entre parenthèses est égale à $l \times \dfrac{l}{2}$. Donc

$$\frac{pl}{2} \times l = \frac{\mathrm{FI}}{r}.$$

La section étant rectangulaire,

$$\mathrm{I} = \frac{ab^3}{12}, \quad \text{d'où} \quad \frac{pl}{2} \times l = \frac{\mathrm{F}ab^3}{12\,\dfrac{b}{2}} = \frac{\mathrm{F}ab^2}{6}.$$

Si, indépendamment de la charge uniformément répartie, le solide supportait encore un effort P, agissant à l'extrémité, le moment de la charge s'ajouterait à celui de cet effort, de sorte qu'on aurait l'équation

$$\mathrm{P}l + \frac{pl}{2} \times l = \frac{\mathrm{F}ab^2}{6} \quad \text{ou} \quad \left(\mathrm{P} + \frac{pl}{2}\right) l = \frac{\mathrm{F}ab^2}{6},$$

d'où

$$ab^2 = \frac{6\left(\mathrm{P} + \dfrac{pl}{2}\right) l}{\mathrm{F}}.$$

Il est aisé de voir que ce cas se confond avec celui qui se rapporte à l'effort de flexion que peut supporter une pièce, en tenant compte de son propre poids.

Ainsi, la charge étant uniformément répartie, on aura

$$ab^2 = \frac{6pl^2}{2\,\mathrm{F}} = \frac{3pl^2}{\mathrm{F}};$$

et, en remplaçant F par les valeurs numériques indiquées plus haut, il viendra

Pour la fonte.......... $ab^2 = \dfrac{pl^2}{2500000}$

Pour le fer............ $ab^2 = \dfrac{pl^2}{2000000}$

Pour le bois........... $ab^2 = \dfrac{pl^2}{2000000}$

Le résultat que nous avons obtenu en répartissant uniformément la charge montre que, si la moitié seulement de cette charge était concentrée à l'extrémité de cette pièce, le moment de stabilité serait encore le même; donc, lorsqu'un solide est encastré à l'une des extrémités, la charge uniformément répartie sur sa longueur est équivalente à la moitié de cette charge appliquée à l'autre extrémité.

**147.** *Remarque essentielle.* — Lorsqu'il s'agit de trouver les dimensions du solide, en tenant compte de son poids, la charge étant uniformément répartie, il suffit d'augmenter la charge par mètre courant du poids de la pièce aussi par mètre de longueur, puisque ces deux forces distinctes ont le même bras de levier, c'est-à-dire la distance du centre de gravité de la pièce à la section d'encastrement. Nous ferons encore observer que la recherche des dimensions, en ayant égard au poids de la pièce, conduit à une équation assez pénible à résoudre et, partant, peu commode pour les usages de la pratique.

On procède, dans ce cas, par la méthode des approximations successives que nous avons eu déjà occasion d'employer. A cet effet, on cherche d'abord le terme inconnu $ab^2$, en négligeant le poids du solide et l'on a ainsi, pour première approximation, les dimensions qui servent elles-mêmes à trouver approximativement le poids. En introduisant sa valeur dans l'équation et cherchant de nouveau $ab^2$, on aura, par seconde approximation, les dimensions du solide, d'où l'on déduira encore le poids correspondant.

En continuant ainsi de suite, on obtiendra des valeurs de plus en plus approchées des dimensions du solide capable de satisfaire aux conditions que l'on s'est imposées.

**148.** *Cas où le solide est sollicité par des forces perpendiculaires à l'axe et situées dans un plan longitudinal moyen.* — 1° Les forces sont de même sens.

Soient $a$ et $b$ les points d'application de deux forces P et Q et $l$, $l'$ leurs distances à la section d'encastrement ( *fig.* 88). Les moments de ces forces étant $Pl$ et $Ql'$, on aura

$$P l + Q l' = \frac{FI}{r}, \quad P l + Q l' = \frac{F \, ab^2}{6},$$

d'où

$$ab^2 = \frac{6(Pl + Ql')}{F}.$$

Si l'on tient compte du poids du solide ou si une charge est

Fig. 88.

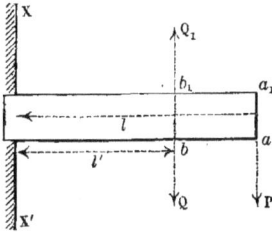

uniformément répartie sur sa longueur, l'équation d'équilibre devient

$$P\,l + \tfrac{1}{2}\,p\,l^2 + Q\,l' = \frac{F\,a b^2}{6},$$

$$l\left(P + \tfrac{1}{2}\,p\,l\right) + Q\,l' = \frac{F\,a b^2}{6},$$

d'où

$$a b^2 = \frac{6\left[\,l\left(P + \tfrac{1}{2}\,p\,l\right) + Q\,l'\,\right]}{F}.$$

2° Les forces sont de sens contraires.

Dans ce cas, le moment des forces qui tendent à fléchir le solide est $P\,l - Q_1\,l'$ si $P\,l > Q\,l'$ et $Q_1\,l' - P\,l$ si $P\,l < Q_1\,l'$. On aura donc (*fig. 84*)

$$P\,l - Q_1\,l' = \frac{F\,I}{r}, \quad P\,l - Q_1\,l' = \frac{F\,a b^2}{6},$$

d'où

$$a b^2 = \frac{6\,(P\,l - Q_1\,l')}{F}$$

et

$$Q_1\,l' - P\,l = \frac{F\,a b^2}{6}, \quad a b^2 = \frac{6\,(Q_1\,l' - P\,l)}{F}.$$

Dans la première hypothèse, la rupture tend à se produire de haut en bas et dans la seconde de bas en haut.

La rupture peut avoir lieu suivant la section $b b_1$ lorsque

$$P\,a b > P\,l - Q_1\,l' \quad \text{ou} \quad P\,a b > Q_1\,l',$$

selon que la rupture tend à s'opérer de haut en bas où de bas en haut.

Si $P = Q_i$, on a

$$P l - Q_i l' = P (l - l') = P ab,$$

et, comme le moment de la force P, par rapport à la section $bb_i$ est aussi $P ab$, il s'ensuit que le moment de rupture, par rapport à la section d'encastrement, est absolument le même que celui qui se rapporte à la section $bb_i$. Cette conclusion s'applique également à toutes les sections comprises entre la section d'encastrement et le point $a$.

Enfin, lorsque les moments $Pl$ et $Q_i l'$ de sens contraires sont égaux, le moment de rupture est nul, ce qui ne peut avoir lieu qu'autant que la résultante des deux forces qui tendent à fléchir le solide est située dans le plan de la section et, puisque le bras de levier de la force $Q_i$ est moindre que celui de la force P, on aura $Q > P$. Généralement, le moment de rupture pour une section quelconque sera nul, s'il y a égalité entre les moments des forces de flexion par rapport à cette section.

**149.** *Dimensions d'un solide reposant librement sur deux appuis, la charge agissant perpendiculairement au milieu de la longueur.* — Soient $l$ la distance comprise entre les deux appuis A, B et P la charge agissant au milieu (*fig.* 89). Le

Fig. 89.

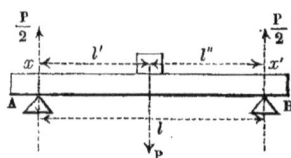

plan vertical mené par le point d'application de l'effort P divisant la pièce prismatique ou cylindrique en deux parties symétriques, la flexion a lieu également sur chacune de ces parties; par conséquent, les fibres placées à la région inférieure s'allongent, tandis que celles placées à la région supérieure se raccourcissent, et l'état d'équilibre entre les résistances moléculaires et la charge, qui produit la flexion, ne tarde pas à s'établir. Ainsi, la pièce tendant à se rompre au milieu de sa longueur, la section à ce point peut être considérée comme la section dangereuse ; de plus, comme l'effort peut être décomposé en deux autres égaux chacun à $\dfrac{P}{2}$ et agissant aux points A, B, on peut aussi considérer la pièce comme encastrée au milieu de sa longueur et sollicitée à l'une des extrémités par une force $\dfrac{P}{2}$ avec un bras de levier $\dfrac{l}{2}$. Par conséquent, l'équation de stabilité sera

$$\frac{P}{2} \times \frac{l}{2} = \frac{FI}{r} = \frac{F\,ab^3}{6\,b} = \frac{F\,ab^2}{6},$$

d'où

$$ab^2 = \frac{6\,Pl}{4\,F} = \frac{3\,Pl}{2\,F}.$$

**150.** *Cas où la charge agit en un point quelconque.* — Soient $l'$, $l''$ les distances respectives du point d'application de la charge aux points d'appui A, B et $x$, $x'$ les pressions exercées aux mêmes points. Ces pressions étant les composantes parallèles de la force P, on aura (*fig.* 85)

$$\frac{x}{P} = \frac{l''}{l}, \quad \frac{x'}{P} = \frac{l'}{l},$$

d'où

$$x = \frac{P\,l''}{l} \quad \text{et} \quad x' = \frac{P\,l'}{l}.$$

La rupture tendant à se produire à la section qui passe par le point d'application de l'effort de flexion P, le solide peut être considéré comme encastré suivant cette section et sollicité au point A par un effort $x$ agissant avec un bras de levier $l'$, ou au point B avec un bras de levier $l''$. On aura donc

$$\frac{P\,l''\,l'}{l} = \frac{FI}{r} = \frac{F\,ab^2}{6}, \quad \text{d'où} \quad ab^2 = \frac{6\,P\,l'\,l''}{F\,l}.$$

**151.** *Cas où la charge est uniformément répartie.* — La charge étant uniformément répartie, si nous désignons par $p$ la charge par mètre courant, $pl$ sera la charge totale. Comme le point d'application de la résultante de toutes les forces égales à $p$ se trouve au milieu de la longueur de la pièce, la rupture tendra à se produire à ce point et l'on est ainsi ramené au cas où la section d'encastrement est au milieu de la longueur de la pièce, la charge $\frac{pl}{2}$ étant également réparti sur une longueur $\frac{l}{2}$. D'autre part, remarquant que la charge $\frac{pl}{2}$ a son point d'application au milieu de la distance comprise entre l'un des points d'appui A ou B et la section dangereuse, le bras de levier sera évidemment la moitié de $\frac{l}{2}$ ou $\frac{l}{4}$ L'équation d'équilibre, dans ce cas, devient

$$\frac{pl}{2} \times \frac{l}{4} = \frac{FI}{r} = \frac{F\,ab^2}{6}, \quad \text{d'où} \quad ab^2 = \frac{6pl^2}{8F} = \frac{3pl^2}{4F}.$$

On arrive au même résultat en raisonnant de la manière suivante : la charge étant uniformément répartie, la section dangereuse sera au milieu de la longueur et, comme les réactions qui se manifestent aux points d'appui A et B ont pour valeur commune $\frac{pl}{2}$, chaque moitié de la pièce est soumise à deux forces de sens contraires, la première $\frac{pl}{2}$ ayant pour bras de levier $\frac{l}{2}$ et la seconde $\frac{pl}{2}$ agissant avec un bras de levier $\frac{l}{4}$. On a donc

$$\frac{pl}{2} \times \frac{l}{2} - \frac{pl}{2} \times \frac{l}{4} = \frac{FI}{r} = \frac{F\,ab^2}{6} \quad \text{ou} \quad \frac{pl^2}{8} = \frac{F\,ab^2}{6}.$$

152. *Cas où le solide est à la fois soumis à l'action d'une force agissant en un point et d'une charge uniformément répartie.* — 1° L'effort P agit au milieu de la longueur de la pièce.

Les pressions exercées aux points d'appui ont pour valeur $\frac{P}{2}$ et de plus chaque moitié de la pièce supporte une charge également répartie, exprimée par $\frac{pl}{2}$. On est donc ainsi ramené à considérer un solide encastré à son milieu et sollicité par deux forces, la première $\dfrac{P}{2}$, dont le bras de levier est $\dfrac{l}{2}$, et la seconde $\dfrac{pl}{2}$, ayant pour bras de levier $\dfrac{l}{4}$. On aura donc l'équation de stabilité

$$\frac{P}{2}\times\frac{l}{2}+\frac{pl}{2}\times\frac{l}{4}=\frac{FI}{R}=\frac{Fab^2}{6},$$

$$\frac{Pl}{4}+\frac{pl^2}{8}=\frac{Fab^2}{6},$$

$$\frac{2Pl+pl^2}{8}=\frac{Fab^2}{6},$$

$$\frac{l(2P+pl)}{8}=\frac{Fab^2}{6};$$

d'où

$$ab^2=\frac{6l(2P+pl)}{8F},\quad ab^2=\frac{3l(2P+pl)}{4F}.$$

2° **L'effort P agit en un point quelconque.**

Comme précédemment, nous allons d'abord déterminer les pressions $x$, $x'$ exercées sur les points d'appui. La charge totale étant $P+pl$, on aura, par le théorème des moments, en

Fig. 90.

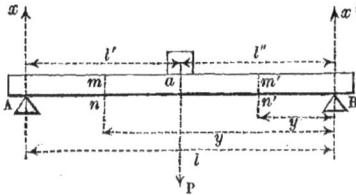

considérant successivement les sections passant par les points d'appui ( *fig.* 90),

$$xl=Pl''+\frac{pl^2}{2},\quad x'l=Pl'+\frac{pl^2}{2};$$

d'où

$$x=\frac{Pl''}{l}+\frac{pl^2}{2l}=\frac{2Pl''+pl^2}{2l},$$

$$x'=\frac{Pl'}{l}+\frac{pl^2}{2l}=\frac{2Pl'+pl^2}{2l}.$$

Cela posé, considérons une section $mn$ de la pièce située entre le point d'appui A et le point d'application de l'effort P. Appelons $l'$, $l''$ les distances du point $a$ aux points A, B; et $y$ la distance de la section $mn$ au point B. Le moment des résistances moléculaires à cette section, par rapport à la ligne des fibres invariables, étant $\frac{FI}{r}$, comme la réaction $x'$ exercée au point B agit en sens contraire de la force P et de la charge $py$, uniformément répartie sur la longueur $y$, on aura

$$\frac{FI}{r} = x'y - P(y - l'') - py \times \tfrac{1}{2}y,$$

ou

$$\frac{FI}{r} = x'y - P(y - l'') - \tfrac{1}{2}py^2.$$

Remplaçant $x'$ par sa valeur trouvée plus haut,

$$\frac{FI}{r} = \frac{2\,P\,l'}{2l}\,y + \frac{pl^2}{2l}\,y - Py + P\,l'' - \tfrac{1}{2}py^2,$$

ou

$$\frac{P\,l'}{l}\,y + \frac{ply}{2} - Py + P\,l'' - \tfrac{1}{2}py^2 = \frac{FI}{r}.$$

Substituant à $l'$ sa valeur $l - l''$, on aura encore

$$\frac{P(l - l'')}{l}\,y + \frac{ply}{2} - Py + P\,l'' - \tfrac{1}{2}py^2 = \frac{FI}{r},$$

$$\frac{P\,ly}{l} - \frac{P\,l''y}{l} + \frac{ply}{2} - Py + P\,l'' - \tfrac{1}{2}py^2 = \frac{FI}{r},$$

$$Py - \frac{P\,l''y}{l} + \frac{ply}{2} - Py + P\,l'' - \tfrac{1}{2}py^2 = \frac{FI}{r}.$$

Réduisant et multipliant le terme $P\,l''$ par $\frac{l}{l}$, il viendra

$$\frac{P\,l''l}{l} - \frac{P\,l''y}{l} + \frac{py}{2}(l - y) = \frac{FI}{r}$$

ou

(1) $$\frac{P\,l''}{l}(l - y) + \frac{py}{2}(l - y) = \frac{FI}{r}.$$

En second lieu, appliquons les mêmes principes à une section $m'n'$ placée entre le point d'application $a$ de la charge P et le point d'appui B. Sur la longueur $y'$, la charge uniformément répartie aura pour valeur $py'$ et son bras de levier sera $\frac{1}{2}y'$ ; de plus, la pression $x'$ ayant pour bras de levier $y'$, l'équation d'équilibre sera représentée par

$$x' y' - \tfrac{1}{2} py'^2 = \frac{FI}{r}.$$

Remplaçant, comme précédemment, $x'$ par sa valeur, on aura

$$\frac{2 P l'}{2 l} y' + \frac{pl^2}{2 l} y' - \tfrac{1}{2} py'^2 = \frac{FI}{r}$$

ou

$$\frac{P l'}{l} y' + \tfrac{1}{2} ply' - \tfrac{1}{2} py'^2 = \frac{FI}{r}.$$

Mettant $y'$ en facteur commun,

$$(2) \qquad y' \left[ \frac{P l'}{l} + \tfrac{1}{2} p (l - y') \right] = \frac{FI}{r}.$$

Pour discuter les deux expressions que nous avons successivement obtenues, remarquons que si, dans l'équation (1), on fait $y = l$, il vient

$$\frac{FI}{r} = 0,$$

ce qui montre que, à la section passant par le point d'appui A, la flexion est nulle. Évidemment la flexion sera d'autant plus grande que le facteur $(l - y)$ sera plus grand ou que la quantité $y$ sera moindre ; or, le minimum de $y$ étant $l''$, on aura

$$l - y = l - l'' = l',$$

et l'équation de stabilité deviendra

$$\frac{P l'' l'}{l} + \frac{pl' l''}{2} = \frac{FI}{r}$$

ou bien

$$\frac{P l'' l'}{l} + \frac{1}{2} \frac{pll' l''}{l} = \frac{FI}{r}.$$

23.

Mettant $\dfrac{l' \, l''}{l}$ en facteur commun,

$$\frac{l' \, l''}{l}\left(\mathrm{P} + \tfrac{1}{2}pl\right) = \frac{\mathrm{FI}}{r}.$$

Si, d'ailleurs, on considère le second terme $\dfrac{p\,y}{2}\,(l - y)$, il est évident que le maximum correspondra à la relation

$$y = l - y$$

ou

$$2y = l, \quad y = \tfrac{1}{2}l,$$

c'est-à-dire que la flexion relative à la charge uniformément répartie aura lieu au milieu de la longueur de la pièce, ou à droite du point $a$, puisque nous avons admis que la charge $\mathrm{P}$ avait son point d'application plus près du point A que du point B. Conséquemment, le solide étant partagé en deux parties par la section passant par le point $a$, la flexion maxima de la première partie, à gauche, aura lieu à cette section même.

Pareillement, si nous considérons l'équation de stabilité (2), qui se rapporte à la seconde partie à droite, on voit encore que, si $y' = 0$, on a

$$\frac{\mathrm{FI}}{r} = 0,$$

c'est-à-dire qu'au point d'appui B la courbure sera nulle, comme au point A. Il est visible que le maximum correspondra aussi à l'équation de condition

$$y' = l - y'$$

ou

$$2y' = l \quad \text{et} \quad y' = \frac{l}{2},$$

pour le terme $\frac{1}{2}\,p\,(l - y')y'$; et

$$y' = l',$$

pour le terme $y'\,\dfrac{\mathrm{P}\,l'}{l}$.

Au moyen des relations qui précèdent, il est aisé, par une construction graphique, de trouver la section dangereuse. A cet effet, portons sur une ligne d'abscisses des longueurs égales à $y$, depuis $y = l''$ jusqu'à $y = 0$, et, aux points de division, élevons des perpendiculaires égales à

$$y' \left[ \frac{\mathrm{P}\,l'}{l} + \tfrac{1}{2} p\,(l - y') \right],$$

pour différentes valeurs de $y'$, jusqu'à $y' = \dfrac{l}{2}$. L'abscisse du point le plus élevé de la courbe fera connaître à quelle distance des points d'appui a lieu la courbure maxima. En introduisant la valeur de $y'$ ainsi trouvée, on pourra facilement calculer, par les méthodes précédemment exposées, les dimensions qu'il convient de donner au solide.

**153.** *Solide prismatique reposant librement sur deux appuis et supportant des charges réparties d'une manière quelconque.* — Soient ( *fig.* 91 )

Fig. 91.

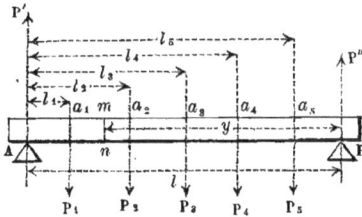

$P_1$, $P_2$, $P_3$, $P_4$, $P_5$,... les charges agissant en divers points d'un solide prismatique ;

$l_1$, $l_2$, $l_3$, $l_4$, $l_5$,... les distances de ces points au point d'appui A ;

$l'_1$, $l'_2$, $l'_3$, $l'_4$, $l'_5$,... les distances des mêmes points d'application au point d'appui B.

Appelant $x_1$, $x'_1$ les pressions ou les réactions exercées aux points A, B par l'effet de la force $P_1$, en appliquant la théorie des forces parallèles, on aura

$$\frac{x_1}{P_1} = \frac{l'_1}{l}, \quad \frac{x'_1}{P_1} = \frac{l_1}{l};$$

d'où

$$x_1 = \frac{P_1\,l'_1}{l}, \quad x'_1 = \frac{P_1\,l_1}{l}.$$

Pareillement, les composantes des autres forces seront exprimées par :

Composantes au point A...
$$
\begin{cases}
x_2 = \dfrac{P_2\, l'_2}{l}, \\[2mm]
x_3 = \dfrac{P_3\, l'_3}{l}, \\[2mm]
x_4 = \dfrac{P_4\, l'_4}{l}, \\[2mm]
x_5 = \dfrac{P_5\, l'_5}{l};
\end{cases}
$$

Composantes au point B...
$$
\begin{cases}
x'_2 = \dfrac{P_2\, l_2}{l}, \\[2mm]
x'_3 = \dfrac{P_3\, l_3}{l}, \\[2mm]
x'_4 = \dfrac{P_4\, l_4}{l}, \\[2mm]
x'_5 = \dfrac{P_5\, l_5}{l}.
\end{cases}
$$

Appelant $P'$, $P''$ les résultantes respectives des composantes de chaque groupe, on aura

$$
P' = \frac{P_1\, l'_1 + P_2\, l'_2 + P_3\, l'_3 + P_4\, l'_4 + P_5\, l'_5}{l},
$$

$$
P'' = \frac{P_1\, l_1 + P_2\, l_2 + P_3\, l_3 + P_4\, l_4 + P_5\, l_5}{l}.
$$

Si nous considérons une section $mn$, placée entre les points $a_1$ et $a_2$ de la longueur de la pièce et distante d'une quantité $y$ du point d'appui B, d'après ce qui a été dit précédemment, l'équation de stabilité relative à cette section sera

$$
P''y - P_2(y - l'_2) - P_3(y - l'_3) - P_4(y - l'_4) - P_5(y - l'_5) = \frac{FI}{r}
$$

ou

$$
(P'' - P_2 - P_3 - P_4 - P_5)\,y + P_2\, l'_2 + P_3\, l'_3 + P_4\, l'_4 + P_5\, l'_5 = \frac{FI}{r}.
$$

Remplaçant $P''$ par sa valeur, on aura

$$
\left( \frac{P_1\, l_1 + P_2\, l_2 + P_3\, l_3 + \ldots}{l} - P_2 - P_3 - P_4 - P_5 \right)y + P_2\, l'_2 + P_3\, l'_3 + P_4\, l'_4 + P_5\, l'_5 = \frac{FI}{r}
$$

Cette relation montre que la flexion de la pièce croît proportionnellement à la valeur $y$, qui mesure la distance de la section considérée au point d'appui B, lorsque

$$\frac{P_1 l_1 + P_2 l_2 + P_3 l_3 + \ldots}{l} \quad \text{ou} \quad P'' > P_2 + P_3 + P_4 + \ldots,$$

et, par suite, que la flexion maxima correspondra toujours à la section qui passe par l'un des points d'application $a_1$, $a_2$, $a_3$,... des différentes charges que supporte la pièce. Il est donc aisé de comprendre que la section dangereuse sera déterminée par le maximum du premier membre de l'équation qui représente la somme des moments des forces extérieures tendant à opérer la rupture de la pièce. On obtiendra facilement ce maximum, en faisant successivement, dans l'équation de stabilité, $y = l'_1$, $y = l'_2$, $y' = l'_3$,.... Supposons, par exemple, que la plus grande valeur du second membre se rapporte à $y = l'_2$, en substituant dans l'équation, on aura

$$(P'' - P_3 - P_4 - P_5) l'_2 + P_3 l'_3 + P_4 l'_4 + P_5 l'_5 = \frac{FI}{r}.$$

De cette équation, on pourra, sans difficulté, déduire les dimensions de la pièce. En effet,

$$I = \frac{ab^3}{12} \quad \text{et} \quad r = \frac{b}{2}.$$

En introduisant donc ces valeurs dans l'équation, il viendra

$$(P'' - P_3 - P_4 - P_5) l'_2 + P_3 l'_3 + P_4 l'_4 + P_5 l'_5 = \frac{Fab^2}{6},$$

d'où

$$ab^2 = \frac{6(P'' - P_3 - P_4 - P_5) l'_2 + 6(P_3 l'_3 + P_4 l'_4 + P_5 l'_5)}{F}.$$

On procéderait d'une manière identique si la pièce était cylindrique; mais, pour la valeur du moment d'inertie, on prendrait

$$I = \frac{\pi r^4}{4}.$$

Supposons que toutes les forces qui tendent à fléchir le solide se réduisent à deux égales entre elles P et distantes des deux points d'appui A, B de la même quantité $l'$ ( *fig.* 92).

Fig. 92.

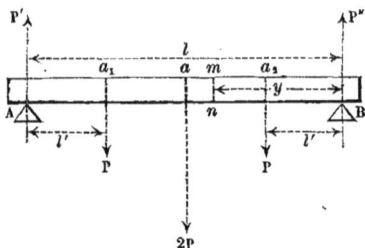

Désignons par $x$ la pression exercée au point d'appui A par la force P appliquée au point $a_1$. On aura

$$\frac{x}{P} = \frac{l - l'}{l}, \quad \text{d'où} \quad x = \frac{P(l - l')}{l}.$$

Appelant $x'$ la pression transmise au même point d'appui par la force P, appliquée au point $a_2$, il viendra encore

$$\frac{x'}{P} = \frac{l'}{l} \quad \text{et} \quad x' = \frac{P\,l'}{l} ;$$

par conséquent, la pression totale exercée au point A aura pour valeur

$$x + x' \quad \text{ou} \quad \frac{P\,l' + P(l - l')}{l} ;$$

de plus, la charge totale sera $2P$ et la pression exercée au point d'appui B par les deux forces égales qui sollicitent le système aura pour valeur

$$\frac{P\,l' + P(l - l')}{l} = \frac{P\,l}{l} = P,$$

puisque les points d'application $a_1$, $a_2$ sont symétriquement placés par rapport au point milieu $a$ de la longueur de la pièce.

Si nous considérons une section quelconque $mn$, distante du point d'appui B d'une quantité $y$, l'équation d'équilibre par rapport à cette section sera

$$P\,y - P\,(y - l') = \frac{FI}{r}$$

ou

$$P\,y - P\,y + P\,l' = \frac{FI}{r}, \quad P\,l' = \frac{FI}{r}, \quad P\,l' = \frac{F\,ab^2}{6}$$

et

$$ab^2 = \frac{6\,P\,l'}{F}.$$

Si la charge $2P$ était appliquée au milieu de la longueur de la pièce, au lieu d'être partagée en deux charges égales, symétriquement distribuées, on aurait l'équation

$$P \times \frac{l}{2} = \frac{FI}{r}, \quad \text{d'où} \quad P = \frac{2FI}{rl}.$$

De la relation relative au cas où la charge est partagée, on déduit

$$P = \frac{FI}{rl'};$$

or $l'$ est moindre que $\dfrac{l}{2}$, donc

$$\frac{FI}{rl'} > \frac{2FI}{rl}.$$

La comparaison des deux équations fait donc voir que lorsque la charge totale est divisée en deux charges partielles égales, symétriquement distribuées sur la pièce, les chances de rupture sont moindres que si elle est concentrée au milieu de la longueur. Cette disposition est fort usitée dans l'établissement des roues hydrauliques.

Si l'on veut tenir compte du poids du solide ou s'il existe une charge uniformément répartie, appelant $p$ la charge par mètre courant, celle que supporte chaque moitié de la pièce sera $\dfrac{pl}{2}$ et, comme le point d'application de cette force est au milieu de la moitié de la longueur, on aura

$$P\,l' + \frac{pl}{2} \times \frac{l}{4} = \frac{FI}{r}$$

ou

$$P\,l' + \frac{p\,l^2}{8} = \frac{FI}{r}, \quad P\,l' + \frac{p\,l^2}{8} = \frac{F\,ab^2}{6},$$

d'où

$$ab^2 = \frac{6\,P\,l' + \frac{3}{4}\,p\,l^2}{F}.$$

Supposons maintenant que les deux charges égales P agissent en deux points quelconques $a_1$, $a_2$ ou, en d'autres termes, que la charge totale 2P se répartisse également aux mêmes points. Appelons (*fig.* 93)

Fig. 93.

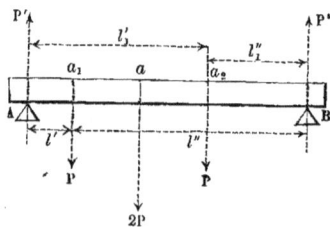

$l'$, $P''$ les réactions exercées aux points d'appui A et B ;

$l$ la distance de ces points d'appui ;

$l'$, $l''$ les distances respectives du point $a_1$ aux appuis A et B ;

$l_1$, $l_1''$ les distances du point $a_2$ aux mêmes points ;

$x$, $x'$ les réactions respectives occasionnées au point A par les deux charges agissant en $a_1$ et en $a_2$ ;

$y$, $y'$ les réactions partielles au point B, résultant des mêmes charges.

D'après ce qui a été dit dans la théorie des forces parallèles, on aura au point A

$$\frac{x}{P} = \frac{l''}{l}, \quad \frac{x'}{P} = \frac{l_1''}{l};$$

d'où

$$x = \frac{P\,l''}{l}, \quad x' = \frac{P\,l_1''}{l}$$

et

$$x + x' \quad \text{ou} \quad P' = \frac{P\,(l'' + l_1'')}{l}.$$

Pour les réactions du point d'appui B, on aura pareillement

$$\frac{\gamma}{P} = \frac{l'_1}{l}, \quad \frac{\gamma'}{P} = \frac{l'}{l};$$

d'où

$$\gamma = \frac{P\,l'_1}{l}, \quad \gamma' = \frac{P\,l'}{l}$$

et

$$\gamma + \gamma' \quad \text{ou} \quad P'' = \frac{P\,(l' + l'_1)}{l}.$$

Les bras de levier des deux forces P', P'' étant respective-ment $l'$ et $l''_1$, on aura les deux équations d'équilibre

$$\frac{P\,(l'' + l''_1)}{l}\,l' = \frac{FI}{r}, \quad \frac{P\,(l' + l'_1)}{l}\,l''_1 = \frac{FI}{r}.$$

Comme, dans une pièce ainsi établie, il y a deux sections de rupture et que les moments n'ont pas la même valeur, il est évident que les dimensions de la pièce pourront être dif-férentes aux points où les charges partielles sont appliquées. Pour les arbres en bois, on adopte les dimensions uniformes, calculées au moyen de l'équation de stabilité, dans laquelle entre le moment maximum. Les axes de rotation étant expo-sés à des secousses, comme il convient que les flexions soient très-faibles, dans l'application de cette règle, on introduit ordinairement la moitié de la valeur normale du coefficient de résistance à la flexion.

Désignant par M et M' les deux moments et divisant membre à membre les deux équations, on aura

$$\frac{P\,(l'' + l''_1)\,l'}{P\,(l' + l'_1)\,l''_1} = \frac{M}{M'} \quad \text{ou} \quad \frac{l''\,l' + l''_1\,l'}{l''_1\,l' + l'_1\,l''_1} = \frac{M}{M'}.$$

Le terme $l''_1\,l'$ étant commun au numérateur et au dénominateur, il est visible que le moment de rupture maximum correspondra au plus grand des produits $l''\,l'$ et $l'_1\,l''_1$; or, puisque $l'' + l' = l$ et $l'_1 + l''_1 = l$, évidemment les deux produits seront deux or-données d'une circonférence de cercle, dont le diamètre est égal à la distance $l$ comprise entre les points d'appui. Le maximum du produit étant le carré du rayon, c'est-à-dire de la moitié de $l$; et, de plus, le produit devenant de plus en plus grand, à mesure que la différence des facteurs devient de plus en plus petite, il s'ensuit que le plus grand des moments de rupture se rapportera à la section la plus voisine du milieu de la pièce. Ainsi, lorsque les dimensions de la pièce seront uniformes, on pourra facilement reconnaître *a priori* pour quelle charge partielle le calcul doit être effectué.

**154.** *Solide encastré à l'une des extrémités et reposant librement par l'autre sur un appui.* — 1° La charge agit au milieu de la longueur.

De nombreuses expériences, exécutées par MM. Navier et Guillebon, ont mis en évidence qu'un solide établi dans de telles conditions tend à se rompre en même temps à la section d'encastrement et à la section passant par le point d'application de la charge. Partant de ce fait d'observation, il est aisé de comprendre que le solide peut être assimilé à deux solides de même section, le premier reposant sur deux appuis et ayant pour longueur la distance comprise entre l'encastrement et le point d'appui, le second de longueur égale à la moitié de la même distance et considéré comme encastré à l'une des extrémités. Ces considérations nous conduisent encore à admettre que la charge se divise en deux charges partielles, l'une agissant au milieu de la longueur du premier solide et l'autre à l'une des extrémités du second.

Soient ( *fig.* 94 )

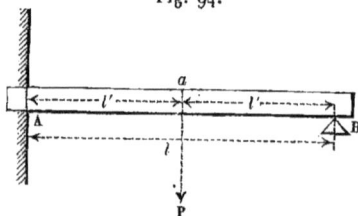

Fig. 94.

P′, P″ les charges respectives qui se rapportent aux deux solides;

*l* la distance entre l'encastrement et le point d'appui B;

*l′* la distance de la charge totale P à la section d'encastrement et à l'appui B.

Si nous considérons le solide de longueur *l*, il est visible que la charge partielle P' a deux composantes égales à $\frac{P'}{2}$ et agissant aux points A et B. Le bras de levier étant égal à $\frac{l}{2}$, l'équation de stabilité sera

$$\frac{P'}{2} \times \frac{l}{2} = \frac{FI}{r}$$

ou

$$\frac{P'l}{4} = \frac{FI}{r} \quad \text{et} \quad P'l = \frac{4FI}{r}.$$

Pour le solide de longueur $\frac{l}{2}$, considéré comme encastré à l'un des bouts, on aura aussi

$$\frac{P''l}{2} = \frac{FI}{r} \quad \text{et} \quad P''l = \frac{2FI}{r}.$$

Ajoutant membre à membre,

$$P'l + P''l = \frac{6FI}{r}, \quad l(P' + P'') = \frac{6FI}{r}.$$

Comme la charge $P = P' + P''$, on aura

$$Pl = \frac{6FI}{r} \quad \text{et} \quad P = \frac{6FI}{rl}.$$

En se reportant à ce qui a été dit sur un solide encastré par l'une des extrémités et sollicité à l'autre par un effort qui tend à le fléchir, on voit que, dans le cas actuel, la charge que peut supporter le solide est six fois plus grande. On peut aisément déduire de cette relation les dimensions qu'il convient de lui donner pour qu'il puisse supporter avec sécurité une charge donnée. Introduisant, en effet, la valeur du moment d'inertie dans l'équation, si la section est rectangulaire, il viendra

$$P = \frac{6F\,ab^3}{12\,\frac{b}{2}\,l} = \frac{Fab^2}{l}, \quad \text{d'où} \quad ab^2 = \frac{Pl}{F}.$$

2° La charge est appliquée en un point quelconque de la longueur de la pièce.

Appelons $l'$, $l''$ les distances respectives du point d'application $a$ de la charge à la section d'encastrement A et au point d'appui B (*fig.* 95).

Fig. 95.

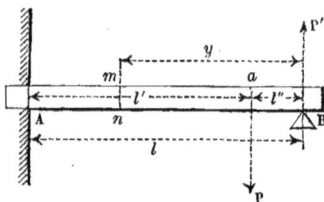

Comme dans le premier cas, nous pouvons considérer deux solides, l'un de longueur $l$, la charge partielle P' agissant au point $a$, et l'autre de longueur $l'$, la charge partielle P'' agissant à l'un des bouts. Désignant par $x$ la composante de P', transmise en A, nous aurons

$$\frac{x}{P'} = \frac{l''}{l}, \quad \text{d'où} \quad x = \frac{P' \, l''}{l}.$$

Le bras de levier de cette force étant $l'$, le moment sera représenté par

$$\frac{P' \, l' \, l''}{l} = \frac{FI}{r}.$$

De même, pour le moment de la force P'', on aura

$$P'' \, l' = \frac{FI}{r},$$

Multipliant les deux membres de l'égalité par $\dfrac{l''}{l}$, il viendra

$$\frac{P'' \, l' \, l''}{l} = \frac{FI}{r} \, \frac{l''}{l}.$$

Ajoutant membre à membre, on aura

$$\frac{P' \, l' \, l''}{l} + \frac{P'' \, l' \, l''}{l} = \frac{FI}{r} + \frac{FI}{r} \, \frac{l''}{l}$$

ou

$$\frac{l' \, l''}{l} \left( P' + P'' \right) = \frac{FI}{r} \left( 1 + \frac{l''}{l} \right).$$

Remplaçant $P' + P''$ par sa valeur P,

$$P \frac{l' l''}{l} = \frac{FI}{r} \frac{l + l''}{l}.$$

Multipliant les deux membres par $l$,

$$P l' l'' = \frac{FI}{r} (l + l''), \quad \text{d'où} \quad P = \frac{FI}{r l' l''} (l + l'').$$

Introduisant dans l'équation la valeur du moment d'inertie,

$$P = \frac{F a b^2}{6 l' l''} (l + l''),$$

d'où l'on déduit

$$a b^2 = \frac{6 P l' l''}{F (l + l'')}.$$

Ces relations, suffisantes pour les usages de la pratique, ne sont pas toutefois d'une exactitude absolue. Par des considérations mathématiques d'un ordre très-élevé, M. Navier a traité la question en la ramenant au cas d'un solide sollicité par deux forces perpendiculaires à l'axe de la pièce et agissant en sens contraires.

Si nous désignons par $P'$ la réaction exercée au point d'appui, d'après ce savant géomètre, sa valeur, en fonction de la charge P, est représentée par l'expression

$$P' = - P \frac{l'^2 (3 l - l')}{2 l^3}.$$

Le signe — qui affecte cette valeur sert à indiquer que la réaction au point d'appui B se manifeste en sens inverse de la charge P. Lorsque la charge agit au milieu, $l' = \frac{1}{2} l$ et il vient

$$P' = - P \frac{\frac{1}{4} l^2 (3 l - \frac{1}{2} l)}{2 l^3} = - \frac{5}{16} P.$$

Il est d'ailleurs à remarquer que le bras de levier $l'$ de la charge P étant, dans tous les cas, moindre que la distance $l$, comprise entre la section d'encastrement et le point d'appui B, la valeur absolue de la réaction $P'$ sera moindre que la charge P.

Présentement, considérons une section $mn$ (*fig.* 91), distante du point d'appui d'une quantité $y$. La réaction $P'$ sur l'appui B ayant lieu de bas en haut et la charge P agissant de haut en bas, on est conduit à l'équation d'équilibre

$$P'y - P(y - l'') = \frac{FI}{r}.$$

Quand nous avons établi l'équation générale donnant la valeur de l'effort de flexion, nous avons vu que

$$\frac{EI}{R_1} = \frac{FI}{r},$$

E représentant le module d'élasticité et $R_1$ le rayon de courbure de la fibre neutre; par conséquent,

$$\frac{EI}{R_1} = P'y - P(y - l'')$$

ou

$$EI \times \frac{1}{R_1} = P'y - P(y - l'').$$

La courbure sera évidemment nulle pour $\frac{1}{R_1} = 0$, ce qui exige que

$$P'y = P(y - l'') = Py - Pl'',$$

d'où

$$Pl'' = y(P - P') \quad \text{et} \quad y = \frac{Pl''}{P - P'}.$$

Remplaçant $P'$ par sa valeur absolue, on aura

$$y = \frac{Pl''}{P - P\dfrac{l'^2(3l - l')}{2l^3}}$$

ou, en faisant passer $2l^3$ au numérateur,

$$y = \frac{Pl'' \times 2l^3}{2Pl^3 - Pl'^2(3l - l')}.$$

Divisant par P les deux termes du second membre et effectuant les calculs,

$$y = \frac{2l^3 l''}{2l^3 - 3l'^2 l + l'^3}.$$

Le point ainsi déterminé a reçu le nom de *point d'in-flexion*, parce que, à droite et à gauche, la pièce prend des courbures en sens opposés. A partir de ce point, la flexion va en croissant, d'une part jusqu'à la section d'encastrement et de l'autre jusqu'au point d'appui.

Si l'on considère la première partie du solide, c'est-à-dire celle qui se trouve du côté de la section d'encastrement, il est évident que la plus grande flexion correspondra à la valeur maxima de $y$, qui est $y = l$. Remplaçant, dans l'équation de stabilité,

$$P'l - P(l - l'') = \frac{FI}{r}.$$

Pour la seconde partie du solide, le maximum de la flexion correspondra à $y = l''$; d'où $y - l'' = 0$, et l'équation d'équilibre devient

$$P'l'' = \frac{FI}{r}.$$

Ainsi que nous l'avons déjà fait observer, il faudra calculer les deux moments et adopter la plus grande valeur, dans la recherche des dimensions qu'il convient de donner à la pièce.

Dans les deux équations, substituons à P' sa valeur absolue et l'on aura

$$1° \qquad P\frac{l'^2(3l - l')}{2l^3}\, l - P(l - l'') = \frac{FI}{r},$$

$$P\frac{l'^2(3l - l')}{2l^2} - Pl + Pl'' = \frac{FI}{r}.$$

Mettant P en facteur commun et substituant à I sa valeur $\frac{ab^3}{12}$,

$$P\left[\frac{l'^2(3l - l')}{2l^2} - l + l''\right] = \frac{Fab^2}{6};$$

d'où, pour trouver les dimensions,

$$ab^2 = \frac{6P\left[\dfrac{l'^2(3l - l')}{2l^2} - l + l''\right]}{F} = \frac{6P}{F}\left[\frac{l'^2(3l - l')}{2l^2} - l + l''\right].$$

$2^o$

$$\mathrm{P} \frac{l'^2(3l - l')l''}{2\,l^3} = \frac{\mathrm{F}\,ab^2}{6},$$

et

$$ab^2 = \frac{6\,\mathrm{P}\,l'^2(3l - l')\,l''}{2\,\mathrm{F}\,l^3}.$$

155. *Cas où le solide supporte une charge en un point quel-conque et une charge uniformément répartie sur la longueur.* — Conservons les mêmes notations que dans le cas précédent et remarquons que, $p$ étant la charge par mètre courant, la charge totale uniformément répartie sera $pl$ et, sur la longueur $y$, elle sera exprimée par $py$.

D'autre part, il est visible que la réaction exercée au point d'appui B se compose de celle qui résulte de la charge P et de celle due à la charge uniformément répartie $pl$ et, comme le point d'application de cette dernière est au milieu de la longueur de la pièce, la réaction qu'elle engendre au point B sera $\frac{5}{16}pl$. On aura donc

$$\mathrm{P}' = -\,\mathrm{P}\,\frac{l'^2(3l - l')}{2\,l^3} - \tfrac{5}{16}pl.$$

Si, comme dans le cas précédent, on considère l'état d'équilibre entre les forces extérieures et les résistances moléculaires à la section $mn$, et remarquant que le bras de levier de la charge $py$ est égal à $\frac{y}{2}$, on aura

$$\mathrm{P}'y - \mathrm{P}(y - l'') - \frac{p\,y^2}{2} = \frac{\mathrm{F}\mathrm{I}}{r}.$$

La position du point d'inflexion devant correspondre à une courbure nulle, il s'ensuit que l'équation de condition sera représentée par

$$\mathrm{P}'y - \mathrm{P}(y - l'') - \frac{p\,y^2}{2} = 0$$

ou

$$\mathrm{P}'y - \mathrm{P}y + \mathrm{P}\,l'' - \frac{py^2}{2} = 0,$$

$$2\,\mathrm{P}'y - 2\,\mathrm{P}y + 2\,\mathrm{P}\,l'' - py^2 = 0,$$

$$py^2 + 2y(\mathrm{P} - \mathrm{P}') - 2\,\mathrm{P}\,l'' = 0,$$

$$y^2 + 2y\,\frac{P - P'}{p} - \frac{2\,P\,l''}{p} = 0,$$

$$y = -\frac{P - P'}{p} \pm \sqrt{\frac{(P - P')^2}{p^2} + \frac{2\,P\,l''}{p}},$$

$$y = \frac{-(P - P') \pm \sqrt{(P - P')^2 + 2\,P\,p\,l''}}{p},$$

$$y = \frac{P' - P \pm \sqrt{(P - P')^2 + 2\,P\,p\,l''}}{p}.$$

La réaction $P'$ étant toujours moindre que la charge $P$, comme d'ailleurs la valeur négative de $y$ ne saurait être une réponse à la question, on prendra la valeur qui correspondra au signe $+$ du radical

Dans la partie du solide située du côté de la section d'encastrement, la flexion sera maxima pour $y = l$ et dans la seconde partie, du côté de l'appui B, elle aura lieu pour $y = l''$. On aura donc les deux équations

$$P'\,l - P\,(l - l'') - \frac{p\,l^2}{2} = \frac{F\,I}{r}, \quad P'\,l'' - \frac{p\,l''^2}{2} = \frac{F\,I}{r}.$$

Remplaçant $I$ par sa valeur, il viendra

$$P'\,l - P\,(l - l'') - \frac{p\,l^2}{2} = \frac{F\,a\,b^2}{6}, \quad P'\,l'' - \frac{p\,l''^2}{2} = \frac{F\,a\,b^2}{6};$$

d'où l'on déduit

$$a\,b^2 = \frac{6\left[P'\,l - P\,(l - l'') - \dfrac{p\,l^2}{2}\right]}{F}, \quad a\,b^2 = \frac{6\,l''\left(P' - \dfrac{p\,l''}{2}\right)}{F}.$$

Pour déterminer les dimensions de la pièce, il faudra adopter la plus grande des valeurs fournies par les deux équations.

156. *Solide prismatique encastré par les deux extrémités.* — Supposons, en premier lieu, que la charge soit appliquée au milieu de la distance comprise entre deux encastrements. L'expérience a encore fait reconnaître que, dans ce cas, la rupture tend à se produire à la fois aux deux sections d'encastrement et à la section qui passe par le point d'application de la

charge. Conséquemment, cette charge agit absolument dans les mêmes conditions que si elle était distribuée sur trois solides, le premier reposant sur deux appuis, la charge étant appliquée au milieu de la longueur, et les deux autres de longueur $\frac{l}{2}$, la charge étant appliquée à l'une des extrémités (*fig*. 96).

Fig. 96.

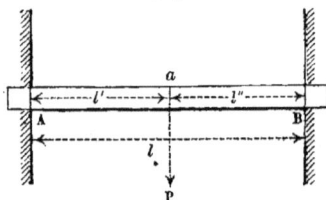

Appelons P′, P″, P‴ les charges partielles réparties sur les trois solides. La première P′ a deux composantes égales chacune à $\frac{P'}{2}$ appliquées aux deux appuis A, B, et, comme elles, pour bras de levier $\frac{l}{2}$; le moment de rupture relatif au solide de longueur $l$ sera

$$\frac{P'}{2} \times \frac{l}{2} = \frac{FI}{r} \quad \text{ou} \quad \frac{P'l}{4} = \frac{FI}{r},$$

et, en divisant les deux membres par 2,

$$\frac{P'l}{8} = \frac{FI}{2r}.$$

Pareillement, pour les deux autres solides, on aura

$$\frac{P''l}{2} = \frac{FI}{r}, \quad \frac{P'''l}{2} = \frac{FI}{r},$$

ou, en divisant les deux membres par 4,

$$\frac{P''l}{8} = \frac{FI}{4r}, \quad \frac{P'''l}{8} = \frac{FI}{4r}.$$

Ajoutant membre à membre, il viendra

$$\frac{l}{8}(P' + P'' + P''') = \frac{FI}{2r} + \frac{2FI}{4r} = \frac{FI}{r}.$$

Comme la somme des trois charges partielles est égale à la charge totale P, en remplaçant, l'équation de stabilité deviendra

$$\frac{P\,l}{8} = \frac{FI}{r} \quad \text{et} \quad P\,l = \frac{8FI}{r};$$

ce qui montre que la résistance à la flexion est huit fois plus grande que si le solide était encastré à l'une des extrémités, la charge agissant à l'autre extrémité.

Remplaçant I par sa valeur $\frac{ab^3}{12}$, il vient

$$P\,l = \frac{8\,F\,ab^2}{6} = \tfrac{4}{3}F\,ab^2, \quad \text{d'où} \quad ab^2 = \frac{3P\,l}{4F}.$$

Supposons maintenant que la charge P agisse en un point quelconque de la longueur et soient $l'$, $l''$ les distances respectives du point d'application aux sections d'encastrement

Fig. 97.

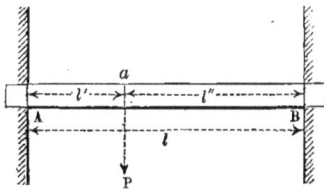

A et B. Appelant $x$ la composante de la charge partielle P', transmise au point A, on aura (*fig.* 97)

$$\frac{x}{P'} = \frac{l''}{l}, \quad \text{d'où} \quad x = \frac{P'\,l''}{l},$$

et, comme cette force a pour bras de levier $l'$, le moment sera exprimé par

$$\frac{P'\,l'\,l''}{l} = \frac{FI}{r}.$$

Les bras de levier des forces P″, P‴ étant $l'$, $l''$, les moments auront pour valeurs respectives

$$P''\,l' = \frac{FI}{r}, \quad P'''\,l'' = \frac{FI}{r}$$

ou, en multipliant les deux membres de la première équation par $\dfrac{l''}{l}$ et les deux membres de la seconde par $\dfrac{l'}{l}$,

$$\frac{\mathrm{P}''\,l'\,l''}{l} = \frac{\mathrm{FI}}{r}\,\frac{l''}{l}, \quad \frac{\mathrm{P}'''\,l'\,l''}{l} = \frac{\mathrm{FI}}{r}\,\frac{l'}{l}.$$

Ajoutant membre à membre et mettant $\dfrac{l'\,l''}{l}$ en facteur commun,

$$\frac{l'\,l''}{l}\left(\mathrm{P}' + \mathrm{P}'' + \mathrm{P}'''\right) = \frac{\mathrm{FI}}{r}\left(1 + \frac{l' + l''}{l}\right)$$

ou

$$\frac{\mathrm{P}\,l'\,l''}{l} = \frac{\mathrm{FI}}{r}\left(\frac{l + l' + l''}{l}\right), \quad \mathrm{P}\,l'\,l'' = \frac{\mathrm{FI}}{r}\,2\,l,$$

attendu que $l' + l'' = l$.

On déduit de là

$$\frac{\mathrm{P}\,l'\,l''}{2\,l} = \frac{\mathrm{FI}}{r}, \quad \frac{\mathrm{P}\,l'\,l''}{2\,l} = \frac{\mathrm{F}\,ab^{2}}{6};$$

d'où

$$ab^{2} = \frac{6\,\mathrm{P}\,l'\,l''}{2\,\mathrm{F}\,l} = \frac{3\,\mathrm{P}\,l'\,l''}{\mathrm{F}\,l}.$$

**157.** *Dimensions des tourillons.*— Les tourillons des arbres peuvent être considérés comme des solides encastrés au collet, la charge agissant au milieu de la longueur. On pourra donc se servir de la formule relative aux solides cylindriques encastrés par une extrémité

$$\mathrm{D}^{3} = \frac{32\,\mathrm{P}\,l}{\mathrm{F}\,\pi}.$$

Si $l$ représente la longueur du cylindre à partir de la section d'encastrement, dans le cas d'un tourillon, on adoptera $\dfrac{l}{2}$, et, comme les chocs et les vibrations rendent le fer aigre et cristallin, les praticiens prennent le coefficient F égal à la moitié de sa valeur normale. On a donc

$$\mathrm{D}^{3} = \frac{32\,\mathrm{P}\,l}{\dfrac{\mathrm{F}}{2}\,\dfrac{\ }{2}\,\pi} = \frac{32\,\mathrm{P}\,l}{\mathrm{F}\,\pi}.$$

Ce qui revient à conserver la valeur ordinaire de F dans la formule, mais en 'ayant soin de prendre un bras de levier double, c'est-à-dire égal à la longueur totale du tourillon.

Ainsi on aura

Pour le bois......     $D^3 = \dfrac{32\,P\,l}{600000 \times 3,14} = \dfrac{P\,l}{58905}$

Pour le fer.......     $D_3 = \dfrac{32\,P\,l}{6000000 \times 3,14} = \dfrac{P\,l}{589050}$

Pour la fonte .....     $D^3 = \dfrac{32\,P\,l}{7500000 \times 3,14} = \dfrac{P\,l}{736312}$

Les tourillons des roues hydrauliques sont facilement usés par le frottement du sable qu'entraîne l'eau. Pour atténuer cet inconvénient, autant que possible, on fait le coefficient F égal au quart de la valeur normale, ce qui revient à prendre la moitié du dénominateur de la formule relative aux tourillons en fonte. On a ainsi

$$D^3 = \frac{P\,l}{368156}.$$

La même formule convient aux tourillons des arbres premiers moteurs exposés à des chocs, tels que ceux des marteaux, des pilons, etc.

Ordinairement, la longueur des tourillons varie d'une fois à une fois et demie le diamètre.

D'après Buchanan, les diamètres des tourillons peuvent être déterminés au moyen des formules suivantes :

Pour les tourillons en fonte.....     $D = k \sqrt[3]{P}$

Pour les tourillons en fer.......     $D = k \sqrt[3]{\frac{9}{14} P} = 0,863\, k \sqrt[3]{P}$

Dans ces formules

D représente le diamètre du tourillon ;

$k$ un coefficient variant de 0,87 à 0,95 suivant Buchanan, et de 0,71 à 0,85 suivant Tredgold. Le coefficient 0,95 convient aux tourillons des arbres exposés à des chocs ; on prend 0,85 pour les tourillons des roues hydrauliques. D'après Roberston, dans les machines à vapeur, on doit faire $k = 0,69$ ;

P exprime en kilogrammes la charge que supporte le tourillon.

**158.** *Essieux des voitures.* — Les essieux peuvent être fixes ou mobiles. Quand ils sont fixes, c'est-à-dire invariablement unis à la voiture, ils sont terminés par des parties coniques, nommées *fusées*, servant d'axe de rotation aux deux roues, dont les mouvements, dans ce cas, sont indépendants l'un de l'autre. Pour les essieux mobiles, ainsi que cela a lieu sur les chemins de fer, les deux roues qui se correspondent font corps avec le même essieu, qui tourne dans des boîtes établies sur le bâti du wagon.

Les essieux des voitures sont ordinairement en fer fort de première qualité ou en acier fondu doux. On calcule les diamètres au moyen de la formule suivante :

$$D^3 = \frac{P\,l}{700000}.$$

**159.** *Dimensions des dents des roues d'engrenage.* — Les dents des roues d'engrenage peuvent être considérées comme encastrées à leur naissance sur la jante qui les porte ; mais, dans ce cas, la pression exercée n'est plus normale à la longueur, puisque sa direction passe constamment par le point de contact des circonférences primitives. Le bras de levier de la puissance est donc variable et sa plus grande énergie pour produire la rupture se manifeste lorsque les dents sont en prise à la ligne des centres.

Appelons ( *fig.* 98)

Fig. 98.

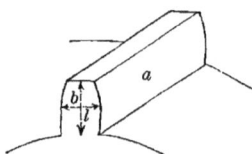

$a$ la largeur de la dent parallèlement à l'axe ;
$b$ l'épaisseur mesurée à la circonférence primitive ;
$l$ la saillie ou la longueur.

La section d'encastrement étant un rectangle, on se servira de la formule

$$ab^2 = \frac{6P\,l}{F}.$$

Généralement, on fait $l = 1,26$ dans les cas ordinaires, et $l = 1,56$ quand les engrenages ne transmettent que de faibles efforts. Il convient aussi, à cause des chocs qui peuvent se produire, de réduire considérablement le coefficient de résistance à la flexion. On introduit dans la formule les valeurs suivantes de F :

$$\text{Pour la fonte} \ldots \ldots \ldots \ldots \quad F = 1500000^{kg}$$
$$\text{Pour les bois très-durs} \ldots \ldots \quad F = 870000^{kg}$$

Quand les dents sont bien graissées et que la vitesse à la circonférence primitive est au-dessous de $1^m,50$, on fait $a = 4b$, d'où

$$4b^3 = \frac{6P \times 1,2b}{F}, \quad b^2 = \frac{7,2P}{4F}, \quad b = \sqrt{\frac{1,8P}{F}}.$$

On fait $a = 5b$, quand la vitesse est de $1^m,50$ et au-dessus,

$$5b^3 = \frac{6P \times 1,2b}{F}, \quad b^2 = \frac{7,2P}{5F}, \quad b = \sqrt{\frac{1,44P}{F}}.$$

Enfin on adopte la proportion $b = 6a$, lorsque l'engrenage est exposé à être mouillé,

$$6b^3 = \frac{7,2Pb}{F}, \quad b^2 = \frac{7,2P}{6F}, \quad b = \sqrt{\frac{1,2P}{F}}.$$

Poncelet a proposé les formules suivantes, que les praticiens emploient aujourd'hui dans les cas les plus usuels :

$$\text{Fonte} \ldots \ldots \ldots \ldots \ldots \ldots \ldots \quad b = 0,105\sqrt{P}$$
$$\text{Fer} \ldots \ldots \ldots \ldots \ldots \ldots \ldots \ldots \quad b = 0,074\sqrt{P}$$
$$\text{Bois (charme, poirier, sorbier)} \ldots \quad b = 0,145\sqrt{P}$$
$$\text{Bronze et cuivre} \ldots \ldots \ldots \ldots \quad b = 0,131\sqrt{P}$$

Dans ces formules, P représente l'effort transmis en kilogrammes et $b$ l'épaisseur à la circonférence primitive en centimètres.

**160.** APPLICATIONS. — 1° *Quelle est l'épaisseur d'une poutre posée librement sur deux appuis et capable de supporter, au* *milieu de sa longueur, une charge de 4000 kilogrammes, sachant que la distance des appuis est de 3^m,50?*

$$ab^2 = \frac{3\,P\,l}{2\,F}, \quad a = \tfrac{5}{7}b, \quad \tfrac{5}{7}b^3 = \frac{3\,P\,l}{2\,F},$$

$$b^3 = \frac{21\,P\,l}{10\,F} = \frac{21 \times 4000 \times 3,5}{10 \times 600000},$$

$$b = \sqrt[3]{\frac{21 \times 4000 \times 3,5}{10 \times 600000}} = 0^m,366.$$

2° *Trouver l'épaisseur d'une poutre posée librement sur deux appuis distants de 4 mètres, sachant qu'une charge de 4000 kilogrammes est appliquée à 1^m,25 de l'un d'eux.*

$$ab^2 = \frac{6\,P\,l'\,l''}{F\,l}, \quad a = \tfrac{5}{7}b,$$

$$l = 4^m, \quad l' = 1,25, \quad l'' = 4^m - 1,25 = 2^m,75,$$

$$\tfrac{5}{7}b^3 = \frac{6 \times 4000 \times 1,25 \times 2,75}{600000 \times 4},$$

$$b^3 = \frac{6 \times 7 \times 4000 \times 1,25 \times 2,75}{5 \times 600000 \times 4},$$

$$b = \sqrt[3]{\frac{6 \times 7 \times 4000 \times 1,25 \times 2,75}{5 \times 600000 \times 4}} = 0^m,363.$$

3° *Quelle est l'épaisseur d'une pièce de bois posée librement sur deux appuis distants de 4 mètres et supportant une charge de 250 kilogrammes par mètre courant?*

$$ab^2 = \frac{3\,p\,l^2}{4\,F}, \quad a = \tfrac{5}{7}b,$$

$$p = 2500^{kg}, \quad l = 4^m.$$

$$\tfrac{5}{7}b^3 = \frac{3 \times 2500 \times 16}{4 \times 600000}, \quad b^3 = \frac{3 \times 7 \times 2500 \times 16}{5 \times 4 \times 600000},$$

$$b = \sqrt[3]{\frac{3 \times 7 \times 2500 \times 16}{5 \times 4 \times 600000}} = 0^m,412.$$

4° *Trouver le côté du carré d'une pièce reposant librement sur deux appuis distants de 3 mètres, sachant que la charge totale de 8000 kilogrammes est symétriquement distribuée à une distance de* $0^m,40$ *de chaque point d'appui.*

$$b^3 = \frac{6\,P\,l'}{F}, \quad P = \frac{8000}{2} = 4000^{kg}, \quad l' = 0,40,$$

$$b^3 = \frac{6 \times 4000 \times 0,40}{600000}, \quad b = \sqrt[3]{\frac{6 \times 4000 \times 0,40}{600000}} = 0^m,252.$$

5° *Trouver les dimensions d'une pièce de bois reposant librement sur deux appuis distants de 3 mètres et supportant une charge de 2000 kilogrammes, qui se répartit également sur deux points situés à* $0^m,90$ *et* $0^m,60$ *des points d'appui.*

$$\frac{P(l'' + l_1'')l'}{l} = \frac{FI}{r}, \quad \frac{P(l'' + l_1'')l'}{l} = \frac{F\,ab^2}{6},$$

$$ab^2 = \frac{6\,P(l'' + l_1'')l'}{F\,l}, \quad a = \tfrac{5}{7}b,$$

$P=1000,\quad l''=3-0,90=2^m,10,\quad l_1''=0^m,60,\quad l'=0^m,90,\quad l=3^m;$

d'où

$$\tfrac{5}{7}b^3 = \frac{6 \times 1000\,(2,10 + 0,60)\,0,90}{600000 + 3},$$

$$b = \sqrt[3]{\frac{6 \times 7 \times 1000 \times 2,70 \times 0,90}{600000 \times 3 \times 5}} = 0^m,224.$$

6° *Trouver le diamètre d'un arbre rond en fer reposant sur deux appuis éloignés de 2 mètres, sachant que la charge totale de 800 kilogrammes se répartit également sur deux points distants de* $0^m,70$ *et* $0^m,40$ *des points d'appui.*

$$\frac{P(l'' + l_1'')l'}{l} = \frac{F\pi r^4}{4r}, \quad \frac{P(l'' + l_1'')l'}{l} = \frac{F\pi r^3}{4} = \frac{F\pi D^3}{32},$$

$$D^3 = \frac{32\,P(l'' + l_1'')l'}{F\pi l},$$

$P=400^{kg},\quad l''=2^m-0^m,70=1,30,\quad l_1''=0^m,40,\quad l'=0^m,70,\quad l=2^m,$

$$D^3 = \frac{32 \times 400\,(1^m,30 + 0^m,40)\,0,70}{6000000 \times 3,14 \times 2},$$

$$D = \sqrt[3]{\frac{32 \times 400 \times 1,70 \times 0,70}{600000 \times 3,14 \times 2}} = 0^m,157.$$

7° *Un arbre en fonte doit porter une roue hydraulique pesant 12000 kilogrammes avec l'eau qu'elle doit contenir. Cette
charge se répartit sur deux points éloignés l'un de l'autre de
1^m,60 et respectivement placés à 1^m,10 et 0^m,80 des points
d'appui. Trouver les diamètres des deux parties de l'arbre
supportant la charge.*

$$D^3 = \frac{32\,P\,(l'' + l'_1)\,l'}{F\,\pi\,l},$$

formule relative à la première partie $a_1$ (*fig.* 99);

Fig. 99.

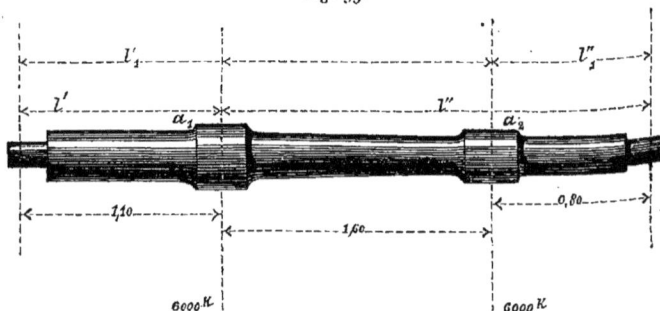

$$D'^3 = \frac{32\,P\,(l' + l'_1)\,l''_1}{F\,\pi\,l},$$

formule relative à la deuxième partie $a_2$;

$P = 6000^{kg}$,   $l'' = 1,60 + 0,80 = 2^m,40$,   $l''_1 = 0,80$,   $l' = 1,10$,

$l = 1,10 + 1,60 + 0,80 = 3^m,50$,   $l'_1 = 1,10 + 1,60 = 2^m,70$.

D'après l'observation qui a été faite plus haut, on doit
prendre

$$F = \frac{7500000^{kg}}{2} = 3750000,$$

$$D^3 = \frac{32 \times 6000\,(2^m,40 + 0,80)\,1,10}{3750000 \times 3,14 \times 3,50} = \frac{32 \times 6000 \times 3,20 \times 1,10}{3750000 \times 3,14 \times 3,50},$$

$$D = \sqrt[3]{\frac{32 \times 6000 \times 3,20 \times 1,10}{3750000 \times 3,14 \times 3,50}} = 0^m,254,$$

$$D'^3 = \frac{32 \times 6000(1,10 + 2,70)\,0,80}{3750000 \times 3,14 \times 3,50} = \frac{32 \times 6000 \times 3,80 \times 0,80}{3750000 \times 3,14 \times 3,50},$$

$$D' = \sqrt[3]{\frac{32 \times 6000 \times 3,80 \times 0,80}{3750000 \times 3,14 \times 3,50}} = 0^m,251.$$

Fort souvent, pour augmenter la résistance et le diamètre extérieur des arbres en fonte, on emploie des arbres creux. Les règles précédentes leur sont applicables; mais il faut avoir soin d'introduire dans les formules le moment d'inertie de la section annulaire,

$$I = \frac{\pi r^4}{4} - \frac{\pi r'^4}{4} = \frac{\pi D^4}{4 \times 16} - \frac{\pi D'^4}{4 \times 16} = \frac{\pi}{64}(D^4 - D'^4).$$

Généralement, il est d'usage de faire le diamètre intérieur égal aux $\frac{3}{5}$ du diamètre extérieur, ce qui porte l'épaisseur de l'arbre à $\frac{1}{5}$ du diamètre extérieur.

Avec les mêmes données, proposons-nous de trouver le diamètre extérieur, dans le cas où l'arbre est creux.

$$\frac{P\,(l'' + l''_1)\,l'}{l} = \frac{F\pi}{64}\,\frac{D^4 - D'^4}{\frac{D}{2}},$$

$$\frac{P\,(l'' + l''_1)\,l'}{l} = \frac{F\pi}{32}\,\frac{D^4 - D'^4}{D},$$

$$\frac{D^4 - D'^4}{D} = \frac{32\,P\,(l'' + l''_1)\,l'}{F\pi l},$$

$$\frac{D^4 - \frac{81}{375}\,D^4}{D} = \frac{32\,P\,(l'' + l''_1)\,l'}{F\pi l},$$

$$\frac{294\,D^3}{375} = \frac{32 \times 6000\,(2^m,40 + 0,80)\,1,10}{3750000 \times 3,14 \times 3,50},$$

$$D^3 = \frac{375 \times 32 \times 6000 \times 3,20 \times 1,10}{294 \times 3750000 \times 3,14 \times 3,50},$$

$$D = \sqrt[3]{\frac{375 \times 32 \times 6000 \times 3,20 \times 1,10}{294 \times 3750000 \times 3,14 \times 3,50}} = 0^m,275.$$

8° *Trouver l'épaisseur d'une poutre encastrée par les extré-*

mités, sachant qu'elle supporte au milieu une charge de 4000 kilogrammes et que la distance des encastrements est de 4 mètres.

$$ab^2 = \frac{3\,P\,l}{4\,F}, \quad a = \frac{5}{7}\,b;$$

$$P = 4000^{kg}, \quad l = 4^m,$$

$$\frac{5}{7}\,b^3 = \frac{3 \times 4000 \times 4}{4}, \quad b = \sqrt[3]{\frac{3 \times 4000 \times 4 \times 7}{4 \times 5 \times 600000}} = 0^m,303.$$

9° *Trouver l'épaisseur de la même poutre, la charge étant appliquée à* $1^m,25$ *de l'une des sections d'encastrement.*

$$ab^2 = \frac{3\,P\,l'\,l''}{F\,l}, \quad \frac{5}{7}\,b = \frac{3\,P\,l'\,l''}{F\,l}, \quad b^3 = \frac{3 \times 7\,P\,l'\,l''}{5\,F\,l},$$

$$l'' = 4^m - 1,25 = 2^m,75,$$

$$b^3 = \frac{3 \times 7 \times 4000 \times 1,25 \times 2,75}{5 \times 600000 \times 4},$$

$$b = \sqrt[3]{\frac{3 \times 7 \times 4000 \times 1,25 \times 2,75}{5 \times 600000 \times 4}} = 0^m,289.$$

10° *Trouver le diamètre d'un tourillon en fer bien graissé supportant une charge de 600 kilogrammes, sachant que la portée est égale au diamètre.*

$$D^3 = \frac{P\,l}{589050}, \quad l = D.$$

Donc

$$D^2 = \frac{P}{589050}, \quad D = \sqrt{\frac{600}{589050}} = 0^m,0319.$$

11° *Quel est le diamètre des tourillons d'une roue hydraulique pesant* 20000 *kilogrammes, y compris l'eau, sachant que la portée du tourillon est égale à une fois et demie le diamètre.*

$$D^3 = \frac{P\,l}{368156}, \quad l = 1,5D,$$

d'où

$$D^2 = \frac{1,5\,P}{368156}.$$

Comme la charge totale se répartit également sur les deux tourillons,

$$P = 10000^{kg};$$

par conséquent

$$D = \sqrt{\frac{1,5 \times 10000}{368{,}56}} = 0^m,201.$$

12° *Quelle est l'épaisseur des dents d'une roue d'engrenage en fonte, destinée à transmettre une force nominale de 15 chevaux-vapeur, sachant que la vitesse à la circonférence primitive est de 1^m,50 par seconde.*

$$b = 0,105\sqrt{P}, \quad 15^{ch\,vap} = 15 \times 75 = 1125^{kg},$$

d'où

$$P = \frac{1125}{1,50} = 750^{kg} \quad \text{et} \quad b = 0,105\sqrt{750} = 0^m,028755.$$

L'application des formules de Poncelet, pour des roues destinées à transmettre de faibles efforts, conduit à des épaisseurs très-petites, qui cependant suffisent à la grandeur de ces efforts; mais il en résulte, dans le travail du fondeur, une impossibilité matérielle qui ne permet pas d'adopter la règle indiquée. Dans ce cas, il convient de subordonner la limite minima des épaisseurs à la qualité de la fonte.

**161.** *Solides d'égale résistance.* — On désigne sous ce nom des solides qui dans toutes les sections opposent la même résistance. Nous avons vu que, lorsqu'une pièce est encastrée par une extrémité, et qu'à l'autre extrémité elle supporte une charge qui tend à la fléchir, la section dangereuse se trouve placée à l'encastrement, ou, en d'autres termes, le moment de la charge pour une section quelconque est d'autant moindre que cette section est éloignée de l'encastrement. Il suit de là que, si la pièce a des dimensions uniformes, calculées d'après la résistance maxima, elle sera trop forte aux sections comprises entre l'encastrement et la charge. On comprend donc que, pour ne pas employer inutilement de la matière, il convienne de diminuer les sections transversales depuis l'encastrement jusqu'au point d'application de l'effort de flexion où la section doit être nulle.

Considérons l'équation de stabilité relative à un solide à section rectangulaire

$$P l = \frac{F a b^{2}}{6} \quad \text{ou} \quad a b^{2} = \frac{6 P l}{F}.$$

La quantité $l$ représentant la distance d'un point quelconque de la pièce à la charge, il est évident que cette équation doit être satisfaite pour toutes les sections, et que, $l$ étant une variable, elle ne pourra l'être qu'autant que l'on fera varier dans le premier membre $a$ ou $b$. Supposons l'épaisseur $a$ constante, et désignons respectivement par $x$, $y$ les deux variables $l$, $b$. On aura

$$b^{2} = \frac{6 P l}{F a} \quad \text{ou} \quad y^{2} = \frac{6 P}{F a} x,$$

équation qui montre que le profil longitudinal du solide d'égale résistance est limité, d'une part par une branche de parabole ayant pour sommet le point d'application de l'effort de flexion, et de l'autre par l'axe de la courbe. Cette formule se rapporte aux *fig.* 100 et 101.

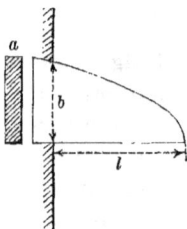
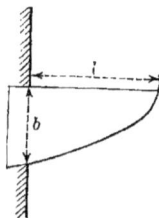

Fig. 100.              Fig. 101.

La résistance à la flexion serait doublée si le profil était limité par deux branches de parabole (*fig.* 98), puisque, dans ce cas, chaque section transversale contient deux fois la section primitive.

Si l'épaisseur $a$ est variable et la hauteur $b$ de la section constante, en désignant par $y$ la dimension $a$, il viendra

$$a = \frac{6 P l}{F b^{2}}, \quad y = \frac{6 P}{F b^{2}} x,$$

équation d'une ligne droite. Ainsi la section du solide par un

Fig. 102.

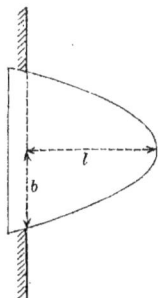

plan horizontal est représentée par un triangle (*fig.* 103). Cette disposition n'est pas souvent employée.

Fig. 103.

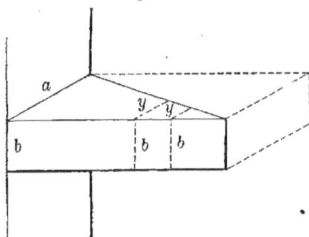

Quand la section est rectangulaire, on peut aussi faire varier les deux dimensions $a$, $b$, de manière que la section reste semblable à elle-même.

Appelons $x$, $y$, $z$ les trois variables $l$, $b$, $a$; en substituant dans l'équation générale, on aura

$$zy^2 = \frac{6P}{F} x.$$

Si nous posons $\frac{z}{y} = k$, ou $z = ky$, l'équation deviendra

$$ky^3 = \frac{6P}{F} x, \quad \text{d'où} \quad y^3 = \frac{6P}{kF} x,$$

équation d'une parabole du troisième degré. Cette courbe est

celle qui limite la section par le plan de flexion. De la relation

$$\frac{z}{y} = k,$$

on déduit

$$y = \frac{z}{k} \quad \text{et} \quad y^3 = \frac{z^3}{k^3}.$$

Remplaçant $y^3$ par cette valeur dans l'équation de la courbe
parabolique du troisième degré, on aura

$$\frac{z^3}{k^3} = \frac{6\,P}{k\,F}\,x, \quad \text{d'où} \quad z^3 = \frac{6\,P\,k^2}{F}\,x,$$

ce qui est encore l'équation d'une parabole du troisième
degré qui limite la section par le plan horizontal mené suivant la fibre moyenne.

Lorsque la section est circulaire, on a

$$P\,l = \frac{F\,\pi\,r^4}{4\,r} = \frac{F\,\pi\,r^3}{4}, \quad \text{d'où} \quad r^3 = \frac{4\,P\,l}{F\,\pi}.$$

Les variables étant $r$ et $l$, l'équation prendra la forme

$$y^3 = \frac{4\,P}{F\,\pi}\,x,$$

c'est-à-dire qu'elle représentera encore une parabole du troisième degré qui limiterait une section quelconque faite par un
plan mené suivant la fibre moyenne.

Proposons-nous maintenant de construire la courbe parabolique qui détermine la forme du solide d'égale résistance.

1° *La section transversale est un rectangle dont la dimension a est constante :*

$$y^2 = \frac{6\,P}{F\,a}\,x.$$

Pour la section d'encastrement, on a

$$ab^2 = \frac{6\,P\,l}{F}, \quad \text{d'où} \quad \frac{b^2}{l} = \frac{6\,P}{F\,a},$$

et, en substituant dans l'expression de $y^2$, il viendra

$$y^2 = \frac{b^2}{l}\,x, \quad y = \sqrt{\frac{b^2}{l}\,x}.$$

Ainsi la longueur $l$ et la hauteur $b$ à la section d'encastrement étant données, si l'on donne successivement à $x$ différentes valeurs, on aura les valeurs correspondantes de $y$ qui
fourniront autant de points de la courbe parabolique.

On peut aussi employer les différentes méthodes fournies
par la Géométrie. Soient AA′ la hauteur à la section d'encastrement, et AB la longueur du solide (*fig.* 104). Le point B

Fig. 104.

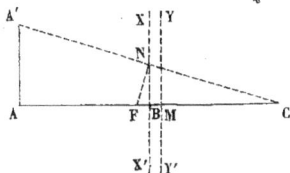

étant le sommet de la parabole, AB sera l'abscisse du point
A′ et $AC = 2AB$ la sous-tangente du même point. La tangente A′C au point A′ rencontre la tangente XX′ du sommet
de la courbe en un point N qui est la projection du foyer
sur A′C; donc, en menant à cette dernière droite une perpendiculaire au point N, on aura le foyer F, et par suite la directrice YY′. Avec ces données, il sera facile de tracer la parabole.

Il est plus simple d'avoir recours au procédé suivant.
Soient A′A″ le double de la hauteur, et AB la longueur du
solide d'égale résistance (*fig.* 105). Divisons la hauteur AA″ et

Fig. 105.

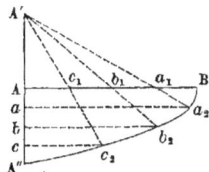

la longueur AB en un même nombre de parties égales. Joi-
gnant les points de division $a_1$, $b_1$, $c_1$ au point A′, et menant
par les points $a$, $b$, $c$ des parallèles à AB, les intersections des

25.

concourantes et des parallèles sont autant de points $a_2$, $b_2$, $c_2$ de la parabole.

$2°$ *La section transversale est rectangulaire, et les deux dimensions a, b sont variables.*

Nous avons trouvé

$$y^3 = \frac{6\,\mathrm{P}}{k\,\mathrm{F}}\,x.$$

Or, pour la section d'encastrement, on a

$$ab^2 = \frac{6\,\mathrm{P}\,l}{\mathrm{F}}, \quad \text{d'où} \quad \frac{ab^2}{l} = \frac{6\,\mathrm{P}}{\mathrm{F}}.$$

Remplaçant dans l'expression de $y^3$, on aura

$$y^3 = \frac{ab^2}{kl}\,x.$$

Puisque $k = \frac{z}{y} = \frac{a}{b}$, en mettant $\frac{a}{b}$ à la place du rapport constant $k$, il viendra

$$y^3 = \frac{ab^2}{\frac{a}{b}l}\,x = \frac{b^3}{l}\,x, \quad \text{d'où} \quad y = \sqrt[3]{\frac{b^3}{l}\,x},$$

relation qui servira à construire par points la parabole qui limite la section par le plan de flexion, en calculant les valeurs de $y$ qui correspondent à des valeurs données de $x$.

Pareillement, pour la parabole limitant la section par le plan horizontal, mené suivant la fibre moyenne, dans l'équation

$$z^3 = \frac{6\,\mathrm{P}\,k^2}{\mathrm{F}}\,x;$$

faisons la même substitution que dans la précédente, on aura

$$z^3 = \frac{ab^2}{l}\,k^2 x.$$

Remplaçant $k^2$ par $\frac{a^2}{b^2}$, l'équation deviendra

$$z^3 = \frac{ab^2 \times \frac{a^2}{b^2}}{l}\,x = \frac{a^3}{l}\,x, \quad \text{d'où} \quad z = \sqrt[3]{\frac{a^3}{l}\,x}.$$

On trouvera encore les points de cette seconde parabole en résolvant l'équation pour différentes valeurs de $x$.

3° *La section du solide est circulaire :*

$$y^3 = \frac{4}{F} \frac{P}{\pi} x.$$

De l'équation relative à la section d'encastrement

$$P l = \frac{F \pi r^3}{4},$$

on déduit

$$\frac{4}{F} \frac{P}{\pi} = \frac{r^3}{l};$$

et, en remplaçant dans l'équation de $y^3$,

$$y^3 = \frac{r^3}{l} x, \quad \text{d'où} \quad y = \sqrt[3]{\frac{r^3}{l} x}.$$

**162.** *Cas où le solide d'égale résistance n'est soumis qu'à une charge uniformément répartie.* — Nous avons trouvé plus haut

$$ab^2 = \frac{3 \, p l^2}{F}.$$

Si nous supposons l'épaisseur $a$ constante, on aura

$$b^2 = \frac{3 \, p l^2}{F a}, \quad \frac{b^2}{l^2} = \frac{3 \, p}{F a},$$

$$y^2 = \frac{3 \, p x^2}{F a} \quad \text{et} \quad y = x \sqrt{\frac{3 \, p}{F a}}.$$

Remplaçant $\frac{3 \, p}{F a}$ par $\frac{b^2}{l^2}$, il viendra

$$y = x \sqrt{\frac{b^2}{l^2}} = \frac{b}{l} x,$$

équation de la ligne droite qui indique que le profil affecte la forme triangulaire ( *fig.* 106 ).

Cette forme de solide d'égale résistance est fréquemment employée pour les consoles des balcons, où la charge peut

Fig. 106.

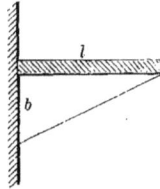

être considérée comme également distribuée lorsqu'ils sont complétement occupés.

**163.** *Solide d'égale résistance lorsque la charge occupe successivement différentes positions sur la longueur de la pièce.* — Soit un solide de forme prismatique reposant librement sur deux appuis **A** et **B** (*fig.* 107). Supposons que, à un in-

Fig 107.

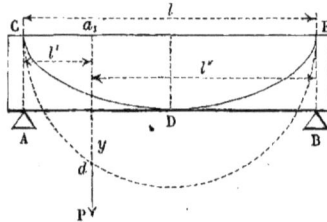

stant quelconque, le point d'application de la charge soit parvenu en $a_1$, distant des points d'appui de quantités respectivement égales à $l'$, $l''$. D'après ce que nous avons vu, en désignant par $a$ et $b$ les dimensions de la section, on aura

$$ab^2 = \frac{6\,\mathrm{P}\,l'\,l''}{\mathrm{F}\,l},$$

dans l'hypothèse où la charge ne changera pas de position. On déduit de là

$$l'\,l'' = \frac{ab^2\,\mathrm{F}\,l}{6\,\mathrm{P}}.$$

En supposant l'épaisseur $a$ constante, si nous désignons par $x$, $x'$ les variables $l'$, $l''$, on aura

$$xx' = b^2 \frac{a\mathrm{F}\,l}{6\mathrm{P}}.$$

Représentant par $k$ la constante $\dfrac{a\mathrm{F}\,l}{6\mathrm{P}}$, l'équation prendra la forme

$$xx' = kb^2.$$

Sur la droite CE, décrivons une demi-circonférence et menons l'ordonnée $a_1\, d = y$; en vertu d'un théorème de Géométrie, il viendra

$$xx' = y^2, \quad \text{d'où} \quad xx' = y^2 = kb^2$$

et

$$y = b\sqrt{k}, \quad b = \frac{y}{\sqrt{k}}.$$

Appelant $k'$ la constante $\dfrac{1}{\sqrt{k}}$, on aura

$$b = k'y,$$

ce qui montre que les ordonnées de la courbe qui détermine la forme du solide d'égale résistance sont proportionnelles aux ordonnées correspondantes de la circonférence; donc le solide affecte la forme elliptique.

**164.** *Balanciers des machines à vapeur.* — Les balanciers sont de longues pièces mobiles, dont les extrémités sont animées d'un mouvement circulaire alternatif, autour d'un axe disposé au milieu de la longueur. On distingue deux formes principales de balanciers : le balancier droit, adopté pour les machines verticales de Watt ou pour les machines à deux cylindres de Woolff, et le balancier à trois branches, employé pour les machines horizontales des mines servant à communiquer le mouvement à des tiges de pompe. Le balancier droit est tantôt d'une seule pièce, tantôt de deux pièces, nommées *flasques*. Les balanciers simples sont adoptés pour les machines dont la force nominale est au-dessous de 100 chevaux.

Ordinairement les balanciers sont armés de nervures transversales et longitudinales, ayant pour objet de compenser l'affaiblissement produit par le percement des trous et d'augmenter la résistance à la flexion latérale. Ces organes pouvant être considérés comme des solides encastrés dans le plan vertical mené par l'axe de rotation, il est évident que, pour en calculer les dimensions, il suffira d'appliquer les règles précédemment établies.

Appelons

P l'effort transmis à l'extrémité du balancier;

$l$ la demi-longueur, comptée à partir du centre de rotation;

$a$ l'épaisseur;

$b$ la hauteur, mesurée à la section d'encastrement.

On aura

$$ab^2 = \frac{6\,P\,l}{F}.$$

Généralement, on fait $a = \frac{1}{12}b$ ou $a = \frac{1}{15}b$; par conséquent,

$$\tfrac{1}{12}b^3 = \frac{6\,P\,l}{F}, \quad \tfrac{1}{15}b^3 = \frac{6\,P\,l}{F},$$

$$b = \sqrt[3]{\frac{72\,P\,l}{F}}, \quad b = \sqrt[3]{\frac{90\,P\,l}{F}}.$$

Comme la tête du balancier doit être percée d'un trou pour ajuster la bielle, le sommet de la parabole doit être rejeté plus loin. La hauteur à l'extrémité est égale au tiers de la hauteur au centre de rotation. Il importe donc de déterminer le sommet de la parabole, afin de pouvoir tracer la courbe d'égale résistance.

Soient $AB = l$ la demi-longueur du balancier et $AA'$, $BB'$

Fig. 108.

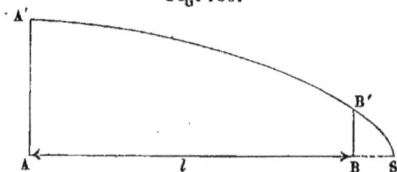

les demi-hauteurs au centre et à l'extrémité ($fig.$ 108). Supposons connu le sommet S de la parabole, puisque les points $A'$,

B' appartiennent à cette courbe, les droites AA', BB' en seront les ordonnées et AS, BS les abscisses. En vertu d'une propriété caractéristique de la parabole, on aura

$$\frac{AS}{BS} = \frac{\overline{AA'}^2}{\overline{BB'}^2}$$

et, puisque AA' = 3 BB',

$$\frac{AS}{BS} = \frac{9\overline{BB'}^2}{\overline{BB'}^2} = 9, \quad \text{d'où} \quad \frac{AS - BS}{BS} = \frac{9 - 1}{1} = 8$$

ou

$$\frac{l}{BS} = 8, \quad \text{d'où} \quad BS = \tfrac{1}{8} l.$$

Le sommet de la parabole étant ainsi déterminé, on la construira par l'un des procédés indiqués.

Les ingénieurs-mécaniciens opèrent encore de la manière suivante le tracé de la courbe d'égale résistance, qui limite les balanciers des machines à vapeur.

Soit AB la demi-longueur du balancier ( *fig.* 109). Au point A, centre de rotation, menons une perpendiculaire AA' égale à la demi-hauteur calculée par la formule et, au point B,

Fig. 109.

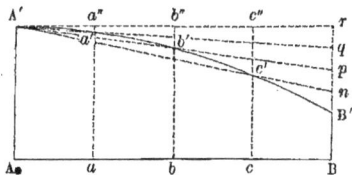

élevons une perpendiculaire BB', de longueur égale au tiers de la première. Divisons AB et B'r, différence des deux perpendiculaires, en un même nombre de parties égales. Si nous joignons le point A' aux points de division q, p, n et si l'on élève aux points de division de AB des perpendiculaires à cette ligne, on obtient une suite de points, tels que a', b', c', qui appartiennent à une courbe parabolique, dont le sommet est en A'. En effet, les positions de tous ces points étant rapportées aux deux axes $A'A$ et $A'r$, il s'ensuit que $Ab = 2Aa$, $Ac = 3Aa$, $AB = 4Aa$ seront les ordonnées des divers points de la courbe et $a'a''$, $b'b''$, $c'c''$, $B'r$ en seront les abscisses; or il est visible que

$$b'b'' = 4a'a'', \quad c'c'' = 9a'a'', \quad \text{et} \quad B'r = 16a'a'',$$

d'où

$$\frac{\overline{Aa}^2}{4\,\overline{Aa}^2} = \frac{a'a''}{4a'a''} = \tfrac{1}{4}, \quad \frac{9\overline{Aa}^2}{16\overline{Aa}^2} = \frac{9a'a''}{16a'a''} = \tfrac{9}{16}.$$

Puisque cette relation existe entre les coordonnées de tous les points déterminés par la construction précédente, il est évident qu'ils sont situés sur une parabole, dont le sommet est $A'$. Cette forme du solide diffère de la première en ce que le foyer de la courbe, au lieu d'être sur l'axe longitudinal du balancier, est placé sur un axe vertical passant par le centre de rotation.

Lorsque les balanciers ne sont pas armés de nervures, ce qui arrive fort souvent dans les machines de bateaux, on fait $a = \tfrac{1}{3}b$ ou $a = \tfrac{2}{5}b$. Dans ce cas, la formule devient

$$\tfrac{1}{3}b^3 = \frac{6Pl}{F}, \quad \tfrac{2}{5}b^3 = \frac{6Pl}{F};$$

d'où

$$b = \sqrt[3]{\frac{18Pl}{F}}, \quad b = \sqrt[3]{\frac{15Pl}{F}}.$$

Nous avons dit que, dans le calcul des balanciers, on faisait

Fig. 110.

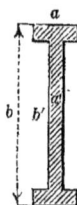

généralement abstraction des nervures. On emploie cependant des formules obtenues en tenant compte de la résistance opposée par la nervure qui renforce le panneau, sur tout le périmètre du balancier. Bien que la section de cette nervure soit bombée extérieurement, on la considère comme exactement rectangulaire, ce qui simplifie considérablement le calcul. Il s'ensuit donc que la section faite transversalement dans le balancier a la forme d'un double T à têtes égales (*fig.* 110).

On a adopté les deux proportions suivantes :

1°    $$a = \tfrac{1}{4} b, \quad a' = \tfrac{1}{3} a = \tfrac{1}{12} b, \quad b' = \tfrac{5}{6} b.$$

On a trouvé plus haut

$$\frac{ab^3 - 2\, a'\, b'^3}{b} = \frac{6\,P\,l}{F};$$

par conséquent, en remplaçant $a$, $a'$ et $b'$ par leurs valeurs en fonction de $b$, on aura

$$\frac{\dfrac{b^4}{4} - \dfrac{2\,b \times 125\,b^3}{12 \times 216}}{b} = \frac{199\,b^3}{1296} = \frac{6\,P\,l}{F}.$$

Si le balancier est en fonte,

$$F = 7500000^{kg}, \quad \text{d'où} \quad b^3 = \frac{6 \times 1296\,P\,l}{199 \times 7500000}.$$

Effectuant les calculs et simplifiant, il vient, par approximation,

$$b^3 = \frac{P\,l}{192000}.$$

2°    $$a = \tfrac{1}{8} b, \quad a' = \tfrac{1}{32} b, \quad b' = \tfrac{7}{8} b.$$

On aura encore

$$\frac{\dfrac{b^4}{8} - 2 \times \dfrac{1}{32} \times \dfrac{343\,b^4}{512}}{b} = \frac{681\,b^3}{8192},$$

$$\frac{681\,b^3}{8192} = \frac{6\,P\,l}{F}, \quad b^3 = \frac{6 \times 8192\,P\,l}{681 \times 7500000}$$

et, en réduisant,

$$b^3 = \frac{P\,l}{103900}, \quad \text{par approximation.}$$

Les balanciers étant exposés à des chocs et à des vibrations, pour prévenir les accidents, les ingénieurs anglais ne font entrer dans les formules précédentes que la moitié de la valeur ordinaire du coefficient F de la résistance à la flexion. Dans ce cas, on a

$$1^\circ \qquad b^3 = \frac{6 \times 1296\,Pl}{199 \times 3750000}, \qquad b^3 = \frac{Pl}{96000};$$

$$2^\circ \qquad b^3 = \frac{6 \times 8192\,Pl}{681 \times 3750000}, \qquad b^3 = \frac{Pl}{51950}.$$

La longueur totale du balancier est déterminée par les conditions géométriques de la transmission du mouvement. Ordinairement, la distance horizontale entre la verticale de la tige du piston et celle qui passe par l'axe de la manivelle est égale à trois fois la course du piston, que nous désignerons par $c$. Or, comme ces deux verticales passent par les milieux des flèches des arcs décrits par les extrémités du balancier, il s'ensuit que la longueur totale du balancier, en fonction de la course du piston, sera

$$3,0825\,c;$$

par conséquent, la course du piston étant donnée, pour l'application des formules qui précèdent, on aura

$$l = \frac{3,0825\,c}{2} = 1,54125\,c.$$

**165. APPLICATIONS.** — *Trouver les dimensions du balancier d'une machine à vapeur à basse pression à $1^{\text{atm}},5$, sachant que le diamètre du cylindre est de $0^{\text{m}},70$ et la course du piston de $1^{\text{m}},70$.*

$1^\circ$ *On néglige l'influence des nervures :*

$$l = 1,54125 \times 1,70 = 2^{\text{m}},620125, \quad b = \sqrt[3]{\frac{72\,Pl}{F}},$$

$$P = \frac{(0,70)^2}{1,273} \times 10330 \times 1,5 = 5964^{\text{kg}},$$

$$b = \sqrt[3]{\frac{72 \times 5964 \times 2,620125}{7500000}}, \quad b = 0^{\text{m}},531,$$

$$a = \tfrac{1}{12} \times 0,531 = 0^{\text{m}},043.$$

De chaque côté, la saillie de la nervure est égale à l'épaisseur du panneau.

Dans l'hypothèse où $a = \frac{1}{15} b$, on emploie la formule

$$b = \sqrt[3]{\frac{90\,P\,l}{F}}, \quad b = \sqrt[3]{\frac{90 \times 5964 \times 2,62025}{7500000}}. \quad b = 0^m,572.$$

$$a = \frac{1}{15} \times 0,572 = 0^m,038.$$

2° *En tenant compte de l'influence des nervures.*
Première formule :

$$b^3 = \frac{P\,l}{192000}, \quad b^3 = \frac{5964 \times 2,62025}{192000},$$

$$b = \sqrt[3]{\frac{5964 \times 2,62025}{192000}} = 0^m,434,$$

$$a = \frac{1}{4} \times 0,434 = 0^m,1085, \quad a' = \frac{1}{12} \times 0,434 = 0^m,036,$$

$$b' = \frac{5}{6} \times 0,434 = 0^m,361.$$

Deuxième formule :

$$b^3 = \frac{P\,l}{103900}, \quad b^3 = \frac{5964 \times 2,62025}{103900},$$

$$b = \sqrt[3]{\frac{5964 \times 2,62025}{103900}} = 0^m,532,$$

$$a = \frac{1}{8} \times 0^m,532 = 0^m,066, \quad a' = \frac{1}{32} \times 0,532 = 0^m,017,$$

$$b' = \frac{7}{8} \times 0,532 = 0^m,465.$$

Formules des Anglais :

$$b^3 = \frac{P\,l}{96000}, \quad b^3 = \frac{5964 \times 2,62025}{96000},$$

$$b = \sqrt[3]{\frac{5964 \times 2,62025}{96000}} = 0^m,546,$$

$$b^3 = \frac{P\,l}{51950}, \quad b^3 = \frac{5964 \times 2,62025}{51950},$$

$$b = \sqrt[3]{\frac{5964 \times 2,62025}{51950}} = 0^m,67,$$

**166.** *Courbe élastique.* — Poncelet a donné le nom de *courbe élastique* ou simplement d'*élastique* à la courbe affectée par un solide sollicité par une ou plusieurs forces, qui en opèrent la flexion, sans détruire son élasticité naturelle.

Nous avons trouvé plus haut la relation suivante entre les résistances moléculaires et les forces qui tendent à fléchir le solide :

$$P p + P' p' + P'' p'' + \ldots = \frac{EI}{R_1},$$

E représentant le coefficient d'élasticité, I le moment d'inertie et $R_1$ le rayon de courbure du solide fléchi en un point quelconque. On déduit de là

$$R_1 = \frac{EI}{P p + P' p' + P'' p'' + \ldots}.$$

Si la charge P agit de bas en haut et que, d'autre part, une charge uniformément répartie sur la longueur $l$ sollicite le solide en sens contraire, on a

$$R_1 = \frac{EI}{P l - \frac{1}{2} p l^2}.$$

Le moment P$l$ étant égal au moment $\frac{1}{2} p l^2$,

$$P l - \frac{1}{2} p l^2 = 0, \quad \text{d'où} \quad R_1 = \frac{EI}{0} = \infty.$$

Dans ce cas, le rayon de courbure infini montre que la tangente au point d'encastrement est horizontale.

Ainsi, pour trouver la courbe affectée par le solide fléchi, il suffit de déterminer, par la formule, les rayons de courbure correspondant à des sections du solide très-voisines, et la ligne continue passant par tous les points ainsi obtenus sera la courbe élastique.

Considérons un solide à section constante A A' A'' B encastré à l'une des extrémités et soumis à l'autre extrémité à l'action d'une force P, qui le fléchit (*fig.* 111). A la section d'encastrement, le rayon de courbure aura pour valeur

$$R_1 = \frac{EI}{P l}.$$

Le centre de courbure étant déterminé au moyen de cette relation, de ce point O comme centre avec un rayon $AO = R_1$ on décrira un arc de cercle AA', d'une amplitude

Fig. 111.

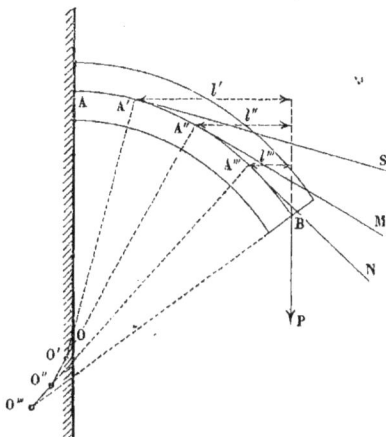

très-petite, de 1 à 2 degrés par exemple. Joignons le point A' au centre de courbure O et appelons $l'$ la distance du point A' à la direction de la charge P. De l'équation d'équilibre relative à la section qui passe par le point A', on déduit encore, pour la valeur du rayon de courbure $R'_1$,

$$R'_1 = \frac{EI}{P l'}.$$

Du nouveau centre de courbure O', avec un rayon $O'A' = R'_1$, décrivons un arc de cercle A'A'', d'une amplitude très-petite, comme le précédent, et unissons le point A'' au point O'. Si $l''$ représente la distance de ce point à la direction de l'effort de flexion, on aura

$$R''_1 = \frac{EI}{P l''}.$$

En continuant ainsi de suite, on obtiendra une suite d'arcs de cercle, qui formeront l'enveloppe de la courbe élastique. Il est visible que cette courbe se terminera à l'intersection de l'un des arcs de cercle, avec la droite qui représente la direction de l'effort de flexion.

Lorsque, par l'application de la formule, on remarque que les rayons de courbure acquièrent une très-grande valeur, il est fort difficile, sinon impossible, de les faire servir au tracé de la courbe élastique. Par un artifice de construction, dû à Poncelet, on peut y parvenir, avec une approximation toujours suffisante pour les cas ordinaires de la pratique. Appelons $a$ l'arc élémentaire du cercle osculateur de rayon $R_1$, et $a_1$ l'arc semblable décrit à l'unité de distance. On aura

$$a = R_1 \, a_1.$$

Remplaçant $R_1$ par sa valeur exprimée plus haut, il viendra

$$a = \frac{EI}{Pl} a_1.$$

Ainsi l'arc élémentaire de la courbe élastique en un point quelconque est égal au terme $\frac{EI}{Pl}$ calculé pour la section qui passe par ce point, multiplié par l'arc élémentaire, de rayon égal à l'unité. Aux points $A''$ et $A'''$, menons les deux tangentes $A''M$, $A'''N$; l'angle formé par ces deux tangentes, c'est-à-dire par deux éléments consécutifs de la courbe, sera égal à l'angle des deux rayons de courbure, correspondants comme ayant les côtés respectivement perpendiculaires. Il s'ensuit que l'angle des tangentes, nommé en Géométrie *angle de contingence*, et l'angle des normales, ou des deux rayons de courbure infiniment voisins, auront pour mesure commune l'arc élémentaire $a_1$, exprimé en degrés. On pourra donc facilement calculer l'arc élémentaire de l'élastique, connaissant le développement de l'arc décrit à l'unité de distance, qui correspond à une amplitude très-petite. Si, par exemple, cette amplitude est de 2 degrés, on aura

$$\frac{360°}{2°} = \frac{2\pi}{a_1}, \quad \text{d'où} \quad a_1 = \frac{2 \times 2\pi}{360} = 0,0349.$$

Remplaçant $a_1$ par cette valeur numérique dans l'expression générale de $a$, il vient

$$a = \frac{EI}{Pl} \, 0,0349.$$

Cela posé, si, à partir du point A″, les rayons de courbure ne sont pas assez petits pour qu'ils puissent servir à tracer au delà la courbe élastique, on prolongera le dernier élément obtenu A′A″ par sa tangente A″M et, dans le sens de la flexion, on mènera une droite A″N, qui forme avec la première un angle de 2 degrés. La distance $l″$ du point A″ à la direction de l'effort de flexion étant connue, l'arc élémentaire de l'élastique aura pour valeur

$$a = 0{,}0349 \frac{EI}{P\,l″}.$$

Si donc, à partir de A″, on porte sur A″N une longueur égale à la valeur de $a$ ainsi obtenue, on aura un point dont la position sera très-voisine de celle du point correspondant de l'élastique. Il est aisé de voir que, en continuant les mêmes opérations pour d'autres points du solide, on obtiendra la forme de la courbe élastique, sinon rigoureusement exacte, du moins suffisamment approximative pour apprécier la flexion subie par le solide.

**167.** *Flexion des solides.* — La relation qui doit exister entre les dimensions des pièces et les efforts qu'elles peuvent supporter en toute sécurité, sans que l'élasticité naturelle soit altérée, n'est pas toujours, dans les constructions, une condition suffisante de stabilité. Suivant la nature des corps et l'usage auquel ils sont destinés, il est prudent que les flexions ne dépassent pas certaines limites. Il y a donc lieu de rechercher les flèches de courbure produites par les forces appliquées aux matériaux que l'on emploie. Éclairés à la fois par l'expérience et par la théorie, les ingénieurs ont reconnu que les flexions doivent toujours être très-faibles et que, pour les pièces à longue portée, il convient de les régler, le plus exactement possible, d'après la grandeur des efforts.

Soit A C C′ B la courbe élastique d'un solide fléchi sous l'action d'une force P (*fig.* 112). Si l'on enroule sur cette courbe la droite AB′, qui représente la longueur de la pièce avant la flexion, évidemment le point B′ décrira la développante de l'élastique. Aux deux points infiniment voisins C, C′, menons les deux tangentes C $a$, C′ $d$, limitées à la développante. La Géométrie apprend que leurs longueurs seront respectivement égales aux arcs $CC'B$, $C'B$ de la développée. Le corps, sous l'action de l'effort extérieur P, prenant la forme $ACC'B$, la

Fig. 112.

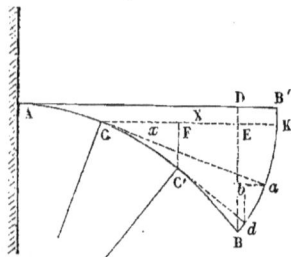

flexion ou la flèche de courbure sera mesurée par la longueur BD de la perpendiculaire abaissée de l'extrémité de l'élastique sur l'horizontale, représentant la position du solide avant la flexion. Quand l'extrémité du corps passera de la position $a$ à la position infiniment voisine $d$, le déplacement dans le sens de l'effort, qui mesure la flexion élémentaire, sera la projection $bd$ de l'arc $ad$ de développante sur la direction propre de cet effort. A la limite de petitesse, cet arc de développante pouvant être confondu avec l'arc de cercle décrit du point C comme centre, avec $Ca$ pour rayon, si nous appelons $a_1$ l'arc de rayon égal à l'unité, qui mesure l'angle de contingence formé par les deux tangentes infiniment voisines de $Ca$, $C'd$, on aura

$$ad = Ca \times a_1;$$

mais, puisque la tangente $Ca$, limitée à la développante, est égale à l'arc $CC'B$ de la courbe élastique, si nous appelons A ce dernier, la valeur de $ad$ sera exprimée par

$$ad = A \times a_1;$$

de plus, l'arc élémentaire $CC'$ de l'élastique, que nous désignerons par $a$, ayant pour valeur $R_1 a_1$, en fonction du rayon de courbure, on déduit

$$a_1 = \frac{a}{R_1}, \quad \text{d'où} \quad ad = A \times \frac{a}{R_1}.$$

Nommons X le bras de levier de l'effort relatif à la section passant par le point C, lequel est égal à la projection CE de l'arc CC′B de l'élastique, sur l'horizontale du point C, et $x$ la variation élémentaire CF du bras de levier, quand le point d'application de l'effort, pendant la flexion, décrit l'arc de développante.

Remarquons que, les deux triangles CC′F, $abd$ étant semblables, puisqu'ils ont les côtés perpendiculaires, on aura

$$\frac{\text{CC}'}{\text{CF}} = \frac{ad}{bd},$$

d'où

$$bd = \frac{\text{CF} \times ad}{\text{CC}'} \quad \text{ou} \quad bd = \frac{\text{A}\,a\,x}{\text{R}_1\,a} = \frac{\text{A}\,x}{\text{R}_1}.$$

Remplaçant $\text{R}_1$ par sa valeur $\text{R}_1 = \dfrac{\text{EI}}{\text{PX}}$, la valeur de $bd$ sera

$$bd = \frac{\text{A}\,x}{\dfrac{\text{EI}}{\text{PX}}} = \frac{\text{APX}\,x}{\text{EI}}.$$

Comme les efforts doivent toujours être calculés de manière que les flexions qu'ils produisent soient très-faibles, l'arc CC′B $=$ A de l'élastique différera très-peu de sa projection CE $=$ X sur l'horizontale, de sorte que, dans la relation qui précède, on pourra, sans erreur sensible, remplacer A par X. On aura ainsi

$$bd = \frac{\text{PX}^2 x}{\text{EI}}.$$

Telle est l'expression générale de la flèche élémentaire de courbure, occasionnée par l'effort extérieur, dans le passage par deux positions infiniment voisines de son point d'application. Pour d'autres flèches élémentaires, on aura successivement

$$b'd' = \frac{\text{PX}'^2 x'}{\text{EI}}, \quad b''d'' = \frac{\text{PX}''^2 x''}{\text{EI}}.$$

Faisant la somme de toutes ces quantités, on aura la flèche

26.

totale de courbure, que nous désignerons par $f$,

$$f = \frac{P}{EI}\left(X^2 x + X'^2 x' + X''^2 x'' + \ldots\right)$$

ou

$$f = \frac{P}{EI}\left(X x X + X' x' X' + X'' x'' X'' + \ldots\right).$$

Pour trouver la somme des termes renfermés entre parenthèses, nous allons recourir à une méthode déjà employée, qui n'est au fond qu'une intégration par quadrature. A cet effet, sur une ligne OY, à partir du point origine O ( *fig.* 113), portons des longueurs OA, O$a$, O$b$,... égales aux différents bras de levier X, X', X'',..., suivant les positions que l'effort fait successivement occuper à la pièce. Au point A, menons

Fig. 113.

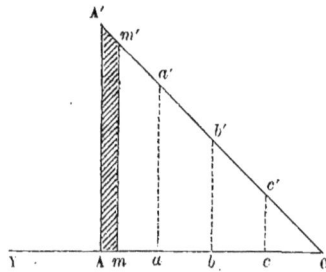

la perpendiculaire AA′ = AO = X et joignons le point A′ au point O. Puisque le triangle rectangle AA′O est isocèle, si l'on mène aux points $a$, $b$, $c$,... les perpendiculaires $aa'$, $bb'$, $cc'$,..., on aura aussi

$$aa' = aO = X',$$
$$bb' = bO = X'',$$
$$cc' = cO = X'''.$$

Si, à partir du point A, on prend un élément A$m = x$, variation élémentaire du bras de levier, le produit X$x$ sera géométriquement représenté par la surface du rectangle, ayant pour dimensions AA′ et A$m$, qui, à la limite, pourra être confondu avec le trapèze A$mm'$A'. Désignant par $s$ cette surface élémentaire et faisant observer que les produits X'$x'$, X"$x"$ pourront être représentés par des surfaces analogues $s'$, $s"$,...., il viendra

$$X x X + X' x' X' + X'' x'' X'' + \ldots = s X + s' X' + s'' X'' + \ldots$$

Remarquons que, $s$X étant le moment de la surface élémentaire $s$, par rapport à un axe situé dans le plan du triangle et perpendiculaire à OY au sommet du triangle, la somme de tous les termes sera évidemment le moment total du triangle par rapport au même axe. Or la surface du triangle est exprimée par $\frac{1}{2}$X$^2$, et la distance de son centre de gravité à l'axe est égale à $\frac{2}{3}$X; donc

$$s X + s' X' + s'' X'' + \ldots = \tfrac{1}{2} X^2 \times \tfrac{2}{3} X = \tfrac{1}{3} X^3.$$

Remplaçant dans l'équation qui exprime la valeur de la flèche de courbure $f$, on aura

$$f = \frac{P}{EI} \times \tfrac{1}{3} X^3 = \frac{1}{3} \frac{P X^3}{EI}.$$

Si l'on considère cette flexion à partir de la section d'encastrement, le bras de levier maximum devient égal à la longueur de la pièce avant la flexion. Dans ce cas, la formule générale est représentée par

$$f = \frac{1}{3} \frac{P l^3}{EI}.$$

Ces considérations fort ingénieuses, dues à Poncelet, montrent que, lorsqu'un solide prismatique ou cylindrique encastré à l'une des extrémités est sollicité à l'autre extrémité par un effort perpendiculaire à la longueur qui le fléchit, la flèche de courbure est :

1° Proportionnelle à la grandeur de l'effort de flexion;

2° Proportionnelle au cube du bras de levier de cet effort;

3° Inversement proportionnelle au module d'élasticité;

4° Inversement proportionnelle au moment d'inertie de la section transversale.

**168.** *Cas où la section est un rectangle ou un cercle.* — Il suffira, dans la formule générale

$$f = \frac{1}{3} \frac{P l^3}{EI},$$

d'introduire $I = \dfrac{ab^3}{12}$ si la section est un rectangle; et $I = \dfrac{\pi R^4}{4}$ si elle est circulaire. On aura donc

$$f = \frac{1}{3} \frac{P l^3}{E \times \dfrac{ab^3}{12}} = \frac{4 P l^3}{E \, ab^3},$$

$$f = \frac{1}{3} \frac{P l^3}{E \times \dfrac{\pi R^4}{4}} = \frac{4}{3} \frac{P l^3}{E \pi R^4},$$

ou, en remplaçant $R^4$ par sa valeur $\dfrac{D^4}{16}$, en fonction du diamètre,

$$f = \frac{4}{3} \frac{P l^3}{E \pi \dfrac{D^4}{16}} = \frac{64 P l^3}{3 E \pi D^4}.$$

**169.** *Formules pratiques.*— Si, dans l'équation qui exprime la valeur générale de la flèche de courbure, on met, à la place de E, ses différentes valeurs, suivant la nature des matériaux, on obtient des formules servant à calculer les flexions des solides encastrés à l'une des extrémités. On trouve ainsi :

*Solides à section rectangulaire.*

Par millim. carré.

Fonte. . . . . . . . . . . . $f = \dfrac{P l^3}{3000000000 \, ab^3}$,    $E = 12000^{kg}$

Fer. . . . . . . . . . . . . $f = \dfrac{P l^3}{5000000000 \, ab^3}$,    $E = 20000$

Bois de chêne. . . . . . . $f = \dfrac{P l^3}{300000000 \, ab^3}$,    $E = 1200$

Acier fondu . . . . . . . . $f = \dfrac{P l^3}{7500000000 \, ab^3}$,    $E = 30000$

Acier d'Allemagne. . . $f = \dfrac{P l^3}{5250000000 \, ab^3}$,    $E = 21000$

*Solides à section circulaire.*

Fonte................ $f = \dfrac{P\,l^3}{1764000000\,D^4}$

Fer................. $f = \dfrac{P\,l^3}{2940000000\,D^4}$

Bois................ $f = \dfrac{P\,l^3}{176400000\,D^4}$

*Solides cylindriques creux.*

Fonte........... $f = \dfrac{P\,l^3}{1764000000\,(D^4 - D'^4)}$

Fer............. $f = \dfrac{P\,l^3}{2940000000\,(D^4 - D'^4)}$

Bois............ $f = \dfrac{P\,l^3}{176400000\,(D^4 - D'^4)}$

170. **Applications.** — 1° *Quelle est la flexion d'une poutre en bois de chêne, encastrée à l'une des extrémités, sachant qu'elle est chargée d'un poids de 1200 kilogrammes, à 4 mètres de l'encastrement, que la hauteur du solide est de* 0$^m$,40 *et que l'épaisseur est égale aux* $\frac{5}{7}$ *de la hauteur?*

$$f = \frac{P\,l^3}{300000000\,ab^3}, \quad a = \tfrac{5}{7}b,$$

$$f = \frac{P\,l^3}{300000000 \times \frac{5}{7}b^4} = \frac{7\,P\,l^3}{300000000 \times 5\,b^4},$$

$$P = 1200, \quad l = 4, \quad b = 0,40,$$

$$f = \frac{7 \times 1200 \times 64}{1500000000 \times 0,0256} = 0^m,014.$$

2° *Quelle est la flexion d'un boulon de fer de* 0$^m$,06 *de diamètre, chargé d'un poids de* 150 *kilogrammes, à* 0$^m$,80 *de l'encastrement?*

$$f = \frac{P\,l^3}{2940000000\,D^4},$$

$$P = 150^{kg}, \quad l = 0,80, \quad D = 0^m,06,$$

$$f = \frac{150 \times 0,512}{2940000000 \times 0,00001296} = 0^m,00201.$$

3° *Trouver la flexion d'un arbre cylindrique creux en fonte, encastré par l'une des extrémités, sachant qu'il supporte à l'autre extrémité une charge de 6000 kilogrammes, que le diamètre extérieur est de $0^m,40$, le diamètre intérieur les $\frac{4}{5}$ du diamètre extérieur et que la distance du point d'application de la charge à l'encastrement est égale à 3 mètres.*

$$f = \frac{P\, l^3}{1764000000\,(D^4 - D'^4)},$$

$$D' = \tfrac{4}{5}\,D, \quad D'^4 = \tfrac{256}{625}\,D^4,$$

$$f = \frac{P\,l^3}{1764000000 \times \frac{369}{625}\,D^4} = \frac{625\,P\,l^3}{369 \times 1764000000\,D^4},$$

$$P = 6000^{kg}, \quad l = 3^m,00, \quad D = 0,40,$$

$$f = \frac{625 \times 6000 \times 27}{369 \times 1764000000 \times 0,0256} = 0^m,006.$$

**171.** *Flexion d'un solide prismatique encastré à l'une des extrémités, quand il est soumis à une charge agissant à l'autre extrémité et à une charge uniformément répartie sur la longueur.* — Appelons X la distance d'une section quelconque au point d'application de la charge P. Le moment de cette force sera PX. D'autre part, la charge uniformément répartie sur la longueur X étant $pX$, comme le bras de levier est égal à $\dfrac{X}{2}$, la valeur du moment sera $\frac{1}{2}pX^2$. Par conséquent, la relation d'équilibre pour la section considérée sera exprimée par l'équation

$$PX + \tfrac{1}{2}pX^2 = \frac{FI}{r} = \frac{EI}{R_1},$$

$r$, d'après la convention adoptée, représentant la distance de la fibre la plus éloignée à la fibre invariable et $R_1$ le rayon de courbure. De plus, d'après ce que nous avons vu, la flexion élémentaire $f_1$ ayant pour valeur

$$f_1 = \frac{PX^2 x}{EI},$$

si, dans cette formule, nous remplaçons P par $P + pX$, en faisant attention que le bras de levier de $p\,X$ est $\dfrac{X}{2}$, nous aurons

$$f_{1} = \frac{PX^{2}x + \frac{1}{2}pX^{3}x}{EI}.$$

Pour d'autres flexions élémentaires, nous aurons aussi

$$f'_{1} = \frac{PX'^{2}x' + \frac{1}{2}pX'^{3}x'}{EI},$$

$$f''_{1} = \frac{PX''^{2}x'' + \frac{1}{2}pX''^{3}x''}{EI}.$$

Faisant la somme, on aura la flèche totale de courbure

$$f = \frac{P\left(X^{2}x + X'^{2}x' + X''^{2}x'' + \ldots\right) + \frac{1}{2}p\left(X^{3}x + X'^{3}x' + X''^{3} + \ldots\right)}{EI}.$$

Remplaçant la somme des termes de la première parenthèse par sa valeur $\frac{1}{3}X^{3}$, que nous avons déjà trouvée, il viendra

$$f = \frac{\frac{1}{3}PX^{3} + \frac{1}{2}p\left(X^{3}x + X'^{3}x' + X''^{3}x'' + \ldots\right)}{EI},$$

expression que l'on peut mettre sous la forme suivante :

$$f = \frac{\frac{1}{3}PX^{3} + \frac{1}{2}p\left(X^{2}xX + X'^{2}x'X' + X''^{2}x''X'' + \ldots\right)}{EI}.$$

En procédant par quadrature, ainsi que nous l'avons fait précédemment, on trouve

$$f = \frac{\frac{1}{3}l^{3}\left(P + \frac{3}{8}pl\right)}{EI}.$$

On comprend que, si les deux charges agissent en sens contraires, la figure est encore la même, à part le signe qui doit affecter le terme $\frac{3}{8}pl$. On aura donc

$$f = \frac{\frac{1}{3}l^{3}\left(P - \frac{3}{8}pl\right)}{EI}.$$

**172.** *Flexion d'un solide reposant librement sur deux appuis, soumis à l'action d'une charge agissant au milieu et d'une charge uniformément répartie sur la longueur.* — **D'après ce**

que nous avons vu, le solide tend à se rompre suivant la section qui passe par le milieu de la distance comprise entre les deux appuis. Si nous appelons P la charge supportée au milieu, la pression transmise sur chaque point d'appui sera $\frac{P}{2}$. De plus celle qui résulte de la charge uniformément répartie sera $\frac{pl}{2}$. On pourra donc considérer le solide comme encastré au milieu de sa longueur, et sollicité, d'un côté, par la réaction de l'un des appuis, agissant de bas en haut, égale à $\frac{P}{2} + \frac{pl}{2}$, et de l'autre à la charge uniformément répartie $\frac{pl}{2}$ dont l'action se manifeste de haut en bas. On est donc ainsi ramené au cas de deux forces de sens contraires, et la valeur qui doit être introduite dans la formule de la flèche de courbure est

$$\frac{P}{2} + \frac{pl}{2} - \frac{3}{8}\frac{pl}{2}.$$

En faisant cette substitution et en ne perdant pas de vue que, dans ce cas, le bras de levier est égal à $\frac{l}{2}$, on aura

$$f = \frac{1}{3}\frac{\frac{l^3}{8}}{EI}\left(\frac{P}{2} + \frac{pl}{2} - \frac{3}{8}\frac{pl}{2}\right).$$

Pour éviter toute confusion et parvenir à une formule plus commode, il est plus simple de représenter la charge qui agit au milieu par $2P$ et la distance des appuis par $2l$. On a ainsi

$$f = \frac{1}{3}\frac{l^3}{EI}(P + pl - \tfrac{3}{8}pl),$$

ce qui donne, après avoir réduit,

$$f = \frac{1}{3}\frac{l^3}{EI}\left(P + \tfrac{5}{8}pl\right).$$

Si le solide est de forme prismatique,

$$I = \tfrac{1}{12}ab^3,$$

d'où

$$f = \frac{1}{3} \frac{l^3}{\frac{Eab^3}{12}} \left(P + \tfrac{5}{8} pl\right), \quad f = \frac{4 l^3}{Eab^3} \left(P + \tfrac{5}{8} pl\right).$$

Quand le corps est seulement soumis à l'action de la charge 2 P appliquée au milieu de la longueur $pl = 0$, la formule devient

$$f = \frac{4 P l^3}{Eab^3}.$$

De même, si la charge 2 P est nulle, on a

$$f = \frac{4 l^3}{Eab^3} \, \tfrac{5}{8} \, pl.$$

Supposons que la charge 2 P et la charge uniformément répartie, agissant séparément, occasionnent la même flexion. Cette circonstance sera évidemment exprimée par la relation

$$\frac{4 P l^3}{Eab^3} = \frac{4 l^3}{Eab^3} \, \tfrac{5}{8} \, pl, \quad \text{ou} \quad P = \tfrac{5}{8} \, pl,$$

c'est-à-dire que la charge qui agit au milieu doit être les $\tfrac{5}{8}$ de la charge uniformément répartie.

Il est encore visible que, les deux charges agissant simultanément, la flexion totale est égale à la somme des flexions qu'elles produiraient individuellement.

**173.** *Flexion d'un solide reposant sur deux appuis, la charge étant appliquée en un point quelconque.* — D'après les notations adoptées, $l'$, $l''$ étant les distances respectives du point d'application de la charge aux deux appuis, et $l$ la longueur de la pièce comprise entre ces appuis, les réactions seront

$$\frac{P l''}{l}, \quad \frac{P l'}{l}.$$

Comme le solide peut être considéré comme encastré suivant la section menée par le point d'application de la charge, nous aurons deux flexions à considérer, l'une relative à l'effort $\dfrac{P l''}{l}$ agissant avec un bras de levier $l'$, et l'autre produite par l'effort $\dfrac{P l'}{l}$ dont le bras de levier est $l''$. Conséquemment,

pour calculer les deux flèches de courbure, il suffira d'introduire successivement ces deux forces et leurs bras de levier
dans la formule générale. On aura donc

$$f = \frac{1}{3} \frac{P l'' l'^3}{l E l}, \quad f' = \frac{1}{3} \frac{P l' l''^3}{l E l}.$$

Si la pièce est prismatique,

$$I = \frac{ab^3}{12} \quad f = \frac{1}{3} \frac{P l'' l'^3}{\dfrac{l E a b^3}{12}} = \frac{4 P l'' l'^3}{l E a b^3}, \quad f' = \frac{4 P l' l''^3}{l E a b^3}.$$

**174.** *Flexion des solides encastrés par les deux extrémités.*
— Cette question, que les géomètres, notamment Navier, ont
traitée par des méthodes de calcul d'un ordre très-élevé, n'est
en quelque sorte qu'une conséquence de considérations aussi
simples qu'ingénieuses dues à M. Poncelet. Voici sous quel
aspect elle a été envisagée par cet illustre savant :

Soit ABC (*fig.* 114) un solide reposant sur des appuis équidistants A, B, C et sollicité par des charges égales au milieu de

Fig. 114.

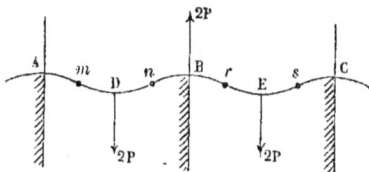

la distance comprise entre deux appuis consécutifs. Appelons 2P cette charge et 2*l* l'intervalle qui sépare deux appuis. Puisque, à droite et à gauche de chacun de ces points,
il existe deux forces égales chacune à 2P, symétriquement
placées, évidemment la réaction exercée par chaque point
d'appui sera égale à 2P et dirigée en sens inverse des forces
appliquées au solide. Ainsi le corps pourra être considéré
comme soumis à l'action de deux systèmes de forces égales
et parallèles entre elles, celles du premier système agissant
de haut en bas, et celles du second de bas en haut. Il résulte
de là que le solide prendra alternativement des flexions de
sens opposés, et qu'entre les points d'application de deux

forces consécutives il y aura nécessairement un point d'inflexion où l'allongement et le raccourcissement des fibres seront nuls. Soient $m$, $n$ ces points pour la première partie du solide, et $r$, $s$ pour la seconde. La courbure étant nulle aux points d'inflexion, on pourra regarder le solide comme formé de deux solides distincts $mDn$, $rEs$, l'un reposant librement sur deux appuis $m$, $n$, et l'autre aux points $r$, $s$. A cause de l'égalité des charges et de leur symétrie par rapport aux points d'appui, les réactions sont aussi égales ; de sorte que, dans le système général, la même symétrie existant des deux côtés, dans l'intervalle de deux appuis consécutifs, les points d'inflexion doivent être situés au milieu de la distance comprise entre la charge et le point d'appui le plus voisin. Ainsi, pour la première travée, les points d'inflexion $m$, $n$ divisent en deux parties égales les parties AD, DB, et, pour la seconde travée, les points $r$, $s$ sont les milieux des parties BE, EC.

Si donc nous considérons $rEs$ comme un solide isolé du système général, reposant librement aux deux points $r$, $s$, la réaction exercée par chacun d'eux sera P, et le bras de levier sera égal à la moitié de $l$ ; par conséquent, la relation d'équilibre sera représentée par l'équation

$$\frac{Pl}{2} = \frac{FI}{r} = \frac{EI}{R_1}, \quad \text{d'où} \quad Pl = \frac{2FI}{r} = \frac{2EI}{R_1},$$

expression qui indique que le solide établi dans de telles conditions peut supporter un effort de flexion double de celui qu'il supporterait si sa longueur était réduite à la distance de deux appuis consécutifs.

Pour trouver la flèche de courbure relative à chaque solide dont les points d'appui seraient les points d'inflexion, il suffit donc d'introduire la valeur $\frac{l}{2}$ dans la formule générale, ainsi que P qui est la moitié de la charge agissant au milieu de chaque travée. On aura donc

$$f = \frac{1}{3} \frac{P\left(\frac{l}{2}\right)^3}{EI} = \frac{1}{3} \frac{\dfrac{Pl^3}{8}}{EI} = \frac{1}{24} \frac{Pl^3}{EI}.$$

En vertu de la parfaite symétrie du système que nous

avons constatée, les points A, B, C peuvent être considérés eux-mêmes comme les milieux de solides formés par des parties telles que $nBr$, et par conséquent les points d'inflexion $r$, $s$ s'abaisseront de la même quantité que les points D, E. Or, comme ces derniers points sont solidaires des points d'inflexion, ils participeront à leur abaissement; d'où résulte que la flèche de courbure aura une valeur double de celle que nous avons calculée dans l'hypothèse où le système serait composé de solides indépendants les uns des autres. Ainsi la flexion aura pour valeur

$$f = \frac{2\,P\,l^3}{24\,EI} = \frac{1}{12}\,\frac{P\,l^3}{EI},$$

ce qui montre que la flèche de courbure est le quart de celle que prendrait un solide ayant pour longueur la distance de deux appuis consécutifs, s'il reposait librement par ses extrémités.

Remplaçant dans l'équation le moment d'inertie par sa valeur,

$$f = \frac{1}{12}\,\frac{P\,l^3}{\dfrac{E\,ab^3}{12}} = \frac{P\,l^3}{E\,ab^3}.$$

Ces considérations mettent en lumière ce fait remarquable, que l'influence des appuis et le prolongement du solide bien au delà font rentrer ce solide dans le cas absolument identique où il serait solidement encastré par les deux extrémités, de telle sorte que la courbure aux points d'appui est nulle, ce qui implique naturellement l'horizontalité de la tangente. Cette assimilation est justifiée par la disposition même du solide sur les appuis équidistants, car, la résultante des pressions exercées au point B étant $2P$, son moment par rapport à ce point est égal à zéro, et les deux composantes égales à $P$ agissent de chaque côté avec des bras de levier égaux et de sens contraires.

**175.** *Observation sur les solides encastrés par les deux extrémités.*— Généralement, dans les constructions, les poutres et poutrelles ne sont prises que de $0^m,30$ à $0^m,40$ au plus. Cette disposition est insuffisante pour déterminer un encastrement complet; or nous avons vu qu'un solide encastré par les deux extrémités oppose une résistance deux fois plus grande que lorsqu'il repose sur deux appuis. Il est donc prudent, dans les limites que nous indiquons, de calculer les dimensions de la section transversale, comme si le solide était libre sur les appuis. Les poutres ne peuvent être considérées comme réellement encastrées qu'autant qu'elles sont engagées sur une longueur de 0$^m$,70 à 0$^m$,80.

**176.** *Formules employées dans les applications usuelles.* — En remplaçant, dans la formule générale,

$$f = \frac{1}{3} \frac{l^3 \left( P + \frac{5}{8} pl \right)}{EI},$$

le coefficient d'élasticité E par les valeurs relatives aux matériaux employés, et la quantité I par les moments d'inertie des sections transversales, on parvient à des formules au moyen desquelles il est facile de déterminer les flèches de courbure que prennent, suivant leur forme, les solides reposant librement sur deux appuis. Les résultats obtenus sont toujours suffisants pour les besoins de la pratique. On a ainsi :

*Solides à section rectangulaire.*

( Ils sont soumis à l'action d'un poids agissant au milieu et d'une charge uniformément répartie.)

Fonte. . . . . . . . . . . . . . . . . . . $f = \dfrac{\left( P + \frac{5}{8} pl \right) l^3}{3000000000\, ab^3}$

Fer. . . . . . . . . . . . . . . . . . . . $f = \dfrac{\left( P + \frac{5}{8} pl \right) l^3}{5000000000\, ab^3}$

Bois de chêne. . . . . . . . . . . . . $f = \dfrac{\left( P + \frac{5}{8} pl \right) l^3}{300000000\, ab^3}$

*Solides à section circulaire.*

Fonte. . . . . . . . . . . . . ∴ $f = \dfrac{\left( P + \frac{5}{8} pl \right) l^3}{1764000000\, D^4}$

Fer. . . . . . . . . . . . . . . . . . . $f = \dfrac{\left( P + \frac{5}{8} pl \right) l^3}{2940000000\, D^4}$

Bois de chêne. . . . . . . . . . . . . $f = \dfrac{\left( P + \frac{5}{8} pl \right) l^3}{176400000\, D^4}$

*Cylindres creux.*

Fonte............... $f = \dfrac{(P + \frac{5}{8} pl) l^3}{1764000000 (D^4 - D'^4)}$

Fer. ............... $f = \dfrac{(P + \frac{5}{8} pl) l^3}{2940000000 (D^4 - D'^4)}$

Bois de chêne........ $f = \dfrac{(P + \frac{5}{8} pl) l^3}{176400000 (D^4 - D'^4)}$

Dans ces formules, P représente la moitié de la charge qui agit au milieu et $l$ la moitié de la distance des appuis.

**177. APPLICATIONS. —** 1° *Quelle est la flexion d'une poutre en bois de chêne, à section carrée de* $0^m,40$ *de côté, chargée au milieu d'un poids de* 8000 *kilogrammes et reposant librement sur deux appuis distants de* 5 *mètres l'un de l'autre?*

$$f = \frac{(P + \frac{5}{8} pl) l^3}{300000000 \times ab^3}.$$

Puisqu'il n'y a pas de charge uniformément répartie et qu'on ne tient pas compte du poids du solide, la formule se réduit à

$$f = \frac{P l^3}{300000000 \, b^4},$$

$$f = \frac{4000 \times 15,625}{300000000 \times 0,0256} = 0^m,008.$$

2° *Trouver, avec les mêmes données, la flexion de la pièce, si la charge est appliquée à* 2 *mètres de l'un des points d'appui et à* 3 *mètres de l'autre.*

Pour le premier point d'appui....... $f = \dfrac{4 P l''' l'^3}{l E b^4}$

Pour le second point d'appui........ $f' = \dfrac{4 P l' l'''^3}{l E b^4}$

$$E = 1200000000, \text{ par mètre carré;}$$

d'où

$$f = \frac{4 \times 8000 \times 3 \times 8}{5 \times 1200000000 \times 0,0256} = 0^m,005,$$

$$f' = \frac{4 \times 8000 \times 2 \times 27}{5 \times 1200000000 \times 0,0256} = 0^m,011.$$

On peut se dispenser de calculer directement la valeur de $f'$; car, en divisant membre à membre les deux équations qui expriment les valeurs générales de $f$ et $f'$, on a

$$\frac{f}{f'} = \frac{l'^2}{l''^2},$$

ce qui apprend que les deux flèches sont en raison directe des carrés des distances du point d'application de la charge aux deux points d'appui. Ainsi, la flèche étant connue, on obtiendra la flèche $f'$ au moyen de la relation

$$\frac{0,005}{f'} = \frac{4}{9}, \quad f' = \frac{0,005 \times 9}{4} = 0^m,011,$$

Dans ce cas, la tangente à la courbe élastique au point qui appartient à la section dangereuse n'est pas horizontale. Il est très-facile de trouver son inclinaison; car si, par l'un des points, on conçoit une parallèle à la direction de la tangente, on a un triangle rectangle, dont l'hypoténuse est la distance des appuis et l'un des côtés de l'angle droit la différence des flèches. Désignant par $\alpha$ l'angle qui mesure l'inclinaison de la tangente et par $l$ la distance des appuis, on aura

$$\sin\alpha = \frac{f'-f}{l}, \quad \sin\alpha = \frac{0,011-0,005}{5} = \frac{0,006}{5} = 0,0012,$$

$$\log\sin\alpha = \overline{3},07918, \quad \alpha = 0° 4' 8''.$$

3° *Quelle est la flexion d'un cylindre en fonte, de $0^m,30$ de diamètre, reposant sur deux appuis, distants de 4 mètres et supportant au milieu une charge de 10 000 kilogrammes?*

$$f = \frac{P\,l^3}{1764000000\,D^4},$$

$$f = \frac{5000 \times 8}{1764000000 \times 0,0081} = 0^m,0027.$$

4° *Trouver la flexion d'un arbre cylindrique creux en fonte, reposant librement sur deux appuis distants de 4 mètres et supportant au milieu une charge de 12 000 kilogrammes, sa-*

*chant que le diamètre extérieur est égal à* $0^m,30$ *et que le diamètre intérieur est les* $\frac{4}{5}$ *du diamètre extérieur.*

$$f = \frac{P\,l^3}{1764000000\,(D^4 - D'^4)},$$

$$f = \frac{P\,l^3}{1764000000\,(D^4 - \frac{256}{625}D^4)} = \frac{P\,l^3}{1764000000 \times \frac{369}{625}D^4},$$

$$f = \frac{625\,P\,l^3}{1764000000 \times 369\,D^4},$$

$$f = \frac{625 \times 6000 \times 8}{1764000000 \times 369 \times 0,0081} = 0^m,005.$$

5° *Trouver la flexion d'une poutrelle en chêne à section carrée de* $0^m,15$ *de côté, reposant librement sur deux appuis distants de 4 mètres et chargée uniformément de* 300 *kilogrammes par mètre courant.*

$$f = \frac{\left(P + \frac{5}{8}\,pl\right)l^3}{300000000\,b^4}.$$

Puisque la charge P est nulle, la formule devient

$$f = \frac{\frac{5}{8}\,pl^4}{300000000\,b^4}, \quad f = \frac{5 \times 300 \times 16}{8 \times 300000000 \times (0,15)^4} = 0^m,0019.$$

6° *Trouver la flexion d'une pièce de bois de chêne posée librement sur deux appuis, distants de 5 mètres, sachant que cette pièce supporte, au milieu, une charge de* 2000 *kilogrammes, qu'il faut tenir compte de son propre poids et que les dimensions de la section sont respectivement* $0^m,30$ *et* $0^m,20$; *d'autre part, on sait que le poids du mètre cube de chêne employé dans les constructions est approximativement de* 900 *kilogrammes.*

$$f = \frac{\left(P + \frac{5}{8}\,pl\right)l^3}{300000000\,ab^3}.$$

Le poids total de la pièce aura pour valeur

$$0,30 \times 0,20 \times 5 \times 900 = 270^{kg},$$

et la charge par mètre courant

$$p = \frac{270}{5} = 54^{kg}.$$

Puisque, dans la formule, P représente la moitié de la charge qui agit au milieu, sa valeur sera 1000 kilogrammes. De plus, la distance des appuis étant désignée par $2l$, la quantité $l$, dans le cas actuel, sera égale à $2^m,5o$. On aura donc, en introduisant ces valeurs numériques,.

$$f = \frac{\left(1000 + \frac{5}{8} \times 54 \times 2,5 \, (2,5)^3\right)}{300000000 \times 0,20 \times (0,30)^3}, \quad f = o^m,010.$$

7° *Trouver la flexion d'une pièce de bois de chêne encastrée par les deux extrémités, supportant au milieu une charge de 4000 kilogrammes, sachant que les dimensions de la section sont $o^m,4o$ et $o^m,3o$, et que la distance des encastrements est de 5 mètres.*

$$f = \frac{P\,l^3}{E\,ab^3}$$

Pour l'application de la formule,

$$P = 2000^{kg}, \quad l = 2,5, \quad E = 1200000000,$$

d'où

$$f = \frac{2000 \times (2,5)^3}{1200000000 \times 0,30 \times (0,40)^3}, \quad f = o^m,0013.$$

# CHAPITRE X.

**178.** *Résistance des corps à la torsion.* — On désigne généralement sous ce nom la résistance opposée par un corps de
forme cylindrique ou prismatique à un effort transversal tendant à faire tourner une section droite quelconque autour
d'un axe intérieur parallèle à la longueur du solide. Il est aisé
de comprendre que, dans les machines composées d'organes
animés d'un mouvement de rotation, les efforts de torsion
se produisent lorsque les arbres de transmission sont sollicités à tourner en sens contraires sous les actions de forces
opposées dont les directions sont perpendiculaires à l'axe de
rotation.

Pour bien apprécier le mode d'altération du solide qui peut
se produire, supposons qu'un cylindre soit encastré par la
base BF, et qu'au moyen d'une manivelle un effort appliqué
à la base AE perpendiculairement à l'axe tende à lui imprimer
un mouvement de rotation (*fig.* 115). Concevons ce cylindre

Fig. 115.

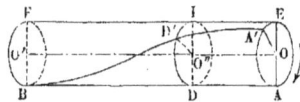

décomposé en tranches très-minces. Évidemment chaque section, dans le mouvement de rotation autour de l'axe, se déplacera de la même quantité angulaire par rapport à la précédente; de sorte que, si nous appelons $\omega$ cet angle et $n$ le
nombre de tranches qui composent le solide, le déplacement
angulaire de la base AE sera représenté par $\omega n$. Pareillement,
si nous considérons une tranche ID occupant, à partir de la
base fixe, un rang représenté par $m$, son déplacement angu-

laire sera $\omega m$. Désignant par $\alpha$ et $\beta$ les deux déplacements $\omega n$, $\omega m$ et par $e$ l'épaisseur d'une tranche, on aura

$$\alpha = \omega n, \quad \beta = \omega m, \quad \frac{\alpha}{\beta} = \frac{\omega n}{\omega m} = \frac{n}{m},$$

et

$$AB = ne, \quad ED = me, \quad \frac{AB}{BD} = \frac{ne}{me} = \frac{n}{m},$$

d'où

$$\frac{\alpha}{\beta} = \frac{AB}{BD}.$$

De là cette conclusion :

*Une tranche infiniment mince ou une section droite, ce qui est la même chose, se déplace d'une quantité proportionnelle à sa distance à la base fixe.*

Cette relation montre encore que les trois points A, D, B, qui appartiennent à une même génératrice, sont venus se placer sur une hélice, puisque les ordonnées AB, BD sont proportionnelles aux abscisses curvilignes, c'est-à-dire aux arcs de déplacement AA', DD'. Il en est de même pour tous les autres points de la génératrice, qui se transforme ainsi en une hélice tracée sur la surface du cylindre. C'est en cela que consiste ce qu'on appelle *torsion*. Pendant le mouvement, la longueur du solide restant constante, les fibres qui se sont contournées en forme d'hélice ont dû subir un allongement égal à la différence entre le développement de l'hélice et la longueur primitive des fibres. Les hélices n'ont pas la même inclinaison, puisqu'elles appartiennent à des cylindres de rayons différents, mais elles ont le même pas; car, le pas d'une hélice étant mesuré par la distance comprise entre deux points de cette courbe situés sur une même génératrice, si nous supposons qu'une section placée sur ce solide prolongé, à une certaine distance de la base fixe, ait accompli une révolution entière, évidemment tous les points de la section auront fait également un tour et seront revenus à la parallèle où ils se trouvaient à l'origine. Ainsi le pas de toutes les hélices relatives aux différentes fibres sera égal à la distance comprise entre la section considérée et la section fixe.

On désigne *sous le nom d'angle de torsion par unité de*

*longueur* l'angle décrit par une section située à l'unité de distance de la base fixe. Ordinairement cet angle est exprimé par la valeur numérique de l'arc décrit par un point de cette section situé à l'unité de distance de l'axe du solide soumis à l'effort de torsion. Ainsi, nommant $a_1$ l'arc décrit à l'unité de longueur à partir de la base fixe, il est clair que l'arc décrit à l'unité de distance de l'axe pour une section éloignée de la base fixe d'une longueur L sera $a_1$ L, et, pour une fibre située à la distance $r$ de l'axe, la valeur absolue du déplacement sera $a_1 r$L; ou bien, si $a_1$ représente l'arc à l'unité de distance pour une section éloignée de L de la base fixe, l'angle de torsion par unité de longueur sera mesuré par $\dfrac{a_1}{L}$, et si l'on considère une fibre située à la distance $r$ de l'axe, la grandeur de l'arc de déplacement sera $\dfrac{ra_1}{L}$.

Cela posé, considérons un cylindre DEFH encastré par une extrémité et sollicité à l'autre extrémité par un effort P, qui tend à le tordre autour de l'axe XX' (*fig.* 116).

Fig. 116.

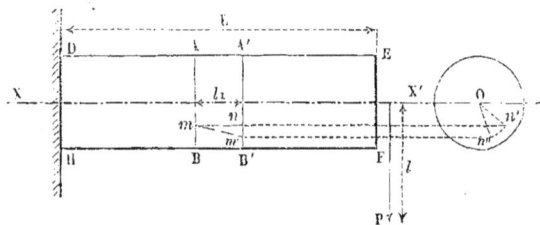

Appelons

$r$ le rayon du cylindre;

L la longueur ou la distance de la base fixe à la section la plus éloignée;

$l_1$ la distance entre deux sections très-voisines AB, A'B';

$l$ le bras de levier de l'effort de torsion;

G le coefficient de torsion ou la résistance au glissement latéral des fibres par unité de surface et par unité de longueur.

Si nous supposons la section AB fixe, l'extrémité $n$ d'une fibre élémentaire $mn$ se déplacera d'une quantité $a_1 r'$, en désignant par $a_1$ l'arc décrit à l'unité de distance et par $r'$ la distance de cette fibre à l'axe de rotation ; de plus, en divisant $a_1 r'$ par la distance $l_1$ des sections voisines, le quotient $\dfrac{a_1 r}{l_1}$ exprimera le déplacement de la fibre élémentaire considérée par unité de longueur du solide.

L'expérience ayant appris que la résistance est proportionnelle à l'aire de la section des fibres et aux arcs de déplacément, sa valeur sera représentée par

$$\frac{G m' a_1 r'}{l_1},$$

en appelant $m'$ l'aire de la section de la fibre.

Le moment de cette force par rapport à l'axe du solide sera

$$\frac{G m' a_1 r'}{l_1} \times r' = \frac{G a_1}{l_1} m' r'^2.$$

De même, pour la fibre la plus éloignée et pour d'autres fibres dont les sections sont $m''$, $m'''$... et les distances à l'axe $r'$, $r'''$..., les moments des résistances moléculaires seront

$$\frac{G a_1}{l_1} m r^2, \quad \frac{G a_1}{l_1} m'' r''^2, \quad \frac{G a_1}{l_1} m''' r'''^2.$$

Faisant la somme de tous ces moments partiels, on aura le moment total de la résistance opposée par une section placée à l'unité de distance de la base fixe. Désignant par $M$ le moment des forces extérieures par rapport à l'axe, la condition générale de l'équilibre sera exprimée par l'équation

$$\frac{G a_1}{l_1} \left( m r^2 + m' r'^2 + m'' r''^2 + \ldots \right) = M.$$

D'après ce que nous avons vu, la somme des termes de la parenthèse est le moment d'inertie polaire $I$ de la section. Ainsi l'équation devient

$$\frac{G a_1}{l_1} I = M.$$

On déduit de là

$$a_1 = \frac{M l_1}{GI}.$$

Remarquons que tous les déplacements angulaires, depuis la base fixe jusqu'à la base la plus éloignée, s'ajoutent les uns aux autres; donc, si nous désignons par $a$ l'arc décrit à l'unité de distance pour la section extrême mobile, on aura

$$a = \frac{ML}{GI}.$$

Il est d'ailleurs visible, à cause de la proportionnalité des arcs de déplacement aux distances des sections à la base fixe, que l'on a

$$\frac{a}{a_1} = \frac{L}{l_1}, \quad \text{d'où} \quad a_1 = \frac{a l_1}{L};$$

par conséquent,

$$a_1 = \frac{a l_1}{L} = \frac{M l_1}{GI} \quad \text{et} \quad \frac{a}{L} = \frac{M}{GI}.$$

Dans cette relation, $a$ représente l'arc décrit à l'unité de distance pour la section placée à l'extrémité de la pièce; or le plus grand déplacement angulaire correspond à la fibre la plus éloignée de l'axe. Il est donc indispensable de connaître la grandeur de cet arc et de le limiter de manière que l'élasticité naturelle de la pièce ne soit pas altérée. On aura sa valeur absolue en multipliant celle de $a$ par le rayon $r$ du cylindre, puisque les fibres les plus éloignées de l'axe appartiennent à la surface latérale.

$$ar = \frac{ML r}{GI},$$

d'où l'on déduit

$$\frac{G\,ar}{L} = \frac{M\,r}{I}.$$

De ce que les plus grands déplacements se produisent à la section la plus éloignée, il s'ensuit qu'on doit toujours avoir en vue les arcs décrits par les extrémités des arbres animés d'un mouvement de rotation et que dans chaque section l'angle de torsion doit être d'autant moindre que la longueur du solide sera plus grande. Cette condition sera réalisée lorsque, suivant la nature des matériaux et l'objet auquel ils sont affectés, on aura trouvé la limite du rapport $\dfrac{ar}{L}$, qui représente l'angle de torsion par unité de longueur du solide.

Le produit $\dfrac{G\,ar}{L}$ de ce rapport par le coefficient de torsion G a reçu le nom de *coefficient de résistance à la torsion*. C'est l'effort de torsion que peut supporter une pièce en toute sécurité par unité de section. Si nous le désignons par la notation $T_0$, la relation se présentera sous la forme

$$T_0 = \frac{M\,r}{I}.$$

Le moment des forces extérieures qui tendent à tordre le solide étant $Pl$, on aura aussi

$$T_0 = \frac{P\,lr}{I}$$

ou

$$Pl = \frac{T_0\,I}{r}, \quad P = \frac{T_0\,I}{rl}.$$

Telle est la formule générale qui sert à trouver l'effort de torsion que l'on peut faire supporter à une pièce de forme cylindrique. D'après M. Vicat, elle peut être appliquée à des prismes à section carrée ou polygonale, mais à la condition que la longueur de ces solides sera très-courte et que les sections transversales, pendant la torsion, ne cesseront pas d'être planes.

**179. APPLICATIONS DE LA FORMULE. — $1^o$ *Le solide est un cylindre*.**

Dans ce cas, la valeur du moment d'inertie polaire est

$$I = \frac{\pi\,r^4}{2}, \quad \text{d'où} \quad P = \frac{T_0\,\pi\,r^4}{2\,rl} = \frac{T_0\,\pi\,r^3}{2\,l}$$

et, en fonction du diamètre D,

$$P = \frac{T_0\,\pi\,D^3}{16\,l}.$$

On en déduit

$$D^3 = \frac{16\,P\,l}{T_0\,\pi}, \quad D = \sqrt[3]{\frac{16\,P\,l}{T_0\,\pi}},$$

relation qui sert à trouver le diamètre d'un cylindre capable de supporter un effort de torsion donné.

2° *Le solide est un cylindre creux, dont le rayon extérieur est r et le rayon intérieur r'.*

$$I = \frac{\pi\,r^4}{2} - \frac{\pi\,r'^4}{2} = \frac{\pi}{2}\,(r^4 - r'^4),$$

d'où

$$P = \frac{T_0\,\pi\,(r^4 - r'^4)}{2\,rl}$$

et en fonction des diamètres

$$P = \frac{T_0\,\pi\,(D^4 - D'^4)}{2 \times \frac{D}{2} \times 16\,l} = \frac{T_0\,\pi\,(D^4 - D'^4)}{16\,D\,l}.$$

On en déduit, pour trouver les dimensions,

$$\frac{r^4 - r'^4}{r} = \frac{2\,P\,l}{T_0\,\pi}, \quad \frac{D^4 - D'^4}{D} = \frac{16\,P\,l}{T_0\,\pi}.$$

3° *Le solide est un prisme à base carrée.*

$$I = \frac{b^4}{6}, \quad P = \frac{T_0\,b^4}{6\frac{b}{2}\sqrt{2}\,l} = \frac{T_0\,b^3}{3\,l\sqrt{2}}.$$

Pour trouver le côté de la section, on aura

$$b^3 = \frac{3\,P\,l\sqrt{2}}{T_0}, \quad b = \sqrt[3]{\frac{3\,P\,l\sqrt{2}}{T_0}}.$$

**180.** *Valeur du coefficient de torsion* G. — Les considérations théoriques que nous avons développées ont appris que les angles de torsion sont proportionnels à la longueur du solide et aux moments des forces extérieures qui tendent à le faire tourner. Ces conclusions, confirmées par les expériences très-précises de MM. Duleau et Savart, ont permis de déterminer,

au moyen de la formule, avec une assez grande approximation, les valeurs du coefficient G, relatives à différents matériaux. De la formule générale

$$a = \frac{ML}{GI},$$

on déduit

$$G = \frac{ML}{aI}.$$

En introduisant dans cette relation les valeurs fournies par
les différents solides expérimentés et celles déduites de l'observation, on a ainsi pu obtenir la valeur du coefficient G,
qui se rapporte à chaque expérience et à chaque nature de
corps. De la discussion de toutes les expériences exécutées
jusqu'à ce jour résulte que, pour les usages de la pratique,
on peut adopter les valeurs suivantes :

| | |
|---|---|
| Fer doux.............. | $G = 6000000000^{kg}$ |
| Fer en barres............ | $G = 6666000000$ |
| Acier d'Allemagne....... | $G = 6000000000$ |
| Acier fondu très-fin...... | $G = 10000000000$ |
| Fonte................. | $G = 2000000000$ |
| Cuivre............... | $G = 4366000000$ |
| Bronze................ | $G = 1066000000$ |
| Chêne.. ............... | $G = 400000000$ |
| Sapin................. | $G = 433000000$ |

Il est toutefois utile de faire observer que, malgré le soin
apporté dans l'exécution des expériences, une grande incertitude règne sur les valeurs numériques du coefficient G.
Quelques ingénieurs, d'après Cauchy, prennent pour la valeur
de G les $\frac{2}{3}$ du module d'extensibilité de la substance; d'autres
adoptent les coefficients indiqués dans le tableau qui précède,
déduits des expériences de M. Duleau, ou bien encore, d'après
l'ingénieur anglais Bevan,

| | |
|---|---|
| Pour le fer et l'acier...... | $G = 7504628602^{kg}$ |
| Pour la fonte............ | $G = 4014077184$ |

**181.** *Valeur du coefficient de résistance à la torsion.* — Ainsi
que nous l'avons fait observer précédemment, il est de la plus

haute importance dans l'établissement des machines que les angles de torsion ou l'inclinaison des hélices ne dépassent pas certaines limites assignées par le degré d'élasticité des matériaux et par la nécessité de' ne pas obtenir des déplacements angulaires trop considérables des pièces, les unes par rapport aux autres. Comme le déplacement maximum a lieu pour la fibre la plus éloignée, et que l'inclinaison de la tangente à l'hélice est représentée par $\dfrac{ar}{L}$, il est évident que ce rapport doit être renfermé dans des limites assez étroites pour que l'élasticité des pièces ne soit pas altérée. L'observation a fait reconnaître la valeur qu'il convient de lui attribuer suivant la nature des corps, de sorte qu'en le multipliant par le facteur G, relatif aux différents matériaux employés, on aura pour chacun d'eux le coefficient de résistance à la torsion $\dfrac{G\,ar}{L} = T_0$, dont il faut faire usage dans les applications de la formule. Éclairés par l'expérience, les ingénieurs ont été conduits à admettre que ce coefficient, pour les arbres forts ou de première transmission, doit être approximativement la moitié de celui qu'on emploie pour les arbres allégés de même matière. On a ainsi formé le tableau suivant :

| DÉSIGNATION des matériaux. | ARBRES | |
|---|---|---|
| | allégés $T_0 = \dfrac{G\,ar}{L}$. | forts $T_0 = \dfrac{G\,ar}{L}$. |
| | kg | kg |
| Fer et acier ................. | 4002000 | 2001000 |
| Fonte....................... | 1334000 | 667000 |
| Bois de chêne................. | 266000 | 133000 |
| Bois de sapin................. | 288811 | 144405 |

**182**. *Diamètre d'un arbre en fonction du nombre de tours et de la force nominale en chevaux-vapeur.* — Considérons, à cet effet, la formule relative aux solides cylindriques

$$P = \frac{T_0 \pi D^3}{16 l}, \quad \text{d'où} \quad D^3 = \frac{16 P l}{T_0 \pi}.$$

Soit N la force nominale et V la vitesse en une seconde. Le travail en kilogrammètres étant $N \times 75$, on aura

$$PV = N \times 75 \quad \text{et} \quad P = \frac{N \times 75}{V}.$$

Or, si $n$ représente le nombre de tours en une minute,

$$V = \frac{2\pi ln}{60} = \frac{\pi ln}{30};$$

par conséquent

$$P = \frac{N \times 75 \times 30}{\pi ln} \quad \text{et} \quad Pl = \frac{N \times 75 \times 30}{\pi n} = 716 \frac{N}{n},$$

et, en remplaçant $Pl$ par cette valeur dans l'expression du diamètre D,

$$D^3 = \frac{N \times 75 \times 30 \times 16}{T_0 \pi^2 n} = \frac{11456 N}{T_0 \pi n},$$

$$D = \sqrt[3]{\frac{N \times 75 \times 30 \times 16}{T_0 \pi^2 n}} = \sqrt[3]{\frac{11456 N}{\pi T_0 n}}.$$

**183.** *Formules pratiques.* — Au moyen des relations que nous avons établies et des coefficients numériques consignés dans les tableaux, on a pu obtenir facilement les formules suivantes, qui conduisent à des résultats suffisamment approximatifs dans les cas les plus usuels. Pour chaque nature de corps, nous les avons successivement représentées en fonction de l'effort de torsion et de la force nominale en chevaux-vapeur.

| FORME de la section. | NATURE des corps. | FORMULES. | |
|---|---|---|---|
| | | Arbres allégés. | Arbres forts. |
| Carrée...... | Fer ou acier......... | $b^3 = \dfrac{Pl}{943280} = \dfrac{N}{n} \times 0,0007758$ | $b^3 = \dfrac{Pl}{471640} = \dfrac{N}{n} \times 0,001516$ |
| | Fonte.............. | $b^3 = \dfrac{Pl}{314420} = \dfrac{N}{n} \times 0,002277$ | $b^3 = \dfrac{Pl}{157210} = \dfrac{N}{n} \times 0,004554$ |
| | Bois de chêne........ | $b^3 = \dfrac{Pl}{62697} = \dfrac{N}{n} \times 0,011420$ | $b^3 = \dfrac{Pl}{31348} = \dfrac{N}{n} \times 0,022840$ |
| | Bois de sapin......... | $b^3 = \dfrac{Pl}{68073} = \dfrac{N}{n} \times 0,010518$ | $b^3 = \dfrac{Pl}{34036} = \dfrac{N}{n} \times 0,021036$ |
| Circulaire......... | Fer ou acier......... | $D^3 = \dfrac{Pl}{783580} = \dfrac{N}{n} \times 0,000911$ | $D^3 = \dfrac{Pl}{392940} = \dfrac{N}{n} \times 0,001822$ |
| | Fonte.............. | $D^3 = \dfrac{Pl}{262900} = \dfrac{N}{n} \times 0,002723$ | $D^3 = \dfrac{Pl}{131450} = \dfrac{N}{n} \times 0,005446$ |
| | Bois de chêne...... | $D^3 = \dfrac{Pl}{52234} = \dfrac{N}{n} \times 0,013707$ | $D^3 = \dfrac{Pl}{26117} = \dfrac{N}{n} \times 0,027414$ |
| | Bois de sapin......... | $D^3 = \dfrac{Pl}{56713} = \dfrac{N}{n} \times 0,012625$ | $D^3 = \dfrac{Pl}{28356} = \dfrac{N}{n} \times 0,025250$ |

| FORME de la section. | NATURE des corps. | FORMULES. Arbres allégés : | FORMULES. Arbres forts. |
|---|---|---|---|
| Annulaire, le rapport de D à D' étant quelconque. | Fer ou acier | $\dfrac{D^4-D'^4}{D} = \dfrac{Pl}{783880} = \dfrac{N}{n} \times 0,000911$ | $\dfrac{D^4-D'^4}{D} = \dfrac{Pl}{392940} = \dfrac{N}{n} \times 0,001822$ |
| | Fonte | $\dfrac{D^4-D'^4}{D} = \dfrac{Pl}{262900} = \dfrac{N}{n} \times 0,002723$ | $\dfrac{D^4-D'^4}{D} = \dfrac{Pl}{131450} = \dfrac{N}{n} \times 0,005446$ |
| | Bois de chêne | $\dfrac{D^4-D'^4}{D} = \dfrac{Pl}{52234} = \dfrac{N}{n} \times 0,013707$ | $\dfrac{D^4-D'^4}{D} = \dfrac{Pl}{26117} = \dfrac{N}{n} \times 0,027414$ |
| | Bois de sapin | $\dfrac{D^4-D'^4}{D} = \dfrac{Pl}{56713} = \dfrac{N}{n} \times 0,012625$ | $\dfrac{D^4-D'^4}{D} = \dfrac{Pl}{28356} = \dfrac{N}{n} \times 0,025250$ |
| Annulaire D' = $\frac{3}{5}$ D. | Fer ou acier | $D^3 = \dfrac{Pl}{684030} = \dfrac{N}{n} \times 0,001040$ | $D^3 = \dfrac{Pl}{342015} = \dfrac{N}{n} \times 0,002080$ |
| | Fonte | $D^3 = \dfrac{Pl}{228010} = \dfrac{N}{n} \times 0,003140$ | $D^3 = \dfrac{Pl}{114005} = \dfrac{N}{n} \times 0,006280$ |
| | Bois de chêne | $D^3 = \dfrac{Pl}{45465} = \dfrac{N}{n} \times 0,015748$ | $D^3 = \dfrac{Pl}{22732} = \dfrac{N}{n} \times 0,031496$ |
| | Bois de sapin | $D^3 = \dfrac{Pl}{48240} = \dfrac{N}{n} \times 0,014842$ | $D^3 = \dfrac{Pl}{34120} = \dfrac{N}{n} \times 0,029681$ |

Quelques praticiens, pour trouver le diamètre des arbres cylindriques soumis à des efforts de torsion, emploient la formule suivante :

$$D^3 = K\,\frac{T}{n},$$

dans laquelle

K est un coefficient qui dépend de la matière ;
T le travail à transmettre en une minute ;
$n$ le nombre de révolutions de l'arbre en une minute ;
D le diamètre de la pièce en centimètres.

Pour un arbre creux, on a aussi

$$D^3 - D'^3 = K\,\frac{T}{n}.$$

D'après l'ingénieur Buchanan, on fait

$$K = 2,23 \text{ pour la fonte,}$$

et

$$K = 2,23 \times \tfrac{9}{14} = 1,43 \text{ pour le fer.}$$

Des observations faites par **M. Walter** il résulte que le mode de fabrication influe notablement sur la valeur du coefficient K. Pour la fonte, il peut varier entre les limites 1,10 et 1,86, et l'on peut adopter la valeur moyenne 1,6. Quand les arbres sont en fonte anglaise, $K = 1,10$ ; mais il convient de ne pas descendre au-dessous de la limite minima 1,25. En admettant, avec Buchanan, que le rapport de la résistance du fer à celle de la fonte est égal à $\tfrac{9}{14}$, on aura pour le fer

$$K = \tfrac{9}{14} \times 1,6 = 1,028.$$

**184.** *Observation.* — Lorsqu'un arbre est à la fois soumis à un effort de torsion et à un effort de flexion, on calcule séparément le diamètre de manière que l'arbre soit capable de résister à chacun des efforts, et l'on prend la plus grande des valeurs trouvées. Par conséquent, si le grand diamètre trouvé est dû à l'effort de torsion, on l'adopte pour les tourillons, en ayant soin de l'augmenter de $\frac{1}{10}$ à $\frac{1}{8}$ pour avoir le diamètre de l'arbre.

**185.** *Torsion d'un solide soumis à l'action d'un effort donné*.
— Cette question peut être résolue approximativement par
l'application de la formule

$$a = \frac{ML}{GI}.$$

Si le solide est cylindrique,

$$I = \frac{\pi R^4}{2} = \frac{\pi D^4}{32}, \quad \text{d'où} \quad a = \frac{32 ML}{G \pi D^4}.$$

Le moment des forces extérieures M étant P$l$, on a

$$a = \frac{32 PL l}{G \pi D^4}.$$

Si la section est un carré dont le côté est $b$, le moment
d'inertie $I = \frac{b^4}{6}$, et il vient

$$a = \frac{6 PL l}{G b^4}.$$

**186.** APPLICATIONS NUMÉRIQUES. — 1° *Trouver le diamètre
d'une barre en fer rond capable de supporter un effort de
torsion de 5o kilogrammes appliqué à l'extrémité d'un levier
de 0$^m$,20 de longueur.*

$$D^3 = \frac{P l}{785880}, \quad D^3 = \frac{50 \times 0,20}{785880},$$

$$D = \sqrt[3]{\frac{50 \times 0,20}{785880}} = 0^m,02335.$$

2° *Trouver le diamètre au collet d'un arbre en fer de première transmission, sachant que le nombre de tours est 5o par
minute et que la puissance nominale est égale à 20 chevaux-
vapeur.*

$$D^3 = \frac{N}{n} \times 0,001822, \quad D^3 = \frac{20}{50} \times 0,001822,$$

$$D = \sqrt[3]{\frac{20}{50} \times 0,001822}, \quad D = 0^m,09.$$

3° *Quel est le diamètre de l'arbre en fonte d'une roue
hydraulique de la force de 6o chevaux, sachant que le rayon*

Méc. D. — II.                                                      28 *de l'engrenage de transmission est de $0^m,80$ et que la roue fait 12 tours par minute ?*

$$D^3 = \frac{N}{n} \times 0,005446, \quad D^3 = \frac{60}{12} \times 0,005446,$$

$$D^3 = 5 \times 0,005446, \quad D = \sqrt[3]{5 \times 0,005446} = 0^m,3.$$

En résolvant la question au moyen de la formule

$$D^3 = K \frac{T}{n},$$

on a

$$D^3 = 1,6 \frac{60 \times 60 \times 75}{12},$$

puisque la quantité T représente le travail en une minute, rapporté au kilogrammètre, d'où

$$D = \sqrt[3]{\frac{1,6 \times 60 \times 60 \times 75}{12}} = 0^m,2878.$$

Si l'on applique au même cas la formule de M. Roberston

$$D = 1,32 \sqrt[3]{\frac{T}{n}},$$

il vient

$$D = 1,32 \sqrt[3]{\frac{60 \times 60 \times 75}{12}} = 37^c,21 = 0^m,3721.$$

4° *Trouver, avec les données de l'exemple précédent, le diamètre extérieur d'un arbre en fonte creux, dans le cas où le diamètre intérieur est les $\frac{2}{3}$ du diamètre extérieur.*

$$\frac{D^4 - D'^4}{D} = \frac{N}{n} \times 0,005446, \quad \frac{D^4 - \frac{16}{81} D^4}{D} = \frac{65 D^4}{D} = 65 D^3,$$

d'où

$$\frac{65}{81} D^3 = \frac{N}{n} \times 0,005446, \quad D^3 = \frac{N}{n} \times \frac{0,005446 \times 81}{65},$$

$$D = \sqrt[3]{\frac{60}{12} \times \frac{0,005446 \times 81}{65}}, \quad D = 0^m,3237.$$

Si le diamètre intérieur est les $\frac{3}{5}$ du diamètre extérieur, on appliquera la formule du tableau

$$D^3 = \frac{N}{n} \times 0,006280, \quad D = \sqrt[3]{\tfrac{66}{12} \times 0,006280}, \quad D = 0^m,3154.$$

5° *Trouver la torsion éprouvée par un arbre cylindrique en fer de* $0^m,12$ *de diamètre et de 5 mètres de longueur, sachant que l'effort égal à 200 kilogrammes est transmis au moyen d'une roue d'engrenage de* $0^m,50$ *de rayon.*

$$a = \frac{32.\,PLl}{G\pi D^4}, \quad a = \frac{32 \times 200 \times 5 \times 0,50}{6000000000 \times 3,14 \times (0,12)^4} = 0^m,004094,$$

et, pour le déplacement maximum qui a lieu à la circonférence de la base, on aura

$$ar = 0,004094 \times 0,06 = 0^m,000246.$$

Enfin le déplacement à la circonférence de l'engrenage sera

$$0^m,004094 \times 0,50 = 0^m,002047.$$

**187.** *Comparaison de la résistance d'un cylindre plein et d'un cylindre creux, l'aire de la section étant la même.* — Considérons d'abord le cas où le cylindre est soumis à un effort de flexion. Soient

$r$ le rayon du cylindre plein;
$r'$, $r''$ les rayons extérieur et intérieur du cylindre creux;
A l'aire des deux sections égales.

On aura

$$A = \pi r^2 = \pi r'^2 - \pi r''^2, \quad \text{d'où} \quad r^2 = r'^2 - r''^2.$$

Le moment de la résistance à la flexion pour le cylindre plein est

$$\frac{F\pi r^4}{4r} = \frac{F\pi r^2 \times r^2}{4r} = \frac{FAr}{4}.$$

Celui de la résistance du cylindre creux a pour valeur

$$\frac{F(\pi r'^4 - \pi r''^4)}{4r'} = \frac{F\pi(r'^2 + r''^2)(r'^2 - r''^2)}{4r'} \quad \text{ou} \quad \frac{FA(r'^2 + r''^2)}{4r'}.$$

28.

Si, comme cela a lieu le plus souvent dans la pratique, $r'' = \dfrac{4 r'}{5}$, cette dernière expression sera représentée par

$$\frac{FA \left(r'^2 + \frac{16}{25} r'^2\right)}{4 r'} = \frac{41 F r'^2 A}{4 \times 25 r'} = \frac{41 F r' A}{4 \times 25}.$$

Prenant le rapport des deux moments, on aura

$$\frac{25 r}{41 r'},$$

puisque $r'' = \frac{4}{5} r'$ de la relation

$$r^2 = r'^2 - r''^2,$$

qui établit l'égalité des deux sections ; on déduit

$$r^2 = r'^2 - \tfrac{16}{25} r'^2 = \tfrac{9}{25} r'^2, \quad \text{d'où} \quad r = \tfrac{3}{5} r',$$

et, en remplaçant $r$ par cette valeur dans le rapport des moments, on aura

$$\frac{25 r}{41 r'} = \frac{25 \times 3 r'}{5 \times 41 r'} = \frac{15}{41},$$

ce qui apprend qu'à volume égal la résistance du cylindre plein est approximativement le tiers de celle du cylindre creux, et que généralement, quel que soit le rapport des rayons du cylindre creux, la résistance à la flexion du cylindre plein de même section est toujours moindre que celle du cylindre creux.

Il en est de même pour la résistance à la torsion. En effet, le moment de la résistance à la torsion pour le cylindre plein est

$$\frac{T_0 \pi r^4}{2 r} = \frac{T_0 \pi r^2 \times r^2}{2 r} = \frac{T_0 A r}{2},$$

et celui du cylindre creux

$$\frac{T_0 \pi (r'^4 - r''^4)}{2 r'} = \frac{T_0 \pi (r'^2 + r''^2)(r'^2 - r''^2)}{2 r'} = \frac{T_0 A \left(r'^2 + r''^2\right)}{2 r'}.$$

Si, par exemple, $r'' = \frac{3}{5} r'$, on aura pour la valeur du moment

$$\frac{T_0 A \left(r'^2 + \frac{9}{25} r'^2\right)}{2 r'} = \frac{34 T_0 A r'^2}{25 \times 2 r'} = \frac{34 T_0 A r'}{25 \times 2},$$

et, en établissant le rapport des moments des deux cylindres, on a

$$\frac{25}{34}\frac{r}{r'}.$$

Les deux sections étant égales,

$$\pi r^2 = \pi(r'^2 - r''^2) \quad \text{ou} \quad r^2 = r'^2 - r''^2 ;$$

remplaçant dans cette dernière relation $r''^2$ par sa valeur en fonction de $r'$, il vient

$$r^2 = r'^2 - \frac{9}{25}r'^2 = \frac{16}{25}r'^2 \quad \text{et} \quad r = \frac{4}{5}r',$$

d'où

$$\frac{25}{34}\frac{r}{r'} = \frac{25 \times 4r'}{34 \times 5r'} = \frac{10}{17}.$$

Ces deux exemples mettent en évidence les avantages précieux que présentent les cylindres creux dans la construction des machines.

FIN DU DEUXIÈME VOLUME.

# ERRATA.

Page 12, ligne 6 en remontant, *au lieu de* conduites, *lire* enduites.

Page 22, ligne 2 en remontant, *au lieu de* $(c\,R - c\,R')$, *lire* $(c\,R - c'\,R')$.

Id.   ligne 4 en remontant, *au lieu de* $(b\,R - b'\,R)$, *lire* $(b\,R - b'\,R')$.

Page 24, ligne 1, *au lieu de* en fonction de $x$, *lire* en fonction de $r$.

Page 32, ligne 3, *au lieu de* forces triangulaires, *lire* forces rectangulaires.

Page 34, ligne 2, *au lieu de* $a = 1$, *lire* $\sin \alpha = 0$.

Page 49, ligne 3, *au lieu de* axes, *lire* arcs.

Page 53, ligne 16, *au lieu de* $\dfrac{R - fr}{R - fr} = a$, *lire* $\dfrac{R + fr}{R - fr}$.

Page 59, ligne 7 en remontant, *au lieu de* $S = \sqrt{P^2 + Q'^2 + PQ' \cos \alpha}$, *il faut lire* $S = \sqrt{P^2 + Q'^2 + 2\,PQ' \cos \alpha}$.

Page 76, ligne 8, *au lieu de* la puissance P, *lire* la puissance F.

Page 79, ligne 6, *au lieu de* $F = \dfrac{P \sin \alpha}{0 - \alpha}$ *lire* $F = \dfrac{P \sin \alpha}{0}$.

Id.   ligne 16, *au lieu de* $\cot \beta$, *lire* $\cos \beta$.

Page 105, ligne 4, *lire* $Pf \dfrac{1 + \tan^2 \alpha}{1 - \dfrac{f}{f}} = Pf \dfrac{1 + \tan^2 \alpha}{0}$.

Page 134, ligne 20, *au lieu de* en vertu d'un théorème de Géométrie élémentaire, etc., *lire* les cordes am et an peuvent être considérées comme perpendiculaires à oo' et en vertu d'un théorème, etc.

Page 138, dernière ligne, *au lieu de* $\left( \dfrac{1}{m'} + \dfrac{1}{m} \right)$, *lire* $\left( \dfrac{1}{m'} - \dfrac{1}{m} \right)$.

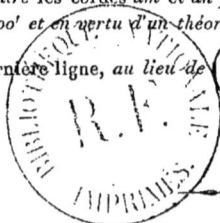

# TABLE DES MATIÈRES.

## DEUXIÈME PARTIE.

### CHAPITRE I.

# CHAPITRE II.

# CHAPITRE III.

# CHAPITRE IV.

## CHAPITRE V.

## CHAPITRE VI.

## CHAPITRE VII.

## CHAPITRE VIII.

## CHAPITRE IX.

# CHAPITRE X.

FIN DE LA TABLE DES MATIÈRES DU DEUXIÈME VOLUME.

# EXTRAIT DU CATALOGUE DES LIVRES DE FONDS ET D'ASSORTIMENT

## DE LA LIBRAIRIE

# GAUTHIER-VILLARS,

### Successeur de Mallet-Bachelier,

En envoyant à M. Gauthier-Villars un mandat sur la Poste ou une valeur sur Paris, on reçoit les Ouvrages *franco* dans tous les pays qui font partie de l'Union générale des Postes, à l'exception des États-Unis de l'Amérique du Nord, c'est-à-dire, en *Europe, Algérie, Egypte, Maroc, Russie d'Asie, Tunisie, Turquie d'Asie.* — Pour les *Etats-Unis de l'Amérique du Nord,* ajouter 1 *franc* par volume in-4, et 50 *centimes* par volume in-8 ou in-12. — Pour les autres pays, suivant les conventions postales.

## ARITHMÉTIQUE.

†**BACHET, sieur de MÉZIRIAC.** — **Problèmes plaisants et délectables qui se font par les nombres.** 3ᵉ édition, revue, simplifiée et augmentée par *A. Labosne,* Professeur de Mathématiques. Petit in-8, caractères elzévirs, titre en deux couleurs, papier vergé, couverture parchemin; 1874. (*Tiré à petit nombre.*)............................................... 6 fr.

†**BOURDON,** ancien Examinateur d'admission à l'École Polytechnique. — **Éléments d'Arithmétique** ; 35ᵉ édit., rédigée conformément aux *nouveaux Programmes* de l'enseignement. In-8; 1872. (*Adopté par l'Université.*)..... 4 fr.

†**FATON (le P.).** — **Traité d'Arithmétique théorique et pratique,** terminé par une petite Table de Logarithmes. Chaque théorie est suivie d'un choix d'Exercices gradués de calcul et d'un grand nombre de Problèmes. 7ᵉ édition. In-12; 1874. (*Autorisé par l'Université.*) Broché............... 2 fr. 75 c.
                            Cartonné............. 3 fr. 20 c.

†**FATON (le P.).** — **Premiers éléments d'Arithmétique,** à l'usage des classes inférieures de grammaire. 4ᵉ édition. In-12; 1875. Broché...... 1 fr. 50 c.
                            Cartonné.... 1 fr. 90 c.

**FINANCE (Ch.),** Officier d'Académie, Professeur au collége de Saint-Dié. — **Arithmétique,** à l'usage des Élèves des Écoles normales primaires, des Colléges, des Lycées, des Pensions, comprenant les matières exigées *pour le brevet d'instituteur* et pour l'*admission aux Ecoles des Arts et Métiers.* Nouvelle édition, revue et augmentée. In-12; 1874............................... 2 fr. 50 c.

†**LIONNET (E.),** Examinateur suppléant à l'Ecole Navale. — **Eléments d'Arithmétique.** (*Autorisé par l'Université.*) 3ᵉ édition. In-8 ; 1857........ 4 fr.

†**LIONNET (E.).** — **Complément des Éléments d'Arithmétique,** comprenant les **Approximations numériques,** à l'usage des Candidats aux Ecoles du Gouvernement et au Baccalauréat ès Sciences. (*Autorisé par l'Université.*) 2ᵉ édition, in-8; 1857.................................................... 2 fr. 50 c.
    **Les Approximations numériques** se vendent séparément........ 1 fr.

†**SERRET (J.-A.),** Membre de l'Institut. — **Traité d'Arithmétique,** à l'usage des candidats au Baccalauréat ès Sciences et aux Écoles spéciales. 6ᵉ édit., revue et mise en harmonie avec les derniers programmes officiels par **J.-A. Serret** et par **Ch. de Comberousse,** Professeur de Cinématique à l'École Centrale et de Mathématiques spéciales au Collége Chaptal. In-8; 1875..... 4 fr. 50 c.

†**VIEILLE.** — **Théorie générale des approximations numériques,** à l'usage des Candidats aux Ecoles spéciales du Gouvernement. In-8; 2ᵉ édit.; 1854. 3 fr. 50 c.

In-8 ; E.                                          1

# ALGÈBRE.

**\*AMADIEU (P.-F.).** — **Notions élémentaires d'Algèbre**, exigées pour l'admission à l'École Navale, à l'École de Saint-Cyr et à l'École Forestière. In-12, avec figures, 3e édition; 1867 ...................................... 3 fr.

**†BOURDON.** — **Éléments d'Algèbre**, avec Notes de M. *Prouhet*. 14e édit. In-8; 1873. (*Adopté par l'Université*.).. ....................... 8 fr.

**‡CHOQUET,** Docteur ès Sciences, ancien Répétiteur à l'École d'Artillerie de la Flèche. — **Traité d'Algèbre**. In-8; 1856. (*Autorisé*)....... 7 fr. 50 c.

**†LACROIX (S.-F.).** — **Éléments d'Algèbre**, à l'usage des candidats aux Écoles du Gouvernement. 23e édition, revue, corrigée et annotée conformément aux *nouveaux Programmes* de l'enseignement dans les Lycées, par M. *Prouhet*, Professeur de Mathématiques. In-8; 1871. (*Autorisé par décision ministérielle*.).... 6 fr.

**‡LACROIX (S.-F.).** — **Complément des Éléments d'Algèbre** à l'usage de l'École centrale des Quatre-Nations. 7e édition. In-8; 1863 ......... 4 fr.

**LAURENT (H.),** Répétiteur d'Analyse à l'École Polytechnique. — **Traité d'Algèbre** à l'usage des Candidats aux Écoles du Gouvernement. 2e édit., revue et mise en harmonie avec les nouveaux programmes. In-8; 1875. 7 fr. 50 c.

**LEFÉBURE DE FOURCY.** — **Leçons d'Algèbre.** 8e édition; 1870. 7 fr. 50 c.

**†LIONNET.** — **Algèbre élémentaire**, à l'usage des Candidats au Baccalauréat ès Sciences et aux Écoles du Gouvernement. 3e édition. In-8; 1868. 4 fr.

**†ROUCHÉ (E.),** ancien Élève de l'École Polytechnique, Professeur au Lycée Charlemagne. — **Éléments d'Algèbre**, à l'usage des Candidats au Baccalauréat ès Sciences et aux Écoles spéciales. In-8, avec 28 fig.; 1857... 4 fr.

**†SALMON.** — **Leçons d'Algèbre supérieure**, traduites de l'anglais par M. *Basin*, avec Notes par M. *Hermite*, Membre de l'Institut. In-8; 1868..... 7 fr. 50 c.

# GÉOMÉTRIE.

**†BELLAVITIS (G.).** — **Exposition de la Méthode des Équipollences**, traduit de l'italien par M. *Laisant*, capitaine du Génie. In-8, avec fig. dans le texte; 1874 ................................................... 4 fr. 50 c.

**†CHASLES,** Membre de l'Institut. — **Aperçu historique sur l'origine et le développement des Méthodes en Géométrie**, particulièrement de celles qui se rapportent à la Géométrie moderne, suivi d'un *Mémoire de Géométrie sur deux principes généraux de la Science, la Dualité et l'Homographie*. 2e édition, conforme à la première. Un beau volume in-4 de 850 pages; 1875..... 35 fr.

**†CHASLES.** — **Traité des Sections coniques**, faisant suite au **Traité de Géométrie supérieure**. *Première Partie*. In-8, avec 5 planches; 1865...... 9 fr.
   *La deuxième Partie, qui est sous presse, se vendra de même séparément.*

**COMPAGNON (P.-F.),** ancien Professeur de l'Université. — **Éléments de Géométrie.** Cet Ouvrage est surtout destiné aux jeunes gens qui se préparent aux Écoles du Gouvernement. 2e édition. In-8, avec figures; 1876...... 7 fr.

**COMPAGNON (P.-F.).** — **Abrégé des Éléments de Géométrie.** Cet Ouvrage s'adresse plus particulièrement aux Élèves des différentes classes de Lettres, aux Candidats au Baccal. ès Lettres ou ès Sc., et aux Élèves de l'Enseignement secondaire spécial. 2e édition. In-8, avec fig.; 1876. (*Autorisé par le Conseil supérieur de l'Enseignement secondaire spécial*)....... 4 fr. 50 c.

**†CREMONA (L.),** Directeur de l'École d'application des Ingénieurs, à Rome. — **Éléments de Géométrie projective;** traduits par *Ed. Dewulf*, Chef de bataillon du Génie. Un beau volume in-8, 216 figures sur cuivre, en relief, dans le texte; 1875 .............................................. 6 fr.

**†HOÜEL (J.),** Professeur de Mathématiques pures à la Faculté des Sciences de Bordeaux. — **Essai critique sur les principes fondamentaux de la Géométrie élémentaire** ou Commentaire sur les **XXXII** premières propositions des **Éléments d'Euclide.** In-8, avec figures; 1867 ................... 2 fr. 50 c.

†**HOUSEL,** ancien Elève de l'Ecole Normale supérieure. — **Introduction à la Géométrie supérieure.** In-8, avec 8 planches; 1865 ............... 6 fr.

†**LACROIX (S.-F.).** — **Éléments de Géométrie,** suivis de *Notions sur les courbes usuelles.* 19ᵉ édition, conforme aux *Programmes* de l'enseignement dans les Lycées, revue et corrigée par M. *Prouhet,* Répétiteur à l'Ecole Polytechnique. In-8, avec 220 fig. dans le texte; 1874. (*Autorisé par décision ministérielle.*). 4 fr.

†**MARIE (F.-C.-M.).** — **Géométrie stéréographique,** ou **Reliefs des Polyèdres** pour faciliter l'étude des Corps, en 25 pl. gravées dont 24 sur carton et découpées, d'après l'ouvrage anglais de *Cowley.* In-8; 1835 ......... 5 fr.

*****PAUL** (de), Professeur à l'École municipale Turgot. — **Géométrie élémentaire, théorique et pratique,** Ouvrage rédigé surtout en vue des applications à l'industrie.

Première partie : *Géométrie plane,* suivie d'un Exposé élémentaire du *Lever des Plans* et de l'*Arpentage.* In-18 sur jésus, avec 154 figures dans le texte; 1865 ...................................... 2 fr. 50 c.

Deuxième partie : *Géométrie dans l'espace,* suivie d'un Exposé élémentaire du *Nivellement.* In-18 jésus, avec 145 figures dans le texte; 1838 ......... 2 fr.

**PONCELET,** Membre de l'Institut. — **Traité des Propriétés projectives des figures.** 2ᵉ édition, 1865-1866. 2 volumes in-4, avec de nombreuses planches gravées sur cuivre; 1865-1866 ................................ 40 fr.

Le IIᵉ *volume se vend séparément* ......................... 20 fr.

†**ROUCHÉ (E.)** et **DE COMBEROUSSE (Ch.).** —**Éléments de Géométrie,** rédigés conform. aux Program. 2ᵉ édit. In-8, avec fig. dans le texte; 1873. 5 fr.

†**ROUCHÉ (E.)** et **DE COMBEROUSSE (Ch.).** — **Traité de Géométrie élémentaire,** conforme aux Programmes officiels, renfermant un très-grand nombre d'exercices et plusieurs Appendices consacrés à l'exposition des PRINCIPALES MÉTHODES DE LA GÉOMÉTRIE MODERNE. 3ᵉ édition, revue et notablement augmentée. In-8, avec 611 fig. dans le texte et 1085 *Questions proposées*; 1873-1874. 12 fr.

*On vend séparément :*

Iʳᵉ Partie (*Géométrie plane*) ................................. 5 fr.
IIᵉ Partie (*Géométrie dans l'espace, Courbes et Surfaces usuelles*) ..... 7 fr.

†**SERRET (Paul),** Docteur ès Sciences, Membre de la Société Philomathique. — **Géométrie de Direction.** APPLICATION DES COORDONNÉES POLYÉDRIQUES. *Propriété de dix points de l'ellipsoïde, de neuf points d'une courbe gauche du quatrième ordre, de huit points d'une cubique gauche.* In-8, avec fig. dans le texte; 1869... 10 fr.

†**TARNIER,** Inspecteur de l'Instruction primaire à Paris. — **Éléments de Géométrie pratique,** conformes au Programme de l'enseignement secondaire spécial (année préparatoire, Sciences), à l'usage des Écoles primaires et des divers établissements scolaires. In-8, avec figures dans le texte, accompagné d'un Atlas in-folio contenant 1 planche typographique et 7 belles planches coloriées gravées sur acier; 1872.

Prix du texte broché, avec l'Atlas en feuilles dans une couvert. imprimée. 6 fr.
Prix du texte cartonné et de l'Atlas cartonné sur onglets...... 8 fr. 75 c.

*On vend séparément :*

Le texte, broché..... 2 fr. 50 c.    Le texte, cartonné....... 3 fr. 25 c.
L'Atlas, en feuilles . 3 fr. 50 c.    L'Atlas, cart. sur onglets. 5 fr. 50 c.
Les 8 planches collées sur toile, et formant une *grande carte murale*, vernie, avec gorge et rouleau ................................ 12 fr.
Les 8 planches collées séparément sur carton, avec anneau....... 10 fr.

†**VIANT (J.).** — **Notions sur quelques courbes usuelles,** à l'usage des Candidats aux Écoles et au Baccalauréat. In-8, avec pl.; 1864.. 2 fr. 50 c.

# TRIGONOMÉTRIE.

†**BOURDON.** — **Trigonométrie rectiligne et sphérique.** In-8, avec figures dans le texte; 1854. (*Adopté par l'Université.*) ................... 3 fr.

**CARÊME.** — **Trigonométrie rectiligne.** In-8, avec fig.; 1869... 2 fr. 50 c.

†**DELISLE,** Examinateur de la Marine, et **GERONO,** Professeur de Mathéma-

tiques. — **Éléments** de **Trigonométrie** rectiligne et sphérique. 7ᵉ édition, revue et augmentée. In-8, avec planches; 1876.................. 3 fr. 50 c.

†**LACROIX (S.-F.)** — Traité élémentaire de **Trigonométrie rectiligne et sphérique** et d'application de l'**Algèbre** à la **Géométrie**. 11ᵉ édit., revue et corrigée. In-8, avec planches; 1863.............................. 4 fr.

*\***LE COINTE (I.-L.-A.)**, de la Compagnie de Jésus, Professeur au collége Sainte-Marie, à Toulouse. — Leçons sur la théorie des fonctions circulaires et la **Trigonométrie**. 1 vol. in-8, avec figures dans le texte; 1858........ 4 fr.

†**SERRET (J.-A.)**, Membre de l'Institut. — Traité de **Trigonométrie**. 5ᵉ éd., In-8, avec fig. dans le texte; 1875. (*Autorisé par décision ministérielle.*) 4 fr.

## APPLICATION DE L'ALGÈBRE A LA GÉOMÉTRIE.

†**BOURDON.** — Application de l'**Algèbre** à la **Géométrie**, comprenant la Géométrie analytique à deux et à trois dimensions. 7ᵉ édition, revue et annotée par M. *Darboux*. In-8, avec pl.; 1872. (*Adopté par l'Université.*)..... 8 fr.

**CARNOY**, Professeur à l'Université de Louvain. — **Cours de Géométrie analytique**. 2 volumes grand in-8, avec figures dans le texte.......... 17 fr.

*On vend séparément :*

     *Géométrie plane*; 1872............................. 8 fr.
     *Géométrie de l'espace*; 1874....................... 9 fr.

†**DELISLE et GERONO.**— **Géométrie analytique**. In-8, avec pl.; 1854. 5 fr.

**LEFÉBURE DE FOURCY.** — Leçons de **Géométrie analytique**. 9ᵉ édition; 1871...................................... 7 fr. 50 c.

**PAINVIN (L.).** — Principes de **Géométrie analytique**. 2 volumes grand in-4 lithographiés, de plus de 800 pages chacun, avec nombreuses fig. dans le texte.
   Iʳᵉ Partie. — *Géométrie plane*; 1866....................... (*Épuisé.*)
   IIᵉ Partie. — *Géométrie de l'espace*; 1871.................... 23 fr.

**PONCELET.** — **Applications d'Analyse** et de **Géométrie** qui ont servi de principal fondement au **Traité des Propriétés projectives des figures**. 2 forts volumes in-8, avec figures dans le texte; 1862-1864.......... 20 fr.
   *Chaque volume se vend séparément*.......................... 10 fr.

†**SALMON.** — Traité de **Géométrie analytique** (*Sections coniques*); traduit de l'anglais par M. *Resal*, Ingénieur des Mines, et M. *Vaucheret*, ancien Élève de l'École Polytechnique. In-8, avec figures dans le texte; 1870......... 10 fr.

## TABLES DE LOGARITHMES, D'INTÉRÊTS, ETC.

†**HOÜEL (J.).** — Tables de **Logarithmes** à **CINQ DÉCIMALES** pour les Nombres et les Lignes trigonométriques, suivies des Logarithmes d'addition et de soustraction ou Logarithmes de Gauss et de diverses Tables usuelles. Nouvelle édition. Grand in-8; 1875. (*Autorisé par décision ministérielle.*) 2 fr.

†**HOÜEL (J.).** — Recueil de Formules et de Tables numériques, formant le complément des *Tables de Logarithmes à cinq décimales* du même Auteur. 2ᵉ édition. Grand in-8; 1868............................... 4 fr. 50 c.

†**LALANDE.** — Tables de Logarithmes pour les Nombres et les Sinus à **CINQ DÉCIMALES**, revues par le baron *Reynaud*. Edition augmentée de *Formules pour la Résolution des Triangles*, par M. *Bailleul*, typographe, et d'une *Nouvelle Introduction*. In-18; 1875. (*Autorisé par décision ministérielle.*). 2 fr.

†**LALANDE.** — Tables de **Logarithmes**, étendues à **SEPT DÉCIMALES**, par F.-C.-M. *Marie*, précédées d'une Instruction, par le baron *Reynaud*. Nouvelle édition, augmentée de *Formules pour la Résolution des Triangles*, par M. *Bailleul*, typographe. In-12; 1875...................... 3 fr. 50 c.

**PEREIRE (E.).** — Tables de l'intérêt composé, des annuités et des rentes viagères. 2ᵉ éd., augmentée de 8 *Tableaux graphiques*. In-4; 1873... 10 fr.

†**SCHRÖN** (**L.**). — **Tables de Logarithmes à sept décimales** pour les nombres depuis **1** jusqu'à **108 000** et pour les lignes trigonométriques de dix secondes en dix secondes; et **Table d'interpolation** pour le calcul des parties proportionnelles; précédées d'une **Introduction** par *J. Hoüel*, Professeur à la Faculté des Sciences de Bordeaux. 2 beaux volumes, grand in-8 jésus, tirés sur vélin collé. Paris, 1873.

| | PRIX : | |
|---|---|---|
| | Broché. | Cartonné. |
| Tables de Logarithmes......................... | 8 fr. | 9 fr. 75 c. |
| Table d'interpolation.......................... | 2 | 3    25 |
| Tables de Logarithmes et Table d'interpolation réunies en un seul volume..................... | 10 | 11    75 |

**VASQUEZ QUEIPO**, Membre de l'Académie royale des Sciences de Madrid. — **Tables de logarithmes à SIX DÉCIMALES**, pour les nombres depuis 1 jusqu'à 20000, et pour les lignes trigonométriques, le rayon étant pris égal à l'unité; suivies de plusieurs Tables très-utiles. 2ᵉ édition française. In-8; 1876.................................................. 4 fr.

**VASSAL** (le major **Vladimir**), ancien Ingénieur. — **Nouvelles Tables** donnant avec cinq décimales les **logarithmes vulgaires et naturels** des nombres de 1 à 10800 et des **fonctions circulaires et hyperboliques**, pour tous les degrés du quart de cercle de minute en minute. Un beau volume in-4, imprimé sur vélin; 1872.................................... 12 fr.

‡**VIOLEINE** (**A.-P.**), Chef de bureau au Ministère des Finances. — **Nouvelles Tables** pour les calculs d'**Intérêts composés**, d'**Annuités** et d'**Amortissement**. 3ᵉ édition, revue et développée par M. *Laas d'Aguen*, gendre de l'Auteur. In-4; 1873........................................ 15 fr.

# GÉOMÉTRIE DESCRIPTIVE ET APPLICATIONS.

\***CABANIÉ**, Charpentier, Professeur du Trait de Charpente, de Mathématiques, etc. — **Charpente générale théorique et pratique.** 2 volumes in-folio, avec planches. 2ᵉ édition; 1864................................. 50 fr.
    On vend séparément : le tome Iᵉʳ, **Bois droit**.............. 25 fr.
                  le tome II, **Bois croche**................. 25 fr.
    Pour recevoir l'Ouvrage *franco*, ajouter 2 fr. 50 c. par volume.

‡**GOURNERIE** (de la). — **Traité de Géométrie descriptive.** In-4, publié en *trois Parties*, avec Atlas.......................................... 30 fr.
    *Chaque Partie se vend séparément*.......................... 10 fr.
    La 1ʳᵉ Partie (2ᵉ édit., 1873) contient tout ce qui est exigé pour l'admission à l'École Polytechnique. Les deux dernières Parties sont le développement du Cours de Géométrie descriptive professé à l'École Polytechnique.

**JULLIEN** (**A.**), Licencié ès Sciences mathématiques et physiques. — **Méthode nouvelle** pour l'enseignement de la **Géométrie descriptive** (**Perspectives et Reliefs**).
    La Méthode se compose d'un Cours élémentaire et d'une Collection de Reliefs, qui se vendent séparément, savoir :
    **Cours élémentaire de Géométrie descriptive**, conforme au programme du Baccalauréat ès Sciences. In-18 jésus, avec figures et 143 planches intercalées dans le texte; 1875. Cartonné........................... 3 fr. 50 c.
    **Collection de Reliefs** à pièces mobiles se rapportant aux questions principales du Cours élémentaire :
    *Petite botte* comprenant 30 reliefs, avec 118 pièces métalliques pour monter les reliefs et une Notice explicative. (*Port non compris.*)............ 10 fr.
    *Grande botte*, comprenant les mêmes reliefs tout montés. (*Port non compris.*) 15 fr.

**LACROIX** (**S.-F.**). — **Essais de Géométrie sur les Plans et les Surfaces courbes** (**Éléments de Géométrie descriptive**). 7ᵉ édition, revue et corrigée. In-8, avec planches; 1840..................................... 3 fr.

**LEFÉBURE DE FOURCY.** — **Traité de Géométrie descriptive.** 7ᵉ édition. 2 vol. in-8, dont un se compose de 32 planches; 1870.......... 10 fr.

†**LEROY** (**C.-F.-A.**), ancien Professeur à l'École Polytechnique et à l'École Normale supérieure. — **Traité de Géométrie descriptive.** 9ᵉ édition, revue et annotée par M. *Martelet*, Professeur à l'École centrale des Arts et Manufactures. In-4, avec atlas de 71 planches; 1872.............................. 16 fr.

†**LEROY** (**C.-F.-A.**). — **Traité de Stéréotomie**, comprenant les **Applications** de la **Géométrie descriptive à la Théorie des Ombres, la Perspective linéaire**, la **Gnomonique, la Coupe des Pierres et la Charpente.** 6ᵉ édition, revue et annotée par M. *Martelet*. In-4, avec atlas de 74 planches in-folio; 1874.  26 fr.

†**VIANT** (**J.**). — **Éléments de Géométrie descriptive**, rédigés conformément au nouveau **Programme de Saint-Cyr**, à l'usage des Candidats à ladite École, à l'École Navale, à l'École Forestière, et au Baccalauréat ès Sciences. In-8, avec Atlas de 16 planches; 1862............................... 2 fr. 50 c.

## PERSPECTIVE. — DESSIN LINÉAIRE.

**BOUCHET** (**Jules**). — **Exercices de Dessin linéaire et de Lavis** à l'usage des aspirants à l'École centrale des Arts et Manufactures. (*Recueil approuvé par le Conseil des Études.*) In-folio oblong.................................. 6 fr.

\***CHEVILLARD** (**A.**), Professeur à l'École des Beaux-Arts. — **Leçons nouvelles de Perspective.** In-8, avec Atlas de 32 planches in-4, gravées sur acier; 1868....................................... 12 fr.

**CRESSON** (**A.-J.**), Professeur à l'École d'Artillerie et au Lycée de Rennes. — **Principes de Dessin, grands modèles gradués** pour préparation à tous les genres. *Portefeuille de 40 Planches*, format demi-jésus (55 centimètres sur 38 centimètres), imprimées sur papier fort, et *Texte* in-8; 1865............. 8 fr.

†**DELAISTRE** (**L.**), Professeur de Dessin général. — **Cours complet de Dessin linéaire, gradué et progressif**, contenant la Géométrie pratique, élémentaire et descriptive; l'Arpentage, la Levée des Plans et le Nivellement; le Tracé des Cartes géographiques; des Notions sur l'Architecture; le Dessin industriel; la Perspective linéaire et aérienne; le tracé des ombres et l'étude du Lavis. Quatre Parties, composées de 60 planches et 74 pages de texte in-4 oblong à deux colonnes, tirées sur jésus. 2ᵉ édition; 1873. Prix : cartonné..... 15 fr.
  *Ouvrage donné en prix, par la Société d'Encouragement pour l'Industrie nationale, aux contre-maîtres des établissements industriels, et choisi par M. le Ministre de l'Instruction publique pour les bibliothèques scolaires.*

**GOURNERIE** (de la). — **Traité de Perspective linéaire.** 1 vol. in-4, avec atlas in-folio de 45 planches, dont 8 doubles; 1859................ 40 fr.

†**POUDRA**, Officier supérieur d'État-Major, ancien Professeur à l'École d'État-Major, ancien élève de l'École Polytechnique. — **Traité de Perspective-Relief**, contenant : 1º la construction des bas-reliefs; 2º le tracé des décorations théâtrales; 3º une théorie des apparences, avec les applications aux décorations architecturales; 4º des applications à la décoration des parcs et jardins. In-8, avec atlas de 18 planches; 1862.............. 8 fr. 50 c.

†**THIERRY** fils, éditeur du *Vignole de poche*. — **Méthode graphique et géométrique**, ou le **Dessin linéaire** appliqué aux arts. 2ᵉ édition, revue et corrigée par M. *C.-F.-M. Marie*. Grand in-8 oblong, avec 50 pl.; 1846...... 6 fr.
  *Ouvrage choisi par M. le Ministre de l'Instruction publique pour les bibliothèques scolaires.*

## COURS DE MATHÉMATIQUES. — PROBLÈMES.

†**BABINET**, de l'Institut, et **HOUSEL**. — **Calculs pratiques appliqués aux Sciences d'observation.** In-8, avec 75 figures dans le texte; 1857... 6 fr.

†**CATALAN** (**E.**), ancien élève de l'École Polytechnique. — **Manuel des Candidats à l'École Polytechnique.** 2 vol. in-18, avec 306 figures...... 9 fr.
  Chaque volume se vend séparément.
  Tome Iᵉʳ : **Algèbre, Trigonométrie, Géométrie analytique à deux dimensions.** In-18, avec 167 figures dans le texte; 1857................ 5 fr.
  Tome II : **Géométrie analytique à trois dimensions, Mécanique.** In-18, avec 139 figures dans le texte; 1858............................ 4 fr.

†**CHEVALLIER** et **MÜNTZ**. — **Problèmes de Mathématiques**, avec leurs solutions développées, à l'usage des Candidats au Baccalauréat ès Sciences et aux Écoles du Gouvernement. In-8, lithographié; 1872............ 4 fr.

†**COMBEROUSSE** ( **Ch.** de), Examinateur d'admission à l'École centrale des Arts et Manufactures. — **Cours de Mathématiques**, à l'usage des Candidats à l'École centrale des Arts et Manufactures et aux Écoles du Gouvernement. 3 vol. in-8, avec figures dans le texte et planches. (*Pris ensemble*).... 27 fr.

*Chaque volume se vend séparément, savoir :*

Le tome I^er : *Arithmétique, Algèbre élémentaire*. 2^e édition. In-8; 1876. 9 fr.
Le tome II : *Géométrie plane, Géométrie dans l'espace, Complément de Géométrie, Trigonométrie, Complément d'Algèbre* (avec figures dans le texte). 10 fr.
Le tome III : *Géométrie analytique, Géométrie descriptive* (avec atlas de 53 planches, contenant 274 figures)................................ 10 fr.

†**DUHAMEL**. — **Des Méthodes dans les sciences de raisonnement**. 4 volumes in-8; 1865-1866-1868-1870................................. 27 fr. 50 c.

*On vend séparément :*

PREMIÈRE PARTIE : *Des Méthodes communes à toutes les sciences de raisonnement*. 2^e édition. In-8; 1875................................. 2 fr. 50 c.
DEUXIÈME PARTIE : *Application des Méthodes à la Science des nombres et à la Science de l'étendue*. In-8, avec figures; 1866............. 7 fr. 50 c.
TROISIÈME PARTIE : *Application de la Science des nombres à la Science de l'étendue*. In-8, avec figures; 1868..................... 7 fr. 50 c.
QUATRIÈME PARTIE : *Application des Méthodes à la Science des forces*. In-8, avec figures; 1870.................................. 7 fr. 50 c.
CINQUIÈME PARTIE : *Essai d'une application des Méthodes à la Science de l'homme moral*. In-8; 1873.......................... 2 fr. 50 c.

†**LE COINTE** (**I.-L.-A.**). — **Solutions développées de 300 Problèmes** qui ont été proposés dans les compositions mathématiques pour l'admission au grade de *Bachelier ès Sciences* dans diverses Facultés de France. In-8, avec figures dans le texte; 1865.................................. 6 fr.

*LONCHAMPT** (**A.**). — **Recueil des principaux Problèmes** posés dans les examens pour l'*École Polytechnique* et pour l'*École Centrale des Arts et Manufactures*, ainsi que dans les conférences des *Écoles préparatoires* les plus importantes. **Énoncés et solutions.** 1 vol. lithog., grand in-8; 1865.. 8 fr.

## CALCUL DIFFÉRENTIEL ET INTÉGRAL ET ANALYSE MATHÉMATIQUE.

**AOUST** (l'abbé), Professeur d'Analyse à la Faculté de Marseille. — **Analyse infinitésimale des courbes tracées sur une surface quelconque**. In-8, avec figures dans le texte; 1869.................................. 7 fr.

**AOUST** (l'abbé), Professeur d'Analyse à la Faculté de Marseille. — **Analyse infinitésimale des courbes planes**, contenant la résolution d'un grand nombre de problèmes choisis, à l'usage des candidats à la licence ès sciences. In-8, avec 80 figures dans le texte; 1873.................... 8 fr. 50 c.

†**ARGAND** (**R.**).— **Essai sur une manière de représenter les quantités imaginaires dans les constructions géométriques**. 2^e édition, précédée d'une préface par M. J. *Hoüel*. In-8, avec figures dans le texte; 1874........ 5 fr.

*BALTZER**. — **Théorie et application des Déterminants, avec l'indication des sources originales**, traduit de l'allemand par J. *Hoüel*. In-8; 1861.. 5 fr.

**BELANGER** (**J.-B.**). — **Résumé de Leçons de Géométrie analytique et de Calcul infinitésimal**. 2^e édition. In-8, avec planches; 1859......... 6 fr.

†**BERTRAND** (**J.**), Membre de l'Institut, Prof. à l'École Polyt. et au Collége de France. — **Traité de Calcul différentiel et de Calcul intégral**.
CALCUL DIFFÉRENTIEL. In-4; 1864............................. (*Rare.*)
CALCUL INTÉGRAL (*Intégrales définies et indéfinies*); 1870.......... 30 fr.
Le troisième vol., CALCUL INTÉGRAL (*Équations différentielles*), est sous presse.

†**BOUCHARLAT** (J.-L.). — Éléments de Calcul différentiel et de Calcul intégral. 7ᵉ édition. In-8, avec planches; 1858...................... 8 fr.

†**BRIOSCHI.** — Théorie des Déterminants et leurs principales applications, traduit de l'italien par M. *E. Combescure*. In-8; 1856.......... 5 fr.

†**BRIOT** (Charles). — Essais sur la Théorie mathématique de la Lumière. In-8, avec figures dans le texte; 1864........................... 4 fr.

†**BRIOT** (Ch.) et **BOUQUET.** — Théorie des fonctions elliptiques, 2ᵉ éd. In-4; 1875................................................. 30 fr.

†**CARNOT.** — Réflexions sur la Métaphysique du Calcul infinitésimal. In-8, avec planche, 4ᵉ édit.; 1860............................... 4 fr.

†**CATALAN** (E.). — Traité élémentaire des Séries. Grand in-8; 1860.  5 fr.

†**CLAUSIUS** (R.). — De la Fonction potentielle et du potentiel; traduit de l'allemand sur la 2ᵉ édition, par *F. Folie*. In-8; 1870........... 4 fr.

†**DUHAMEL**, Membre de l'Institut. — Éléments de Calcul infinitésimal. 3ᵉ édition, revue et annotée par M. *J. Bertrand*, Membre de l'Institut. 2 vol. in-8; 1874-1875............................... 15 fr.

**FAÀ DE BRUNO** (le Chevalier Fr.). — Théorie des formes binaires. Un fort volume in-8; 1876...................................... 16 fr.

†**FAÀ DE BRUNO** (le Chevalier Fr.). — Traité élémentaire du Calcul des Erreurs, avec des Tables stéréotypées. In-8; 1869............. 4 fr.

†**FAÀ DE BRUNO** (le Chevalier Fr.). — Théorie générale de l'élimination. Grand in-8; 1859.................................. 3 fr. 50 c.

†**FRENET.** — Recueil d'exercices sur le Calcul infinitésimal. 3ᵉ édition. In-8, avec figures dans le texte; 1873................... 7 fr. 50 c.

*__FREYCINET__ (Charles de). — De l'Analyse infinitésimale, Étude sur la métaphysique du haut calcul. In-8, avec figures; 1860............ 6 fr.

†**HERMITE** (Ch.), Membre de l'Institut, Professeur à l'Ecole Polytechnique et à la Faculté des Sciences. — **Cours d'Analyse de l'École Polytechnique.** Première Partie, contenant le *Calcul différentiel* et les *Premiers principes du Calcul intégral.* Un fort volume in-8, avec gravures dans le texte; 1873.   14 fr.
La Seconde Partie contiendra la fin du *Calcul intégral.*

**HOUEL** (J.). — Sur le développement de la fonction perturbatrice, suivant la forme adoptée par Hansen dans la théorie des petites planètes. In-8; 1875....................................... 3 fr.

**HOUEL** (J.). — Théorie élémentaire des quantités complexes. — Grand in-8, avec figures dans le texte :

    1ʳᵉ Partie : *Algèbre des quantités complexes;* 1867......... (*Rare.*)
    2ᵉ Partie : *Théorie des fonctions uniformes;* 1868......... (*Rare.*)
    3ᵉ Partie : *Théorie des fonctions multiformes;* 1871....... 3 fr.
    4ᵉ Partie : *Théorie des quaternions;* 1874.............. 8 fr.

  La 1ʳᵉ Partie se trouve encore dans le tome V (prix : 10 fr. 50) et la 2ᵉ Partie dans le tome VI (prix : 11 fr.) des *Mémoires de la Société des Sciences Physiques et Naturelles de Bordeaux.* (*Voir* le Catalogue général.)

†**IMSCHENETSKY.** — Étude sur les méthodes d'intégration des équations aux dérivées partielles du second ordre d'une fonction de deux variables indépendantes; traduit du russe par *J. Houël.* In-8; 1873.......... 5 fr.

**JORDAN** (Camille), Ingénieur des Mines. — **Traité des Substitutions et des Equations algébriques.** In-4; 1870........................... 30 fr.

†**JOURNAL DE L'ÉCOLE POLYTECHNIQUE**, publié par le Conseil d'Instruction de cet Établissement. — Quarante-quatrième Cahier. In-4; 1874.  12 fr.

†**LACROIX** (S.-F.). — Traité élémentaire de Calcul différentiel et de Calcul intégral. 8ᵉ édition, revue et augmentée de Notes par MM. *Hermite* et *J.-A. Serret*, membres de l'Institut. 2 vol. in-8, avec pl.; 1874...... 15 fr.

†**LAGRANGE.** — Théorie des Fonctions analytiques. Nouvelle édition, revue par M. *J.-A. Serret.* In-4; 1847.......................... (*Rare.*)

**LAISANT**, Capitaine du Génie. — **Essai sur les fonctions hyperboliques.** Grand in-8, avec figures dans le texte ; 1874 .................. 3 fr. 50 c.

†**LAMÉ (G.).** — **Leçons sur les Fonctions inverses des transcendantes et les surfaces isothermes.** In-8, avec figures dans le texte ; 1857 ......... 5 fr.

†**LAMÉ (G.).** — **Leçons sur les Coordonnées curvilignes et leurs diverses applications.** In-8, avec figures dans le texte ; 1859 .... .............. 5 fr.

†**LAURENT (H.).** — **Traité du Calcul des probabilités.** In-8 ; 1873. 7 fr. 50 c.

†**LEBESGUE.** — **Exercices d'Analyse numérique,** relatifs à l'**Analyse indéterminée** et à la **Théorie des nombres.** In-8 ; 185. ............ 2 fr. 50 c.

**MANSION (Paul),** Professeur à l'Université de Gand. — **Théorie des équations aux dérivées partielles du premier ordre.** In-8 ; 1875 ......... 6 fr.

**MARIE (Maximilien),** Répétiteur à l'École Polytechnique. — **Théorie des fonctions des variables imaginaires.** 3 vol. grand in-8 ; 1874-1875-1876. 20 fr.

**MOIGNO (l'Abbé).** — **Leçons de Calcul différentiel et de Calcul intégral,** rédigées d'après les méthodes et les ouvrages publiés ou inédits de *A.-L. Cauchy.* Tome IV, *premier fascicule.* — **Calcul des variations,** rédigé en collaboration avec M. *Lindelöf.* In-8 ; 1861 ................................... 6 fr.

†**MOUREY (C.-V.).** — **La vraie Théorie des Quantités négatives et des Quantités prétendues imaginaires.** 2ᶜ édition. In-12 ; 1861 .... 2 fr. 50 c.

†**SERRET (J.-A.),** Membre de l'Institut. — **Cours de Calcul différentiel et intégral.** 2 forts volumes in-8 ; 1868. ........................... (*Rare.*)

†**STURM,** Membre de l'Institut. — **Cours d'Analyse de l'École Polytechnique.** 4ᵉ édition, revue et corrigée par M. *E. Prouhet,* Répétiteur d'Analyse à l'École Polytechnique. 2 vol. in-8, avec figures dans le texte ; 1873 .... 12 fr.

# MÉCANIQUE APPLIQUÉE ET RATIONNELLE.

†**BENOIT (P.-M.-N.),** Ingénieur civil. — **La Règle à Calcul expliquée, ou Guide du Calculateur à l'aide de la Règle logarithmique à tiroir.** Fort volume in-12, avec pl. ; 1853 ................................... 5 fr.
  **La Règle à Calcul** (*Instrument par Gravet-Lenoir*) se vend séparément. 6 fr.

†**BOUCHARLAT (J.-L.).** — **Éléments de Mécanique.** 4ᵉ édit. 1 vol. in-8, avec planches ; 1861 .............................................. 8 fr.

†**BOUR (Edm.),** Ingénieur des Mines. — **Cours de Mécanique et Machines,** professé à l'École Polytechnique.
*Cinématique.* In-8, avec Atlas de 30 planches in-4 gravées sur acier ; 1865. 10 fr.
*Statique et travail des forces dans les Machines à l'état de mouvement uniforme.* In-8, avec Atlas de 8 planches in-4, gravées sur acier ; 1868 ......... 6 fr.
*Dynamique et Hydraulique.* In-8, avec 125 figures dans le texte ; 1874. 7 fr. 50 c.

†**BRESSE,** Professeur de Mécanique à l'École des Ponts et Chaussées, Répétiteur à l'École Polytechnique. — **Cours de Mécanique appliquée, professé à l'École des Ponts et Chaussées.** 3 vol. in-8, et Atlas in-folio de 24 pl. 32 fr.
  *Chaque Partie se vend séparément.*
  Première Partie : *Résistance des Matériaux et Stabilité des Constructions.* — 2ᵉ édition. In-8, avec figures dans le texte ; 1866 ................ 8 fr.
  Deuxième Partie : *Hydraulique.* — 2ᵉ édition. In-8, avec figures dans le texte et une planche ; 1868 .............................................. 8 fr.
  Troisième Partie : *Calcul des Moments de flexion dans une poutre à plusieurs travées solidaires.* — In-8, avec planche et Atlas in-folio de 24 planches sur cuivre ; 1865 ................................................... 16 fr.

†**CALLON (Ch.).** — **Cours de construction de machines,** professé à l'École Centrale des Arts et Manufactures. Album cartonné, contenant 118 planches in-folio de dessins avec cotes et légendes (*Matériel agricole, Hydraulique*) ; 1875 ............................................................. 30 fr.

I.

†**CONTAMIN**, Professeur à l'Ecole centrale des Arts et Manufactures. — **Cours de résistance appliquée**, professé à l'École Centrale en 1873 et 1874. Petit in-4 lithogr. de 316 pages, avec nombreuses fig. dans le texte; 1874.    12 fr.

†**DENFER**, Chef des travaux graphiques à l'École Centrale. — **Album de serrurerie**, conforme au cours de Constructions civiles professé à l'École Centrale par *E. Muller*, et contenant *l'emploi du fer dans la maçonnerie et dans la charpente en bois, la charpente en fer, les ferrements des menuiseries en bois, la menuiserie en fer, les grosses fontes et articles divers de quincaillerie*. Grand in-4, contenant 100 belles planches lithographiées; 1872 . . . . . . . . . . . . . . . . .    13 fr.

†**DUHAMEL**, Membre de l'Institut. — **Cours de Mécanique**. 3e édition. 2 vol. in-8, avec planches; 1862-1863 . . . . . . . . . . . . . . . . . . . . . . . . . . . . . .    (*Rare.*)

†**DULOS (Pascal)**, Professeur de Mécanique à l'École d'Arts et Métiers et à l'École des Sciences d'Angers. — **Cours de Mécanique**, à l'usage des écoles d'Arts et Métiers et de l'enseignement spécial des Lycées. 3 volumes in-8 avec belles figures gravées sur bois dans le texte; 1875-1876.

*On vend séparément chaque tome :*

Tome I : *Composition des forces. — Equilibre des corps solides. — Centre de gravité. — Machines simples. — Ponts suspendus. — Travail des forces. — Principe des forces vives. — Moments d'inertie. — Force centrifuge. — Pendule simple et pendule composé. — Centre de percussion. — Régulateur à force centrifuge. — Pendule balistique* . . . . . . . . . . . . . . . . . . . . . . . . . .    7 fr. 50 c.

Tome II : *Résistances nuisibles ou passives. — Frottement. — Application aux machines. — Roideur des cordes. — Application du théorème des forces vives à l'établissement des machines. — Théorie des volants. — Résistance des matériaux* . . . . . . . . . . . . . . . . . . . . . . . . . . . . . . . . . . .    (Sous presse.)

Tome III : *Hydraulique. — Ecoulement des fluides. — Jaugeage des cours d'eau. — Etablissement des canaux à régime constant. — Récepteurs hydrauliques. — Travail des pompes. — Machines à vapeur. — Calcul des volants. — Distribution de la vapeur dans les cylindres. — Courbes de réglementation.* (Sous presse.)

*Les Tomes II et III paraîtront dans le cours de 1876.*

†**ERMEL**, Professeur à l'Ecole centrale des Arts et Manufactures. — **Album des éléments et organes de Machines**, traités dans le Cours de constructions de Machines à l'Ecole Centrale; suivi de planches relatives aux Machines soufflantes, par M. *Jordan*, Professeur du Cours de Métallurgie. Portefeuille oblong, cartonné, contenant 19 planches de texte explicatif et 102 planches de dessins cotés; 1870 . . . . . . . . . . . . . . . . . . . . . . . . . . . . . . . . .    13 fr.

†**HATON DE LA GOUPILLIÈRE (J.-N.)**, Professeur de Mécanique à l'École des Mines. — **Traité théorique et pratique des Engrenages**. In-8, avec fig. dans le texte; 1861 . . . . . . . . . . . . . . . . . . . . . . . . . . . . . . . .    3 fr. 50 c.

†**HATON DE LA GOUPILLIÈRE (J.-N.)**. — **Traité des Mécanismes**, renfermant la théorie géométrique des organes et celle des résistances passives. In-8, avec planches; 1864 . . . . . . . . . . . . . . . . . . . . . . . . . . . . . . . . . .    10 fr.

†**HIRN (C.-A.)**. — **Théorie analytique du Planimètre Amsler**. Grand in-8, avec planche; 1875 . . . . . . . . . . . . . . . . . . . . . . . . . . . . . . . . . .    2 fr. 50 c.

†**JULLIEN (le P.)**, de la Compagnie de Jésus. — **Problèmes de Mécanique rationnelle** disposés pour servir d'application aux principes enseignés dans les Cours. Cet ouvrage renferme les questions nouvellement introduites dans le Programme de la Licence et de nombreuses applications pratiques. 2 vol. in-8, avec figures dans le texte. 2e édition, revue et augmentée; 1866-1867.    15 fr.

***KRETZ (X.)**, Ingénieur en chef des Manufactures de l'Etat. — **Mémoire sur les conditions à remplir dans l'emploi du frein dynamométrique**. In-4, avec figures; 1873 . . . . . . . . . . . . . . . . . . . . . . . . . . . . . . . . . . . . .    2 fr. 50 c.

†**KRETZ (X.)**. — **Matière et Ether**, *indication d'une méthode pour établir les propriétés de l'Ether*. In-18 jésus; 1875 . . . . . . . . . . . . . . . . .    1 fr. 50 c.

†**LAGRANGE**. — **Mécanique analytique**. 3e éd., revue, corrigée et annotée par M. *J. Bertrand*, de l'Institut. 2 vol. in-4; 1855 . . . . . . . . . . . .    40 fr.

**LAURENT** (**H.**).— **Traité de Mécanique rationnelle**, à l'usage des Candidats à l'Agrégation et à la Licence. 2 vol. in-8, avec fig.; 1870....... 12 fr.

†**LEVY** (**Maurice**), Ingénieur des Ponts et Chaussées, Docteur ès Sciences. — **La Statique graphique** et ses *Applications aux constructions.* Un beau volume grand in-8, avec un Atlas même format, comprenant 24 planches doubles; 1874.................................................. 16 fr. 50 c.

†**LOYAU** (**Achille**), Ingénieur des Arts et Manufactures. — **Album de charpentes en bois**, renfermant différents types de *planchers, pans de bois, combles, échafaudages, ponts provisoires*, etc. Grand in-4, contenant 120 planches de dessins cotés; 1873............................................... 25 fr.

\***MAHISTRE**. — **Cours de Mécanique appliquée**. In-8, avec 211 figures dans le texte; 1858................................................. 8 fr.

†**MASTAING** (de), Professeur à l'Ecole centrale des Arts et Manufactures. — **Cours de Mécanique appliquée à la résistance des matériaux**. Leçons professées à l'Ecole Centrale de 1862 à 1872 par M. de Mastaing et rédigées par M. *Courtès-Lapeyrat*, Ingénieur, répétiteur du Cours. Grand in-8, avec nombreuses figures dans le texte et planche; 1874.................. 15 fr.

\***MOIGNO** (l'Abbé). — **Leçons de Mécanique analytique**, rédigées principalement d'après les méthodes de *Cauchy*, et étendues aux travaux les plus récents. **Statique.** In-8, avec planches; 1868...................... 12 fr.

†**PHILLIPS**, Membre de l'Institut. — **Cours d'Hydraulique et d'Hydrostatique**, professé à l'École Centrale des Arts et Manufactures. (La rédaction est de M. *Al. Gouilly*, Agrégé des lycées, répétiteur du cours de M. Phillips.) Grand in-8 avec figures dans le texte; 1875...................... 15 fr.

‡**PIARRON DE MONDESIR**, Ingénieur des Ponts et Chaussées.— **Dialogues sur la Mécanique**, *Méthode nouvelle* pour l'enseignement de cette science, résultats scientifiques nouveaux. In-8, avec fig. dans le texte; 1870... 6 fr.

†**POINSOT** (**L.**), Membre de l'Institut. — **Éléments de Statique**, précédés d'une *Notice sur Poinsot*, par M. J. BERTRAND, membre de l'Institut. (*Ouvrage adopté pour l'Instruction publique.*) 11e édit. In-8, avec pl.; 1873.... 6 fr.

†**POISSON** (**S.-D.**), Membre de l'Institut. — **Traité de Mécanique**. 2e édition, considérablement augmentée; 2 forts vol. in-8; 1833.......... 18 fr.

\***PONCELET**, Membre de l'Institut. — **Introduction à la Mécanique industrielle, physique ou expérimentale**. 3e édition, publiée par M. *Kretz*, Ingénieur en chef des Manufactures de l'Etat. In-8 de 757 pages, avec 3 planches; 1870....................................................... 12 fr.

\***PONCELET**, Membre de l'Institut. — **Cours de Mécanique appliquée aux machines**, publié par M. *Kretz*, Ingénieur en chef des Manufactures de l'Etat. In-8, avec 117 fig. dans le texte et 2 pl. gravées sur cuivre; 1874. 12 fr.

\***PRESLE** (de), ancien Élève de l'École Polytechnique. — **Traité de Mécanique rationnelle**. In-8, avec 95 figures dans le texte; 1869.......... 5 fr.

†**RESAL** (**H.**), Ingénieur des Mines. — **Traité de Cinématique pure**. In-8, avec figures dans le texte; 1862................................... 6 fr.

†**RESAL** (**H.**). — **Éléments de Mécanique**, rédigés d'après les leçons de Mécanique physique professées à la Faculté des Sciences de Paris par M. Poncelet. Nouvelle édition, revue et corrigée. In-8, avec planches; 1862... 4 fr. 50 c.

†**RESAL** (**H.**), Membre de l'Institut, Ingénieur des Mines, adjoint au Comité d'Artillerie pour les études scientifiques. — **Traité de Mécanique générale**, comprenant les *Leçons professées à l'École Polytechnique*. 3 vol. in-8, se vendant séparément :

> TOME I : *Cinématique. — Théorèmes généraux de la Mécanique. — De l'équilibre et du mouvement des corps solides.* In-8, avec figures dans le texte; 1873........................................... .................. 9 fr. 50 c.

> TOME II : *Frottement. — Équilibre intérieur des corps. — Théorie mathématique de la poussée des terres. — Équilibre et mouvements vibratoires des corps isotropes. — Hydrostatique. — Hydrodynamique. — Hydraulique. — Thermodynamique, suivie de la théorie des armes à feu.* In-8; 1874........ 9 fr. 50 c.

Tome III : *Des machines considérées au point de vue des transformations de mouvement et de la transformation du travail des forces.* — *Application de la Mécanique à l'Horlogerie.* — In-8, avec belles figures ombrées dans le texte; 1875.......................................................... 11 fr.

Le Tome IV et dernier *est sous presse.*

†**STURM**, Membre de l'Institut. — **Cours de Mécanique de l'École Polytechnique,** publié, d'après le vœu de l'auteur, par M. *E. Prouhet,* Répétiteur à l'École Polytechnique. 3e édit. 2 vol. in-8, avec fig. dans le texte; 1875. 12 fr.

†**VIEILLE (J.),** Inspecteur général de l'Instruction publique. — **Éléments de Mécanique,** rédigés conformément au Programme du nouveau plan d'études des Lycées. 3e édition. In-8, avec figures dans le texte; 1875... 4 fr. 50 c.

# THÉORIE MÉCANIQUE DE LA CHALEUR.

†**BOURGET,** Directeur des études au Collège Sainte-Barbe. — **Théorie mathématique des Machines à air chaud.** In-4, avec fig.; 1871......... 4 fr.

†**BRIOT (Ch.),** Professeur suppléant à la Faculté des Sciences. — **Théorie mécanique de la Chaleur.** In-8, avec figures dans le texte; 1869... 7 fr. 50 c.

**CLAUSIUS (R.).** — **Théorie mécanique de la chaleur;** traduit de l'allemand par *F. Folie.* 2 vol. in-18 jésus; 1868-1869.................. 15 fr.

*DUPRÉ (Ath.),** Doyen de la Faculté des Sciences de Rennes. — **Théorie mécanique de la Chaleur** (Partie expérimentale en commun avec M. *Paul Dupré*). In-8, avec figures dans le texte; 1869.......................... 8 fr.

**COMBES,** Membre de l'Institut. — **Exposé des principes de la Théorie mécanique de la chaleur et de ses applications principales.** In-8, avec fig.; 1867.............................................................. 6 fr.

†**HIRN (G.-A.),** Correspondant de l'Institut. — **Théorie mécanique de la Chaleur.** Première Partie et seconde Partie :

Première Partie. — **Exposition analytique et expérimentale de la Théorie mécanique de la Chaleur.** 3e édition, entièrement refondue. 2 vol. in-8 grand raisin, avec figures dans le texte. Tome I; 1875............. 12 fr.

Tome II; 1876............. 12 fr.

Seconde Partie (formant Ouvrage séparé). — **Conséquences philosophiques et métaphysiques de la Thermodynamique.** Analyse élémentaire de l'Univers. In-8 grand raisin; 1868.......................... 10 fr.

†**HIRN (G.-A.).** — **Mémoire sur la Thermodynamique.** In-8, avec 2 planches. 1867................................................... 5 fr.

**JACQUIER,** Professeur de l'Université. — **Exposition élémentaire de la Théorie mécanique de la chaleur appliquée aux machines.** In-8, avec fig. dans le texte; 1867.......................................... 2 fr.

†**MOUTIER (J.),** Professeur au Collège Stanislas. — **Éléments de Thermodynamique.** In-18 jésus; 1872.......................... 2 fr. 50 c.

†**REECH.** — **Théorie générale des effets dynamiques de la Chaleur.** In-4, avec planches; 1854........................................ 6 fr.

**SAINT-ROBERT (Paul de).** — **Principes de Thermodynamique.** 2e édit. In-8, avec figures dans le texte; 1870........................ 15 fr.

**TYNDALL (J.).** — **Chaleur et froid;** traduit de l'anglais par M. l'Abbé Moigno. In-18 jésus, avec figures dans le texte; 1868.................... 2 fr.

*TYNDALL (J.).** — **La Chaleur,** *Mode de mouvement.* 2e édition française, traduite de l'anglais sur la 4e édition, par M. l'*Abbé Moigno.* Un beau volume in-18 jésus de xxxii-576 pages, avec 110 figures dans le texte; 1874... 8 fr.

†**ZEUNER,** Professeur de Mécanique à l'École Polytechnique fédérale de Zurich. — **Théorie mécanique de la Chaleur,** avec ses Applications aux Machines. 2e édit., entièrement refondue, avec fig. dans le texte et nombreux tableaux. Ouvrage traduit de l'allemand et augmenté d'un *Appendice;* par M. M. *Arnthal,* ancien Élève de l'École des Ponts et Chaussées, et M. *Ach. Cazin,* Professeur de Physique au Lycée Bonaparte. Un fort volume in-8; 1869........ 10 fr.

# ASTRONOMIE ET COSMOGRAPHIE.

**\*ANDRÉ** et **RAYET**, Astronomes adjoints de l'Observatoire de Paris. — **L'Astronomie pratique et les Observatoires en Europe et en Amérique**, depuis le milieu du XVII<sup>e</sup> siècle jusqu'à nos jours. In-18 jésus, avec belles figures dans le texte et planches en couleur.

I<sup>re</sup> Partie : *Angleterre;* 1874.......................... 4 fr. 50 c.
II<sup>e</sup> Partie : *Écosse, Irlande et colonies anglaises;* 1874.... 4 fr. 50 c.
III<sup>e</sup> Partie : *Amérique*............................... (Sous presse.)
IV<sup>e</sup> Partie : *Europe continentale*.................... (Sous presse.)
*Chaque Partie se vend séparément.*

**†ANNUAIRE PUBLIÉ PAR LE BUREAU DES LONGITUDES** pour **1876**, contenant des Notices scientifiques : *Création, par le Bureau des Longitudes, d'un Observatoire astronomique d'études,* dans le parc de Montsouris, par M. Mouchez. — *Observatoire annexe de la Marine,* par M. Mouchez. — *Observatoire annexe du Dépôt de la Guerre,* par M. Perrier. — *L'Association géodésique internationale et le Congrès réuni à Paris,* par M. Perrier. — *Déclinaison de l'aiguille aimantée,* par M. Marié-Davy. — *Mission de l'île Saint-Paul pour l'observation du passage de Vénus,* par M. Mouchez. — *Mission du Japon,* par M. Janssen. — *Discours* de M. Lœwy et de M. Faye, prononcés aux funérailles de M. Mathieu.—In-18 avec 2 planches et 1 carte des courbes d'égale déclinaison magnétique en France. ...................... 1 fr. 50 c.
*Pour recevoir l'***Annuaire*** franco par la poste en France, ajouter* 35 c.

**†ANNUAIRE MÉTÉOROLOGIQUE ET AGRICOLE** pour **1876**, publié par l'Observatoire de Montsouris. 5<sup>e</sup> année, contenant le résumé des travaux de l'année 1875 : *Magnétisme terrestre; Carte magnétique de la France; Électricité atmosphérique; Hauteurs barométriques; Températures de l'eau et du sol; Actinométrie; Eaux météoriques; Evaporation à la surface de l'eau; Végétation.* In-18, avec nombreuses figures dans le texte et une carte magnétique.   2 fr.

**†BABINET** (de l'Institut). — **Études et Lectures sur les Sciences d'observation et leurs applications pratiques.** 8 vol. in-12 sur papier fin; 1855-1868. Chaque volume se vend séparément...................... 2 fr. 50 c.

**†BERTRAND** (J.), Membre de l'Institut. — **La Théorie de la Lune d'Aboul-Wefâ.** In-4; 1873...................... 1 fr. 50 c.

**†BIOT**, Membre de l'Académie des Sciences. — **Traité élémentaire d'Astronomie physique.** 3<sup>e</sup> édition, corrigée et augmentée. 5 vol. in-8, avec 94 planches; 1857...................................................... 40 fr.

**\*BRÜNNOW** (F.), Directeur de l'Observatoire de Dublin. — **Traité d'Astronomie sphérique et d'Astronomie pratique.** Édition française, publiée par *C. André* et *E. Lucas;* avec une Préface de M. *C. Wolf.* 2 vol. in-8, av. fig.   20 fr.
*On vend séparément:*
I<sup>re</sup> Partie : *Astronomie sphérique;* 1869........................ 10 fr.
II<sup>e</sup> Partie : *Astronomie pratique;* 1872........................ 10 fr.

**†CONNAISSANCE DES TEMPS** ou **DES MOUVEMENTS CÉLESTES**, publiée par le Bureau des Longitudes **pour l'année 1877** :
Prix : *Sans Additions*............................... 5 fr.
*Avec Additions*............................... 7 fr. 50 c.
*Pour recevoir l'Ouvrage franco par la poste en France, ajouter* 1 *fr.*
La Connaissance des Temps a reçu, à partir de 1876, des augmentations considérables et des perfectionnements très-importants. Elle forme, Additions non comprises, un fort volume de 50 feuilles environ. (Remise, à partir de l'année 1876, pour les libraires : 20 %.)

**†DELAMBRE**, Membre de l'Institut. — **Traité complet d'Astronomie théorique et pratique.** 3 vol. in-4, avec planches; 1814............ 40 fr.
— **Histoire de l'Astronomie ancienne.** 2 vol. in-4, avec pl.; 1817. 25 fr.
— **Histoire de l'Astronomie du moyen âge.** 1 vol. in-4, pl.; 1819. 20 fr.
— **Histoire de l'Astronomie moderne.** 2 vol. in-4, avec pl.; 1821. 30 fr.
— **Histoire de l'Astronomie au XVIII<sup>e</sup> siècle;** publiée par *M. Mathieu,* Membre de l'Institut. In-4, avec planches; 1827.................. 20 fr.

†**DIEN.** — **Atlas céleste,** contenant plus de 100 000 étoiles et nébuleuses. In-folio de 26 planches gravées sur cuivre, dont trois doubles, avec une *Introduction* par M. *Babinet,* Membre de l'Institut; 2ᵉ tirage, 1869.
    Prix : Cartonné, toile pleine ............................. 35 fr.
    Relié avec luxe, demi-chagrin rouge................... 40 fr.

†**DUBOIS** (Edm.), Examinateur-Hydrographe de la Marine. — **Les passages de Vénus** sur le disque solaire, considérés au point de vue de la détermination de la distance du Soleil à la Terre; *Passage de 1874*; *Notions historiques sur les passages de 1761 et 1769.* In-18 jésus, avec fig.; 1873..... 3 fr. 50 c.

†**FLAMMARION** (Camille), Astronome. — **Études et Lectures sur l'Astronomie.** In-12; tomes I, II, III, IV, V et VI, avec Cartes; 1867-1869-1872-1873-1874-1875.
    *Chaque volume se vend séparément*........................ 2 fr. 50 c.

†**FRANCOEUR** (L.-B.). — **Uranographie,** ou Traité élémentaire d'Astronomie, à l'usage des personnes peu versées dans les Mathématiques, des Géographes, des Marins, des Ingénieurs, accompagné de Planisphères. 6ᵉ édition. In-8, avec planches; 1853................................. 10 fr.

†**GINOT-DESROIS** (Mˡˡᵉ). — **Description et usages du Calendrier astronomique perpétuel.** In-8, avec le **CALENDRIER**; 1861........... 5 fr.

†**GINOT-DESROIS** (Mˡˡᵉ). — **Planisphère mobile,** au moyen duquel on peut apprendre l'Astronomie seul et sans le concours des Mathématiques. 7ᵉ édition; 1847, sur carton............................................. 4 fr.

†**HIRN** (G.-A.). — **Mémoire sur les Conditions d'équilibre et sur la Nature probable des anneaux de Saturne.** In-4, avec planche; 1872....... 4 fr.

†**IMBARD.** — **De la Mesure du Temps,** et Description de la **Méridienne verticale portative** du Temps vrai et du Temps moyen pour régler les pendules et les montres, etc. 2ᵉ édition. In-18, avec pl.; 1857...... 1 fr.

**INSTITUT DE FRANCE.** — **Recueil de Mémoires, Rapports et Documents relatifs à l'observation du passage de Vénus sur le Soleil.** In-4, avec 6 planches, dont 3 en chromo-lithographie; 1874........... 12 fr. 50 c.

†**LACROIX** (S.-F.). — **Introduction à la connaissance de la Sphère.** Nouvelle édition. In-18, avec pl.; 1872.............................. 1 fr. 25 c.

†**LAPLACE.** — **Exposition du Système du Monde.** 6ᵉ édition, précédée de l'Éloge de l'Auteur, par *Fourier.* In-4, avec portrait; 1835........ 15 fr.

†**LAPLACE.** — **Précis de l'Histoire de l'Astronomie.** 2ᵉ édit. In-8; 1863. 3 fr.

*****PETIT** (F.), Directeur de l'Observatoire de Toulouse. — **Traité d'Astronomie pour les gens du monde,** avec des *Notes complémentaires* pour les Candidats au Baccalauréat et aux Écoles spéciales. 2 volumes in-18 jésus, avec 268 figures dans le texte et une Carte céleste; 1866................. 7 fr.

*****PONTÉCOULANT** (G. de), ancien élève de l'École Polytechnique, Colonel au corps d'État-Major. — **Théorie analytique du Système du Monde.** 2ᵉ éd., considérablement augmentée. 4 volumes in-8 et supplément......... 60 fr.
    *On vend séparément* les tomes I et II, qui forment un **Traité complet d'Astronomie théorique**........................................ 18 fr.

†**RESAL** (H.), Ingénieur des Mines, Docteur ès Sciences. — **Traité élémentaire de Mécanique céleste.** In-8, avec planche; 1865................... 8 fr.

# PHYSIQUE. — TÉLÉGRAPHIE.

**BERNARD** (A.), Agrégé de l'Université, Professeur de Physique et de Chimie à Cognac. — **Alcoométrie.** Grand in-8, avec 6 planches; 1875....... 5 fr.

†**BILLET**, Professeur de Physique à la Faculté des Sciences de Dijon. — **Traité d'Optique physique.** 2 forts volumes in-8, avec 14 planches renfermant 337 figures; 1858-1859................................................. 15 fr.

†**CHEVALLIER** et **MÜNTZ.** — **Problèmes de Physique,** avec leurs solutions développées, à l'usage des Candidats au Baccalauréat ès Sciences et aux Écoles du Gouvernement. In-8, lithographié; 1872........... 2 fr. 75 c.

‡**DU MONCEL** (**Th.**), Ingénieur électricien de l'Administration des Lignes télégraphiques. — **Exposé des Applications de l'Electricité.** *Technologie électrique.* 3ᵉ édition, entièrement refondue. Cette édition formera 4 volumes grand in-8, avec de nombreuses figures dans le texte.

En vente les tomes I, II et III : *Technologie électrique.*

Tome I, 516 pages, 1 planche et 99 figures; 1872, cartonné........ 14 fr.
Tome II, 560 pages, 1 tableau, 2 planches et 192 figures; 1873, cartonné. 14 fr.
Tome III, 552 pages, 7 planches et 192 figures; 1874, cartonné.... 14 fr.

\***DU MONCEL** (**Th.**), Ingénieur électricien de l'Administration des Lignes télégraphiques. — **Traité théorique et pratique de Télégraphie électrique,** à l'usage des employés télégraphistes, des ingénieurs, des constructeurs et des inventeurs. Vol. in-8 de 642 pages, avec 156 figures dans le texte et 3 planches. Imprimé sur carré fin satiné; 1864................................ 10 fr.

\***DU MONCEL** (**Th.**). — **Notice sur l'appareil d'induction électrique de Ruhmkorff,** suivie d'un *Mémoire sur les courants induits.* 5ᵉ édition. In-8, avec figures dans le texte; 1867................................. 7 fr. 50 c.

†**GRANDEAU.** — **Instruction pratique sur l'Analyse spectrale.** In-8, avec 2 planches sur cuivre et 1 planche chromolithographiée; 1863......... 3 fr.

†**INSTRUCTION SUR LES PARATONNERRES,** adoptée par l'Académie des Sciences. In-18 jésus, avec 58 figures dans le texte et 1 planche; 1874...................................................... 2 fr. 50 c.

†**JAMIN** (**J.**), Professeur de Physique à l'École Polytechnique. — **Cours de Physique de l'École Polytechnique.** 2ᵉ édition. 3 vol. in-8, avec 1002 figures dans le texte et 8 planches sur acier; 1868-1871. (*Ouvrage complet.*)... 32 fr.

*On vend séparément :*

Le tome Iᵉʳ................................................. 12 fr.
Les tomes II et III............................................ 20 fr.

†**JAMIN** (**J.**). — **Cours de Physique de l'École Polytechnique.** Appendice au Tome Iᵉʳ : *Thermométrie, Dilatations, Optique géométrique, Problèmes et Solutions,* rédigé conformément au nouveau programme d'admission à l'École Polytechnique. In-8 de viii-214 pages, avec 132 belles figures dans le texte; 1875....................................................... 3 fr. 50 c.

†**JAMIN** (**J.**). — **Petit Traité de Physique** à l'usage des Établissements d'instruction, des Aspirants aux Baccalauréats et des Candidats aux Ecoles du gouvernement. In-8, avec 686 fig. dans le texte et un spectre; 1870....... 8 fr.

†**LAMÉ** (**G.**), Membre de l'Institut. — **Leçons sur la Théorie analytique de la Chaleur.** In-8, avec figures dans le texte; 1861............... 6 fr. 50 c.

\***LECOQ** de **BOISBAUDRAN.** — **Spectres lumineux;** *spectres prismatiques et en longueurs d'ondes,* destinés aux recherches de Chimie minérale. Un volume de texte grand in-8 et un Atlas, même format, de 29 belles planches gravées sur acier, contenant 56 spectres; 1874.......................... 20 fr.

\***MATHIEU** (**Émile**), Professeur à la Faculté des Sciences de Besançon. — **Cours de Physique mathématique.** In-4; 1873.......................... 15 fr.

†**PIERRE** (**J.-I.**), Correspondant de l'Institut (Académie des Sciences), Professeur à la Faculté des Sciences de Caen. — **Exercices sur la Physique,** ou **Recueil de questions susceptibles de faire l'objet de compositions écrites soit dans les classes supérieures des Lycées, soit aux examens du Baccalauréat ès Sciences, soit aux examens d'admission aux principales Écoles,** avec l'indication des solutions. 2ᵉ édit. In-8, avec 4 planches; 1862. 4 fr.

\***SAINT-EDME,** Préparateur de Physique au Conservatoire des Arts et Métiers. — **L'Electricité appliquée aux Arts mécaniques, à la Marine, au Théâtre.** In-8, avec belles figures gravées sur bois, dans le texte; 1871. 4 fr.

†**SECCHI** (le **P. A.**), Directeur de l'Observatoire du Collége Romain, Correspondant de l'Institut de France. — **Le Soleil.** 2ᵉ édition. PREMIÈRE et SECONDE PARTIE. Deux beaux volumes grand in-8 avec Atlas ; 1875.
*Prix, pour les Souscripteurs aux deux volumes*................... 30 fr.
*On vend séparément :*
Iʳᵉ PARTIE. Un volume grand in-8 avec 150 figures dans le texte, et un Atlas comprenant 6 grandes planches gravées sur acier (I. *Spectre ordinaire du Soleil* et *Spectre d'absorption atmosphérique.* — II. *Spectre de diffraction d'après* la photographie de M. HENRY DRAPER. — III, IV, V et VI. *Spectre normal du Soleil*, d'après ANGSTRÖM, et *Spectre normal du Soleil, portion ultra-violette*, par M. A. CORNU) ; 1875............................... 18 fr.
IIᵉ PARTIE. Un volume grand in-8, avec nombreuses figures dans le texte, et planches des *protubérances solaires* en chromolithographie. (*Sous presse pour paraître en 1876.*).... ................................ 18 fr.

†**SENARMONT** (de). — **Traité de Cristallographie**; traduit de l'anglais de *Miller.* In-8, avec 12 planches; 1842............................ 5 fr.

**THOMSON** (Sir **William**), Professor of Natural Philosophy in the University of Glasgow. — **Reprint of Papers on Electrostatics and Magnetism.** Grand in-8, 592 pag., avec planches et fig. dans le texte; 1872.. 24 fr. 25 c.

\***TYNDALL** (John). — **Le Son**, traduit de l'anglais et augmenté d'un Appendice par M. l'Abbé *Moigno.* Un beau volume in-8, orné de 171 figures dans le texte; 1869................................................ 7 fr.

**TYNDALL** (John). — **La Lumière**; *six Lectures faites en Amérique en 1872-1873*; Ouvrage traduit de l'anglais par M. l'abbé *Moigno.* In-8, avec portrait de l'Auteur et nombreuses figures dans le texte; 1875................. 7 fr.

# CHIMIE. — GÉOLOGIE. — PHOTOGRAPHIE.

*(Un prospectus spécial des Ouvrages relatifs à la Photographie
est envoyé sur demande.)*

\***BARRESWIL** et **DAVANNE**. — **Chimie photographique**, contenant les éléments de Chimie expliqués par des exemples empruntés à la Photographie, les procédés de Photographie sur glace (collodion humide, sec ou albuminé), sur papiers, sur plaques; la manière de préparer soi-même, d'essayer, d'employer tous les réactifs, d'utiliser les résidus, etc. 4ᵉ édition, revue, augmentée, et ornée de figures dans le texte. In-8; 1864.................. 8 fr. 50 c.

†**BASSET**, Professeur de Chimie appliquée. — **Précis de Chimie pratique**, ou Éléments de Chimie vulgarisée. In-18 jésus de 642 pages, avec figures dans le texte; 1861........................................... 5 fr.

†**BELLOC** (A.). — **Photographie rationnelle, Traité complet théorique et pratique.** Applications diverses; Ouvrage précédé de l'histoire de la Photographie et suivi d'Éléments de Chimie appliquée à cet art. In-8; 1862.. 5 fr.

†**BERTHELOT** (M.), Professeur au Collège de France. — **Leçons sur les Méthodes générales de Synthèse en Chimie organique.** In-8; 1864. 8 fr.

†**BOIVIN.** — **Procédé au collodion sec.** 2ᵉ édition augmentée du *Formulaire de Th. Sutton*, des procédés de *tirage aux poudres colorantes inertes* (procédé au charbon), ainsi que de notions pratiques sur la photolithographie, l'électrogravure et l'impression à l'encre grasse. In-18 jésus; 1876.... 1 fr. 50 c.

†**BOUSSINGAULT**, Membre de l'Institut. — **Agronomie, Chimie agricole et Physiologie.** 2ᵉ édition. Tomes I, II, III, IV et V. In-8, avec planches sur cuivre et figures dans le texte ; 1860-1861-1864-1868-1874.............. 26 fr.
Chacun des tomes I à IV se vend séparément.................. 5 fr.
Le tome V se vend séparément............................... 6 fr.
Le tome VI est *sous presse.*

†**BOUSSINGAULT.** — **Études sur la transformation du fer en acier par la cémentation**, précédées de la description des procédés adoptés pour doser le fer, le manganèse, le carbone, le silicium, le soufre, le phosphore et de recherches sur le maximum de carburation du fer. In-8; 1875........ 4 fr.

†**CAHOURS** (Auguste), Membre de l'Académie des Sciences. — **Traité de Chimie générale élémentaire.**

CHIMIE INORGANIQUE, *Leçons professées à l'École Centrale des Arts et Manufactures.* 3ᵉ édition. 2 volumes in-18 jésus avec 230 figures et 8 planches; 1874. (*Autorisé par décision ministérielle.*).............. 10 fr.
Chaque volume se vend séparément....................... 6 fr.
CHIMIE ORGANIQUE, *Leçons professées à l'École Polytechnique.* 3ᵉ édition. 3 volumes in-18 jésus, avec figures; 1874-1875............... 15 fr.
Chaque volume se vend séparément...................... 6 fr.

†**CALLAUD** (A.). — **Essai sur les Piles.** Ouvrage couronné par la Société des Sciences, de l'Agriculture et des Arts de Lille. 2ᵉ édition in-18 jésus, avec 2 planches; 1875............................... 2 fr. 50 c.

†**CORDIER** (V.). — **Les insuccès en Photographie; Causes et remèdes,** suivis de la *Retouche des clichés* et du *Gélatinage des épreuves.* 3ᵉ édition, refondue et augmentée. In-18 jésus; 1876.................. 1 fr. 75 c.

†**DUMOULIN.**—**Manuel élémentaire de Photographie au collodion humide.** In-18 jésus, avec figures dans le texte; 1874................ 1 fr. 50 c.

*****DUPLAIS** (aîné). — **Traité de la fabrication des liqueurs et de la distillation des alcools.** 3ᵉ édition, revue et augmentée par *Duplais jeune.* 2 volumes in-8, avec 14 planches; 1866-1867.............................. 16 fr.

*****FAVRE** (P.-A.), Correspondant de l'Institut, Professeur à la Faculté de Marseille. — **Aide-Mémoire de Chimie** à l'usage des Lycées et des établissements secondaires, *rédigé conformément au Programme du Baccalauréat ès Sciences.* In-8, avec atlas de 14 planches renfermant 117 fig.; 1864. 5 fr.

†**FORTIER** (G.). — **La Photolithographie,** *son origine, ses procédés, ses applications.* Petit in-8 orné de planches, fleurons, culs-de-lampe, etc., obtenus au moyen de la photolithographie; 1876...................... (*Sous presse.*)

*****GAUDIN** (M.-A.), Calculateur du Bureau des Longitudes, Lauréat de l'Académie des Sciences. — **L'Architecture du Monde des Atomes,** dévoilant la construction des composés chimiques et leur cristallogénie (*Actualités scientifiques*). In-18 jésus, avec 100 figures dans le texte; 1873....... 5 fr.

†**GODARD** (Émile), Photographe. — **Encyclopédie des virages** ou réunion, expérimentation et description des meilleurs procédés; contenant tous les renseignements nécessaires pour obtenir photographiquement des épreuves positives sur papier avec une grande variété et une grande richesse de tons. 2ᵉ édition, revue et augmentée, contenant la *préparation des sels d'or et d'argent.* In-8; 1871...................................... 2 fr.

†**GRANDEAU** (L.), Docteur ès Sciences, et **TROOST** (L.), Professeur de Physique et de Chimie au Lycée Bonaparte. — **Traité pratique d'Analyse chimique,** par **F. VOEHLER,** Associé étranger de l'Institut de France. — Édition française. In-18 jésus, avec 76 fig. et une planche; 1866. 4 fr. 50 c.

*****JEAN** (Ferdinand), Chimiste, Essayeur du Commerce. — **Méthodes chimiques pour la recherche des falsifications, l'essai, l'analyse des matières fertilisantes.** In-18 jésus; 1874..................... 3 fr. 50 c.

†**MOOCK** (L.). — **Traité pratique complet d'impressions photographiques aux encres grasses.** In-18 jésus de 141 pages; 1874............... 3 fr.

†**PERROT DE CHAUMEUX** (L.). — **Premières Leçons de Photographie.** 2ᵉ édit., revue et augmentée. In-18 jésus, avec fig. dans le texte; 1874. 1 fr. 50 c.

*****RUSSELL** (C.). — **Le Procédé au Tannin,** traduit de l'anglais par M. *Aimé Girard;* 2ᵉ édit. entièrement refondue. In-18 jésus, avec fig.; 1864. 2 fr. 50 c.

†**SAINTE-CLAIRE DEVILLE** (H.). — **De l'Aluminium. Ses propriétés, sa fabrication et ses applications.** In-8, avec planches; 1859.. 3 fr. 50 c.

†**SALVÉTAT** (A.), Chef des travaux chimiques à la Manufacture de Sèvres. — **Leçons de Céramique** professées à l'École centrale des Arts et Manufactures, ou **Technologie céramique,** comprenant les **Notions de Chimie, de Technologie et de Pyrotechnie** applicables à la fabrication, à la synthèse, à l'analyse, à la décoration des poteries. 2 vol. in-18, avec 479 figures dans le texte; 1857.................................... 12 fr.

†**SALVÉTAT** (**A.**). — **Album du cours de Technologie chimique** professé à l'École Centrale. Portefeuille in-4 cartonné, contenant 70 planches doubles ; 1874.................................................................... 25 fr.

    I<sup>re</sup> Partie, 24 planches : Céramique. — II<sup>e</sup> Partie, 26 planches : Couleurs, Blanchiment, Teinture et Impressions. — III<sup>e</sup> Partie, 20 planches : Métallurgie (Métaux autres que le fer).

    Les planches de la première Partie de cet Album se rapportent à l'Ouvrage de M. Salvétat, Leçons de Céramique, annoncé ci-dessus.

**VALÉRIUS** (**B.**), Docteur ès sciences. — **Traité théorique et pratique de la fabrication du fer et de l'acier,** accompagné d'un *Exposé des améliorations dont elle est susceptible,* principalement en Belgique. — 2<sup>e</sup> édition originale française, publiée d'après le manuscrit de l'Auteur, et augmentée de plusieurs articles par H. Valérius, Professeur à l'Université de Gand. Un volume grand in-8 de 880 pages, texte compacte, avec un Atlas in-folio de 45 planches (dont deux doubles) gravées ; 1875.................... 75 fr.

*****VINCENT** (**C.**), Ingénieur, Répétiteur de Chimie industrielle à l'École centrale. — **Carbonisation des bois en vases clos et utilisation des produits dérivés.** Grand in-8, avec belles fig. gravées sur bois ; 1873............ 5 fr.

# TOPOGRAPHIE, GÉODÉSIE ET ARPENTAGE.

**BRETON DE CHAMP.** — **Traité du lever des plans et de l'arpentage.** Vol. in-8, avec 9 planches gravées sur cuivre ; 1865........... 7 fr. 50 c.

**BRETON DE CHAMP.** — **Traité du nivellement.** 3<sup>e</sup> éd. In-8 ; 1873.   6 fr.

†**FRANCŒUR** (**L.-B.**). — **Traité de Géodésie,** comprenant la Topographie, l'Arpentage, le Nivellement, la Géomorphie terrestre et astronomique, la Construction des Cartes, la Navigation, augmenté de **Notes sur la mesure des bases,** par M. *Hossard.* 5<sup>e</sup> édition ; in-8, avec 11 planches ; 1876. (*Sous presse.*)

*****LAUSSEDAT** (**A.**), Capitaine du Génie. — **Leçons sur l'Art de lever les Plans,** comprenant les levers de terrain et de bâtiment, la pratique du nivellement ordinaire et le lever des courbes horizontales à l'aide du instruments les plus simples. In-4, avec 10 pl. ; 1861................ 5 fr.

†**LEFÈVRE.** — **Abrégé du nouveau traité de l'Arpentage, ou Guide pratique et mémoratif de l'Arpenteur,** à l'usage des personnes qui n'ont point étudié la Géométrie. In-12, avec 18 planches, dont une coloriée...... 7 fr.

†**MARIE.** — **Principes du Dessin et du Lavis de la Carte topographique,** présentés d'une manière élémentaire et méthodique, et accompagnés de 9 modèles, dont 8 sont coloriés avec soin. 1 vol. in-4 oblong ; 1825.......... 15 fr.

†**PUISSANT.** — **Traité de Géodésie,** ou Exposition des méthodes trigonométriques et astronomiques, applicables, soit à la mesure de la Terre, soit à la confection du canevas des cartes et des plans topographiques. 3<sup>e</sup> édition, corrigée et augmentée. 2 vol. in-4, avec planches ; 1842.............. (*Rare.*)

†**REGNAULT** (**J. J.**). — **Traité de Géométrie pratique et d'Arpentage,** comprenant les **Opérations graphiques** et de nombreuses **Applications aux Travaux de toute nature,** à l'usage des Écoles professionnelles, des Écoles normales primaires, des Employés des Ponts et Chaussées, des Agents voyers, etc. 2<sup>e</sup> édition, revue et augmentée. In-8, avec 14 pl. ; 1860. ................... 5 fr.

*****REGNAULT** (**J. J.**). — **Cours pratique d'Arpentage,** à l'usage des Instituteurs, des Élèves des Écoles primaires, des Propriétaires et des Cultivateurs. In-18, sur jésus, avec figures dans le texte ; 2<sup>e</sup> édit. ; 1870.   1 fr. 50 c.

    *Ouvrage choisi en 1862 par le Ministre de l'Instruction publique pour les bibliothèques scolaires.*

†**THOREL,** Géomètre de première classe du Cadastre du département de l'Oise. — **Arpentage et Géodésie pratique,** Ouvrage dans lequel on peut apprendre le Système métrique, l'Arpentage, la Division des terres, la Trigonométrie rectiligne, le Levé des plans, la Gnomonique, etc. In-4, avec pl. ; 1843.   4 fr.

# TRAVAUX PUBLICS. — PONTS ET CHAUSSÉES.

†**BAUDUSSON**. — **Le Rapporteur exact, ou Tables des cordes de chaque angle**, depuis une minute jusqu'à cent quatre-vingts degrés, pour un rayon de mille parties égales. In-18; 4ᵉ édition; 1861.............. 2 fr.

†**BENOIT (P.-M.-N.**), l'un des cinq fondateurs de l'École centrale des Arts et Manufactures. — **Guide du Meunier et du Constructeur de Moulins.** Iʳᵉ Partie : **Construction des Moulins.** IIᵉ Partie : **Meunerie.** 2 volumes in-8 de 900 pages, avec 22 planches contenant 638 figures; 1863...... 12 fr.

†**DARCY**. — **Recherches expérimentales relatives aux mouvements des eaux dans les tuyaux**, avec Tables relatives au débit des tuyaux de conduite. In-4, avec 12 planches; 1857.. .................................. 15 fr.

†**ENDRÈS (E.**), ancien Élève de l'École Polytechnique, Ingénieur en chef des Ponts et Chaussées. — **Manuel du Conducteur des Ponts et Chaussées,** d'après le dernier *Programme officiel des examens.* Ouvrage indispensable aux Conducteurs et Employés secondaires des Ponts et Chaussées et des Compagnies de Chemins de fer, aux Gardes-mines, aux Gardes et Sous-Officiers de l'Artillerie et du Génie, aux Agents voyers et aux Candidats à ces emplois. 5ᵉ éd.

Томе I, Partie théorique, avec 290 fig. dans le texte; et Tome II, Partie pratique, avec 323 fig. dans le texte et 4 planches. 2 vol. in-8; 1873. 15 fr.

Tome III, Applications. Ce dernier volume est consacré à l'exposition des doctrines spéciales qui se rattachent à l'*Art de l'Ingénieur* en général et au service des Ponts et Chaussées en particulier. In-8, avec 162 figures dans le texte, se vendant séparément......... ............................ 9 fr.

†**ENDRÈS (E.**). — **Vade-Mecum administratif de l'Entrepreneur des Ponts et Chaussées.** In-12; 1859.................................. 3 fr. 50 c.

\***FREYCINET (Ch. de**). — **Des pentes économiques en chemins de fer.** *Recherches sur les dépenses des Rampes.* In-8; 1861.................. 6 fr.

†**GÉRARDIN (H.**), Ingénieur en chef des Ponts et Chaussées.— **Théorie des Moteurs hydrauliques.** Applications et travaux exécutés pour l'alimentation du canal de l'Aisne à la Marne par les machines. In-8, avec Atlas contenant 25 belles planches in-plano raisin; 1872.................. 20 fr.

†**GIRARD (L.-D.**), Ingénieur civil, prix de Mécanique de l'Institut de France. — **Hydraulique. Utilisation de la force vive de l'eau appliquée à l'industrie.** In 4, avec Atlas de 13 planches in-folio; 1863.................. 8 fr.

Le prospectus détaillé des Ouvrages de L.-D. Girard est envoyé franco, sur demande.

†**ISSALÈNE**, Capitaine d'Infanterie. — **Manuel pratique militaire des Chemins de fer.** In-18 jésus, avec 43 figures dans le texte, gravées sur bois par Dulos; 1873.................................. 2 fr. 50 c.

\***LEFORT (F.**), Ingénieur en chef des Ponts et Chaussées. — **Tables des surfaces de déblai et de remblai, des largeurs d'emprise et des longueurs des talus,** relatives à un *chemin de fer à deux voies* ou à une *route de 10 mètres* de largeur entre fossés, pour des cotes sur l'axe de 0ᵐ à 15ᵐ, et pour des déclivités sur le profil transversal de 0ᵐ à 0ᵐ,25. Grand in-8, sur jésus; 1861.... 3 fr.

— **Tables** pour une *route de 8 mètres*; 1863.............. 3 fr.
— **Tables** pour un *chemin de fer à une voie* ou une *route de 6 mètres*, etc. 3 fr.

†**MEISSAS (N.**), ancien Ingénieur du chemin de fer de Paris à Cherbourg. — **Tables pour servir aux études et à l'exécution des Chemins de fer, ainsi que dans tous les travaux où l'on fait usage du Cercle et de la Mesure des Angles.** In-12 de 428 pages en tableaux, avec figures dans le texte; 1867. 8 fr.

†**PEAUCELLIER**, Lieutenant-Colonel du Génie.—**Mémoire sur les conditions de stabilité des voûtes.** In-8 avec figures; 1875.................. 2 fr.

†**WITH (Émile**), Ingénieur civil. — **Manuel aide-mémoire du Constructeur de travaux publics et de machines,** comprenant le **Formulaire et les Données d'expérience de la construction.** 2ᵉ éd. In-12; 1861. 2 fr. 50 c.

(*Voir*, pages 10 et 11, les Ouvrages de MM. Callon, Denfer, Ermel et Loyau.)

## GUERRE ET MARINE.

**BELLANGER (C.-A.)**, Professeur d'Hydrographie. — **Petit Catéchisme de machine à vapeur**, à l'usage des candidats aux grades de la marine de commerce et de toutes les personnes qui veulent acquérir sur ce sujet des notions élémentaires. 2ᵉ éd. Petit in-8, avec Atlas de 6 planches; 1872........ 3 fr.

*\*CONSOLIN (B.)*, Professeur du Cours de Voilerie à Brest. — **Manuel du Voilier**, publié par ordre du Ministre de la Marine. Ouvrage approuvé pour l'instruction des Elèves de l'École Navale et pour celle des Voiliers des arsenaux. Grand in-8 sur jésus, de 528 pages et 11 planches; 1859.... 12 fr.

*\*CONSOLIN (B.)*. — **Méthode pratique de la Coupe des voiles des navires et embarcations**, suivie de Tables graphiques facilitant les diverses opérations de la coupe, avec ou sans calcul. In-12, avec 3 planches; 1863......... 3 fr.

*\*CONSOLIN (B.)*. — **L'Art de voiler les embarcations**, suivi d'un Aide-Mémoire de Voilerie. In-12 avec une grande planche; 1866....... 2 fr.

*\*D'ÉTROYAT (Ad.)*. — **De la Carène du Navire et de l'Échelle de Solidité**. In-4, avec 5 planches; 1856............................ 4 fr.

*\*DISLERE (P.)*, Ingénieur des Constructions navales, Secrétaire des Travaux de la Marine. — **Les Croiseurs, la Guerre de course**. Grand in-8, avec 3 planches; 1875...................................... 6 fr.

†**DUCOM**. — **Cours complet d'observations nautiques**, avec les notions nécessaires au Pilotage et au Cabotage, augmenté de la puissance des effets des ouragans, typhons, tornados des régions tropicales. 3ᵉ éd.; 1859.1 vol. in-8. 12 fr.

**HOMMEY**, Capitaine de frégate en retraite. — **Tables d'Angles horaires**. 2 vol. grand in-8, en tableaux; 1862................................ 15 fr.

†**MAIRE**, Capitaine du Génie. — **Éléments de fortification passagère**, à l'usage des officiers de toutes armes.

    Iʳᵉ et IIᵉ Partie : *Étude générale des retranchements. Construction et organisation des retranchements.* In-8 avec figures; 1875.................... 4 fr.

    IIIᵉ Partie : *Application au terrain.* In-8; 1875.................... 4 fr.

**MAYEVSKI (le Général)**, Membre du Comité de l'Artillerie russe. — **Traité de Balistique extérieure**. Grand in-8, avec planches et tableaux; 1872. 18 fr.

†**MÉMORIAL DE L'ARTILLERIE** ou **Recueil de Mémoires**, expériences, observations et procédés relatifs au service de l'Artillerie, *rédigé par les soins du Comité d'Artillerie* (nᵒ VIII). In-8, avec Atlas cart. de 24 pl.; 1867. 12 fr.

**MÉMORIAL DE L'OFFICIER DU GÉNIE**, ou **Recueil de Mémoires**, Expériences, Observations et Procédés généraux propres à perfectionner la fortification et les constructions militaires, rédigé par les soins du Comité des Fortifications, avec nombreuses figures dans le texte et planches. Chaque volume à partir du **Nᵒ 21** se vend séparément................ 7 fr. 50 c.

    Les **Nᵒˢ 21** (1873), **22** (1874), **23** (1874), **24** (1875) sont en vente. Le **Nᵒ 25** est *sous presse*. Pour envoi franco, ajouter **70 c.** par volume.

†**PICARDAT (A.)**, Capitaine du Génie. — **Les Mines dans la Guerre de campagne**. — *Exposé des divers procédés d'inflammation des Mines et des Pétards de rupture.* — *Emploi de préparations pyrotechniques et de l'Electricité.* In-18 jésus, avec 51 figures dans le texte; 1874.................... 2 fr. 50 c.

## GÉOGRAPHIE ET HISTOIRE.

*\*OGER (F.)*, Professeur d'Histoire et de Géographie, Maître de Conférences au Collége Sainte-Barbe. — **Géographie de la France et Géographie générale, physique, militaire, historique, politique, administrative et statistique**, rédigée *conformément au Programme officiel*, à l'usage des Candidats aux Ecoles du Gouvernement et aux aspirants aux Baccalauréats ès Lettres et ès Sciences. 6ᵉ édit., entièrement refondue pour la Géographie générale et mise au courant des derniers changements politiques et des plus récentes découvertes géographiques. In-8; 1876............................................ 3 fr.

    Cet Ouvrage correspond à l'Atlas de Géographie générale du même auteur.

**\*OGER (F.).**—**Atlas de Géographie générale** à l'usage des Lycées, des Collèges, des Institutions préparatoires aux Écoles du Gouvernement et de tous les Établissements d'instruction publique. 6e édit. in-plano, cartonné, contenant 31 Cartes coloriées; 1874........................................... 14 fr.

**Atlas Géographique et Historique** à l'usage de la classe de Quatrième. Seize cartes coloriées........................................... 8 fr. 50 c.

**Atlas Géographique et Historique** à l'usage de la Classe de Cinquième. Dix-huit cartes coloriées........................................... 8 fr. 50 c.

**Atlas Géographique et Historique** à l'usage de la Classe de Sixième. Dix cartes coloriées........................................... 6 fr.

**Atlas Géographique et Historique** à l'usage des Classes Élémentaires (9e, 8e et 7e). Treize cartes coloriées........................... 6 fr.

**\*OGER (F.).** — **Cours d'Histoire Générale** à l'usage des Lycées, des Établissements d'Instruction publique, des Candidats aux écoles du Gouvernement et aux Baccalauréats, rédigé conformément aux programmes officiels.

   I. — *Histoire de l'Europe depuis l'invasion des Barbares jusqu'au* xive *siècle*, 2e édition ; 1875........................................... 3 fr. 50 c.

   II. — *Histoire de l'Europe depuis le* xive *jusqu'au milieu du* xviie *siècle*. 2e édition; 1875........................................... 3 fr. 50 c.

   III. — *Histoire de l'Europe de* 1610 *à* 1848. 3e édition; 1875.. 6 fr. 50 c.

   IV. — *Histoire de l'Europe de* 1610 *à* 1815. (Cours de Rhétorique.) 2e édit.; 1875........................................... 7 fr. 50 c.

## OUVRAGES DIVERS.

**\*CAUCHY (le Baron Aug.)**, Membre de l'Académie des Sciences, **Sa vie et ses travaux**, par C.-A. VALSON, Professeur à la Faculté des Sciences de Grenoble, avec une Préface de M. HERMITE. 2 vol. in-8; 1868............ 8 fr.

**\*LE TELLIER (le Dr Ed.).** — **Nouveau système de Sténographie.** In-8 raisin, avec 37 planches; 1869........................................... 2 fr. 50 c.

**MOIGNO (l'Abbé).** — **Actualités scientifiques.** 55 volumes in-18 jésus ou petit in-8 parus; chaque volume se vend séparément.

  1º **Analyse spectrale des corps célestes;** par *Huggins*.......... 1 fr. 50 c.

  2º **Calorescence. — Influence des couleurs;** par *Tyndall*...... 1 fr. 50 c.

  3º **La Matière et la Force;** par *Tyndall*...................... 1 fr. 50 c.

  4º **Les Éclairages modernes;** par l'Abbé *Moigno*............. 2 fr. »

  5º **Sept Leçons de Physique générale;** par *A. Cauchy*........ 1 fr. 50 c.

  6º **Physique moléculaire;** par l'Abbé *Moigno*................ (*Épuisé.*)

  7º **Chaleur et Froid;** par *Tyndall*.......................... 2 fr. »

  8º **Sur la Radiation;** par *Tyndall*.......................... 1 fr. 25 c.

  9º **Sur la force de combinaison des atomes;** par *Hofmann*.... 1 fr. 25 c.

 10º **Faraday inventeur;** par *Tyndall*.......................... 2 fr. »

 11º **Saccharimétrie optique, chimique et mélassimétrique;** par l'Abbé *Moigno*........................................... 3 fr. 50 c.

 12º **La Science anglaise, son bilan en 1868** (réunion à Norwich); par l'Abbé *Moigno*..................................... 2 fr. 50 c.

 13º **Mélanges de Physique et de Chimie pures et appliquées;** par *Frankland, Graham, Macquorn-Rankine, Perkin, Henri Sainte-Claire Deville, Tyndall*............................. 3 fr. 50 c.

 14º **Les Aliments;** par *Letheby*.............................. 3 fr. »

 15º **Constitution de la Matière et ses mouvements;** par le *P. Leray*. 2 fr. »

 16º **Esquisse historique de la Théorie dynamique de la chaleur;** par *Tait*........................................... 3 fr. 50 c.

 17º **Théorie du Vélocipède. — Sur les lois de l'écoulement de la vapeur;** par *Macquorn-Rankine*....................... 1 fr. 25 c.

 18º **Les Métamorphoses chimiques du Carbone;** par *Odling*.... 2 fr. »

 19º **Programme d'un Cours en sept Leçons sur les Phénomènes et les Théories électriques;** par *Tyndall*................ 1 fr. 50 c.

20° **Géologie des Alpes et du tunnel des Alpes**; par *Élie de Beaumont* et *Sismonda*...................................... 2 fr. »

21° **La Science anglaise, son bilan en 1869** (réunion à Exeter). 3 fr. 50 c.

22° **La Lumière**; par *Tyndall*........................................ 2 fr.

23° **Recherches sur les Agents explosifs modernes et leurs applications**; par l'Abbé *Moigno*........................... 2 fr. »

24° **Religion et Patrie**, vengées de la fausse science et de l'envie haineuse; par l'Abbé *Moigno*.......................... 1 fr. 50 c.

†25° **Éléments de Thermodynamique**; par *J. Moutier*.......... 2 fr. 50 c.

†26° **Sur la force de la Poudre et des matières explosibles**; par *Berthelot*............................................. 3 fr. 50 c.

27° **Sursaturation des solutions gazeuses**; par *Tomlinson*...... 2 fr. »

28° **Optique moléculaire. Effets de précipitation, de décomposition, d'illumination produits par la lumière**; par l'Abbé *Moigno*................................................ 2 fr. 50 c.

*29° **L'Architecture du monde des atomes**, dévoilant la construction des composés chimiques et leur cristallogénie, avec 100 fig. dans le texte; par *Gaudin*...................... 5 fr. »

†30° **Étude sur les éclairs**; avec fig. dans le texte; par *Paul Perrin*. 2 fr. 50 c.

†31° **Manuel pratique militaire des chemins de fer**, avec nombreuses figures dans le texte; par le Capitaine *Issalène*.... 2 fr. 50 c.

†32° **Instruction sur les Paratonnerres**; par *Gay-Lussac* et *Pouillet*. Nouvelle édition, avec 58 figures et planche, adoptée par l'Académie des Sciences....................... 2 fr. 50 c.

†33° **Tables barométriques et hypsométriques pour le calcul des hauteurs**, précédées d'une instruction; par *Radau*.... 1 fr. »

†34° **Les passages de Vénus sur le disque solaire**, avec figures; par *Edm. Dubois*...................................... 3 fr. 50 c.

†35° **Manuel élémentaire de Photographie au collodion humide**, avec figures; par *Dumoulin*........................... 1 fr. 50 c.

†36° **Problèmes plaisants et délectables qui se font par les nombres**; par *Bachet*, sieur de *Méziriac*. 3e édition, revue par *Labosne*. Un joli volume petit in-8, elzévir, papier vergé, couverture parchemin (tiré à petit nombre)............. 6 fr. »

*37° **La Chaleur**, considérée comme un mode de mouvement; par *Tyndall*; 2e édit. française, avec nombreuses fig.; 1874. 8 fr. »

*38° **L'Astronomie pratique et les Observatoires en Europe et en Amérique**, depuis le milieu du XVIIe siècle jusqu'à nos jours; par *André* et *Rayet*. In-18 jésus, avec belles figures dans le texte et planche en couleur.

　　Ire Partie : *Angleterre*............................... 4 fr. 50 c.
　　IIe Partie : *Écosse, Irlande et Colonies anglaises*....... 4 fr. 50 c.
　　IIIe Partie : *Amérique*. (Sous presse.)
　　IVe Partie : *Europe continentale*. (Sous presse.)

39° **Méthodes chimiques pour la recherche des falsifications, l'essai, l'analyse des matières fertilisantes**; par *Ferdinand Jean*..................................................... 3 fr. 50 c.

†40° **Premières leçons de Photographie**, avec figures; par *Perrot de Chaumeux*........................................... 1 fr. 50 c.

†41° **Les Mines dans la guerre de campagne**, exposé de divers procédés d'inflammation des mines et des pétards de rupture; emploi des préparations pyrotechniques, avec figures dans le texte; par le capitaine *Picardat*...................... 2 fr. 50 c.

†42° **Essai sur une manière de représenter les quantités imaginaires dans les constructions géométriques**, par R. *Argand*. 2e édition, précédée d'une préface; par M. *J. Hoüel*. 5 fr. »

†43° **Essai sur les piles**, par *A. Callaud*. 2ᵉ édition, avec 2 planches. (Ouvrage couronné par l'Académie des Sciences de Lille.).......... 2 fr. 50 c.

†44° **Matière et Éther**, indication d'une méthode pour établir les propriétés de l'Éther, par *Kretz*, Ingénieur en chef des Manufactures de l'État..... 1 fr. 50 c.

45° **L'Unité dynamique des forces et des phénomènes de la nature**, ou **l'Atome tourbillon**; par *F. Marco*, Professeur au Lycée Cavour, à Turin. 2 fr. 50 c.

46° **Physique et Physique du Globe**. Divers Mémoires de MM. *Tyndall, Carpenter, Ramsay, Raphaël de Rossi* et *Félix Plateau*. Traduit par l'abbé *Moigno*................................................ 2 fr. 50 c.

47° **La grande pyramide, pharaonique de nom, humanitaire de fait**; ses merveilles, ses mystères et ses enseignements; par M. *Piazzi Smyth*, Astronome royal d'Écosse. Traduit de l'anglais par l'abbé *Moigno*...... 3 fr. 50 c.

48° **La Foi et la Science**; explosion de la Libre-Pensée en août et septembre 1874. Discours annotés de MM. *Tyndall, du Bois-Reymond, Owen, Huxley, Kooker* et *Sir John Lubbock*; par l'abbé Moigno............ 3 fr.

†49° **Les insuccès en Photographie; causes et remèdes**, suivis de la retouche des clichés et du gélatinage des épreuves ; par *Cordier*. 3ᵉ édition avec figures......................................... 1 fr. 75 c.

†50° **La Photolithographie, son origine, ses procédés, ses applications**; par *C. Fortier*. Petit in-8, orné de planches, fleurons, culs-de-lampe, obtenus au moyen de la Photolithographie................ (*Sous presse.*)

†51° **Procédé au collodion sec**; par *F. Boivin*. 2ᵉ édition, augmentée du *Formulaire de Th. Sutton*, des *Tirages aux poudres inertes* (procédé au charbon), ainsi que de notions pratiques sur la photolithographie, l'électrogravure et l'impression à l'encre grasse.................. 1 fr. 50 c.

DEUXIÈME SÉRIE. — *Cours de science illustrée.*

1° **L'art des projections**; par l'Abbé *Moigno*, avec 103 figures .. 2 fr. 50 c.

2° **Photomicrographie** en 100 Tableaux pour projections; par *Girard*..... .......................................... 1 fr. 50 c.

3° **Les Accidents** — Secours à donner en l'absence de l'homme de l'art; par *Smée*.................................... 1 fr. 25 c.

4° **L'Anatomie et l'Histologie**, enseignées par les projections lumineuses; par le Dʳ *Le Bon*.............................................. 1 fr.

*MOTTEROZ, Ouvrier imprimeur-typographe. — **Essai sur les Gravures chimiques en relief**. In-8, avec 2 gravures spécimens; 1871... 2 fr. 50 c.

PASTEUR (L.), Membre de l'Institut. —**Étude sur la maladie des Vers à soie**, *moyen pratique assuré de la combattre et d'en prévenir le retour*. 2 beaux volumes grand in-8, avec figures dans le texte et 37 planches; 1870... 20 fr.

# PUBLICATIONS PÉRIODIQUES.

( *Les abonnements sont annuels et partent de Janvier.* )

†**ANNALES SCIENTIFIQUES DE L'ÉCOLE NORMALE SUPÉRIEURE**. In-4; mensuel. 2ᵉ série, t. V, 1876.

| | | | |
|---|---|---|---|
| Paris. .............. | 30 fr. | États-Unis............ | 37 fr. |
| Dépᵗˢ et Union postale.. | 35 fr. | Autres pays............ | 40 fr. |

Les 7 volumes de la 1ʳᵉ Série, 1864-1870 se vendent............ 150 fr.

**BULLETIN DE LA SOCIÉTÉ FRANÇAISE DE PHOTOGRAPHIE.**
Grand in-8; mensuel. 22ᵉ année; 1876.

Paris et les départements, 12 fr. — Etranger, 15 fr.

On peut se procurer à la même Librairie les *années antérieures*, sauf les années 1855 et 1856, au prix de 12 fr. l'une, — les *numéros séparés* au prix de 1 fr., — et la **Table décennale** par ordre de matières et par noms d'auteurs des tomes I à X (1855 à 1864), au prix de 1 fr. 50 c.

**†BULLETIN MENSUEL DE L'OBSERVATOIRE DE MONTSOURIS.**
In-4; mensuel. T. V; 1876.

| | | | |
|---|---|---|---|
| Paris................. | 6 fr. | Etats-Unis........... | 8 fr. |
| Dépᵗˢ et Union postale... | 7 fr. | Autres pays........... | 9 fr. |

**†BULLETIN DES SCIENCES MATHÉMATIQUES ET ASTRONOMIQUES**, rédigé par MM. DARBOUX et HOÜEL, avec la collaboration de plusieurs savants, sous la direction de la Commission des Hautes Études. Gr. in-8; mensuel. T. VIII et IX ; 1876.

| | | | |
|---|---|---|---|
| Paris................. | 15 fr. | Etats-Unis........... | 20 fr. |
| Dépᵗ et Union postale.. | 18 fr. | Autres pays....... | 22 fr. |

**COMPTES RENDUS HEBDOMADAIRES DES SÉANCES DE L'ACADÉMIE DES SCIENCES.** In-4; hebdomadaire. Tomes LXXXII et LXXXIII; 1876. Paris : 20 fr.

| | | | |
|---|---|---|---|
| Départements.......... | 30 fr. | Etats-Unis........... | 45 fr. |
| Union postale.......... | 34 fr. | Autres pays........... | 65 fr. |

**†JOURNAL DE MATHÉMATIQUES PURES ET APPLIQUÉES**, fondé par M. *Liouville* et rédigé par M. *Resal*, depuis 1875. In-4; mensuel. 3ᵉ Série, tome II; 1876.

| | | | |
|---|---|---|---|
| Paris................. | 30 fr. | Etats-Unis........... | 37 fr. |
| Dépᵗˢ et Union postale.. | 35 fr. | Autres pays........... | 40 fr. |

**1ʳᵉ Série**, 20 volumes in-4, années 1836 à 1855 (au lieu de 600 fr.)　400 fr.

Chaque volume pris séparément (au lieu de 30 fr.).............　25 fr.

**2ᵉ Série**, 19 volumes in-4, années 1856 à 1674 (au lieu de 570 fr.)　380 fr.

Chaque volume pris séparément (au lieu de 30 fr.)...............　25 fr.

**†NOUVELLES ANNALES DE MATHÉMATIQUES**, rédigées par MM. *Gerono* et *Brisse*. In-8; mensuel. 2ᵉ Série, t. XV; 1876.

| | | | |
|---|---|---|---|
| Paris................. | 15 fr. | Etats-Unis........... | 19 fr. |
| Dépᵗˢ et Union postale. | 17 fr. | Autres pays........... | 20 fr. |

**1ʳᵉ Série**, 20 vol. in-8, années 1842 à 1861.................　240 fr.

---

*On se charge des abonnements à toutes les publications scientifiques de la France et de l'Etranger.*

2235　Paris.—Imprimerie de GAUTHIER-VILLARS, quai des Augustins, 55. (JANVIER 1876.)

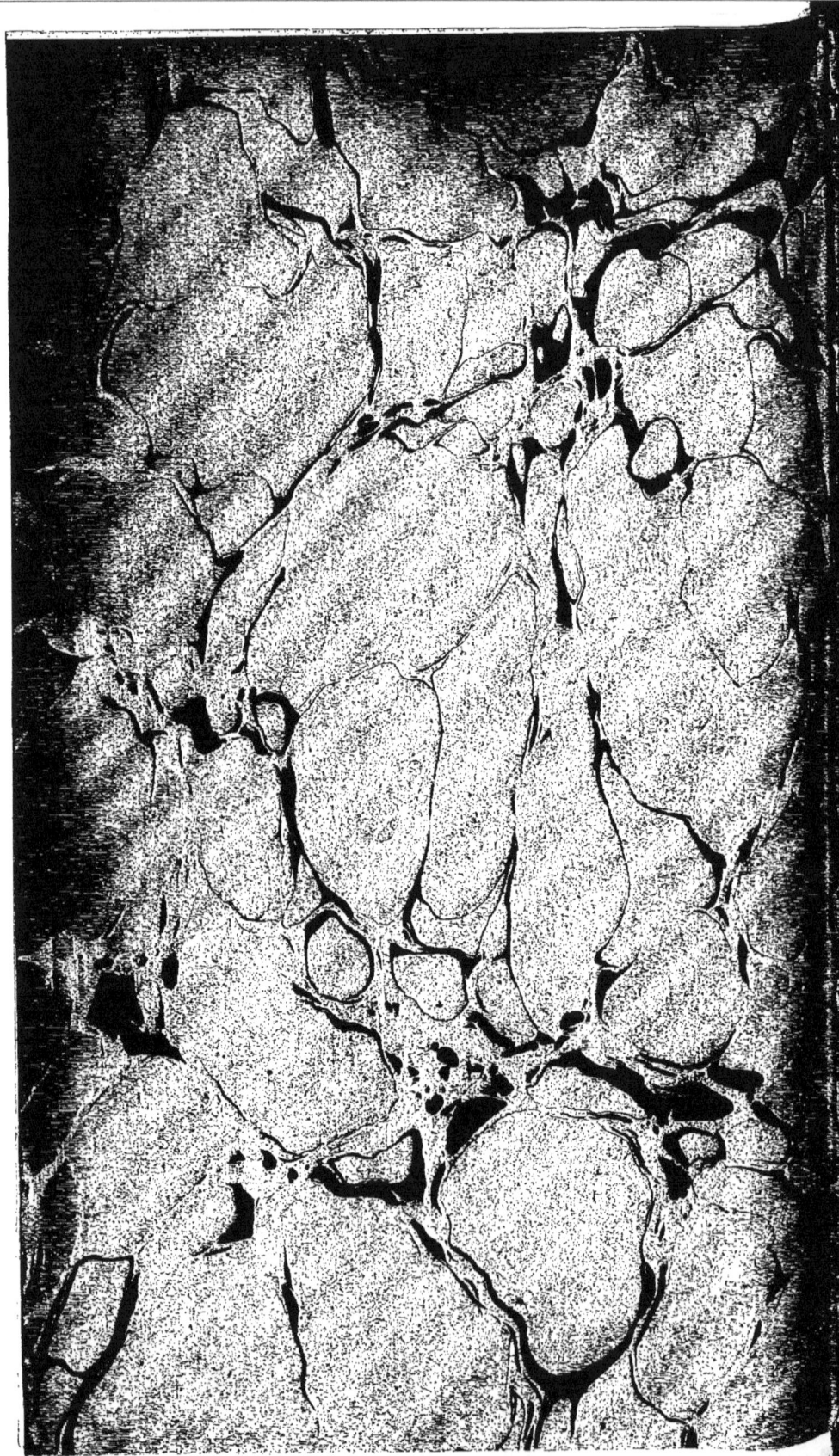

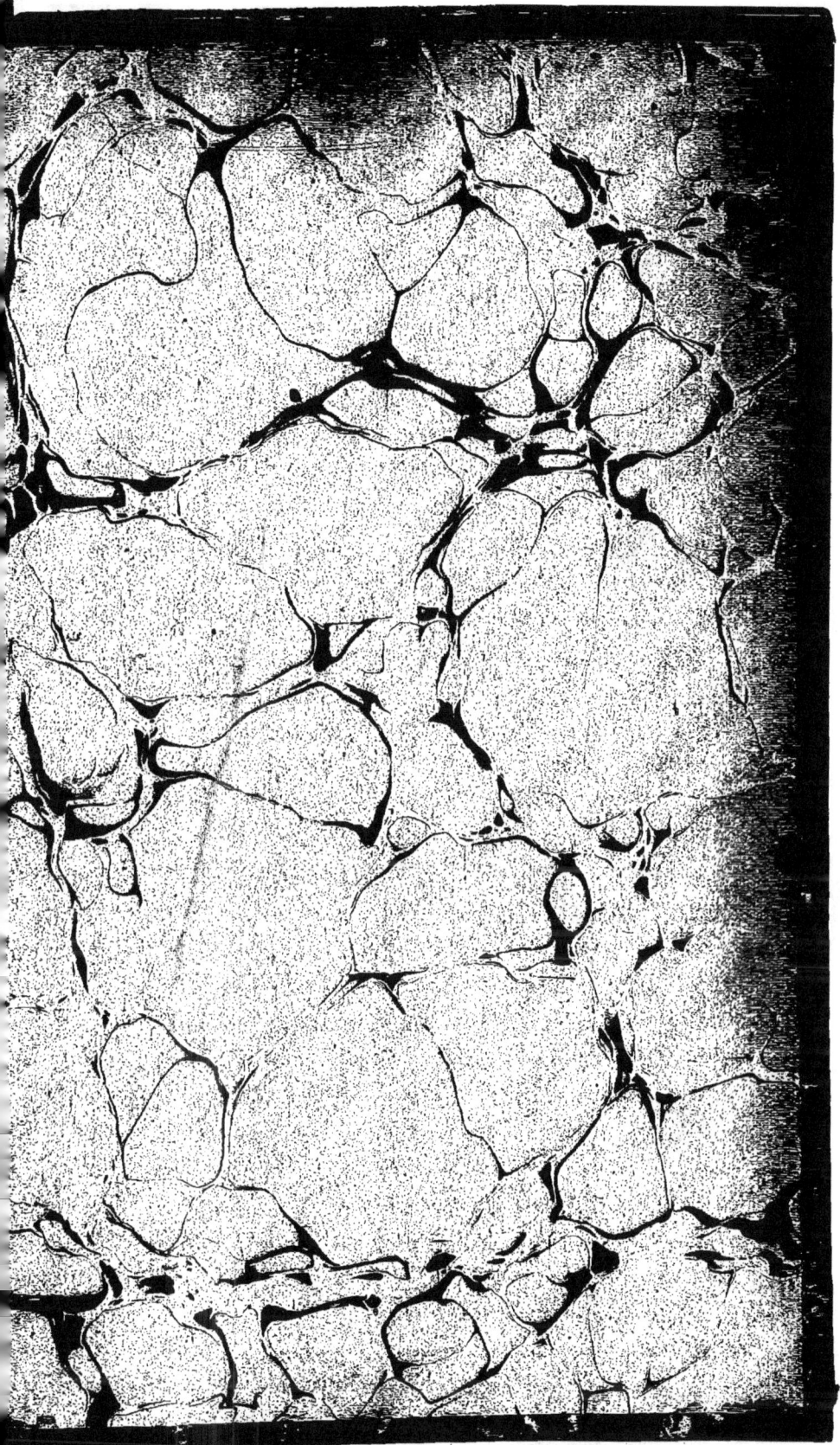

www.ingramcontent.com/pod-product-compliance
Lightning Source LLC
Chambersburg PA
CBHW031615210326
41599CB00021B/3198